향의 언어

개정판

향의 언어 개정판

제 1판 제1쇄 발행 2021년 6월 15일
개정판 제1쇄 발행 2024년 7월 10일

지은이 최낙언
펴낸이 임용훈

편집 전민호
용지 ㈜정림지류
인쇄 올인피앤비

펴낸곳 예문당
출판등록 1978년 1월 3일 제305-1978-000001호
주소 서울시 영등포구 선유로9길 10 문래 SK V1 센터 603호
전화 02-2243-4333~4
팩스 02-2243-4335
이메일 master@yemundang.com
페이스북 www.facebook.com/yemundang
인스타그램 @yemundang

ISBN 978-89-7001-644-3 14470
ISBN 978-89-7001-645-0 14470 (세트)

* 본사는 출판물 윤리강령을 준수합니다.
* 이 책은 저작권법에 의하여 보호를 받는 저작물이므로 무단전재와 무단복재를 금합니다.
* 파본은 교환해 드립니다.

개정판

맛의 다양성은 어디에서 오는가?

FOOD FLAVOR

향의 언어

최낙언 지음

예문당

향의 언어를 찾아서

내가 맛에 관한 책을 처음으로 쓴 것은 2012년 향료회사에 근무했을 때였다. 당시는 가공식품과 첨가물에 대한 오해와 불안이 사회 전반에 퍼져 있어서 바나나 향을 넣어 만든 우유를 가지고도 온갖 비난을 할 정도였다. 수만 가지 음식의 다양한 맛이 0.1%도 되지 않는 향기 물질에 의해 만들어진다는 사실을 몰랐으니 소량의 향에 의해 우유에서 바나나 맛이 나는 것을 그렇게 불안해했다. 마찬가지로 음식의 감칠맛이 소량의 글루탐산 같은 감칠맛 성분 때문이라는 것을 몰랐으니 MSG를 가지고 그렇게 불안해했다.

당시 방송과 인터넷에는 음식과 맛집 이야기가 넘쳤지만, 맛과 향에 대한 과학적인 설명은 없고 재료의 예찬인 경우가 많았다. 방송에서는 새벽시장에 가서 신선한 재료만 구하면 저절로 맛있는 음식이 되는 것처럼 떠들었고, 음식을 만드는 요리사의 노력과 창의력은 무시되었다. 심지어 좋은 재료라는 것도 과학적이나 영양적 가치에 의한 판단이 아니라 얼마나 구하기 힘든 것인지 또는 자연산인지 아닌지 여부로 판단하는 경우가 많았다. 음식에서 요리사가 지워지고, 먹는 사람의 취향도 지워진 채로 말이다. 지금도 여전히 그런 경향이 있지만, 그래도 과거보다는 많이 줄어들어 내가 그토록 맛과 향의 실체가 무엇인지 알리려고 노력했던 것에 작은 보람을 느낀다.

이 책의 전작인 『Flavor, 맛이란 무엇인가』는 190쪽에 나오는 "알 수 없는 수백 가지 화학 물질로 만들어진 천연향마저 안전한데, 검증된 30종 이하의 원료로 만들어진 합성향은 얼마나 더 안전하다는 말인가? 이것이 합리적인 생각이다"라는 말을 설명하기 위해 썼다고 해도 과장이 아니다. 합성 바나나 향과 천연 바나나는 아무런 차이가 없다. 분자구조나 기능은 같고, 단지 그 출처만 조금 다른 것이다. 천연향에 오히려 식품에 허용할 수 없는 성분까지 자연적으로 들어 있는 경우가 있고, 합성향은 안정성을 평가하여 식품에 사용이 허가된 검증된 원료만 사용된다. 그러니 당시 만연해있던 '천연향은 안전하고 합성향은 위험한 것'이라는 생각은 전혀 이치에 맞지 않은 주장이었다.

하지만 당시에 내가 "합성향이 천연향보다 안전합니다!"라고 말하면 그것을 믿어주기는커녕 정신 나간 사람으로 매도되기 딱 좋은 분위기였다. 그러니 합성향의 안전성을 말하기 전에 맛과 향이 어떤 식으로 작용하는지부터 설명해야 했다. 거기에 후각의 특징과 의미 등을 설명하다 보니 결국 한 권의 책이 되었다. 『Flavor, 맛이란 무엇인가』는 출간 2년 뒤 미국의 '와일리(Wiley-Blackwell)' 출판사에서 『How flavor works』라는 제목으로 번역 출간되었다. 나는 그 제목이 훨씬 책의 내용에 어울린다고 생각한다. 그런데 향미(flavor)에 대한 마땅한 단어가 없다 보니 『Flavor, 맛이란 무엇인가』라는 제목을 지었다.

그래서 나의 '맛이란 무엇인가'에 대한 고민이 시작되었다. 식품회사 연구소에서 오랫동안 근무했지만 '맛이란 무엇인가'에 대한 속 시원한 설명은 불가능하다고 생각했다. 책의 제목에 대한 부담감으로 맛에 대해 많이 고민하고, 식품회사 연구소에서 신제품을 개발하면서 경험했던 것과 향료회사에서 근무하면서 시중에 출시된 온갖 신제품을 시식하면서 경험한 것을 바탕으로 『맛의 원리』를 썼다. '맛이란 무엇인가?'라는 질문에 대해 '맛은 음식을 통한 즐거움의 총합'이라고 내 나름의 답변을 정리한 것이다. 그리고 세 번에 걸쳐 개정판 작업을 하게 되었다. 그러다 보니 『Flavor, 맛이란 무엇인가』도 개정할 필요성이 커졌다. 오래된 내용은 업데이트하고 향에 대한 오해를 풀기 위해 설명한 내용은 이제 덜어내도 되겠다는 생각이 들었다. 그래서 책 제목을 『향의 언어』로 바꾸고 후각과 향기 물질에 집중하여 새로 쓰기로 했다.

식품의 성패는 맛이 좌우하고, 맛의 성패는 향이 좌우하는 경우가 많지만, 막상 향을 구성하는 향기 물질이 주인공으로 등장하는 경우는 없다. 향을 조금이라도 깊이 공부하다 보면 향기 물질을 알아야 하는데, 대부분 복잡하고 어렵다는 이유로 외면한다. 사실, 향을 구성하는 개별물질은 일반인은커녕 식품회사 연구원마저 직접 경험할 기회가 별로 없다. 이름부터 화학책에나 등장하는 낯선 이름이고, 향기 또한 매우 강력하며 친숙하지 않은 경우가 많다. 개별 향기 물질로 뭔가 그럴싸한 설명이나 결과물을 만들기 힘든 것이다. 그러니 맛에 대해 온갖 이야기를 하면서도 정작 그것의 핵심인 향기 물질에 대해서는 쏙 빼고 말한다. 수학이나 물리에서 어렵다는 이유로 방정식을 빼고 말하는 셈이다. 이러면 핵심은 사라지고 말은 길어진다. 사실 향기 물질은 맛(향)의 언어(단어)와 같다. 우리에게 언어가 없다면 어떤 깊이 있는 생각도 이어갈 수 없고 표현할 수 없다. 향에 대한 단어가 없으니 맛을 말로 표현하기 그렇게 힘든 것이다.

만약에 외국인에게 막걸리의 맛을 설명하려면 도대체 어떻게 해야 할까? 막걸리뿐만 아니라 어떤 식품이든 그것을 먹어보지 않은 사람에게는 맛을 설명할 방법이 없다. 향을 묘사할 단어가 있어야 하는데 우리에게는 그런 단어가 없기 때문이다. 그런 답답함을 덜어보고자 '플레이버 휠(Flavor wheel)' 같은 것을 사용하기도 한다. 플레이버 휠은 와인이나 커피 등을 마실 때 느껴지는 향을 휠 형태로 정리한 것이다. 와인에서 바닐라, 정향, 바나나 향이 느껴진다고 해서 와인에 그런 것이 실제로 들어 있지는 않다. 바닐린(Vanillin), 유제놀(Eugenol), 이소아밀아세테이트(Isoamyl acetate) 같은 향기 물질이 들어 있는 것이다. 그리고 그런 분자는 와인만이 아니라 향신료, 과일, 꽃 등 다른 식물에도 들어 있다. 어떤 음식이든 향을 조금만 더 깊이 공부하면 결국에는 비슷한 향기 물질과 만나게 된다. 세상의 그토록 다양한 맛은 결국 여러 향기 물질의 다양한 변주곡인 것이다.

향기 물질의 관점에서 본다면 꽃, 향신료, 과일, 와인, 전통주 등은 별로 다르지 않다. 그저 같은 물질의 다양한 배합비인 것이다. 우리가 그런 향기 물질에 친숙하다면 향신료, 차, 과일, 피톤치드와 같은 다양한 식재료에 대한 이해가 쉬워지고, 향을 좀 더 구체적으로 묘사할 수 있을 것이다. 식재료를 조합할 때도 왜 그런 조합이 잘 매칭되는지에 대한 원리의 탐구도 쉬워질 수 있다.

내가 최근 들어 가장 아쉬워하는 것은 향기 물질에 대해 좀 더 일찍 관심을 가지지 않았던 점이다. 학교에서 식품을 공부할 때만 해도 후각과 기억이 좀 더 예민했던 때라 한 달에 몇 개씩만 익혀도 식품을 이해하는 데 필요한 향기 물질은 금방 익히지 않았을까 싶다. 전문 조향사가 되려는 것이 아니므로 대략 100개 정도의 향기 물질만 잘 알아도 식품을 이해하는 깊이가 달라졌을 것이다. 우리나라에는 아직 식품의 향기 물질에 대한 전문적인 교육 프로그램이 없고, 향기 물질을 공부할 마땅한 책마저 없는 상황이다. 그래서 이번 책은 전작에서 다룬 부분은 과감히 덜어내고 향기 물질에 관한 내용을 대폭 추가했다. 그 덕에 책의 내용이 상당히 어려워지고 두툼해졌으나 나름 가장 실전적인 내용만 엄선한 결과물이기도 하다.

향은 음식의 꽃이다. 맛을 다룬다는 것은 향을 다루는 것이라고 말할 정도로 향은 음식에 섬세함과 다양함을 부여한다. 이 책이 향의 언어를 찾는 모든 이에게 도움이 되었으면 좋겠다.

최낙언

개정판을 낸 이유

이 책의 초판을 작업하고 있을 즈음 해롤드 맥기의 『Nose dive』가 출간되었다. 『음식과 요리』를 통해 세상의 모든 식재료의 특징을 정리하더니 세상의 모든 향도 한 권의 책으로 정리하려 한 것이다. 그의 놀라운 결과물을 보며 나는 식품의 향이라도 온전히 정리해보고 싶었다. 작업 과정이 너무 힘들어 간신히 초판을 발간했고, 개정판 작업은 도저히 할 수 없을 것 같았다.

그러다 『사과 향은 없다』를 출간하게 되었다. 초판의 부록으로 다룬 50여 종의 대표적 향기 물질을 스토리와 함께 정리한 것이다. 그러니 이 책에 부록으로 남길 필요가 없어졌다. 그리고 『커피 공부』라는 책도 출간하였다. 커피의 성분, 가열로 만들어지는 향, 커피 추출의 원리 등을 자세히 설명했기에 이 책의 상당 부분을 차지했던 커피의 설명도 향과 직접 관련된 내용을 제외하고는 줄일 수 있게 되었다. 이렇게 내용을 정리하고 나니 초판에서 설명이 부족했던 부분을 보완할 수 있게 되었다.

이 책의 목적은 식품의 향에 대한 전체적인 관점을 갖게 하는 것이다. 하지만 향의 종류가 워낙 다양하다 보니 의미 있게 묶지 못하고 단순히 향기 물질을 나열하는 설명도 많았다. 그래도 개정판 작업을 통해 맥락에 맞추어 좀 더 체계적으로 설명해 보고자 하였다. 특히 후각의 특징, 식물의 향, 발효의 향에 대한 보완작업을 통해 향기 물질의 의미를 풀어보고자 한다. 그리고 그림도 컬러판으로 다시 작업하여 가독성을 높이려 한다. 개정판이라고 부르기에는 여전히 부족한 부분이 많지만, 그래도 군더더기가 많이 줄고 내용도 간결하게 다듬어진 것 같아 나름 만족한다.

2024. 6.

최낙언

Part 2. 향의 언어와 향기 물질

Part 3. 식품 속의 향기 물질

Part 1

향이란 무엇인가

1장. 향이란 무엇인가

2장. 후각은 동물의 지배적인 감각이다

3장. 향이 여전히 어려운 이유

1장

향이란 무엇인가

식품의 성패는 맛에 달려 있고, 맛의 성패는 향에 달려 있다

1

1 식품의 성패는 맛에 달려 있다

맛은 언제나 식품의 제1 구매 요소다. 전 세계 어느 곳이든 '맛있는 식품'이 제일 잘 팔리고, 식당을 고를 때도 저마다 좋아하는 맛은 다르지만 맛있으면 만족한다. 식품회사의 운명도, 식당의 성패도 모두 맛에 달린 것이다. 사람들은 입으로는 건강한 식품을 좋아한다고 하지만 실제로 구매하는 것은 항상 맛있는 음식이다.

현재 과학자들이 인정하는 '혀로 느낄 수 있는 맛'은 단맛, 신맛, 짠맛, 쓴맛, 감칠맛 이렇게 다섯 가지뿐이다. 아리스토텔레스가 단맛, 신맛, 짠맛, 쓴맛 이렇게 네 가지를 기본 맛이라고 부르던 것이 천 년을 이어오다가, 최근 100년 사이에 감칠맛이 추가되어 다섯 가지가 된 것이다.

BC 4세기 데모크리토스는 단맛이란 '원자가 둥글고 큰 모양'이며, 신맛은 '원자가 크지만 둥글지 않고 거칠며 각진 모양'이고, 짠맛은 '이등변 삼각형 원자들'이며, 쓴맛은 '둥글고 부드럽고 부등변이며 작은 모양'이라고 했다. 각각 다른 모양의 맛 물질이 입에 들어와 다른 맛을 만들어 낸다고 생각한 것이다. 실제로 현대 과학이 밝힌 사실도 맛은 미각 수용체가 분자의 형태를 감각하는 것이고, 혀로 느끼는 맛은 다섯 가지뿐이라는 것이니, 2천 년 전 사람이 본연의 맛 성분을 들먹이면서 MSG나 바나나 우유를 폄하한 현대인보다 훨씬 과학적이었던 셈이다.

그런데 혀로 느낄 수 있는 맛이 다섯 가지뿐이라면, 현재 우리가 즐기는 수만 가지 요리의 다양한 맛은 대체 무엇일까? 결론부터 말하자면 그것은 단지 '향'일 뿐이다. 음식을 먹을 때 입 뒤로 코와 연결된 작은 통로를 통해 향기 물질이 휘발하면서 느껴지는 극소량의 향이 수만 가지 맛의 실체인 것이다. 이처럼 작은 통로로 휘발되는 1백만 분의 1 이하의 향기 물질이 음식 맛을 좌우하고 식품의 운명을 바꾼다. 풍미를 연구하는 과학자들은 맛에 있어서 미각의 역할은 5~20%, 후각의 역할은 95~80%라고 말하기도 한다. 식품의 성패가 맛에 달려 있다면, 맛의 성패는 향에 달려 있다고 할 수 있는 것이다.

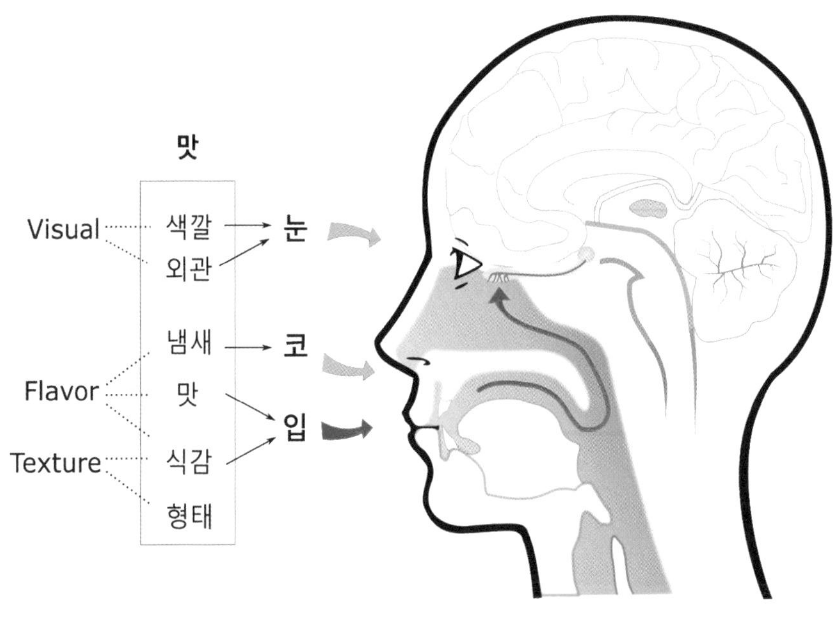

맛에 영향을 주는 요인들

2 맛의 다양성은 향에 의한 것이다

사과에는 단맛과 신맛이 있지 사과 맛이 따로 있지 않다. 다른 요리도 마찬가지다. 코로 느낀 향과 입으로 먹는 맛이 다르지 않으니 우리가 즐기는 수만 가지 다양한 요리의 맛은 향이라는 사실을 인정해야 한다. 내가 10년 동안 "사과에는 사과 맛이 없고 사과 향만 있다"라고 말했음에도 여전히 많은 사람은 사과에 사과 고유의 맛 성분이 있다고 믿는다.

풍미를 연구하는 과학자는 맛에 있어서 후각이 훨씬 결정적이라고 말하기도 한다. 이 말은 후각이 완전히 마비되는 상황에서 확실히 알 수 있다. 감기에 걸려서 코가 막히면 맛이 약해지는 동시에 컨디션도 떨어져 맛에 관심이 없어지므로 향이 사라진 것에 충격을 받지 않는다. 그런데 코 수술로 몸은 말짱한데 코를 거즈로 완전히 막아버리면 갑자기 후각이 사라졌을 때의 황망함을 느끼게 된다.

지인 중 한 분도 간단한 코 수술 당시 비슷한 경험을 했는데, 생각보다 충격이 컸다고 한다. 코 수술 후 피가 기도로 들어갈까 봐 코 안을 거즈로 완전히 채우고 이틀을 보냈는데, 맛의 다양성이 향으로 인한 것이라는 사실을 이론적으로는 잘 알고 있었음에도 모든 음식의 맛이 예상보다 훨씬 기괴하게 느껴졌다는 것이다. 음식에서 식감만 그대로이고 짠맛과 단맛 정도를 뺀 모든 차이가 사라져버린 것이다.

이런 경험을 한 번이라도 하게 되면 맛에 있어서 향의 역할에 관한 생각이 완전히 바뀌게 된다. 그렇다고 후각만 중요하고 미각이 덜 중요한 것도 아니다. 세상에 색(향)만 있고 형태(맛)는 사라져 무엇인지 알 수 없는 것만 가득하다면 그 또한 엄청나게 혼란스럽고 불안할 것이다. 만약 일시적으로라도 미각을 완전히 잃는 경험을 한다면 미각의 의미에 대해 완전히 새롭게 느끼게 될 것이다.

3 맛의 성패는 향에 달려 있다

불과 10년 전만 해도 사람들은 맛의 실체에 대해 잘 몰랐다. 그래서인지 내가 많은 칼럼이나 세미나를 통해 "우리가 즐기는 수만 가지 요리의 다양한 맛은 불과 0.1% 이하의 향기 성분의 차이일 뿐이다"라고 아무리 말해도 도무지 믿으려 하지 않았다. 그런데 조금만 더 생각해 보면 아무런 과학적 자료가 없어도 이 말이 맞는다는 사실을 알 수 있다. 음식을 먹지 않고 향기만 맡았을 때와 실제 먹을 때의 느끼는 향이 다르지 않기 때문이다.

적은 양의 향이 식품의 가치를 완전히 바꾸기도 한다. 지금 세상에서 가장 비싼 향신료는 사프란이다. 온라인 쇼핑몰에서 유럽산 사프란을 고작 1g 포장해서 24,000원 정도에 판다. 사프란 자체에는 어떤 건강상 기능도 없고 식물 자체는 오히려 독초이기도 한데, 단지 독특한 향이 있고 그것을 구하기 매우 힘들다는 희소성 때문에 비싸게 팔린다. 와인 중에 부르고뉴산 1945년 '로마네 콩티'는 2018년 미국 뉴욕에서 1병에 6억 5천만 원에 낙찰되었고, 스카치위스키 '맥캘란 파인 레어 1926'은 무려 21억이 넘는 가격에 낙찰되기도 했다.

술(알코올)은 건강에 좋기는커녕 1군 발암물질이다. 그런데도 오랜 숙성 등을 통해 특별한 향미를 가진 것은 정말 비싼 대접을 받는다. 곰팡이의 일종인 버섯 중에도 송로버섯과 송이버섯은 그 독특한 향 덕분에 귀한 대접을 받는다. 이처럼 향은 맛의 성패를 좌우하고 가격을 완전히 바꾸기도 한다.

향은 눈에 보이지 않는 신비한 존재였다

2

1 향은 오래전부터 매우 귀하게 여겼다

과거에는 향을 지금보다 훨씬 신비하고 귀하게 생각했다. 인간이 향을 다루기 시작한 것은 아마 불을 이용하면서부터일 것이다. 뭔가를 불에 태우면 따뜻한 열기와 함께 강한 향이 발생한다. 그중에서도 일부 특정한 나무나 수지는 유난히 매혹적이고 신비로웠다. 이를 중요한 제사 등에 사용하면서 향료가 시작되었다. '향료(Perfume)'는 라틴어 'Per fumum(through smoke)' 즉, 연기(Fumum)를 통해서(per)라는 뜻이다. 많은 종교 행사마다 향을 피웠을 것이고, 그런 전통이 지금까지 이어졌다. 신에게 제사를 지낼 때 향기가 나는 것을 태워서 하늘로 올려 보내 조상이나 신들을 즐겁게 하고자 한 것이다.

영어에서 향에 대한 단어로는 Smell, Odor가 중립적인 단어로 쓰이고, 좋은 쪽으로는 Aroma, Bouquet, Perfume, Scent, Incense 등을 쓰며, 악취에는 Off-flavor, Malodor, Stench, Stink 등이 쓰인다. 동서양을 불문하고 식물에 대한 향기 표현이 주류이며, 동물에 관한 표현은 거의 없다. 그리고 현대에 와서 업계에서는 향료(Perfumery)를 식품용 향료(Flavor)와 생활용품 향료(Fragrance)로 분류한다.

2 향에는 치료 효과가 있다고 믿었다

향은 신비의 대상이어서 약으로 취급하기도 했고, 나아가 어떤 초월적 속성을 가진 것으로 여겨졌다. 눈에 보이지 않으면서도 매우 신비한 느낌을 주었기 때문이다. 아로마치료법(Aromatherapy)도 그런 이유로 생겨났다. 아로마치료법은 허브와 같은 자연 식물이 내는 향기 성분을 이용해 육체나 정신을 치료하는 방법으로써 피곤할 때 달콤하고 부드러운 향을 맡으면 왠지 모르게 피로가 풀린다든지, 기분이 나쁠 때 상쾌한 향기의 차를 마시면 기분이 좋아진다든지 하는 것들을 말한다.

아로마치료법이라는 용어는 1928년, 프랑스 화학자 가트포스의 책 『아로마테라피』를 통해서 처음으로 알려졌으나, 식물이 가지고 있는 향기의 특성을 일상생활에 도입한 것은 훨씬 이전이다. BC 3,000년경 고대 이집트는 이미 의료나 화장품 목적으로 정유를 이용했고, 미라를 만들 때도 삼나무나 몰약, 계피

과거에 향은 눈에 보이지 않는 신비로운 존재였다

등을 이용했다. 또한 유향, 오레가노, 코리안더 같은 방향 식물을 향료로 이용했다는 기록이 있다. 이집트뿐만 아니라 메소포타미아, 그리스 등에서도 종교 의식이나 의료용으로 향을 내는 식물을 이용했고, 인도에서는 BC 600년경부터 아이유베다(Ayurveda: 고대전통의학)가 시작되어 지금까지 계승되고 있다.

그리고 악취를 질병의 원인으로 보기도 했다. 18세기 중반 이후 서양 사회는 냄새에 매우 민감했다. 콜레라와 같은 유행병에 관한 과학과 의학 이론의 영향 때문이었다. 당시 공기의 중요성에 관한 인식이 높아지면서 물질이 부패하며 발생한 독기 때문에 질병이 생겨난다는 '독기론(Miasmatism)'이 등장하여 의학적 사고를 지배하기 시작했다. 그리고 냄새를 통해서 공기 중의 부패한 독기를 감지해내는 후각의 중요성이 강조되었다. 나쁜 냄새에 관한 경계심이 증가하고 배설물이나 오물, 도축장, 화장실, 무덤, 하수구 등의 악취가 사람들의 불안감과 분노를 불러일으키면서 지배계층은 자연과 숲의 순수한 공기를 예찬하고 도시와 빈민의 악취에서 벗어나려 했다. 타인의 체취에 관한 불쾌감이 커지면서 냄새를 사회적 위계를 세분화하는 데에도 사용하려 했다.

독기가 콜레라, 흑사병 등의 발병 원인이라는 생각은 1880년까지 정설로 받아들여졌고, 심지어 일부 학자들은 이 학설에 근거하여 음식의 냄새만 맡아도 살이 찔 수 있다는 주장을 펼치기도 했다. 물질이 부패하여 악취가 나는 곳은 병원균이 번식하고 전염병이 창궐할 가능성이 높아서 나쁜 냄새와 질병이 일부 상관관계를 가질 수 있어서 매우 신빙성 있는 학설로 받아들여졌다.

하지만 1880년 이후 질병의 발병 원인이 특정한 미생물에 있다는 이론이 등장하면서 학계에서 완전히 폐기되었다. 그런데도 이 이론은 질병을 막으려면 악취를 제거해야 한다는 인식과 함께 도시 등의 환경 개선에 노력을 기울이는 등의 긍정적인 효과도 있었다.

3 향은 오래전부터 많은 사랑을 받았다

대부분 사람은 '좋은 향'이라고 하면 가장 먼저 꽃을 떠올린다. 요즘은 꽃들이 워낙 개량되고 사시사철 흔하지만, 과거에 꽃은 딱 한 철 동안 잠깐 피었다 지는 것이라 지금보다 아쉬움이 훨씬 컸다. 꽃의 향을 추출하여 오래 즐기는 방법을 찾게 되었고, 이것이 향수 산업의 시작이라 할 수 있다.

향을 사용한 흔적은 파라오 무덤에서도 발견되었다. BC 1세기 클레오파트라 시대에는 나일강 언저리에 향료공장을 지었으며, 장미꽃잎이 뿌려진 침실이 딸린 배에 향료를 뿌려 장식했고, 몸에는 사향고양이의 향이 조합된 연고를 발랐다는 기록이 있다. 이후 금욕과 정신적 가치를 중시하는 기독교의 영향으로 잠시 쇠퇴했지만, 르네상스 시대 이후 인간의 신체에 대한 관심이 다시 높아지면서 향을 화장과 청결의 용도로 사용했다.

16세기 후반, 이탈리아 피렌체의 메디치 가문에 의해 르네상스 문명이 꽃피면서 향수와 화장품 문화도 크게 발전했다. 그리고 1533년 메디치 가문의 카트린 드 메디시스(Catherine de Medicis) 공주가 프랑스의 앙리 2세와 결혼하면서 이탈리아의 향 문화가 프랑스에 전해졌다. 이때부터 프랑스 향수 산업이 시작되었는데, 메디치 가문의 전속 조향사인 레나토 비앙코는 카트린 공주와 동행하여 파리에 향수 가게를 열기도 했고, 가죽 산업이 발달한 남프랑스의 그라스(Grasse) 지역을 중심으로 향수 산업을 일으켰다. 그라스 지방은 남프랑스의 해발 350m 구릉에 위치해 지중해의 햇살이 따뜻한 곳으로 향료 원료가 풍부하게 자랄 수 있는 기후 조건을 갖추었고, 가죽 산업이 발달한 탓에 가죽 냄새를 제거하는 용도로 향이 많이 사용되어 금세 향수의 메카로 발전했다. 18세기는 프랑스 궁정을 중심으로 온갖 사치스러운 향 문화가 발달한 시기였다. 특히 루이 15세 시대의 프랑스 궁정은 '향기의 궁정'으로 불릴 정도로 향수를 많이 사용했다.

이후 19세기에 들어와 향수의 대중화가 시작되었다. 귀족이나 부자 같은 특정 계급의 전유물을 벗어나 이제는 평범한 사람들도 향수를 이용하게 된 것이다. 산업혁명이 일어나고 유기화학이 발전하자 화학자들은 다양한 향수의 제조 기법을 발전시켰다. 식물, 동물 등에서 추출한 천연향과 화학적인 방법으로 만든 합성향의 원료가 개발되면서 그동안 경험해보지 못한 새로운 향의 시대가 열린 것이다. 그리고 그것을 과감하게 활용하는 조향사가 등장하여 향의 지평이 대폭 넓어졌다.

향이 유럽에서 많이 발전한 것은 사실이지만 그렇다고 서구 문명에 한정된 것은 아니었다. 오히려 향의 전파에는 동양의 기여가 더 크다고 할 수 있다. 중국을 비롯한 동양에서 향은 일찍이 신성한 것으로 취급되었다. 향은 사원의 제단에서 분향되었고, 옷에 향 분말을 뿌려 향긋한 냄새를 풍겼으며, 차에는 꽃잎을 띄워 향을 더했다.

프랑스 그라스 지역 라벤더 농장

인도에서는 힌두교 종교의식에 향이 쓰인다. 그중에서도 백단향은 인도 사람들에게 매우 귀중한 것이어서 결혼식 등 여러 행사에서 뿌리는 관습이 있었다. 이슬람의 코란에는 사향 사용에 관한 기록이 있다. 사향은 아랍인들이 가장 좋아하는 향으로써 사원을 지을 때 반죽에 향을 섞어 넣어서 지어진 후에도 햇빛을 받아 건물이 따뜻해지면 향긋한 냄새를 풍겼다고 한다. 그리스의 과학을 계승하고 발전시켜 중세 유럽에 그 기술을 전해주기도 한 이슬람은 화학실험에도 눈을 뜨게 되었는데, 그들이 발전시킨 증류, 숙성 기술은 향료의 제조 기술에 상당한 발전을 가져왔다. 특히 알코올 증류 기술의 발전은 향료의 산업화에 크게 이바지했다.

우리나라 향의 역사는 불교의 전래와 밀접한 관련이 있다. 불교의 중요한 의식 가운데 '공향'이라는 것이 있다. 불전에 향을 피우면 부처님이 그 사람의 소망을 들어준다는 공향 의식 덕에 불교가 전파된 삼국 시대 사람들은 향을 숭상했다. 그러다가 향료가 나쁜 체취를 없애고 아름다운 향을 풍긴다는 사실을 깨달으면서 여인들을 중심으로 화장품으로 사용하기 시작했다. 꽃잎이나 향나무 줄기를 볕에 한참 말려 분말을 내어 병에 담아 두고 손끝으로 조금씩 찍어 발랐으며, 이러한 향료의 사용법은 삼국 시대뿐만 아니라 고려·조선 시대까지 계속 전해졌다.

향은 아주 작은 휘발성 분자이다 3

1 향은 아주 적은 양으로 작용한다

나방은 페로몬을 통해서 짝을 만난다. 나방 중에서도 가장 냄새를 잘 맡는 것이 누에나방인데, 암컷 누에나방은 수컷을 유인하기 위해 배 부분에서 페로몬을 뿜어내며, 수컷은 아주 먼 거리에서도 페로몬 냄새를 맡고 암컷을 찾아낸다. 날개를 편 길이가 겨우 2~3cm 정도밖에 안 되는 작은 녀석들이 10km 밖에서도 암컷을 찾아내는 것이다.

1930년, 독일의 생화학자 아돌프 부테난트(Adolf Butenandt)는 암컷 나방이 분비한 극소량의 물질을 따라 수 km 떨어진 곳에서 수컷 나방들이 몰려오는 모습을 보고 이 분비물을 연구하기 시작했다. 그와 연구진은 분비물의 실체를 밝히기 위해 누에나방 암컷의 배마디에 있는 특정한 분비샘을 하나하나 떼어냈고, 그렇게 무려 50만 마리의 분비샘을 모아 혼합물을 추출했다. 한 마리에서 추출할 수 있는 분비물의 양이 너무 적었기 때문이다.

이 극히 적은 양의 분비물에도 수컷 나방이 미친 듯이 날개를 파드득거리며 춤을 춘다는 것은 무언가 흥분을 유발하는 성분이 들어 있다는 의미였고, 연구진은 30년 가까이 되는 오랜 연구 끝에 마침내 순수한 성분을 얻을 수 있었다.

그들은 이 성분을 '봄비콜(Bombykol)'이라고 불렀다.

* 봄비콜을 이해하려면 분자의 크기부터 알아야 한다

봄비콜(분자식 $C_{16}H_{30}O$, 분자량 238)의 비밀을 이해하기 위해 가장 먼저 알아야 할 것은 분자의 크기이다. 현대 과학이 밝힌 향의 실체는 그저 '작은 크기의 휘발성 분자'이다. 향의 분자량은 300 이하로 분자의 길이가 1nm(나노미터)도 되지 않는다. 우리는 0.1㎜ 이하는 눈으로 볼 수 없기 때문에 그것보다 지름이 10만 배나 작은 향기 분자의 크기를 실감하기는 힘들다. 그러니 한 방울의 향료에 향기 물질이 몇 개나 들어 있는지 감조차 잡을 수 없다. 향을 신비롭게 생각할 수밖에 없다.

향이든 물성이든 언제나 설명의 시작은 크기와 숫자이다. 과학은 감이 아니라 구체적 숫자를 다루는 것이기 때문이다. 숫자를 아는 것이 크기를 아는 것이고, 그래야 과학적 이해가 시작된다. 향을 과학으로 이해하는 시작이 바로 향기 분자의 크기와 숫자에 관한 개념을 잡는 것인데, 이를 위해 가장 유효한 것은 '1㎤ 크기의 각설탕에는 몇 개의 설탕 분자가 들어 있을까?'를 계산해보는 것이다.

설탕 분자는 향기 물질보다 약간 크지만 그래도 길이가 1nm 정도다. 1cm는 10,000,000nm이므로 1㎤에는 10,000,000×10,000,000×10,000,000개 즉 10^{21}개의 설탕 분자가 들어간다. 하지만 이런 큰 숫자는 전혀 체감할 수 없으니, 설탕 분자의 지름 1nm를 1mm로 1백만 배 확대해서 생각해 보면 훨씬 유용하다. 설탕 분자를 지름 1mm의 작은 모래로 확대하면 지름 1cm 각설탕은 지름 10km의 에베레스트산보다 거대한 모래성이 된다. 우리가 각설탕 1개를 먹는다면 10km×10km×10km의 모래성에 포함된 모래의 숫자만큼의 설탕 분자를 먹는 셈이다.

이것만으로는 느낌이 덜 온다면 아래 계산을 해보면 좀 더 실감이 날 것이다. 각설탕에 존재하는 설탕 분자를 한 줄로 이으면 그 길이가 얼마나 될까?

$1cm = 10^7 nm$

$1cm^3 = 10^7 \times 10^7 \times 10^7 nm = 10^{21} nm = 10^{14} cm = 10^{12} m$

$= 10^9 km$(1,000,000,000km, 10억km)

10억km는 지구의 둘레가 약 40,000km이므로, 지구를 25,000번 감을 만한 길이다. 각설탕 한 개에는 설탕 분자를 1줄로 이으면 지구를 25,000번 감을 만큼 많은 분자가 들어 있는 것이다.

이 사실만 잘 생각해봐도 페로몬의 비밀을 절반은 알 수 있다. 아주 작은 페로몬도 그 숫자는 엄청나게 많은 것이고, 후각보다 덜 둔감하면 충분히 느낄

분자의 크기와 양(숫자)의 관계

수 있는 숫자이다. 향기 분자는 36개만 있어도 한 개의 후각세포를 활성화할 수 있다. 공기 분자 1조 개 중에 페로몬 분자가 1개만 있어도 향기를 맡을 수 있을 정도라고 하면, $1cm^3$에는 공기 분자가 몇 개나 들어 있는지부터 확인해 봐야 하는 것이다.

우리는 공기 $1cm^3$당 분자가 수십만 개 이상 있어야 겨우 향으로 느끼기 시작한다. 감각의 목적은 주변 환경을 무작정 예민하게 느끼는 것이 아니다. 유용한 정보를 엄선해 적절한 정도로 느끼는 것이 핵심이다. 그러니 무작정 감각의 감도를 높이는 것보다 적절히 감각을 조절하는 것이 핵심이라 할 수 있다. 보통 개의 코가 예민하다고 생각하지만, 실제 공기 중에 존재하는 향기 분자를 계산해보면 개의 코가 민감한 것이 아니라 사람의 코보다 단지 덜 둔감하게 세팅되어 있다는 것을 알 수 있다.

* 크기가 작다는 것은 그만큼 숫자가 많다는 의미다

식품에서 향기 물질의 양은 보통 0.1%가 안 된다. 하지만 숫자로는 결코 적은 양이 아니다. 그 의미를 실감하기 위해 아래의 예를 계산해보자. 가로, 세로 10m, 높이 3m의 강당이 있다. 여기에 1g의 알코올을 휘발시켜 고르게 분포시킨다고 할 때 공기 $1cm^3$당 알코올 분자는 몇 개나 존재할까?

에탄올은 분자량이 46이므로, $46g=6\times10^{23}$ 분자

에탄올 1g $= 6\times10^{23}/46 = 1.3\times10^{22}$ 분자

강당 면적 $= 10m\times10m\times3m$

$= 1,000\times1,000\times300cm^3 = 3\times10^8cm^3$

$1cm^3$당 알코올 $= 1.3\times10^{22}/3\times10^8 = 4.35\times10^{13}$(43.5조)

고작 알코올 한 방울로 체육관 전체를 $1cm^3$당 43조 개의 알코올 분자로 채울

수 있지만 우리는 그 정도의 알코올이 공기 중에 있다는 것을 전혀 느낄 수 없다. 사실 알코올은 무취라고 할 정도로 향이 약한 물질이고, 일반적인 향의 원료가 되는 물질은 알코올보다 100만 배는 강하다. 알코올의 100만 분의 1만 있어도 향을 느낄 수 있다는 의미다. 그런데도 우리는 공기 $1cm^3$당 향기 물질이 1백만 개 이상 있어야 겨우 향으로 느끼기 시작한다. 아주 작은 양의 페로몬도 그 숫자는 엄청나게 많으며, 후각보다 덜 둔감하면 충분히 느낄 수 있는 숫자이다.

2 향기 물질은 휘발성이 있고, 물보다 기름에 잘 녹는다

향기 물질에 관한 과학적인 이해의 시작은 '크기가 작다'라는 의미를 이해하는 것이고, 두 번째로 알아야 할 것은 바로 향기 물질은 물보다 기름에 잘 녹는 '지용성 물질'이라는 것이다. 향기 물질뿐 아니라 맛 물질 역시 크기가 작은 분자다. 향기 물질과 맛 물질의 차이를 결정하는 것은 용해도이다. 물에 잘 녹으면 맛 성분이 되기 쉽고, 기름에 잘 녹으면 향기 물질이 되기 쉽다. 맛은 휘발성이 필요 없고 물에 잘 녹기만 하면 되므로 향에 비해 큰 분자도 가능하다.

향기 물질과 맛 물질 비교

분류		후각 물질	미각 물질
물리적 성질	끓는점	낮다(120~350℃)	높다
		휘발성이 필수	비휘발성이 많다
	수용성	지용성	수용성
	극성	작다	크다
화학적 성질	분자량	17~300	1~20,000
	분자구조	간단	간단~복잡
함 량		적다(ppm~ppb)	많다(%~ppm)

향기 물질은 분자량이 300 이하인데 맛 물질은 물에 녹기만 해도 되므로 분자량이 2만 이하면 작용할 가능성이 있다. 여기서 분자량 2만은 최대 크기이고, 보통은 이보다 적다. 사실 분자량이 적을수록 맛을 느끼는 데 유리하다. 예를 들어 포도당이 여러 개 결합할수록 단맛은 줄어든다. 포도당이 3~5개 정도 결합한 올리고당이 달지 않은 이유다. 10개 정도가 결합한 덱스트린은 단맛을 거의 기대하기 힘들고, 포도당이 수천 개 이상 결합한 전분이나 셀룰로스는 당연히 아무 맛도 느낄 수 없다. 신맛과 짠맛은 이온 채널을 통과하는 물질이므로 포도당보다 훨씬 작은 분자이며, 감칠맛도 작은 크기다. 결국 대부분의 맛 물질은 분자량이 1,000 이하다.

* **페로몬은 특별한 약속일 뿐, 신비한 물질도 신비한 현상도 아니다**

봄비콜은 최초로 발견된 페로몬으로 탄소가 16개인 팔미트산의 10번 위치가 트랜스형, 12번 위치가 시스형으로 변형되어 만들어진 알코올(E,Z-Hexadeca-10,12-dienol)이다. 다른 휘발성 물질보다는 불포화 위치가 특이해 형태만 다를 뿐 구성하는 원자와 크기 등은 전혀 특별한 것이 없는 분자이다. 암컷 누에나방이 봄비콜을 분비하여 공기 중에 희석되고 널리 퍼지게 되면 멀리 있는 수컷의 특별히 봄비콜에 반응하도록 만들어진 약 4,000개의 후각 수용체에 다다르게 된다. 그러면 수컷은 어두운 밤에도 4km 밖의 암컷을 찾아갈 수 있다.

페로몬은 양이 적어서 오히려 더 신비한 물질처럼 여겨진다. 하지만 여기에 특별한 생리적 기능이 있는 것은 아니다. 오로지 쾌락 회로를 직접 강타하여 도저히 쾌락에서 벗어나지 못하게 할 뿐이다. 마약 중독과 정확히 같은 현상이다. 연어는 5년 이상을 바다에 살면서 가장 건강할 때 번식을 위해 아무것도 먹지 않고 모천으로 회귀한다. 자신이 가진 모든 힘과 에너지를 소비하면서 2주를 보낸 후에 완전히 쇠진하고 탈진하여 죽는다. 그러니 마약이나 페로몬의 분자 자체에 뭔가 특별한 힘이 있다는 생각은 완전히 엉터리인 것이다.

페로몬은 단지 특별한 약속이다. 다른 동물이 좀처럼 쓰지 않는 물질을 만들어서 이 물질을 감지하면 무작정 약속된 행동을 수행할 뿐이다. 이 약속된 행동이란 주로 번식에 관련된 행동이다. 나비 한 마리가 수 km 밖의 제 짝을 찾아가고, 무리를 지어 움직이는 물고기가 몇 마리만 신호를 감지해도 무리 전체가 수천 km를 찾아가는 힘이다. 페로몬은 단지 흔한 물질이 아닐 뿐이지 그 자체에 특별한 무엇이 있는 것은 아니다. 그저 같은 동물끼리의 특별한 약속이다.

향기 물질 자체에 의미를 부여하면 결국 틀리게 된다. 모든 분자는 크기, 형태를 가지고 움직일 뿐이다. 그중에서 향기 물질은 휘발성이 있어야 하므로 아주 작은 크기의 분자이고, 그만큼 숫자는 아주 많고, 물보다는 기름에 잘 녹는다. 이것만 알아도 향을 과학적으로 이해할 준비는 끝난 것이나 다름없다.

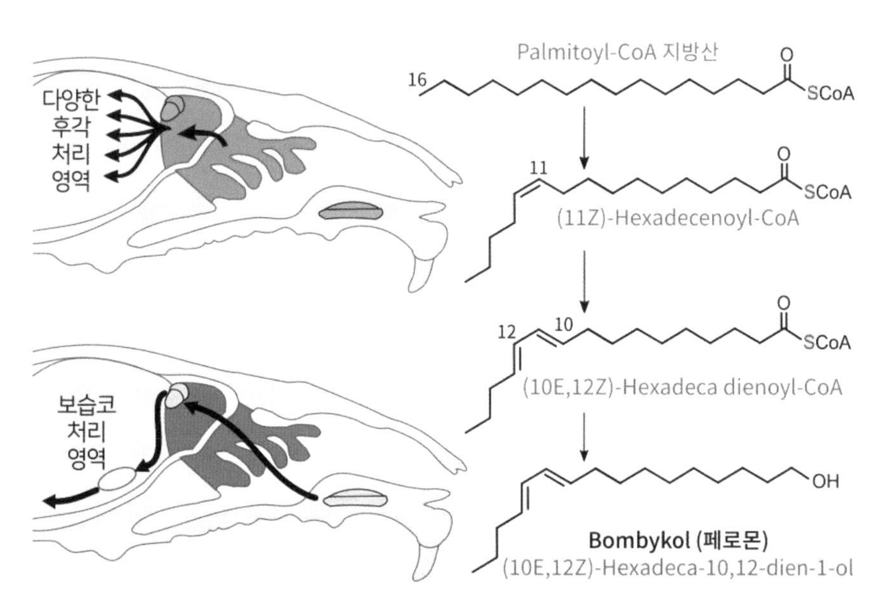

붐비콜의 분자 형태와 페로몬(보습코)의 작용 경로

2장

후각은 동물의 지배적인 감각이다

향은 식물에게 언어와 같다 1

1 식물이 향기 물질을 만드는 이유

우리는 향을 그다지 중요하지 않게 생각하는 경우가 많다. 예를 들어 인간의 여러 감각 중 하나를 포기해야만 하는 상황이 왔을 때 시각이나 청각을 포기하더라도 후각만큼은 반드시 지키려는 사람은 그리 많지 않을 것이다. 하지만 여전히 후각은 동물에게 있어서 지배적인 감각이다. 앞서 페로몬을 설명했지만, 동물은 후각이 절대적인 역할을 하는 경우가 많다.

반면에 동물이 만드는 향은 그리 많지 않다. 과거에는 동물로부터 용연향, 사향, 영묘향, 해리향 정도를 채취했지만, 가격이 비싸고 원료를 구하기 힘들어서 지금은 비싼 향수에만 일부 쓰일 뿐, 대부분 합성품으로 대체된 상태다. 사실 동물의 향을 원료로 사용하는 예도 드물지만, 음식에서 동물 향이 나는 것도 좋아하지 않는다. 우리가 현재 주로 사용하는 향은 대부분 식물의 향과 합성한 것이다. 자연에는 약 30만 종의 식물이 존재하는데, 그중 대략 1,500종에서 향을 구하고 있으며 실제로 얻는 향기 물질의 90% 이상을 고작 20종 이하의 식물에서 얻는다. 오렌지, 박하, 유칼립투스, 정향, 라임 등이 대표적이다.

모든 동식물이 대량으로 향기 물질을 만들지는 않지만 모두 생존과 번식을 목적으로 소량씩은 의도적이든 비의도적이든 향기 물질을 만들고 분비하고 감각한다. 말도 몸짓도 하지 못하는 식물은 향기 물질을 언어처럼 사용하여 주변과 소통한다.

* 향으로 균류, 곤충, 동물을 불러 모은다

콩과 식물의 뿌리는 플라보노이드를 분비하여 뿌리혹의 생장과 기능을 조절하는 유전자를 작동시키고, 질소고정세균은 뿌리혹 속에 살면서 콩과 식물과 서로 유익한 관계를 유지한다. 식물의 80% 이상이 이 공생시스템에 의하여 식물 성장에 결정적 요소인 단백질(질소원) 자원을 확보한다.

식물은 향기로 곤충과 같은 화분 매개 생물을 불러 모은다. 밤에 꽃이 피는 식물들이 곤충을 유혹하기 위해서는 꽃의 색이나 모양보다 휘발성 물질이 더 좋은 신호일 것이다. 꽃의 향은 화분을 통해 유전자의 품질을 유지하거나 향상하려는 시스템이고, 과일의 향은 씨앗을 멀리 퍼트리기 위한 유혹의 수단이다.

세상은 꽃이 피는 식물이 지배한다. 곤충은 이 꽃 저 꽃을 돌아다니며 다리에 붙은 꽃가루를 옮겨주는 역할을 한다. 바람에 의존하며 꽃가루를 뿌리던 식물보다 좀 더 확률이 높은 번식 방법이다. 이로써 곤충과 식물 사이에는 커다란 공생관계가 성립하게 되어 식물은 곤충을 유인하기 위해 더욱더 화려해지고, 꽃가루는 곤충의 다리에 잘 달라붙도록 더욱 촉촉해졌다. 그렇게 출현한 속씨식물은 매우 화려하고 향기로워졌다. 곤충과의 상호작용으로 인해 번식 또한 매우 활발했으며 성장 속도도 빨랐다. 반면 이런 속씨식물의 엄청난 번성으로 겉씨식물은 감소하게 되었다.

과일 또한 번식을 위한 유혹의 수단이다. 아직 번식할 준비가 덜 된 상태의 과일은 포식을 단념시키기 위한 방어용 화합물인 독성 알칼로이드와 떫은맛을 내는 타닌 등을 축적하며, 다양한 효소 시스템을 가동할 준비를 한다. 마침내 모든 준비를 마치고 씨앗을 퍼뜨려 줄 동물이 필요한 시기가 되면 과일이 익기 시작한다. 사실 익는 과정은 죽음 즉, 자기 분해의 과정이다. 탄수화물의 분해로 당이 증가하고 질감이 말랑말랑해지고 산과 타닌 등 방어 화합물이 사라지며 독특한 향마저 생성된다. 껍질의 색깔은 보통 녹색에서 노란색 또는 붉은색처럼 눈에 잘 띄는 색으로 변하여 시각적인 홍보도 한다. 과일은 이렇게 익어가면서 우리의 오감을 즐겁게 해주기 위해 자신을 스스로 채비하며 적극적으로 종말을 준비한다.

* 향기 물질은 방어 수단의 하나이다

나무는 스트레스를 받을 때 생태학적 네트워크에 증기 형태로 아스피린(살리실산)을 방출한다. 이것은 식물 고유 방어체계의 신호 물질이며 여러 식물의 조직에서 동물이 싫어하는 물질과 소화되지 않은 물질을 연쇄적으로 만드는 과정을 촉발한다. 그리고 이 물질은 인근 식물들에 의해 읽히고 해석되어 그들의

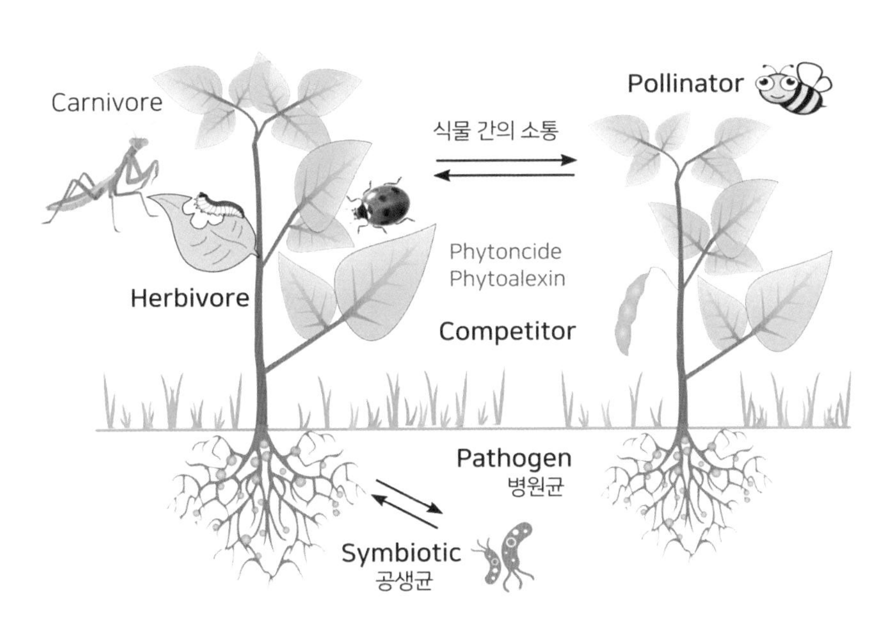

식물이 향을 만드는 이유

방어 시스템을 가동하도록 도와준다. 식물은 포식자를 피해 도망가지 못한다. 초식 곤충과 초식 동물에 관한 유일한 방어체계는 여러 가지 화학물질을 만드는 방법뿐이다.

고추의 매운맛은 캡사이신의 함유량으로 측정하는데, 희석하여 매운맛을 감지하지 못하는 수준을 0으로 하여 순수한 캡사이신의 농도까지를 '스코빌' 단위로 표현한다. 순수 캡사이신은 '1,500만' 즉, 캡사이신을 1/1,500만으로 희석해야 매운맛이 없어진다. 캡사이신은 원래 고추가 동물로부터 자신을 지키기 위해 만든 화학무기다. 그래서 사람을 제외한 다른 동물은 거의 탐하지 않는다. 예외적으로 새는 수용체의 형태가 약간 달라서 캡사이신이 결합하지 않으므로 전혀 매운맛을 느끼지 않는다. 새를 통해 멀리 번식하고자 하는 고추의 책략인 셈이다.

식물은 좀 더 지능적인 방어도 한다. 겨자와 같은 식물은 말벌을 고용해 청부 살해를 하는 것으로 밝혀졌다. 네덜란드 바게니겐대학 니나 파토로우 박사팀은 흑겨자는 나비 애벌레가 자신을 갉아 먹으면 두 가지 방식으로 방어하는 것을 밝혔다. 첫 번째로 나비가 잎에 알을 낳으면 세포 조직을 괴사시켜 알이 제대로 부화하지 못하게 막는다. 배추흰나비의 알이 잎에서 분비된 특정 화학물질과 반응하고, 하루 정도 지나면 잎이 마르는 등 조직이 망가져 결국 알이 제대로 부화하지 못하게 되는 것이다.

그런데 양배추나방처럼 무더기로 알을 낳을 때는 두 번째 방법을 쓴다. 바로 기생일벌을 부르는 것이다. 양배추나방이 흑겨자 잎에 알을 많이 낳으면, 흑겨자는 기생일벌을 유혹하는 물질을 뿌려 '이곳에 먹이가 있음'을 알린다. 그러면 기생일벌이 다가와 양배추나방의 알에 자신의 알을 낳는다. 흑겨자 입장에서는 기생일벌을 시켜 향후 자신을 공격할 애벌레가 태어나지 못하게 미리 죽이는 '청부 살해'를 한 셈이다.

* 향기 물질은 공격수단이기도 하다

동물은 식물의 가장 큰 적이지만, 식물 사이에도 치열한 경쟁이 벌어진다. 식물은 생존을 위해 잎줄기에서 나름대로 다른 식물에 해로운 화학물질을 분비하는데 이를 '타감작용'이라고 한다. 상쾌한 향기 덕분에 흔히 실내에서 많이 키우는 허브나 제라늄 같은 풀들도 타감작용을 한다. 평소에 가만히 두면 아무런 향이 나지 않지만 강한 바람이 불거나 인위적으로 슬쩍 건드리기만 해도 별안간 강한 향기를 풍겨낸다. 감자 싹에 들어 있는 솔라닌의 독성이나 마늘의 항균성 물질인 알리신 역시 모두 제 몸을 보호하는 물질이다. 어느 식물이든 자기방어 물질을 내지 않는 것이 없다. 사실 항생물질까지 생성한다. 그들도 살아남기 위해 별의별 수단을 다 쓰는 것이다.

삼림욕을 이야기할 때 말하는 피톤치드(Phytoncide)는 '식물'이라는 뜻의 '피톤(Phyton)'과 '죽이다'라는 뜻의 '사이드(Cide)'를 합쳐 만든 말로써, '식물이 분비하는 살균물질'이란 뜻이다. 이 말은 1943년 러시아 태생의 미국 세균학자 왁스만이 처음 만들었는데, 그는 스트렙토마이신을 발견해 결핵을 퇴치한 공로로 1952년 노벨 의학상을 받기도 했다. 피톤치드는 식물이 내는 항균성 물질의 총칭으로써 여기에는 터펜을 비롯한 페놀 화합물, 알칼로이드 성분, 배당체 등이 포함된다. 모든 식물은 항균성 물질을 가지고 있고, 어떤 형태로든 피톤치드를 함유하고 있다. 피톤치드의 항균성은 항생물질처럼 강력한 것이 아니고, 일종의 예방적 차원으로 세균을 억제하는 물질이다.

일반적으로 건전한 고등식물이 갖는 항균성 물질을 피톤치드라고 하고, 병원균이 침입했을 때 그것의 발육을 저지하기 위해 식물이 분비하는 더 강력한 항균성 물질을 편의상 '피토알렉신(Phytoalexin)'이라고 분류한다.

* 향은 식물에게 언어와 같다

식물이 향을 만들려면 상당한 자원과 에너지가 필요한데, 사람의 후각을 즐겁게 해주기 위해서 향을 만들었을 리는 없다. 식물이 필요해서 만든 물질이거나 부산물일 가능성이 높다. 예를 들어 많은 허브는 가만히 있을 때는 향이 없다가 잎을 건드리면 갑자기 향을 풍긴다. 주변에 경보를 발령하는 것이다. 아까시나무는 염소 등의 동물이 자신을 뜯어먹으면 즉각 향기 물질을 분비해 다른 아까시나무들이 염소가 소화하기 어려운 성분을 더 만들도록 한다. 식물은 흙 속에 감춰진 뿌리를 통해서도 대화하는데 향기 물질을 통해 뿌리 끝끼리 서로 정보를 교환하거나 흙 속에 있는 수많은 박테리아 및 균류들과 소통한다. 식물은 소리를 낼 수 있는 입이 없다. 하지만 주변의 식물이나 곤충과 신호를 주고받을 필요가 있다. 이 신호를 주고받는 가장 쉬운 방법이 향이다. 식물은 향기 물질을 만들어 식물끼리 소통하고 동물과도 소통한다.

식물이 향기 물질을 만들지만, 많은 경우 동물이 없다면 그것을 향기 물질이라고 할 수 없을 것이다. 동물이 감각하고 그에 따라 행동이 달라지기 때문에 비로소 향이라는 의미를 가지는 경우도 많기 때문이다.

후각은 동물의 가장 오래된 감각이다

2

1 생존을 위해 먹이와 환경을 감각해야 한다

우리는 흔히 후각을 가장 원시적인 감각이라고 부른다. 사람이 태어날 때 가장 먼저 발달해 있는 감각이며, 가장 단순한 동물도 가지고 있는 감각이기 때문이다. 우리는 눈이 있으면 당연히 볼 수 있다고 생각하지만, 신생아는 시력이 거의 없는 상태로 태어난다. 갓 태어난 아기는 색을 구별하지 못하고 심한 근시여서 30cm 이상 떨어진 물체는 구별하지 못한다. 적어도 수개월이 지나야 눈의 초점을 제대로 맞춰서 사물을 볼 수 있다. 하지만 막 태어난 아기도 후각만큼은 매우 예민한 상태를 유지한다. 아기는 후각을 통해 엄마에게 친근감을 느끼며, 낯선 이를 알아챌 수 있다. 심지어 임신한 상태에서 엄마가 먹었던 음식 냄새도 기억하여 엄마가 먹었던 음식을 더 좋아하는 경향을 보이기도 한다. 태어나기 전부터 이미 향을 구별하는 능력이 발달해 있는 것이다.

세균은 크기가 몇 마이크로미터(㎛)에 지나지 않는 단세포 생물이다. 이런 단세포 생물의 하나인 대장균에도 코가 있다. 물론 진짜 코가 달린 게 아니라 사람처럼 화학물질을 감지하는 기능이 있는 것이다. 대장균의 코 즉, 단백질 센서는 막대 모양인 대장균 끝에 있으며, 이 센서에 화학 물질이 결합하면 단백질의 세포막 안쪽에서 화학적인 변화가 일어난다. 영양분이면 그 방향으로 움직이도록 편모 근육을 조절하고, 불리한 물질이면 피하도록 움직이는 것이다. 이러한 미생물의 화학물질에 관한 반응을 '주화성(Chemotaxis)'이라고 하는데, 세포 하나에 불과한 단세포 생물조차 향기(화학물질)를 맡을 수 있기에 후각은 가장 원시적인 감각이라고도 부를 수 있다. 후각은 여느 감각보다 앞선 35억 년 전쯤에 나타난 것으로 짐작된다.

후각은 임의로 차단할 수 없는 감각이다. 꿈꿀 때도 작동하고, 숨을 쉬는 한 느낀다. 그리고 후각보다 많은 유전자를 점유하는 기능은 없고, 원시동물일수록 뇌의 높은 비율을 차지한다. 최초의 포유류는 오늘날의 고슴도치와 상당히 유사한데, 이런 고슴도치의 뇌는 후각기관이 가장 넓은 영역을 차지한다. 나비의 뇌는 무려 절반이 후각을 담당하는 영역이다. 이렇듯 후각은 초기 감각이라 맨 먼저 발달했을 뿐 아니라 많은 동물의 지배적인 감각이다. 지향성의 메커니즘은 후각에서 가장 먼저 나타났다. 시각과 청각은 정확한 지각을 위해서 상당히 많은 예비 과정이 필요한데, 후각은 그런 과정이 적은 단순한 시스템으로

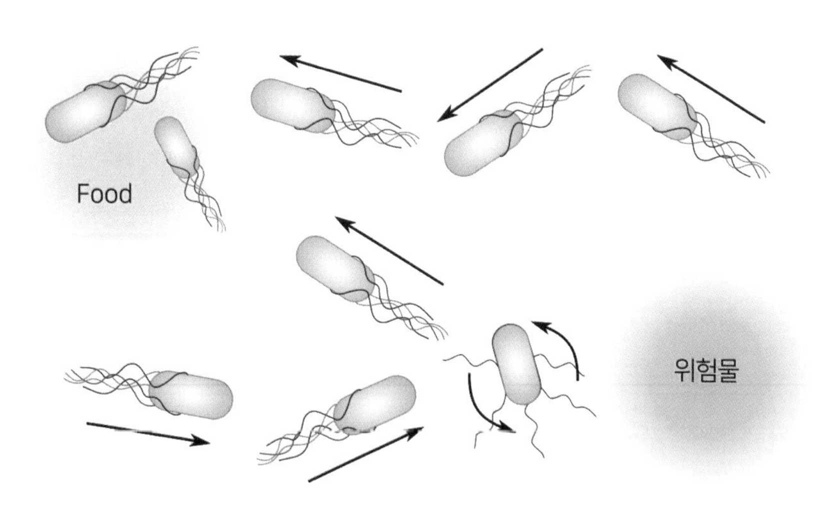

세균의 주화성

되어 있고, 해부학적으로도 변연계와 가장 가깝고 감정 표현에 개입되는 뇌 부위에 가장 직접적으로 닿는다.

그중에서 가장 예민한 후각을 가진 동물은 개나 다람쥐처럼 향기 분자가 가라앉은 땅에 코를 바짝 댄 채 걸어 다니는 짐승들이다. 지구상 모든 포유류의 공통점은 '후각'의 발달이다. 하지만 사람은 직립보행을 하면서 후각이 퇴화하고 '시각'이 발달했다. 그리고 높은 곳(냄새가 적은)에서 먼 거리를 봐야 하는 조류는 시각이 훨씬 더 발달했다.

* 자연에는 후각의 천재가 많다

사람은 맛과 향을 따로 느낀다. 공기 중에 휘발해서 코로 느끼는 것은 향이고, 음식물에 녹아있어서 혀로 느끼는 것은 맛이다. 맛 성분이 코로 갈 확률이 적은 것이다. 그렇다면 물고기는 어떨까? 물에는 향기 물질과 맛 물질이 같이 녹아있다. 맛 성분과 향기 성분이 입과 코로 동시에 가는 것이다. 그런데도 물고기는 입과 코가 따로 있고, 맛과 향기를 따로 느낄 수 있다고 한다.

장어나 연어가 산란기에 냄새를 따라 수천 km를 헤엄쳐 원래 태어난 곳을 찾아가는 행위는 너무나 유명하고, 보통 물고기 또한 후각이 뛰어나다. 새끼들은 물결에 밀려 태어난 곳에서 최고 32km까지 밀려갔다가도 후각에 의존해 집으로 되돌아온다. 후각이 뛰어나기 때문에 탁하고 어두운 물이나 컴컴한 밤에도 문제없이 먹이를 찾는다. 미각은 음식을 삼킬지 뱉을지 판단하는 데 쓰고, 후각은 먹이와 집을 찾고 적의 냄새를 맡아 피하는 데 쓴다. 용도가 전혀 달라서 입과 코가 따로 있는 것이다.

우리 주변에도 후각이 뛰어난 동물은 많다. 개의 후각세포는 사람의 17배나 되는 면적에 10배 이상 촘촘하게 배치되어 있어서 170배 이상, 향기 물질에 따라 최대 10만 배까지도 예민하다. 또한 냄새 탐색이 쉽도록 종잇장처럼 얇은 뼈들이 미로처럼 얽혀 있는 '후각 함요'라는 구조로 되어 있다. 게다가 1초에 최대 다섯 차례까지 냄새를 맡으며 끊임없이 주위를 살피기 때문에 그 뛰어난 탐색 능력은 사람이 쫓아가기 어렵다.

몸길이가 3mm에 불과한 초파리도 나름 훌륭한 후각을 가지고 있다. 초파리는 과일 썩는 냄새를 귀신처럼 알고 모여든다. 향기 분자에 결합한 수소가 일반 수소인지 중수소인지를 구분할 정도로 예민하고, 술에 들어 있는 알코올의 농도까지 구분할 정도다. 알코올 농도 3~5%의 맥주에는 이끌리지만, 보드카나 진 가까이에는 얼씬도 하지 않다. 적당한 농도의 알코올이 포함된 식품은 유충이 기생충에 감염되지 않고 건강한 성충이 되는 데 도움이 되지만, 너무 높은 농도의 알코올은 치명적이기 때문이다. 이처럼 동물 중에는 후각이 뛰어난 것도 많고 그 목적도 다양하다.

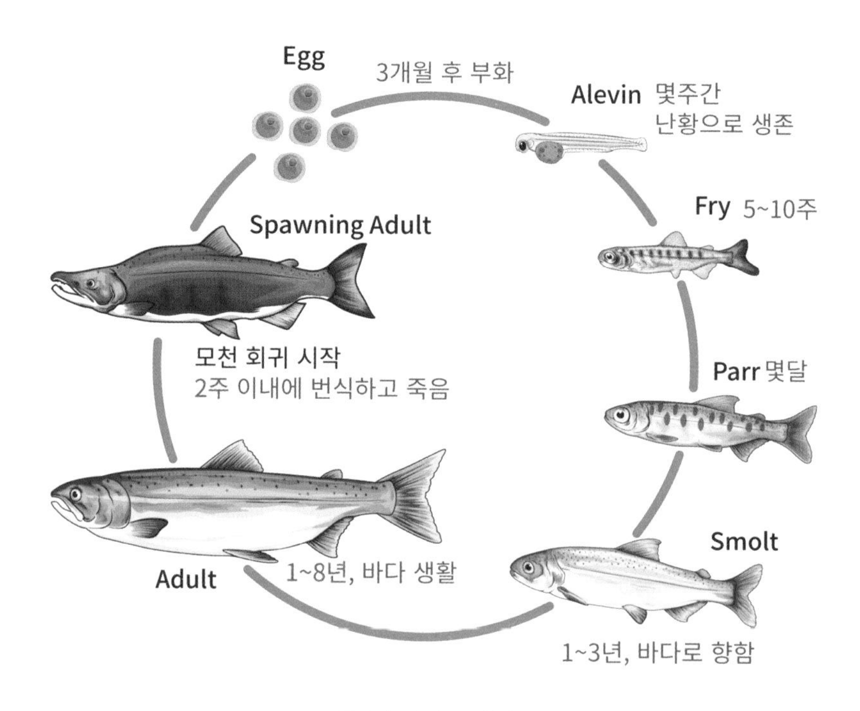

연어의 라이프 사이클

2 후각의 목적은 다양하다

* 먹이를 찾아라!

생존의 기본요소는 먹이를 찾는 것이고, 여기에 후각이 큰 역할을 한다. 모기 암컷은 산란기가 오면 알의 성장에 필요한 단백질을 보충하기 위해 인간을 포함한 온갖 온혈동물의 피를 빤다. 모기는 언제나 우리를 짜증이 나게 하고, 실제로 인간을 가장 많이 죽게 하는 동물이기도 하다. 그런 모기가 피 냄새를 찾아 혈관에 정확히 침을 꽂는 비결을 국내 연구진이 밝혀낸 바 있다. 서울대 안용준 교수와 권형욱 교수가 모기 주둥이에 달린 뾰족한 침에 피 냄새를 맡는 후각 수용체가 있다는 사실을 발견한 것이다.

그동안 모기는 멀리 있는 사람이나 동물에서 나오는 이산화탄소나 옥테놀 같은 물질로 위치를 찾고, 가까이 다가가서는 땀 냄새나 젖산 성분에 유인된다고 알려져 있었다. 하지만 모기가 피부 위에 내려앉아서 혈관을 찾아내는 원리는 계속 수수께끼로 남아 있었는데, 국내 연구진이 모기가 혈관에 내리꽂는 침의 끝부분에서 냄새를 맡는 감각모와 후각 수용체 2개를 발견했다. 조작을 통해 모기에게 이들 수용체가 나오지 않도록 처리하자 피부에 앉아서도 혈관을

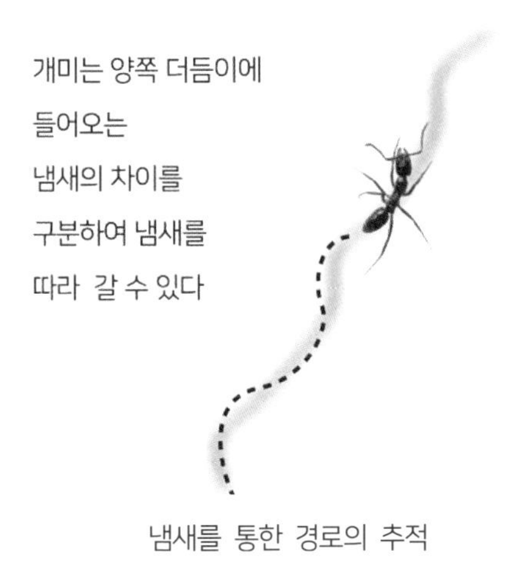

냄새를 통한 경로의 추적

잘 찾지 못하고 피를 다 빠는 데도 3~15분이나 걸렸다. 정상적인 모기는 30초면 충분한데, 후각 수용체를 없애자 훨씬 느려진 것이다. 보통은 후각세포가 코에 있다고 생각하지만, 발바닥이든 침 끝이든 생존에 필요하면 어디든지 만든다.

쥐는 콧구멍이 두 개인 것을 활용하여 향이 나오는 방향까지 잘 찾는다. 우리가 양쪽 귀에 전달되는 소리의 시간 차이로 소리의 방향을 짐작할 수 있는 것과 같다. 인도 국립생명과학센터의 발라 연구팀은 목마른 쥐를 이용, 구멍이 뚫린 벽에 코를 대고 흘러나온 냄새의 방향을 맞추면 물을 주는 훈련을 시켰다. 그러자 쥐는 바나나, 유칼립투스, 장미즙 등 종류와 관계없이 0.05초 이내에 80%의 정확도로 방향을 알아냈다. 포유류는 공룡이 지배하던 시대에는 야행성 동물이었다. 빛이 없는 어둠에서 코는 먹이를 찾고 위험을 피하는 매우 중요한 역할을 했던 것이다.

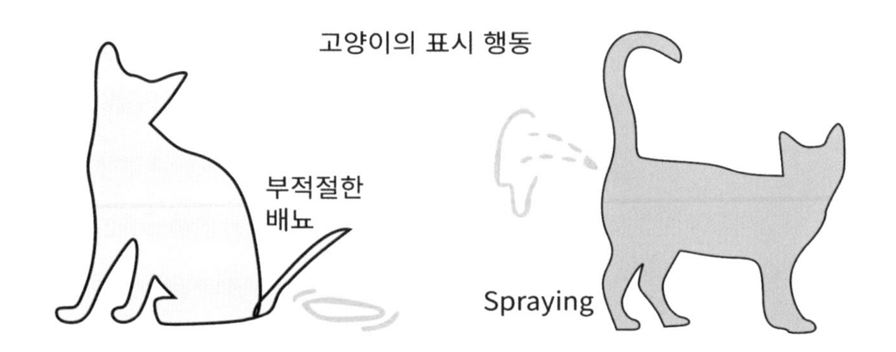

* 위험을 피하라!

우리는 이익보다 손해에 훨씬 민감하다. 길을 가다가 새로운 향을 맡고 확인해보니 맛있는 음식이었다면 우리는 그 향기를 기억할 것이다. 그런데 뭔가 이상한 향을 맡았는데 호랑이를 만나 죽을 뻔했다면 그 향기는 절대로 잊을 수 없을 것이다. 좋은 기억보다 나쁜 기억을 훨씬 잘 기억해야 생존에 유리하기 때문이다. 동물은 향을 통하여 공포를 전달하기도 한다.

2008년, 스위스 로잔대학 연구진은 위험에 처한 쥐가 '경고 페로몬'을 내보내면 다른 쥐는 그 향기를 맡고 도망가거나 숨는 등의 동작을 취한다는 사실을 밝혀냈다. 연구진은 우선 늙은 실험용 쥐를 안락사시킨 다음 그곳의 공기를 모아서 다른 쥐가 있는 공간으로 옮겼다. 그러자 쥐는 실험 공간의 반대편으로 도망가거나 그 자리에서 꼼짝하지 않았다. 그러나 코끝에 있는 '그루에네버그(Grueneberg)'라는 신경조직을 제거한 쥐는 아무렇지 않은 듯 행동했다. 그루에네버그는 1973년에 처음 발견됐지만 정확한 기능에 대해서는 아무도 몰랐는데, 이 실험으로 신경을 제거해도 숨겨진 쿠키 등의 먹이를 찾는 데는 아무런 문제가 없지만, 오로지 경고 호르몬만 인식하지 못한다는 것을 알게 되었다. 물고기도 큰 물고기의 공격을 받을 때 비늘에서 '비명 물질'이라는 페로몬을 방출해서 주위에 위기 상황을 알리는 것으로 알려져 있다.

* 누구인지 알아라!

동물은 후각이 지배적 감각이고 긴요한 소통의 수단이다. 냄새는 종족별로 차이가 있고, 같은 종도 그룹 간에 차이를 보인다. 물론 개체별로 차이가 있어 동물은 냄새를 통해 동족인지, 같은 집단인지, 심지어 누구인지까지 알아볼 수 있다. 동물이 자신의 영역에 분비물을 뿌리는 행위는 익히 알려져 있다. 다른 수컷이 접근하지 못하도록 심리적 압박을 가하고 지배력을 과시하는 것이다.

사람도 원시 부족일수록 향기의 의미가 컸을 것이다. 예를 들어 콜롬비아 아마존 열대우림의 데사나족은 유전적 형질과 먹는 것의 차이 때문에 부족마다 독특한 향이 있다고 여긴다. 사냥꾼인 데사나족은 그들이 먹는 사냥감의 사향 냄새를 풍긴다고 생각하고, 이웃인 타푸야족은 어업으로 살아가기에 물고기 냄새가 난다고 여긴다. 인근의 투카노족은 농업을 하기 때문에 밭에서 기르는 뿌리채소류와 알뿌리 작물, 채소 향이 난다고 생각한다.

음식의 향은 보이지 않는 문화적 울타리도 된다. 모든 문화권에는 악취가 나는 음식이 하나쯤 존재한다. 좋은 예로 스웨덴의 특산 '수르스트뢰밍'은 발효시킨 청어인데, 이것을 최고의 진미라고 생각하는 사람에게조차 피할 수 없는 끔찍한 악취를 풍긴다. 또 스칸디나비아에는 '루터피스크'가 있다. 루터피스크는 자연 건조한 대구를 며칠 동안 물에 담갔다가 다시 이틀 동안 양잿물에 재우고, 다시 며칠 동안 맹물에 넣어서 만든다. "비누 맛이 나고, 염소까지 숨 막히게 할 만큼 역한 냄새를 풍기는 불쾌한 젤라틴 덩어리"라는 평도 있지만, 자신이 진정한 크누트의 자손이라 생각하는 사람들은 1년에 최소 한 번은 이 루터피스크를 먹는다. 향기가 소속의 상징이고 문화인 것이다. 마찬가지로 썩히다시피 두부를 발효시킨 취두부를 먹지 않으면 진정한 타이완 사람이 아니라고 말한다. 일본에는 납두((納豆, 낫토), 우리에게는 홍어가 있다. 예전부터 동향인을 가장 쉽게 묶어주는 울타리가 되는 것이 바로 지방 고유의 음식이다.

* 짝을 찾아 번식하라!

사랑을 구할 때 어떤 감각이 가장 중요할까? 대부분 사람은 외모를 중시하니 시각이 매우 중요하다고 말할 것이다. 그러나 동물의 경우에는 사랑과 후각이 동일시되기도 한다. 이성을 찾거나 성행위를 하는데 상대방의 향기가 중요한 역할을 하는 것이다. 동물만큼은 아니지만 사람도 이성을 선택하는데 향기 즉, 후각에 알게 모르게 영향을 받는다. 우리가 향을 인식하는 동안 뇌에서 감성을 조절하는 부위인 변연계가 관여하기 때문이다.

나비가 짝짓기할 때 수컷은 암컷이 체외로 방출한 극미량의 페로몬을 감지해 10km 이상 떨어진 곳에서도 정확히 암컷에게 날아간다. 개나 사슴 등 포유동물 대부분도 짝짓기하기 전에 상대 생식기의 냄새를 맡고 성적 자극을 받는다. 페로몬은 동물 사이의 번식뿐 아니라 다양한 의사소통에 쓰이는 화학 물질로 기능에 따라 성페로몬, 집합 페로몬, 길잡이 페로몬으로 나뉜다.

폭포를 거슬러 오르는 연어를 생각해 보면 후각이 동물에게 얼마나 지배적인 영향을 주는지 이해하기 쉽다. 연어는 안전하게 자손을 번식시키기 위해 바다보다 경쟁이 약한 민물을 찾는다. 민물에서 태어나 바다에서 자란 연어는 태어난 지 대략 7년 후 몸이 가장 건강할 때, 어린 시절 맡았던 냄새의 흔적을 찾아 강을 거슬러 오른다. 최소 10년 이상 더 살 수 있는 건강한 몸을 가지고도 냄새로 촉발된 쾌감이란 사소한 보상에 만족하며 죽을힘을 다해 강을 거슬러 올라가는 것이다. 그렇게 자신의 모든 힘을 2주 만에 소진하고 결국 늙고 지쳐서 죽는다.

인간의 후각 능력도 결코 부족하지 않다

3

1 인간의 후각은 둔하고 어눌해 보인다

인간의 후각은 동물에 비해 상대적으로 빈약해 보인다. 시각이나 청각에 비해 정밀하지 않은 데다 언어중추와 거리가 멀어서 언어로 묘사하기도 힘들다. 시각적 자극은 '푸르뎅뎅하다', '누리끼리하다'와 같이 세세한 느낌까지 묘사하고 언어로 공유할 수 있지만, 후각은 그럴 수 없다. 그리고 느끼는 속도마저 느리다. 눈을 가린 채 어떤 향을 맡게 한 뒤 시간이 지나서 같은 향기를 맡게 하면 적어도 12초 정도 지나야 알아챈다. 그런가 하면 20% 정도의 인간은 주지도 않은 향기를 맡았다고 말하기도 한다. 이처럼 후각은 뭔가 좀 모자란, 느림보 같은 감각이다.

개의 후각은 설명할 필요가 없을 정도로 유명하다. 세관에서는 개를 활용해 단단히 밀봉된 여행용 가방 속에 있는 대마초, 코카인 같은 약물이나 화약을 찾아낸다. 개는 냄새로 인간을 구별할 수 있는데, 심지어 일란성 쌍둥이조차 구별할 수 있다고 한다. 돼지는 땅속 깊이 묻혀 있는 송로버섯을 냄새로 찾기도 한다. 연어는 후각을 이용해서 자신이 태어난 모천을 찾아 수천 km를 거슬러 올라가고, 뱀장어는 연어와 반대로 민물에서 자라다가 산란할 때가 되면

3,000km 정도 떨어진 마리아나 해저산맥 근처의 번식지를 찾아간다. 하지만 이는 동물의 후각 수용체 자체가 인간보다 특별해서가 아니다. 단지 숫자가 많고, 그만큼 집중하기 때문이다.

후각 능력을 좌우하는 가장 중요한 요소는 후각상피의 표면적이다. 인간은 작은 동전 크기인 3~4㎠ 정도지만, 고양이는 21㎠, 개는 품종에 따라 18~150㎠에 이른다. 그리고 후각세포의 밀도도 높다. 인간의 후각세포는 1,000만 개 정도인데 토끼는 1억 개, 개는 10억 개에 달한다. 더구나 후각 세포의 섬모도 길이가 길고 숫자도 많아서 수용체(receptor)를 더 많이 가질 수 있다.

동물마다 후각 성능이 다른 것은 생존 전략으로써 후각의 역할과 중요성이 다르기 때문이다. 향기 물질은 크기가 작지만, 공기보다는 훨씬 커서 땅바닥에서 멀어질수록 향이 약해진다. 새는 땅에서 높은 곳에서 날기 때문에 후각이 별로 중요치 않다. 따라서 그들은 후각기관을 퇴화시키고 시각기관을 발달시켰다. 후각은 역시 땅바닥에 코를 박고 다닐 수 있는 네발 달린 짐승이 뛰어나다. 인간은 직립보행을 하게 되면서 코가 지면에서 멀어졌고, 땅에서 나는 풍부한 냄새도 함께 멀어져 버렸다. 그 이후 시각과 청각 정보가 더 중요한 정보원이 되었고, 인간의 후각 영역은 좁아지고 구멍도 좁아졌으며, 후각 수용체의 숫자도 줄어들었다.

* 후각 수용체는 무려 400종이며, 압도적으로 많은 유전자가 사용된다

코에서 후각을 담당하는 곳은 뇌에서 가장 가까운 부분으로, 코로 들어온 공기 전체가 아닌 일부만을 이용하는 구조다. 코 상단의 후점막 부분은 황갈색을 띠고 있어서 다른 부분과 구별되는데, 작은 동전 크기 정도의 이 부위에 향기를 맡는 후각세포가 1,000만 개 정도 밀집되어 있다. 후각세포에 많은 섬모가 나와 있고, 이 섬모의 막에 향기를 감지하는 후각 수용체가 1,000개 정도 있다. 후각 수용체의 종류는 무려 400가지나 된다. 시각 수용체가 3종, 촉각 수용체가 4종, 미각 수용체가 30종인 것에 비하면 압도적으로 많다. 그런데 이것도 원래 800여 종에서 줄어든 것이다.

인간의 유전자에는 800여 가지의 후각 유전자가 있으며, 그중에 실제로 기능하는 것은 400종 정도다. 50% 정도가 화석화된 것이다. 여우원숭이, 신대륙원숭이의 후각 수용체가 18% 화석화되고, 콜럼버스원숭이와 구대륙원숭이가 29%, 오랑우탄, 침팬지, 고릴라가 33% 화석화된 것에 비하면 인간은 화석화된(사용되지 않는) 비율이 높다.

하지만 인간의 후각이 동물보다 못하고 의미 없다고 생각하는 것은 오산이다. 숫자보다 중요한 것이 활용 능력이다. 인간은 고도로 발달한 뇌가 있다. 지네의 다리가 아무리 많아도 잘 달리지 못한다. 숫자를 줄이고 기능을 특화시키는 것이 진화의 방책이다. 눈과 같이 복잡한 기관도 50~100만 년이면 만들어

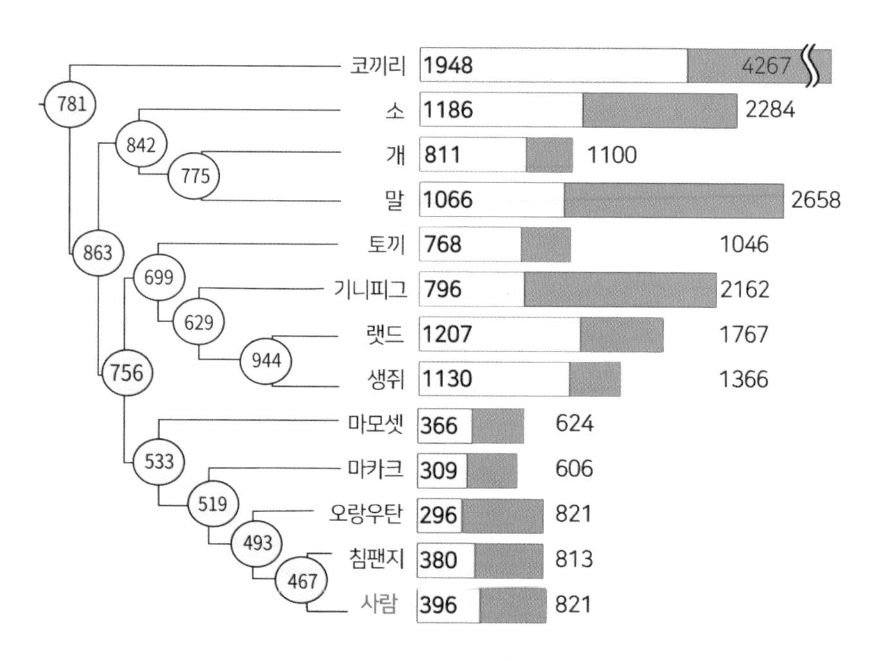

후각세포의 화석화 정도(출처: Yoshihito Niimura 외, 2014)

진다. 반대로 동굴에 갇혀 시각이 필요 없어지면 불과 1,000년 이내에 완전히 퇴화한다. 필요한 기능을 만드는 것도 진화이고, 불필요한 기능을 없애서 비용의 낭비를 줄이는 것도 진화다. 그리고 인간의 뇌가 커져서 후각의 비율이 낮아진 것이지 후각 부위 자체가 작아진 게 아니다. 인간 후각 부위의 면적은 작은 동물의 뇌 전체보다도 크다.

* 인간이 유난히 예민한 향도 있다

누구나 개의 후각이 인간보다 훨씬 민감하다고 알고 있지만 개가 인간보다 덜 둔감한 것이지 신비로울 정도로 민감하다고 말하기는 어렵다. 개의 후각세포가 훨씬 많으니 예민한 것은 당연하다. 하지만 그런 개의 코도 cm^3당 향기 분자가 최소한 수만 개는 넘어야 감지한다. 물론 분자 수만 개는 현대의 최첨단 장비로도 측정할 수 없을 정도로 적은 양이지만 말이다.

그리고 향기 물질의 종류에 따라 인간이 다른 동물만큼 잘 맡는 것도 있다. 바로 구운 향과 고소한 향이다. 고기를 날것으로 먹는 것보다 구워 먹는 것이 생존에 절대적으로 유리했기 때문에 구운 향을 점점 더 좋아하고 예민하게 느끼는 사람만 살아남은 것이 이유일 것이다. 황화합물인 3-머캅토-3-메틸부틸포메이트, 바나나 향인 아밀아세테이트, 땀 냄새인 발레르산, 양고기 향인 카프릴산 같은 것은 다른 동물보다 인간이 잘 맡는 편이다. 향기 물질 중에서 비슷한 크기나 형태의 물질 중에는 가지구조가 있거나 알데히드 형태 그리고 질소나 황을 포함한 물질이 있으면 유심히 봐야 한다. 다른 물질보다 양에 비해 독특하거나 훨씬 강한 효과를 낼 수 있다.

이에 비해 동물은 특히 포식자의 분비물에서 나는 냄새를 더 잘 맡는 경향이 있다. 예를 들어 원숭이는 재규어 같은 고양잇과 동물의 오줌 냄새에 예민하게 반응하는 식이다.

2 인간의 향을 구별하는 능력은 정말 탁월하다

인간의 후각은 탐지 능력이 떨어지는 게 사실이지만, 분별 능력은 더없이 훌륭하다. 내가 세미나를 하면서 종종 사람들에게 "당신은 몇 가지 향을 구별할 수 있다고 생각하십니까?"라고 물으면 대개 자신 없는 목소리로 "100가지 정도?"라고 말하는 경우가 많다. 1,000종 이상이라고 말하는 사람은 드물다. 색은 고작 3종의 수용체로 수백만 가지를 구분하는데, 향은 무려 400종이나 있다고 말해도 마찬가지다. 그런데 "과일만 해도 몇 종이고 꽃은 또 몇 종인가요? 심지어 딸기라고 모두 같은 향이고 사과라고 다 같은 맛일까요?"라고 물으면 그제야 생각을 바꾼다. 누구는 향이 수천 가지라 하고, 누구는 1만 가지 혹은 10만 가지라고 하지만 사실 어느 것도 확실한 근거는 없다. 그중에서 향은 1만 종이라는 주장이 자주 인용되는데, 1만 종의 배경이 된 이유 중 하나가 크로커와 로이드 F. 헨더슨의 '냄새 분류'이다. 1972년, 그들은 기본 후각을 크게 4가지로 분류하고, 이것과 얼마나 비슷한지에 따라 다시 0~8단계로 분류하는 방법을 고안했다. 이 분류법에 따르면 향기는 9×9×9×9 즉, 6,561가지가 된다. 하지만 기본 후각을 5가지로 하고 등급을 0~10단계로 나누면 11×11×11×11×11로 16만 가지가 넘게 된다. 어쨌든 몇 년이 지나 크로커는 6,561가지에서 좀 넉넉하게 여유를 잡아 향은 1만 가지라고 주장하기 시작했고, 이후로 이 주장이 널리 받아들여졌다.

그런데 2014년에는 인간이 1조 가지의 향기를 구분할 수 있다는 주장이 나왔다. 미국 록펠러대학 신경유전학연구소의 레슬리 보스홀 교수팀은 성인 집단을 대상으로 후각 능력 평가 시험을 진행했다. 다양한 향이 나는 분자 128개를 10개, 20개, 30개 단위로 섞어 혼합 샘플 3개를 만든 뒤 20~48세의 성인 26명을 대상으로 맡도록 하여 차이를 구분하는 능력을 평가한 것이다. 그 결과 인간은 1조 가지 이상의 향기를 구분할 수 있다는 결과가 나왔다. 물론 이것도 완전히 근거가 있는 실험은 아니지만, 우리의 구별 능력이 얼마나 막강한지를 바로 보여주는 좋은 예이다. 커피만 해도 품종×산지×가공법×로스팅×추출의 경우의 수를 모두 합하면 1만 가지 다른 맛이 가능할 것이다.

인간이 1조 가지가 넘는 향기를 구분한다는 것은 그만큼 아주 미묘한 맛의 차이를 안다는 것이다. 빨간색 시럽에 레몬 과즙을 넣고 이것이 무슨 맛이냐고 물으면 바로 맞출 수 있는 사람은 별로 없어 어눌해 보이지만, 2가지 레몬 과즙을 3점 시험법으로 하나는 2개의 컵에 담고 하나는 1개의 컵에 넣은 후 어떤 것이 다르냐고 물으면 귀신같이 차이가 나는 것을 골라낸다. 심지어 같은 회사, 같은 브랜드 제품도 차이를 구분한다.

식품회사는 똑같은 배합표, 똑같은 원료, 똑같은 공정으로 생산하는데도 공장마다 맛이 약간씩 달라서 차이를 줄이기 위해 애를 먹는다. 물론 그 정도의 차이를 정확히 아는 소비자는 드물다. 하지만 동시에 비교하면 차이가 난다. 차이는 그만큼 상대적이고 상황에 따라 달라지는 것이며, 의미를 부여할 때만 의미가 있다는 뜻이기도 하다.

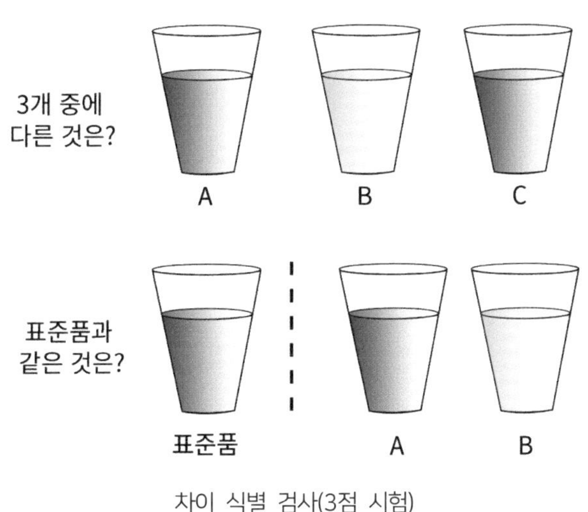

차이 식별 검사(3점 시험)

* 후각 수용체는 코에만 있는 것도 아니다

후각 수용체가 오로지 냄새를 맡기 위한 기관은 아니다. 우리는 후각 수용체가 코에만 있을 것으로 생각하지만, 생각보다 다양한 신체 부위에 존재한다. 심지어 코에는 없고 몸에만 있는 후각 수용체도 있다. 더구나 몸에 존재하는 후각 수용체가 코에 후각 수용체보다 더 오래된 것일 가능성이 높다.

척추동물의 후각 수용체는 크게 두 가지로 분류되는데, 물고기 시절에 진화한 1군과 육상으로 올라온 뒤 진화한 2군이다. 물고기 시절에는 물에 녹은 물질 중에서 맛 물질은 입으로 향기 물질은 코로 감각했는데, 육상동물로 진화하면서 입은 여전히 물에 녹은 맛 물질을 감각하지만, 코는 공기 중에 있는 향기 분자를 감지하게 되면서 약간 달라졌다.

지금의 포유류에는 대부분 기체용인 2군이 있지만 여전히 10~20%는 액체용인 1군이 있고, 코가 아닌 몸의 다른 부위에서 발현되는 후각 수용체는 다수가 1군이다. 후각 수용체는 원래 코를 위해 만들어진 것이 아니라 온몸으로 화학 물질을 감각하기 위해서 만들어진 것인데, 코에 집중하여 발현되면서 변모한 것이라고 해석할 수 있다. 그리고 몸에는 여전히 생존에 중요한 후각 수용체를 보존하고 있고, 그들은 코와 전혀 다른 기능을 한다.

코에서 OR2AT4 후각 수용체는 백단향(샌달우드)을 감각하는데, 백혈구 표면에서는 세포의 분열을 억제하고 세포사멸을 촉진하며, 각질세포에서는 세포분열이 활성화되면서 상처의 치유가 빨라지고, 머리카락의 성장을 조절하기도 한다. OR51B5는 이소노닐알코올을 감각하며, 백혈구에서는 암세포의 분열을 억제한다. OR2J3는 헬리오날을 감각하는데, 췌장의 장크롬친화 세포에서는 세로토닌 분비에 관여한다. 암이 발생하면 후각 수용체의 발현이 달라져 그것을 암의 진단 수단으로 활용할 수 있을 것이라는 주장도 있다. 인간의 후각 수용체 중에서 인식하는 향기 분자가 무엇인지 구체적으로 알고 있는 건 10%에 불과하다. 아직 후각에 대해 밝혀야 하는 비밀이 많다.

갑자기 후각을 잃으면 어떻게 되

4

1 후각은 감정의 회로와 직접 연결되어 있다

우리는 평소에는 그 중요성을 모르다가 사라져봐야 그 의미를 알 때가 많다. 한 임산부가 감기에 걸렸는데 이때부터 갑자기 어떤 향도 느낄 수 없게 되었다. 국을 끓이면서 맛을 보았는데, 짠맛만 느껴져서 망했다 싶었고, 본인이 향을 못 맡게 된 것을 바로 알아채지 못했다. 심지어 야식으로 시킨 피자도 짠맛만 느껴졌고, 토마토소스의 맛도 전혀 느껴지지 않았다. 그래서 그게 도대체 피자인지도 모르겠고, 후각을 잃으면 맛이 이렇게 되나 싶어 너무나 두려웠다. 실제로 비염이 매우 심한 사람은 주기적으로 이런 고통을 느낀다.

이처럼 후각을 잃게 되면 음식 맛의 다양성을 완전히 잃게 된다. 배가 고프면 먹기야 하겠지만 맛의 즐거움은 사라지는 것이다. 인생에서 큰 삶의 활력을 잃는 것이며, 실제로 많은 노인이 이러한 문제를 지닌 채 살아가고 있다. 후각의 상실은 단순히 삶의 활력 문제일 뿐만 아니라 화재나 독성가스, 상한 음식 등에 관한 경계가 불가능해져서 건강과 생명에 위협이 될 수 있다. 미국의 경우 매년 20만 명 이상의 환자가 후각 문제로 의사를 찾고 있으며, 실제로는 이보다 훨씬 많은 사람이 후각과 미각 이상으로 고통을 받고 있다고 한다. 후각

상실은 마음의 상실감을 불러온다. 익숙한 냄새, 악취마저 자주 맡으면 편안한데 평소에 익숙했던 향이 사라지면 연결되지 않은 느낌, 고립된 상실감이 아주 커진다고 한다.

다음은 『오감 프레임』(로렌스 D. 로젠블룸, 2011)에 등장하는 과학자 칼 뷘시(Karl Wuensch)의 사례이다.

뷘시는 어느 날 전자레인지에 데운 음식을 먹고 있었다. 한두 입 정도 먹었을 때, 아내가 달려오더니 갑자기 비명을 질러댔다. “당신, 어떻게 이렇게 다 썩어가는 음식을 먹고 있어요?” 만약 그 음식을 조금만 더 먹었더라면 큰 탈이 났을 것이다. 의사의 검진을 받은 그는 자신이 ‘무후각증(Anosmic)’임을 알게 되었다. 후각을 잃은 것이다. 뷘시는 이 질병을 철저하게 조사하는 것은 물론, 무후각증 환자들이 잃어버린 후각을 보상하기 위해 사용하는 방법에 대해서도 조사하기 시작했다. 먹는 즐거움이 후각을 잃어버리면서 함께 줄어든 것에 대해 무후각증환자들은 양념을 추가한다든가 음식의 씹는 질감을 늘리는 방법으로 맛의 즐거움을 찾는다. 뷘시의 경우는 고춧가루가 도움이 되었다. “아주 매운 음식을 즐기는 법을 배웠습니다. 아내와 아들이 함께할 수 없다는 점이 좀 안타깝기는 하지만요.”

그 후 뷘시는 다행히 무후각증치료의 효과를 보았다. 적어도 치료받고 한동안은 그랬다. 그 후로도 네 번이나 후각을 잃었다가 회복하기를 반복했고, 그 경험을 통해 냄새에 관한 독특한 시각을 갖게 되었다. “스테로이드 주사 치료가 끝나면, 곧장 집으로 달려가서 찬장이며 온 수납장을 다 열고 냄새가 나는 물건들을 찾아냈어요. 크래커, 쿠키, 양념 등 하여간 특별한 냄새가 있는 것은 죄다 꺼내놓았죠. 밖으로 뛰쳐나가 정원의 풀밭에 코를 박고 냄새를 맡거나 낙엽을 한 움큼 주워서 얼굴에 문지르기도 했어요. 정말 순수한 행복감을 느낄 수 있었지요.”

빈시에게 후각을 잃어버린 후 가장 그리웠던 냄새가 무엇이냐고 물었더니 이렇게 대답했다. "사람 냄새요. 사람 냄새가 이렇게 그리워질 줄은 몰랐어요. 내가 아는 한 여성은 더는 자기 아이들의 머리카락 냄새를 맡을 수 없게 되자 심한 우울증에 빠지기도 했어요. 하지만 난 무후각증이 내 인간관계에 이렇게 큰 영향을 줄지 몰랐습니다. 아주 친밀한 관계든, 얼굴만 아는 가벼운 관계든 사람을 만날 때 전보다 뭔가 허전한 느낌이에요. 무후각증이 시작되기 전에도 누구나 자신만의 냄새를 가지고 있다는 건 알고 있었어요. 화장품 냄새일 수도 있고, 본래부터 가지고 있는 체취일 수도 있겠죠. 그런데 그 냄새를 맡을 수 없게 되면 그 사람이 내가 아는 사람이라는 느낌이 안 들어요."

독일 드레스덴대학 연구팀은 후각이 둔한 사람은 비사회적이며 우울증에 빠지기 쉽다는 사실을 밝혀냈다. 연구팀은 32명의 성인에게 후각 장애 여부, 일상생활과 사회적 관계, 좋아하는 음식 등에 관해 묻는 방식으로 이러한 결과를 얻었다. 이는 후각이 곧 다른 사람들에 대한 사회적 정보를 주는 것이며, 따라서 후각에 문제가 있으면 의사소통 채널이 닫힌다는 것을 의미한다고 연구팀은 설명했다. 또한 후각 장애가 있는 사람들은 왜 성관계를 갖는 횟수가 그렇지 않은 이들의 절반밖에 안 되는지도 설명해준다고 덧붙였다. 연구팀은 "자신의 체취에 대해 걱정하는 사람들은 다른 사람들과 관계 맺는 데 문제가 있으며 다른 사람과 밥을 같이 먹는 것도 꺼린다"라고 말했다.

* 프루스트 현상: 기억은 후각에서부터

후각은 학습, 기억, 감정에 직접 연결되어 있다. 해마와 편도체 등은 인간의 가장 기본적인 생명현상에 관여한다. 강한 감정을 일으키는 향기에 관한 기억은 오래도록 남는다. 이에 비해 뇌의 언어중추는 후각 중추보다 훨씬 늦게 개발된 영역이다. 언어로 묘사되는 기억은 훨씬 시각적이고 이성적이지만, 향이 갖는 감성의 풍부함을 따를 수는 없다. 언어로 된 기억은 기록의 힘을 빌리지 않고는 오래 남겨두기 어렵지만, 향기로 이루어진 기억은 작은 단서만 있으면 언제 어디서든 회상할 수 있다. 향은 기억 중추를 자극하여 우리를 시공을 초월한 더 아득한 과거 속으로 데려가곤 한다. 마치 오랜 세월 동안 덤불 속에 감춰져 있던 지뢰처럼 기억 속에서 슬며시 폭발한다. 향의 뇌관을 건드리면 모든 추억이 한꺼번에 터져 나오는 것이다. 낙엽 태우는 냄새는 군고구마를 먹었다는 단순한 사실만을 떠올리게 하지 않는다. 오히려 어머니의 사랑을 받던 따스한 감정이 더 생생하다. 향기의 효과는 순간적으로 나타나기 때문에 생각할 시간을 갖기도 전에 이미 감정을 자극한다. 이 때문에 특정한 향을 인지했을 때 그 실체나 이유를 이해하기도 전에 알 수 없는 감정에 곧장 휘말리기도 하는 것이다.

후각은 감정이 중요한 역할을 하며 무언가 나쁜 일이 생길 때 예민해진다. 이것은 뇌의 진화라는 관점에서도 명확하다. 갑자기 이상한 냄새를 맡고 사나운 동물을 만나는 상황을 연상해보면 이해할 수 있을 것이다.

2 인간은 향과 더불어 살아간다

미세한 꽃향기가 있는 방에서 쓴 글에는 향기가 없는 방에서 쓴 글보다 '행복'과 관련된 단어가 약 3배 많이 사용된다는 보고가 있다. 연기를 배우는 학생에게 향기가 있는 방에서 무언극을 지도하면 가까이 다가가거나 신체 접촉을 하는 등의 적극성을 보인 비율이 74%에 이르렀다. 반면 신선한 공기만 있던 방의 학생들은 15%만이 이와 같은 태도를 보였다. 이처럼 우리는 태어나서 죽을 때까지 향에 둘러싸여 살아가야 하고, 실제로도 그렇게 살고 있다.

- **태아:** 엄마의 자궁에서 처음으로 느끼는 감각이 바로 후각이다. 양수를 통해서 엄마 향과 엄마가 먹는 음식 향기를 일부 기억한다. 배 속에 있을 때 엄마가 즐겨 먹던 향신료를 아기도 좋아한다고 한다. 엄마가 임신 중에 당근 주스를 즐겨 먹으면 다른 아이보다 더 당근 주스를 좋아하는 것이다.
- **유아:** 눈을 뜨지 못하는 아기도 이미 후각은 발달해 있다. 태어나서 엄마를 가장 먼저 알아채는 감각이 후각이며, 엄마의 젖을 통해서 엄마가 먹는 음식의 향을 느낀다. 후각 능력은 크면서 점점 정교해진다.
- **어린이:** 어릴 때는 강한 단맛, 신맛, 짠맛을 좋아하고 쓴맛을 매우 싫어한다. 아이들이 유난히 채소를 싫어하는 것도 그래서이다. 이때부터 부모의 입맛보다 형제나 친구들이 좋아하는 것을 같이 좋아하는 독립적 성향을 보이기도 한다. 하지만 감각의 발전 속도에 비해 뇌의 욕구를 통제하는 능력은 더디게 발전한다. 적절한 조언과 훈련이 필요한 이유다.
- **성인:** 어릴 적 입맛과 습관은 성인이 되어도 그대로 남기 쉽다. 예전의 좋은 맛이란 어머니의 손맛이었고, 어머니의 손맛은 할머니 때부터 이어온 입맛이다. 입맛이 변하기는 하지만 어릴 적 입맛은 늙어서 노인이 될 때까지 머릿속에 남아서 나이가 들면 들수록 그 맛을 그리워한다.
- **노년:** 알츠하이머나 파킨슨병의 초기 증상이 후각의 상실이다. 후각을 잃으면 상실감이 너무나 크다고 한다. 외로움은 건강에 좋지 않다. 감각의 둔화는 정신적인 측면뿐 아니라 육체적인 측면에도 나쁜 영향을 준다. 화재와 같은 위험을 감지하고, 음식이 상했는지 판단하는 것도 힘들어진다.

3 향은 기분을 좋게 하고 음식의 가치를 높인다

인류는 과거부터 향에 관한 관심이 깊어서 아주 오래된 문헌에도 좋은 향기에 대한 숭배와 악취에 대한 혐오의 기록이 남아 있다. 숭배와 명상의 장소에는 향료의 냄새가 물씬 풍겼고, 고대 이집트에서는 향수의 신을 섬기기도 했다. 네페르템(Nefertem)은 향기와 아름다움, 치유의 신으로 일종의 향기 치료사였다. 사람들은 건강은 좋은 향기와 관련이 있고, 질병과 부패는 악취와 연관이 있다고 생각했다. 로마 시대의 위대한 의사인 갈레노스는 악취를 풍기는 매트리스와 담요가 체액을 더 빨리 오염시킬 수 있다고 가르쳤다. 하수구, 시체 안치소, 분뇨 구덩이, 습지대의 역겨운 냄새는 여러 치명적인 질병의 원인으로 여겼고, 반대로 기분 좋은 향기는 질병을 막아준다고 생각했다.

동서고금을 막론하고 숲은 언제나 좋은 요양지다. 20세기 초 많은 사람의 목숨을 앗아간 폐결핵의 유일한 치료법은 숲에서 요양하는 것이었으며, 이것을 피톤치드의 효과로 해석하기도 했다. 피톤치드의 주성분은 터펜(Terpene)이며, 터펜은 식물 자신을 위한 활성물질인 동시에 곤충을 유인하거나 억제하고 다른 식물의 생장을 방해하는 등의 복합적인 작용을 한다. 숲에 가면 터펜 외에도 다양한 성분으로 된 피톤치드가 있으니 숲은 우리의 오감(五感)을 동시에 만족시키고 정서적으로 안정시켜 회복에 도움이 된 것이다.

* 향은 암시와 기억의 호출 효과가 크다

특정한 향기가 사람들에게 치유 효과를 줄 수 있다고 하지만 이것은 심리효과 즉, 암시의 힘에서 비롯된 경우가 많다. 예를 들어 라벤더 향을 맡는 사람에게 긍정적인 정보로 라벤더에 "진정 효과가 있다"라고 말하면 실제로 긴장이 풀리고 심장 박동과 피부 전도율에 변화가 있다. 반면 부정적인 정보로 라벤더에 "흥분 효과가 있다"라고 하면 대단히 빠르게 흥분상태로 빠져든다. 네놀리

오일에 대해서도 똑같은 반전 효과가 나타났다. 단지 좋은 말을 슬쩍 흘리기만 하면 아로마요법의 긍정적인 플라세보 효과가 생기는 것이다.

어릴 적 행복했던 순간에 각인된 향기를 다시 맡게 되면 누구나 쉽게 그 당시 즐거웠던 기분으로 돌아갈 수 있다. 이런 향기를 이용하면 정서적 안정을 가져다줘서 대인관계와 사회생활에 도움이 된다. 플라세보 효과처럼 널리 효과가 있는 요법도 드물다. 향기요법은 향이라는 물질이 구체적 방아쇠를 당겨 우리의 치유력을 일깨우는 것이다. 누구나 커피 향을 맡기만 해도 긍정적인 효과가 있다. 제아무리 커피 맛과 카페인을 싫어하거나 건강을 우려해 마시기를 꺼리는 사람이라도 커피 향을 맡으면 뇌가 활성화되고 스트레스가 완화된다.

인류는 오랫동안 좋은 향을 추구해 왔다

5

1 가열로 만들어지는 맛과 향

세상의 모든 생명체 중에서 먹거리를 요리해서 먹는 건 인간뿐이다. 인류가 처음 등장했을 당시는 다른 동물처럼 수렵이나 채집으로 얻은 것을 날것 그대로 먹었다. 그러다 불을 이용한 요리가 등장하면서 모든 것이 바뀌게 되었다. 이런 요리에 대해 하버드대학 리처드 랭엄 교수는 『요리 본능』이란 책을 통해 "인류 역사에서 가장 중요하고 가장 위대한 발명은 도구도, 언어도, 문명도 아닌 바로 요리"라고 주장한다. 요리를 통하여 자연의 식재료를 소화가 잘되는 양질의 식품으로 전환하여 씹는 시간과 소화기관의 부담을 크게 줄였고, 그렇게 얻어진 여유가 뇌의 발달로 이어졌다는 것이다. 그리고 요리의 도입이 남녀의 역할 분담 등 문화의 발달에도 결정적 요소가 되었다고 한다.

사실 요리를 해도 음식 자체의 열량은 별 차이가 없다. 하지만 흡수율이 40~50% 정도 높아진다. 같은 양의 음식에서 40%나 많은 에너지를 얻을 수 있다는 것은 적은 양의 식량으로도 충분히 생존할 수 있고, 소화와 흡수에 들어가는 부담을 줄일 수 있다는 의미가 된다. 음식을 가열하고 요리하면 소화율뿐 아니라 맛과 향도 달라진다. 가열로 만들어진 향을 처음부터 좋아했는지는 확실하지 않지만, 점점 좋아하게 됐을 가능성은 확실히 높다. 인간은 자기 몸에 좋은 음식을 좋은 맛과 향으로 기억하는 기능이 있기 때문이다.

요리는 확실히 다양한 성분을 만든다. 커피 원두, 찻잎, 바닐라와 카카오 열매의 날것에는 향기 성분이 적지만, 볶은 커피에는 1,000여 종, 홍차는 470여 종, 구운 빵은 400종 이상의 향기 성분이 발견된다. 초콜릿(코코아)은 처음에는 맛이 다르다. 카카오 콩은 강한 쓴맛을 가지고 있으며 맛과 향이 별로인데, 이것을 맛있는 디저트로 바꾸려면 코코아를 바구니에 담아 바나나 잎으로 덮어 발효시키고 건조 과정을 거친 뒤 볶아야 한다.

세상 모든 향기 물질의 원천은 식물이 만들었지만, 우리가 즐기는 식품 향의 대부분은 발효나 요리를 통해 인간이 만든 것이다. 식물이 효소를 이용해 여러 향기 물질을 만든다면 인간은 기술 즉, 열과 발효를 이용해 향을 만든다. 식물이 생존을 위해 향을 만든다면 인간은 음식의 풍미를 높이기 위해 향을 만든다. 우리가 먹는 음식 중에 날것으로 먹으면서 맛과 향이 좋은 것은 채소와 과일 정도다. 이들도 원래의 야생 품종과는 많이 달라진 개량종이지만, 우리가 접하는 향기 중에서는 그래도 가장 자연 그대로이다. 나머지는 요리를 통해 풍미를 높인 것이다.

* 로스팅, 고소한 향을 좋아하는 이유

우리나라 사람은 오래전부터 유난히 참기름을 좋아했다. 그래서 가짜 참기름 파문이 끊이지 않았다. 모든 음식에 참기름만 넣으면 맛있어지지만 똑같은 맛이 된다. 지금은 참기름, 누룽지, 숭늉 대신에 삼겹살, 커피가 대세다. 스타일이 바뀌었을 뿐 사실 모두 똑같은 로스팅 향기다. 인류의 진화에 가장 결정적인 요소는 불을 이용한 요리였다. 특별한 그릇이 없을 때이므로 굽기(바비큐)가 유일한 방법이었을 것이다. 춥고 배고프고 무서운 세상에서 따뜻한 불가에 앉아 사냥해온 고기를 구우면서 맡은 향은 어떠했으며, 생고기를 먹다가 소화가 잘되는 구운 고기를 먹었을 때의 감동이 어땠을지 상상해 보면 우리가 가열한 요리를 좋아하는 것은 그 기억이 강력하게 DNA에 각인되었기 때문이라고 믿게 된다. 커피의 생두에는 향기 물질의 양이 적고 종류도 적은데, 로스팅하면 고온에서 엄청난 화학반응이 일어나 1,000가지 이상의 향기 물질과 색이 만들어진다.

열에 의해서 향이 만들어지는 것은 커피 외에도 많다. 바닐라도 그렇고 초콜릿도 그렇다. 인간의 가공/가열로 원래 없던 향이 만들어진다. 코코아 열매로 초콜릿을 만들 때는 '발효, 건조, 로스팅'의 3가지 공정이 들어간다. 각 공정은 최종 향에 상당한 영향을 끼치며, 여기에 관여하는 화학 변화는 대단히 복잡하다. 심지어 고기 향도 가열로 만들어지는 향이다.

보건당국은 굽는 음식에서 해로운 물질이 발생하므로 삶을 것을 추천하지만 사람들은 잘 따르지 않는다. 삶은 요리는 고온에서 생기는 로스팅 향이 부족하기 때문이다. 그래서 아무리 구이 대신 삶은 요리법을 추천해도 여전히 숯불구이를 좋아하고 높은 온도에서 볶은 커피를 좋아한다.

발효 Fermentation		가열 Roasting	
이화작용, 부분적 동화작용		메일라드, 캐러멜 반응	
발효 원료	발효 제품	가열 원료	가열 제품
커피	간장, 된장, 식초	커피, 코코아	요리 Cooking
코코아	요쿠르트, 치즈	바닐라	제빵 Baking
바닐라	김치	차	구이 Roasting
발효차	맥주, 와인 등	간장	튀김 Frying

요리와 발효에 의한 향미를 만든 원료와 제품

2 발효로 만들어지는 맛과 향

우리는 매일 김치, 젓갈, 요구르트, 술 등 다양한 발효음식을 먹는다. 적절히 발효하면 맛이 좋아지고 보존성도 좋아지기 때문이다. 그중 특히 젖산 발효는 식품 보존의 수단으로도 유용하다. 세상에는 셀 수도 없이 다양한 종류의 세균이 있다. 세균은 20분마다 2배로 증식할 정도로 증식속도도 빠르다. 따라서 어떠한 음식이든 세균이 마음껏 자라면 하루 안에 완전히 쓸모없는 것이 되고 만다. 그런데 젖산 발효가 효과적으로 일어나면 유산균이 만든 젖산 덕분에 잡균의 증식이 억제되어 식품의 보존성이 획기적으로 높아진다. 김치와 요구르트, 치즈 같은 것이 젖산을 통해 보존성이 좋아진 식품이다. 지금은 냉장고 등 식품을 보존하는 수단이 많아졌지만, 과거에는 식품의 보존성을 높이는 것이 생존의 절대적인 기술이었다.

발효 산물 중 가장 대표적인 것이 술이다. 포도로 만든 와인은 건강에도 좋다고 한다. 그런데 진짜로 그것 때문에 와인을 좋아하는 것일까? 만약에 포도가 건강에 좋아 마시는 것이라면 포도를 그냥 주스로 만들어 먹으면 더 좋을 텐데 굳이 어렵게 와인으로 만들어 마시는 것은 결국 맛 때문이다. 알코올 발효 중 만들어지는 다양한 풍미를 좋아하는 것이다.

발효하면 풍미는 훨씬 다양해진다. 빵의 발효에 사용된 효모는 원래 술에 사용하던 효모였다. 서양에서도 1868년 이후에야 빵 전용 효모(이스트)를 생산하기 시작했다. 이스트는 빵을 만들 때 탄산가스를 발생시켜 반죽을 부풀게 하는 일 외에 알코올과 유기산, 에스터를 생성해서 빵에 향미와 물성을 부여하는 등 제빵에서는 매우 중요한 원료다. 빵을 굽는 과정에서 만들어지는 향도 중요하지만, 이스트와 발효 생산물이 조화를 이루어 생기는 아미노산류가 빵에 독특한 풍미를 준다. 처음에는 생존을 위해 요리와 발효를 했지만, 지금은 그 풍미 때문에 발효 식품을 찾는 경우가 많다.

* 치즈와 홍어의 향

성인이 우유를 먹게 된 것은 5천 년도 채 되지 않는다. 갓난아이를 제외하고는 생우유를 먹으면 소화되지 않은 유당이 대장으로 넘어가고, 대장에서 유당을 원료로 온갖 잡균이 이상 증식하여 가스와 유해 물질이 만들어져 속이 부글거리고 복통과 설사라는 징벌을 받았다. 그래서 처음에는 생우유를 전혀 먹지 못하고 자연 발효로 유당이 분해된 발효유, 시간이 지나 표면에 떠오른 지방을 모은 것, 카세인과 지방이 응집된 치즈 같은 형태의 제품만 먹을 수 있었다. 치즈는 단백질과 지방을 응고시키고 나머지를 제거하는 식으로 유당을 없애므로 유당불내증과 무관하게 먹을 수 있고, 수분을 제거하여 보관성도 좋다. 치즈를 보관하다가 자연스럽게 발효가 일어나면 단백질의 분해율이 높아져 유리 글루탐산이 생우유보다 수백 배나 증가하기도 한다.

현대의 서양인은 유당을 분해하는 효소를 가지고 있으므로 굳이 치즈를 만들어 먹을 필요가 없다. 치즈보다 그냥 우유를 먹는 것이 원료의 낭비도 없고, 가성비가 높다. 그런데도 치즈를 포기할 수 없는 것은 우리가 이미 치즈의 풍미에 중독되었기 때문이다. 치즈의 풍미는 유당, 단백질, 지방이 유산균이나 기타 미생물에 의해 분해되어 만들어진다.

사실 단백질이 분해되면 개별적으로는 악취인 물질이 많이 생기는데, 우리는 그것에 익숙해져 치즈 고유의 풍미라고 생각한다. 홍어도 마찬가지다. 홍어찜을 처음 먹어 보고 얼굴을 찡그리지 않을 사람이 몇이나 될까? 그러나 지독한 암모니아 냄새에 익숙해 있는 식도락가들은 일부러 그 맛을 찾아 즐긴다.

그런데 왜 다른 물고기보다 홍어를 발효시키면 암모니아가 많이 나올까? 소금 함량이 3.5%인 바닷물에서 물고기가 살아남으려면 체내 수분이 바닷물로 빠져나가지 않도록 해야 한다. 대부분의 바닷물고기는 모두 나름의 해법을 찾았는데 홍어는 다른 물고기와는 달리 요소(Urea)와 요소 전구물질을 체내에 많이 간직하여 바닷물의 삼투압에 대응하도록 진화해왔다. 그런 홍어를 2~3일 실온에 방치하거나 퇴비 속에 1~2일 묻어두면 요소가 분해되어 암모니아가 듬뿍 만들어지고, 이것은 물에 잘 녹는 성분이라 홍어 속에 계속 남아 있게 된다. 그래서 발효된 홍어로 찜을 하면 아직 분해되지 않은 요소와 암모니아가 함께 우리 코를 자극한다. 다행스러운 건 이때 코를 자극하는 암모니아의 양은 냄새에 비해 소량이라 독성을 걱정할 필요는 없다는 점이다.

홍어의 고향 흑산도는 목포에서 약 90km 정도의 거리로써 뭍에서 멀리 떨어져 있다. 홍어를 잡는 곳에서는 싱싱한 홍어를 그대로 먹어도 정말 맛있다. 하지만 운송 수단이 부족했던 시대에는 멀리 떨어진 사람이 먹기 위해 어쩔 수 없이 삭혀야 했을 것이다. 이제는 냉장 시설이 발달하여 그냥 먹어도 되지만, 여전히 삭힌 홍어만을 고집하는 사람이 많다.

3 향신료와 기호식품

보통은 향신료를 15세기 유럽의 근대를 열어젖힌 대항해 시대의 산물로 생각하는 경우가 많다. 인도의 향신료를 찾아 헤매다 신대륙을 발견한 콜럼버스나 인도행 대서양 항로를 개척한 바스쿠 다가마가 세계사에 던진 거대한 영향 덕분이다. 하지만 향신료의 역사는 그보다 훨씬 뿌리 깊다. 향신료는 무려 기원전부터 약이자 종교적 수단, 화장품, 향수로 사용되었다.

트로이 전쟁에서 트로이의 왕자 파리스는 스파르타의 헬레나를 꾄다. '신들의 음식'인 시나몬 향이 타오르는 자신의 도성에서 여신으로 대접하겠다고 유혹한 것이다. 그래서 이루어진 결혼은 트로이 전쟁의 발단이 되었다. 대항해 시대보다 훨씬 앞선 시기 그리스·로마 상인들은 인도행 교역로를 닦고 부를 쌓았다. 그리고 중세 십자군도 향신료를 약탈하기 위해 혈안이 됐다. 그 뒤 동방의 후추, 정향 등을 얻기 위해 비잔틴·베네치아·제노바 상인들 사이에 치열한 암투가 펼쳐졌다. 스페인과 포르투갈은 향신료를 수입할 새로운 경로를 모색하고 있었는데, 이는 1499년 바스쿠 다가마가 인도로 항해한 주된 이유였다. 크리스토퍼 콜럼버스도 향신료를 찾아 신세계를 탐험하고 돌아오면서 대항해 시대인 15~17세기에는 인도·동남아 산지 패권을 놓고 스페인·포르투갈·영국·네덜란드 사이에 피비린내 나는 '향신료 전쟁'이 이어졌다.

향신료는 모두 머나먼 아시아와 아프리카에서 수입되었기 때문에 가격이 무척 비쌌다. 중세 후기에 매년 약 1,000톤의 후추와 1,000톤의 나머지 향신료가 유럽으로 수입된 것으로 추정하는데, 이것은 150만 명을 먹여 살릴만한 식량의 비용에 해당한다. 향신료의 욕망이 낳은 탐험 덕분에 옥수수, 감자, 담배, 바닐라, 초콜릿 등도 세계 시장에 등장했다.

중세 시대에 왜 그렇게 향신료를 사랑했는지에 대한 가장 그럴듯한 설은 고기가 부패하지 않도록 막거나 상한 맛을 감추어주기 위한 재료였다는 것인데

이는 신빙성이 떨어진다. 우선 향신료를 살 수 있는 사람 대다수가 귀족이었다. 그리고 부패를 막는 방법으로 당시에 이미 쓰이던 소금, 훈연, 건조 등이 훨씬 효과가 높았다. 15세기 영국에서는 돼지 한 마리가 가장 저렴한 향신료 1파운드(약 453g)보다 저렴했고, 16세기의 요리서에 이미 후추가 부패의 속도를 빠르게 할 수 있다고 기술되어 있다. FDA의 연구에 따르면 2008년 미국으로 수입된 향신료의 약 7%가 살모넬라균에 오염되어 있다고 한다. 고추도 미생물에 오염된 경우가 많다. 하여간 오늘날 향신료는 전 세계 식탁 어디서나 볼 수 있는 흔한 것이지만, 중세에는 소수만이 마음껏 소비할 수 있었다. 오죽하면 중세 유럽에서는 말린 후추 열매 1파운드면 영주의 토지에 귀속된 농노 1명의 신분을 자유롭게 할 수 있을 정도였다.

풍요롭기로 유명한 로마 시대에도 향신료는 아무나 쓸 수 있는 것이 아니었다. 많은 향신료가 서양의 귀족과 재력가들 그리고 수도원의 식탁 위에 등장했으며, 손님들은 맛과 부(富)의 진정한 상징이 된 향신료들을 보고 그 집의 주인을 평가했다. 비쌀수록 더 귀한 대접을 받은 것이다. 신비스러운 동방에서 출발하여 먼 길을 지나 극소량만 들어왔다는 사실은 갈수록 소유욕에 불을 붙였고, 재력가는 연회 음식에 향신료를 퍼붓거나 흩뿌리는 것으로 지위와 능력을 뽐냈다. 그러다 인도·동남아 산지에 대규모 재배장이 들어서고 흔해지면서 신비감과 열망이 눈 녹듯 사라져버렸다.

* 고추의 매운맛은 왜 오미에 포함되지 않을까?

과거만큼은 아니지만 향신료는 여전히 가장 사랑받는 식재료의 하나다. 무엇이 그것을 다른 식물에 비해 특별하게 했을까? 단순히 코를 자극하는 향기였을까? 고추, 후추, 생강, 겨자, 서양고추냉이, 와사비, 산초 등은 흔히 '맵다'라고 하는 특성이 있다. 그런데 이들은 미각이나 후각 수용체가 아닌 혀와 피부 등에 존재하는 온도 수용체를 자극한다.

2021년 노벨 생리의학상은 온도 수용체와 촉각 수용체를 밝힌 공로로 데이비드 줄리어스와 아뎀 파타푸티언 박사에게 돌아갔다. 2004년 미국 린다 벅, 리처드 액설 교수가 후각 수용체를 발견한 공로로 노벨상을 받은 이후 17년 만에 감각기능 관련 연구로 노벨상을 받은 것이다.

체온을 일정하게 유지하는 것은 너무나 중요하다. 그런데 30년 전까지는 우리 몸이 어떻게 온도를 느끼는지 전혀 몰랐다. 그러다 엉뚱(?)하게 매운맛을 연구하다가 그 기작이 밝혀졌다. 1990년대 후반, 데이비드 줄리어스 박사는 고추의 '캡사이신'이 어떻게 그렇게 화끈한 작열감을 유발하는지 연구하기 시작했다. 캡사이신에 반응하는 수용체를 찾아 나선 것이다. 세포에 유전자를 하나하나 발현시켜보면서 캡사이신에 반응하는 수용체를 만드는 유전자를 찾는 지루한 작업 끝에 지금은 'TRPV1'이라 이름 붙은 수용체를 발견했다. 그러다 그것이 원래는 온도를 감각하는 수용체라는 것을 알게 되었다.

사실 고추(캡사이신)는 원래는 자연에 희소한 것이라 우리 몸이 굳이 그 물질에 작열감을 내는 수용체를 만들었을 가능성은 없다. 그저 고온을 감각하기

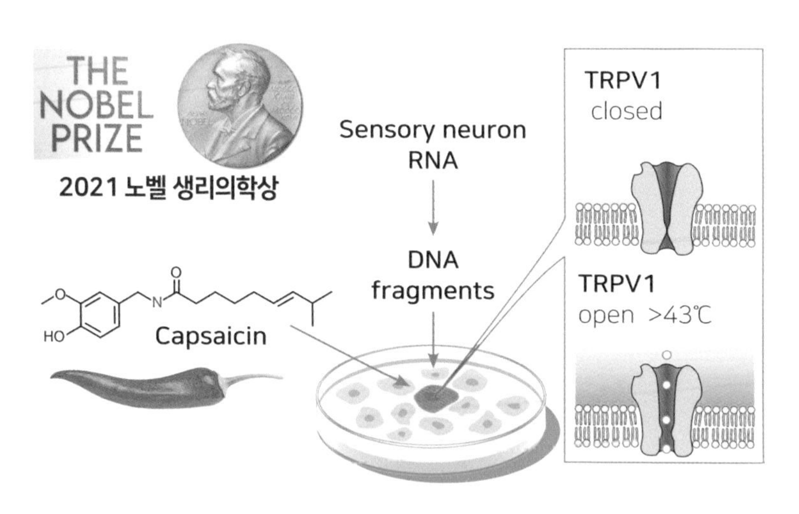

2021년 노벨 생리의학상은 온도와 촉각 수용체 연구 공로에 수여

위해 만든 수용체인데 우연히 캡사이신이라는 분자가 결합할 수 있었을 뿐이다. 이 발견을 계기로 추가적인 온도 수용체가 발견되었는데, 시원한 느낌을 주는 멘톨을 이용하여 TRPM8을 찾아냈고, 2004년에는 가장 저온을 감각하는 TRPA1도 찾아냈다. 15℃ 이하는 TRPA1, 25℃ 이하는 TRPM8, 33~39℃는 TRPV3 그리고 43℃ 이상은 TRPV1으로 감각하는 것이다. 온도 수용체의 종류는 생각보다 적고, 범위도 15~43℃로 제한적이다.

이들 온도 수용체가 실수로 온도가 아닌 화학 물질에도 반응하는 것이다. 단맛 수용체는 몸속에 흡수되어 에너지원이 되는 당류에 반응하도록 설계되었지만 실수로 칼로리가 없는 고감미 감미제에도 반응하는 것처럼 온도 수용체도 온도에만 반응하지 않고 특정 분자에 따라서 신호를 만드는 실수를 하는 것이다. 우리 몸은 생존에 충분할 정도까지만 정교하지, 완벽하게 정교하지는 않은 것이다. 향신료 중에는 유난히 이런 온도 수용체를 자극하는 성분이 많다. 사실 향신료가 특별한 대접을 받은 것은 단순히 향이 좋아서라기보다는 온도 등 다양하고 입체적인 자극을 주는 성분이 많기 때문이다.

* 매운맛의 정체는 캡사이신

캡사이신의 특별함은 우리 몸에서 43℃ 이상의 뜨거움을 감각하는 TRPV1에 결합하는 능력이 매우 강하다는 것이다. 목욕탕에서 견디기 힘든 열탕의 온도가 43℃인데, 사실 우리 몸은 43℃ 이상으로 올라가는 속도와 열기의 양을 감지할 뿐, 그 이상의 온도를 구별하는 능력은 없다. 캡사이신은 TRPV1을 열탕의 뜨거운 물보다 빠르고 강력하게 작동시킨다. 그래서 우리 몸은 화상을 입는 것 같은 견디기 힘든 뜨거움으로 감각한다. 이 온도 수용체는 혀뿐만 아니라 눈이나 피부의 민감한 부분에도 있어서 캡사이신이 묻은 손으로 민감한 부위를 만지면 심한 고통을 느낀다. 온도 수용체는 내장에도 있어서 고추를 삼킨 후에도 한참 동안 얼얼한 통증을 느낀다. 이런 TRPV1 수용체는 캡사이신 외에도 장뇌(Camphor), 후추의 피페린(Piperine), 마늘의 알리신(Allicin) 등에 반응하지만 그 정도는 훨씬 낮고 산미료, 에탄올, 니코틴 등이 있으면 반응성이 높아져 더 잘 느낀다.

다른 여러 향신료의 특별함을 설명하는 것도 온도 감각이다. 대부분 향신료에는 여러 온도 수용체를 자극하는 물질이 한 가지 이상 들어 있다. 겨자나 와사비의 주성분인 이소티오시아네이트, 마늘의 알리신, 디설파이드, 시트러스 과일의 시트랄, 생강의 진저롤, 백리향(Thyme)의 티몰, 계피의 시남알데히드는 가장 차가운 온도를 감각하는 TRPA1을 자극한다. 그리고 박하의 멘톨, 여러 향신료의 제라네올, 유칼립투스의 유칼립톨은 시원함을 감각하는 TRPM8을 자극한다. 오레가노, 장뇌, 정향에는 따뜻함을 감각하는 TRPV3을 자극하는 성분이 있다. 그리고 마늘의 알리신처럼 차가움을 감각하는 TRPA1과 뜨거움을 감각하는 TRPV1을 동시에 자극하는 성분도 많다. 그런데 가장 차가움을 감각하

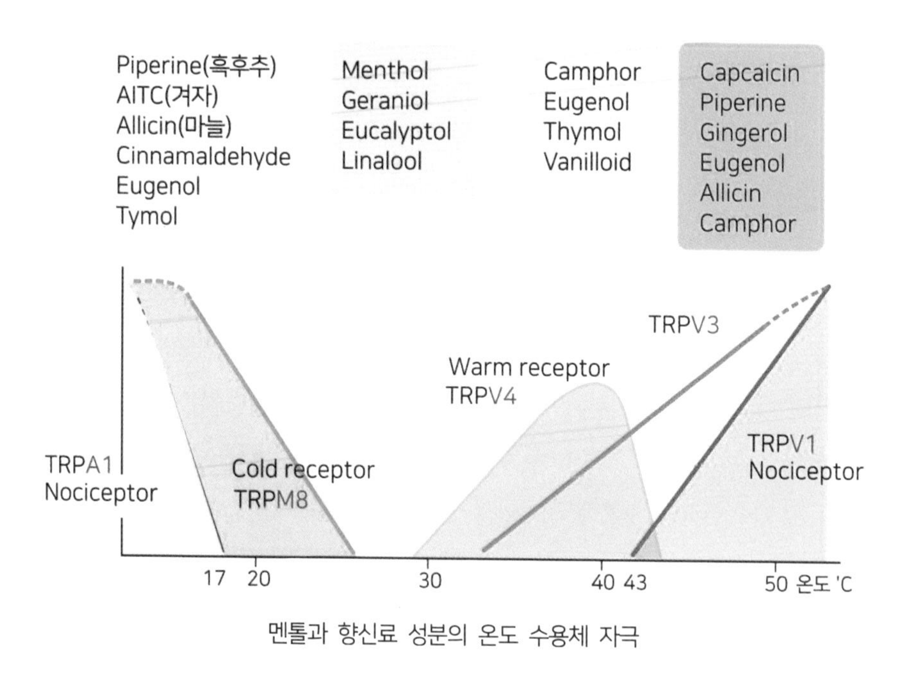

멘톨과 향신료 성분의 온도 수용체 자극

는 TRPA1과 가장 뜨거움을 감각하는 TRPV1은 뇌에서 연합하는 부위가 많이 겹치므로 잘 구분이 안 되는 감각이기도 하다.

고추가 씨를 퍼뜨려 자손을 늘리려면 동물의 힘을 빌려야 한다. 그런데 포유류와 새 중에서 어느 동물이 유리할까? 쥐와 새가 모두 먹을 수 있도록 매운맛이 없는 돌연변이 고추를 만들어 실험한 결과, 새의 경우 씨가 바로 장을 통과해 배설됐고 거의 모든 씨가 싹을 틔웠다. 반면 쥐는 그렇지 못했다. 씨앗이 손상된 것이다. 더구나 새는 고추씨를 훨씬 넓은 지역에 퍼뜨렸다. 새는 체온이 포유류보다 4℃ 정도 높은 40~44℃여서 TRPV1의 구조가 높은 온도(46~48℃)에서 작동하도록 변하여 캡사이신과 결합하지 않는다. 그래서 새는 고추를 전혀 맵다고 느끼지 않고, 결과적으로 고추에게는 조류가 포유류보다 훨씬 좋은 파트너인 셈이다.

사실 매운맛은 객기이다. 불타는 듯 빨간 음식은 우리에게 분명 위협적으로 보인다. 그런데 우리는 왜 눈물 나게 매울 것을 뻔히 알면서도 먹을까? 매운 고추를 고추장에 찍어 먹기도 하고, 매운맛은 60℃에서 가장 강하게 느껴지는데도 사람들은 매운 것을 일부러 뜨겁게 먹는다. 이런 이해하기 힘든 욕망을 설명하는 이론이 '진통 작용론'이다. 캡사이신은 동전의 양면과 같아서 처음엔 통증을 일으키지만, 나중에는 진통 작용을 한다. 사실 매운맛은 뜨겁지 않은 화상이고, 뇌가 만든 가상의 아픔이다. 고추를 먹으면 캡사이신이 TRPV1을 자극하고 TRPV1이 활성화되면 몸은 화상을 입은 것으로 판단한다. 그리고 뇌는 화상의 고통을 덜어줄 진통 성분인 엔도르핀을 만들어 내 몸을 위로할 필요가 있다고 결정한다. 그래서 진통 성분이 분비되는데, 실제로는 화상을 입은 것이 아니므로 통증은 금방 사라지고 묘한 쾌감이 남게 된다. 매우 위중한 상황으로 느꼈는데 실제로는 전혀 위험하지 않기 때문에 익스트림 스포츠처럼 오히려 즐거운 것이다. 캡사이신은 진통제인 엔도르핀을 분비하게 해, 우리를 중독에 빠지게 만든다. 매운맛은 중독이다. 세상에서 제일 쉬운 게 금연이라는 농담처럼 사람들은 매운 음식을 끊었다가 다시 먹기를 반복한다.

* 마라가 얼얼한 이유는 촉각까지 포함한 입체적인 자극

요즘은 사람들이 좀 색다른 매운맛을 즐긴다. 중국 쓰촨(사천; 四川)요리로 대표되는 '마라(麻辣)'가 그것이다. 마라는 중국어로 '맵고 얼얼하다'라는 뜻이 있으며, 그 이름처럼 매운 느낌이 우리가 여태 먹었던 어떤 매운맛과도 확연히 다르다. 볶음 요리인 마라샹궈나 샤부샤부인 훠궈 모두 기묘하게 얼얼하다. 대체 무엇이 다른 것일까?

마라에는 다른 재료에서 볼 수 없는 색다른 자극이 있다. 바로 촉각이다. 쓰촨요리에서 특별한 매운맛의 주역은 쓰촨 산초인데 우리의 산초와는 다른 종류다. 여기에는 3% 정도의 '알파 산쇼올(Hydroxy α-sanshool)'이 함유되어 있는데 이것은 캡사이신의 매운맛과는 다른 '얼얼한 맛(마; 痲)'을 제공한다. 초피가 많이 들어간 음식을 먹어도 입술이나 혀, 입천장 등 여러 부위가 저리고 얼얼한 걸 느낄 수 있는데, 산쇼올이 4가지 촉각 수용체 중에 가벼운 진동을 감각하는 수용체를 활성화하기 때문이다. 온도 수용체가 실수로 캡사이신이라는 화학 분자에 반응하는 것처럼, 촉각을 담당하는 수용체가 실수로 산쇼올이라는 화합물에 반응하여 마치 피부가 떨리고 있는 것처럼 착각한다. 2013년 영국의 유니버시티 칼리지 연구팀은 산쇼올 성분을 입술에 발랐을 때 초당 50회 진동하는 것과 비슷한 자극이 일어난다는 사실을 확인했다.

사람들은 시간이 지날수록 같은 자극을 지루해하고 좀 더 강한 자극을 원하지만, 단일한 자극이 너무 강한 것에는 거부감이 있다. 자극이 복합적일수록 합창이나 오케스트라처럼 풍부하다고 느끼는 것이다. 마라에는 미각과 후각뿐 아니라 온각과 촉각마저 있다. 그러니 항상 새로운 자극을 추구하는 인간을 사로잡을 수 있는 것이다.

* 향신료는 입체적 자극으로 음식을 오랫동안 기억하게 한다

사실 향신료는 자체로는 매력이 없다. 육두구나 정향 또는 바닐라 빈을 직접 씹어 보면 전혀 맛있거나 즐겁지 않다. 향신료는 대부분 자체로는 쓰거나 떫거나 얼얼하다. 심지어 과량을 섭취하면 독성도 상당하다. 그런데도 오래전부터 향신료가 식재료 중 가장 고가로 대접받는 이유는 소량으로도 아주 새롭고 특별한 맛을 부여하기 때문이다. 밋밋하거나 단지 달고 짜거나 시큼한 음식에 향신료를 추가하면 순식간에 맛은 화려해지고 강렬해진다.

향신료를 적절히 희석하고 조화시키면 단조로운 식단으로도 기존에 없던 풍미를 부여하여 음식을 더 복합적이고 맛있는 맛으로 변화시킨다. 향신료는 사실 미각, 후각, 온도 감각, 촉각 등 다양한 감각 수용체를 동시에 자극해 맛을 더 강하게 느끼게 한다. 그리고 강한 자극은 맛을 기억하는데 큰 영향을 준다. 마치 평범한 일상은 기억하지 않고 강한 공포나 쾌감을 유발한 것을 오래 기억하는 것과 같은 원리다. 자극은 기억을 유발하고, 기억은 익숙함을 낳는다. 향신료의 강한 맛을 위험한 것으로 생각했지만 실제로는 그렇지 않다는 것을 알고 즐거운 추억으로 기억한다. 타는 듯이 매운데 이것이 순간적인 착각이었음을 알면 웃으면서 즐길 수 있게 된다. 향신료 중 겨자씨 기름에 있는 알릴이소티오시아네이트(AITC)는 쓴맛의 정보를 차단한다. 과도한 짠맛도 약하게 느끼도록 하는 것이다. 이처럼 향신료는 향을 부여하고 맛을 조화롭게 하니 좋아할 이유가 충분하다.

향료와 향신료는 우리의 일상 가까이에 있고 예전보다 훨씬 다양하게 많이 쓰인다. 거의 모든 나라의 모든 음식에 향신료가 쓰이지만, 약간씩 사용방식이 달라 나라별로 차이를 만든다. 그리고 우리는 향신료 덕에 굳이 그 나라에 가지 않고도 한 끼는 이탈리아의 맛을, 다음 한 끼는 태국의 맛을 즐길 수 있다.

3장

향이 여전히 어려운 이유

향수 산업은 연금술 또는 최초의 화학 산업

1

사람들은 맛과 향이 좋은 재료를 골라 먹다가 요리를 통해 소화력과 풍미를 추가했고, 향신료를 사용하여 기호성과 다양성을 높였다. 그리고 결국에는 향을 창조하는 단계까지 발전했다. 바로 향료와 향수 산업의 발전이다. 향은 오래전부터 사용되었지만 현대적인 활용의 시작은 알코올의 등장 이후라 할 수 있다. 중세의 술에서 알코올을 증류시켜 고농도로 만드는 기술이 개발되었는데 어느 연금술사가 향을 오랫동안 유지할 방법을 고민한 끝에 알코올을 섞는 방법을 찾았고, 그 덕분에 향수가 개발된 것이다.

향기 물질은 지용성이면서 분자량이 적어 알코올에 잘 녹는다. 와인 증류 과정에서 만들어진 알코올을 각종 향신료와 섞기 시작하자 향수라는 새로운 상품이 탄생한 것이다. 1370년에는 최초의 알코올 향수인 '헝가리 워터'가 탄생했다. 로즈메리를 이용하여 오늘날의 오데 코롱(Eau de Cologne: 향 3~5%의 가벼운 향수)과 유사한 제품이 만들어진 것이다. 이것은 당시의 헝가리 여왕에게 바쳐졌는데, 여왕은 이 향수를 사용하여 당시 72세의 나이에도 불구하고 폴란드 왕에게 청혼을 받아 결혼에 성공했다고 한다. 헝가리 워터는 로즈마리에 마조람, 페니로얄을 혼합하여 만들어졌으며 이것이 현대 향수의 시작이다.

1 향료 기술의 첫 단계: 향기 물질의 수집 및 추출

* 최초로 성공한 연금술인 향수 산업

인류의 역사가 시작된 이래 세상 모든 꽃 가운데 가장 사랑받아 온 꽃은 아마도 장미일 것이다. 그런데 1L(0.9kg)의 로즈 오일을 만들려면 약 3,500kg의 꽃잎이 필요하다. 장미 1,000송이를 따봐야 고작 0.2g을 얻을 수 있다. 향은 원래 소량으로 작동하는 것이라 순도 높은 향기 물질을 얻기는 쉬운 일이 아니다. 그런데도 향은 워낙 많은 사람이 좋아하는 고가의 제품이라 천연물에서 향을 추출하는 데 온갖 노력과 기술이 동원되었고, 나중에는 그것을 흉내 낸 합성 향기 물질을 만드는 기술까지 발전해서 의약품 합성 기술의 토대가 되기도 했다. 향수 산업이 처음으로 성공한 연금술이고, 화학 산업이 탄생할 계기를 마련했다고 할 수 있다. 향수와 색소를 보다 싸게 많이 만들려는 노력이 화학의 발전을 견인한 것이다.

오일 생산에 필요한 원료

종류	제품 형태	1kg 생산에 필요한 양 kg
만다린 오렌지	Oil	1,350
네롤리	Oil	1,000
재스민	Absolute	400
장미	Oil	4,500
	Absolute	700
	Concrete	400
붓꽃 Iris	Absolute	2,000
파촐리 Patchouli	Oil	50
베티베르 Vetiver	Oil	250
일랑일랑 Ylang ylang	Oil	50

*** 천연물에서 향을 추출하는 방법**

과거에는 합성의 기술이 없었으므로 향을 얻으려면 천연물에서 추출하는 방법밖에 없었다. 그런데 향기 물질은 워낙 소량으로 존재하고 열에 의해 손상을 입는 경우가 있어서 매우 섬세하게 다루어야 하는 작업이 많았다. 시트러스처럼 껍질에 향이 있는 것은 압착과 같이 비교적 쉬운 방법이 이용되었지만, 잎 등에 소량 들어 있는 것은 증류법, 용매를 이용한 추출법이 이용되었다.

a. **압착법(Expression):** 오렌지 오일, 레몬 오일, 자몽 오일

감귤류의 껍질에 함유된 정유를 뽑는 방법이다. 감귤류 향은 껍질에 향이 있고, 열에 매우 약하기 때문에 압착의 방식으로 추출한다.

b. **증류법(Distillation):** 박하, 생강, 계피, 라임유 등

식물체에 수증기를 불어넣거나 물을 가열하면 세포에서 향이 분리되어 수증기와 같이 증류된다. 향료 물질의 끓는점은 150~300℃ 정도 되는데, 수증기와 같이 증류하면 이보다 낮은 온도에서 휘발한다. 그런 특성을 이용해 증류시킨

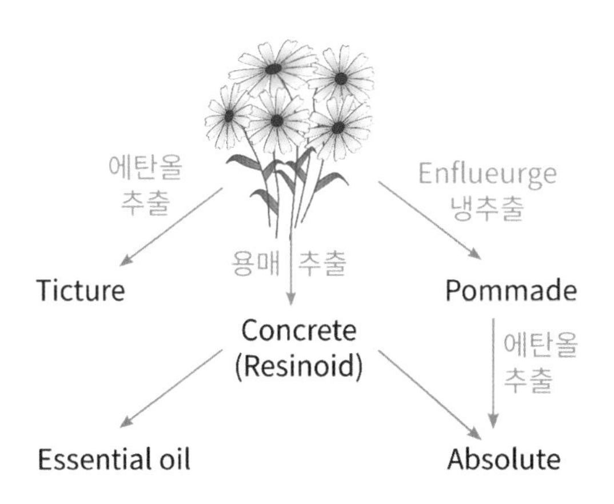

추출 방법에 따른 제품 형태

향들은 냉각기를 거쳐 응축한 후 분리기로 분리하여 향을 얻게 된다.

c. **추출법(Extraction):** 열에 불안정한 경우 용매를 이용해 추출한다

- **비휘발성 용매 추출법:** 꽃의 향기 성분이 지방에 잘 흡수되는 점을 이용하여 과거부터 프랑스 남부 지방에서 쓰던 방식으로 냉침법과 온침법이 있다. 냉침법(Enfleurage)은 유명한 영화 <향수>에도 등장하는 방법이다. 우선 넓이 60cm, 길이 50cm, 높이 5cm 정도 되는 크기의 나무틀 중앙에 유리판을 끼우고 그 위에 소기름이나 돼지기름을 1cm 두께로 깐다. 그 위에 꽃을 35~40개 정도 올려놓고 24~72시간 정도 방치한다. 시간이 지나면 꽃을 제거하고 새로운 꽃을 올려놓는데, 이것을 30~36회 정도 반복하면 지방에 꽃향기가 가득 채워진다. 이 방법은 재스민이나 월하향(Tuberose) 같이 수일간 효소가 계속 작용하여 꽃향기를 계속 발산하는 것들에 사용하면 온침법이나 휘발성 용매 추출법보다 오히려 채유량이 많다고 한다. 이렇게 얻은 것을 용매로 향만 추출하고 용매를 날려 버리면 앱솔루트(Absolute)를 얻는다.
- **온침법(Maceration):** 냉침법과 비슷하지만 시간이 짧게 걸리고 효율이 좋다. 장미, 오렌지꽃, 아카시아, 미모사 등의 꽃은 딴 후 곧 생리 활동을 멈추기 때문에 이 방법을 사용한다. 신선한 꽃 20kg을 아마포 또는 철망에 넣고, 이것을 60~70℃로 가열한 80kg의 정제유지에 담근 상태에서 약 1.5시간 정도 온도를 유지한 뒤 불을 끄고 1시간 이상 방치하여 온도를 서서히 내린다. 그다음에 오래된 꽃을 걷어내고 새로운 꽃 20kg을 교체한다. 이 작업을 10회 정도 반복하여 향을 농축한 후 용매로 추출해서 농축액(Concrete)을 얻는데, 여기에 용매까지 제거하면 앱솔루트(Absolute)가 된다.
- **휘발성 용매 추출법:** 꽃에서 에테르, 핵산 같은 비극성의 용매를 이용하여

향기 성분만 추출한 뒤 용매를 제거하여 농축물을 얻는 방법이다. 요즘은 이 휘발성 용매 추출법이 많이 쓰인다. 최초의 추출액에는 약간의 왁스, 단백질, 색소 등을 포함하는데, 이것을 에탄올과 함께 24시간 침적시키고 여과하여 알코올에 용해도가 떨어지는 물질을 제거하고 다시 에탄올을 제거하면 앱솔루트(Absolute)가 된다. 최근에는 초임계상태의 이산화탄소로 향기 성분을 추출하는 '초임계추출법'도 사용된다.

2 향기 물질의 합성 기술의 발전

현대에 들어와 향수와 향료가 대중적으로 쓰이게 된 것은 향기 물질을 직접 합성할 수 있게 되면서부터다. 처음에는 향료에 사용하는 물질을 천연 그대로 쓰다가 천연물에서 개별 향기 물질을 따로 분리하는 단계로 발전했다. 페퍼민트 오일에서 멘톨을 분리하거나 정향에서 유제놀을 분리하여 따로 사용하기 시작한 것이다. 그 후 개별로 분리된 물질을 변형하여 사용하는 단계로 발전했다. 예를 들어 제라니올을 제라니알로 바꾸고 유제놀을 바닐린으로 바꾸는 식이다. 자연에서 흔한 소재를 찾아 분리한 후 약간의 조작을 가해 좀 더 귀하고 비싼 소재로 바꾸어 사용한 것이다.

이후 석유 화합물처럼 저렴한 원료에서 여러 단계를 거쳐 원하는 최종 산물을 합성하는 완전한 합성 기술도 개발되었다. 그러다 20세기 초에는 천연에는 존재하지 않지만, 천연물을 연상하는 메틸이오논(제비꽃)과 니트로머스크(사향) 같은 물질도 합성하게 되었다. 하지만 식품 향에 이런 품목은 별로 없고 대부분 천연에 존재하는 것이다. 새로운 향기를 가진 물질도 합성을 하지만, 기존의 향도 변색이나 산화에 대한 안정성을 높이고 원하는 확산성과 지속성을 갖는 물질 등에 관한 연구도 진행되었다.

사람들은 이런 합성향에 대한 의구심이 있지만 정유와 식물자원은 기후에 좌우되어 그 공급량이 일정하지 않으며, 또한 대량 수요의 증대에 대응하는 것이 곤란하여 가격이 해마다 높아지고 불안정하다. 따라서 이와 같은 방법은 점점 퇴색되고, 천연자원이 아닌 다른 자원으로부터 합성향료가 만들어지고 공급되는 것이 훨씬 유리하게 되었다. 천연이라고 무조건 안전하지 않고, 합성이라고 무조건 위험하지도 않다. 같은 물질은 같은 안전성을 가진 것이다.

*** 향의 주요 역사**

1825: 쿠마린 발견.
1834: 시남알데히드 분리.
1837: 벤즈알데히드 분리.
1843: 노루발풀의 주 향기 성분이 메틸살리실레이트로 밝혀짐.
1856: 시남알데히드 합성.
1868: 쿠마린 합성.
1874: 과이어콜(Guaiacol)로부터 바닐린 합성.
1879: 사카린 발견(최초의 합성감미료).
1884: 리모넨 발견.
1888: 최초의 향의 역치 측정.
1893: 이오논 합성.
1891: 멘톨 합성.
1892: 마늘에서 알릴디설파이드(Allyl disulfide) 동정.
1912: 메일라드 반응에 대한 이론의 등장.
1926: 커피에서 푸르푸릴싸이올(Furfuryl mercaptan)이 발견됨.
1928: 대환상 락톤 합성(Ruzicka).
1931: 메일라드 반응에서 아마도리(Amadori) 물질이 확인됨.
1950: 다환구조의 머스크(musks)가 도입됨.
1952: GC가 소개됨 James & Martin.
1955: GC 판매가 시작됨, 현대적 분석의 시작.
1950~60년: 많은 피라진이 연구됨.

1950~70년: 많은 티아졸(Thiazole) 물질이 연구됨.
1959: Roche 공정으로 아세틸렌으로부터 리나로올, 시트랄 합성.
1959: 로즈옥사이드 발견.
1961: Bedoukian 공정으로 cis-3-Hexenol 생산(1938년 분자구조 확인).
1961: 라스베리 케톤의 등장(1937년 발견).
1962: Methyl Jasmonate와Methyl Dihydrojasmonate 논문 등장.
1964: 퓨라네올(Furaneolⓡ) 등장.
1965: 오렌지 오일에서 Sinensal 분리.
1968: 어무어(Amoore)의 향기 수용체의 구조에 대한 이론 등장.
1968: 화이자, 에틸말톨(Ethyl maltol) 특허.
1970: 장미에서Damascenone,Damascone 발견.
1971: Methyl Dihydrojasmonate(Hedioneⓡ)의 등장(1959 발견).
1973: H&R사에서 m-cresol/thymol에서 멘톨(Menthol) 합성.
1975: α-Damascone, β-Damascone 등장.
1982: 다마세논(Damascenone)의 등장.
1982: 1-p-Menthene-8-thiol(자몽 주스, 0.0001ppb).
1986: H&R사 특허 출원 Filbertone(Hazelnut), Mint lactone(1983), Dihydromintlactone(1995), Wine lactone(1996).
2001: 트뤼프(White truffles) 향기 성분 2,4,6-Trithiaheptane.

* 머스크(Musk) 합성 이야기

초기 향수업체의 목표는 당시에 가장 인기가 있었던 사향을 경제적으로 만드는 것이었다. 사향(麝香)은 수컷 사향노루의 복부에 있는 향낭(사향 샘)에서 얻은 분비물을 건조해서 얻는 향료로 '머스크(Musk, 무스크)'라고도 불린다. 과거에는 향수와 약의 주요 원료이고, 사향의 산지인 인도와 중국에서는 선사 시대에 향기로운 향과 향유 약물 등에 사용되고 있었다고 추정한다. 사향을 귀하게 여긴 것에는 여러 다른 목적도 있지만, 향수에서는 특히 향을 오래 지속시키는 효과가 있어서 매우 중요하게 여겨졌다. 그리고 사향 채취를 위해 희생된 사향노루는 한때 연간 1~5만 마리에 이르렀다고 전해지며, 현재는 멸종 위기에 있어서 상업 목적의 국제 거래는 원칙적으로 금지되었다. 이런 사향을 대체하려는 노력은 과거부터 꾸준히 진행됐고, 그 덕에 향기 물질 중에서 가장 다양한 형태의 대체물이 개발되었다. 그중에는 폭약의 원료에서 유래한 것도 있다.

흔히 TNT로 알려져 있는 '트리니트로톨루엔'은 화학명에서 알 수 있듯이 톨루엔에 니트로기가 3개 붙은 분자이다. 어떤 분자가 폭약으로 작동하기 위해서는 탄소 원자에 대한 산소의 비율이 적절해야 하는데, 바우어는 이 분자 비율을 조정하다가 우연히 합성 머스크를 발견했다. TNT에 네 개의 탄소 원자를

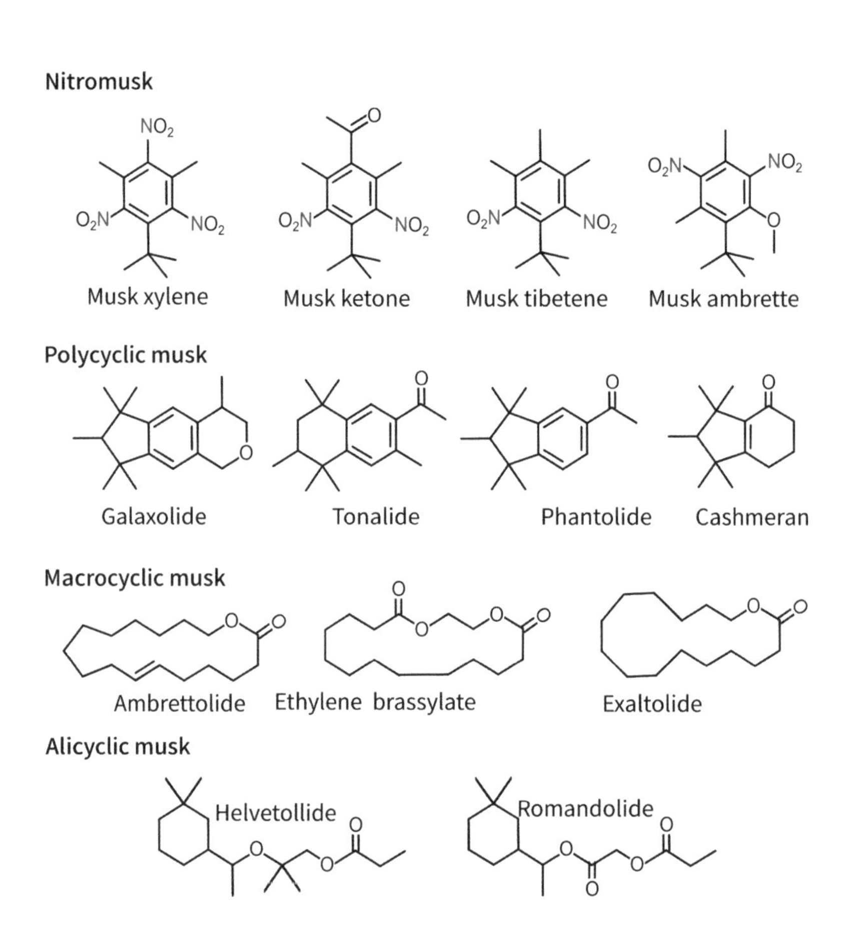

머스크 향의 유형

첨가하자 폭발력이 사라지고 훌륭한 향기를 가진 분자가 된 것이다. 대부분의 니트로 화합물이 갖는 청결하고 감미롭고 에테르 같은 향기에 더해 진하고 밝고 크림과 같은 부드러움을 가지고 있었고, 피부 위에서 몇 시간 동안이나 지속되었다. 천연 머스크를 사용했을 때와 똑같은 효과가 있었는데도 가격은 1천분의 1 정도였다.

이후 몇십 종류의 니트로 머스크가 만들어졌다. 모두 벤젠고리에 니트로기가 붙어 있었지만 각각 향의 강도와 특징이 달랐다. 그중에서도 모든 조향사가 사용하고 싶어 하는 것은 '머스크 암브레트(Musk ambrette)'로 가장 바람직한 파우더리 향조를 가지고 있다. 그러나 니트로는 근자외선을 강하게 흡수하기 때문에 밝은 빛 아래에서 원하지 않는 화학작용을 일으키고 광알레르기성 피부염을 가져오므로 사용이 금지되었다.

머스크는 향기 물질 중에서도 미스터리의 전형이라 할 수 있다. 향기가 그처럼 비슷하면서도 그토록 분자의 구조가 다른 것은 머스크밖에 없기 때문이다. 여기에는 머스크가 상업적으로 매우 중요한데, 원래는 몇 종의 동물만이 만드는 것이라 구하기 힘들어서 다른 어떤 향기 물질보다 집중적으로 연구된 이유도 있다. 천연 머스크 성분은 1921~1945년에 걸쳐 크로아티아 출신 루지치카의 연구로 밝혀졌다. 그 물질은 워낙 예상 밖의 물질이었고, 루지치카는 이 연구로 1939년에 노벨상을 수상했다. 당시에는 아홉 개 이상의 탄소 원자로 이루어진 탄소고리 분자는 관찰되지 않아 자연에 없다고 생각했다. 그런데 루지치카가 사향노루에서 채취한 머스크 향 물질을 정제하고 분석해 보니 주 사슬은 15탄소의 환구조였다. 루지치카는 노벨상 수상 기념 강연에서 "방해가 된 것은 그와 같은 물질 자체의 변덕스러운 성질보다는 오히려 15원소 고리가 존재할 가능성이 없다는 일반적인 편견이었다"라고 했다. 루지치카는 아홉 원소 고리부터 20원소 고리까지 모두 만들었고, 탄소 14개 근처에서 머스크 향이 나타나고 20개가 되면 다시 사라져 무취가 되는 것을 발견했다. 작은 고리는 장뇌 향기, 탄소가 10개에서 13개 사이에는 우드 향기가 났다.

1950년대에 들어서 니트로 화합물이 알레르기를 일으킬 수 있다는 사실이 드러났고, 고리 속에 산소가 없이 큰 고리를 이룬 화합물은 향기는 좋지만 만들기가 어려워서 매우 비쌌다. 그래서 머스크에 관한 연구가 다시 시작되었고, 곧 다환 머스크라 불리는, 종류가 다양하고 상업적으로도 성공한 일련의 머스크가 만들어졌다. 다환 머스크에는 모두 다섯 종류가 있는데, 이들은 깨끗한 세탁물 향과 같은 우리에게 매우 익숙한 향기이다. 그러나 이들 머스크는 자연에 잔류하기 쉽고, 우리가 먹거나 마시는 것에 오염될 가능성이 있다는 문제가 제기되면서 연구가 다시 시작되었다.

머스크는 형태가 너무나 다양하지만, 그나마 크기가 크다는 점이 공통적이다. 머스크의 분자량은 모두 최댓값이 250 근처로 탄소 수가 15~18개 정도인 분자에 해당한다. 크기가 향기 분자의 최대 크기에 가까워 사람에 따라 향기를 느끼기도 하고 못 느끼기도 한다.

3 합성 향수의 발전

천연 식물의 향을 모방한 최초의 합성 향수는 1856년에 루지 치오짜(Luigi Chiozza)라는 화학자가 만든 '계피 향'이며, 주된 원료는 신남알데히드(Cinnamic aldehyde)다. 그리고 1882년에는 향수 제조업자인 폴 파르켓(Paul Parquet)이 1868년에 처음으로 합성된 쿠마린(Coumarin)을 사용하여 '푸제르 로얄(Fougere Royale)'이라는 향수를 만들었다. 1876년에는 바닐라의 주 향기 물질인 바닐린이 합성되었다. 그러다 합성 향기 물질이 처음으로 특허를 받은 것은 1893년 하르만 박사가 개발한 제비꽃 향을 가진 이오논이라는 물질이며, 이것은 실제 제비꽃보다 더 좋은 향기를 가지고 있었다. 이런 향기 물질은 처음에는 '반합성법'으로 만들어졌는데, 이는 천연 정유로부터 분리된 피넨, 리모넨 등 모노터펜으로부터 다른 향기 물질을 만드는 것이었다.

1960년대 미국에서는 소나무 수액(Turpentine) 안에 들어 있는 고순도의 피넨(60~65% α-Pinene, 20~35% β-Pinene)을 분별 증류 후 미르센(Myrcene)을 만들고, 거기에서 네롤(Nerol)이나 제라니올(Geraniol)을 만든 뒤 다시 시트랄(Citral), 시트로넬놀(Citronellol) 등을 만들었다. 산소를 첨가하면 수용체와 결합력이 강해지면서 향도 강해지는 경향이 있었다. 이런 반합성법을 이용하면 저렴한 원료로부터 쉽게 고가의 향기 물질을 만들 수 있었다. 그리고 최종적으로 수요가 많은 멘톨도 합성이 가능해졌다. 바닐린, 멘톨 같은 향기 물질은 워낙 수요가 많아 수많은 회사에서 다양한 경로로 합성하는 방법이 개발되었다.

* 천연 재스민 향 vs 합성(조합) 재스민 향

재스민 추출물에 들어 있는 200여 개 물질의 구조가 밝혀지면서 재스민 향을 내는 주된 물질인 재스몬(cis-Jasmone)과 메틸시스재스모네이트(Methyl cis-jasmonate)가 밝혀졌다. 물론 재스민 향을 내는 데는 다른 여러 물질도 관여한다. 그래서 그런 향기 물질을 적절히 조합하면 천연물을 흉내 낼 수 있다. 천연 재스민 향은 kg당 5,000달러 이상이고, 합성한 디하이드로재스몬은 50달러도 채 안 된다.

천연물로부터 멘톨의 합성 방법

원료 출처	시작 물질	단계	최종 목적물
Citrus	Limonene	5	멘톨
Pine, terpentine	β−pinene	3~7	
Citronella	Citronellal	2	
Indian turpentine	Carene	7	
Eucalyptus, pine	Phellandrene	5	
Pennyroyal	Pulegone	2	

그래도 천연 재스민 앱솔루트와 똑같은 것을 만들기는 매우 힘들다. 천연에 아주 극소량 존재하는 물질들은 만들기가 힘들어 가성비가 크게 떨어지므로 천연 재스민의 모든 성분을 그대로 넣다 보면 천연향보다도 오히려 더 많은 비용이 들게 된다. 몇 가지 원료로 그 특징만 재현해야 가성비가 뛰어난 것이다. 이 경우 천연과 품질에 차이가 있지만 가격의 차이만큼 품질의 차이가 크지는 않다. 향기 물질의 가격은 생산 규모에 따라 크게 달라지는데, 천연 재스민 향은 연간 수십 톤밖에 생산되지 않지만 가장 싼 재스민 향은 연간 1만 톤 이상 생산되고 있다.

4 천연향이 합성향보다 안전할까?

원래 이 책의 전작인 『Flavor, 맛이란 무엇인가』는 10여 년 전만 해도 합성향에 대한 오해와 불안감이 너무 많아서 "알 수 없는 수백 가지 화학 물질로 만들어진 천연향마저 안전한데, 검증된 30종 이하의 원료로 만들어진 합성향은 얼마나 더 안전하다는 말인가? 이것이 합리적인 생각이다"라는 단 한 줄을 말하기 위해 썼다고 해도 과언이 아니다. 향은 천연이든 합성이든 굳이 그 안전성을 따질 필요가 없다. 그런데 아직 천연향이 합성향보다 안전하고 좋다는 인식이 충분히 사라지지 않아 매우 유감이다. 다행히 요즘은 그런 주장은 많이 줄어드는 중이다.

나는 개인적으로 식품첨가물 중 천연색소, 천연향, 천연보존료에 대해 전혀 긍정적으로 생각하지 않는다. 딸기에 있는 그대로의 천연색소와 천연향에는 전혀 불만이 없지만, 식품에 인위적으로 추가하는 천연향과 천연색소는 소비자가 기대하는 것이 아닐 가능성이 높기 때문이다. 과일을 그 과일이 가진 향과 색소 그대로 소비하는 것은 바람직하지만, 과일에서 0.1%도 차지하지 않는 천연향을 뽑아서 뭘 어떻게 하겠다는 것인지 이해하기 힘들다.

오렌지 1,000kg으로 농축액을 만들면 버려야 하는 껍질에서 오렌지 오일을 3kg이나 회수할 수 있다. 사실 향료 중에는 천연 오렌지 오일이 가장 저렴하다. 세상에서 가장 많이 소비되는 과일 중 하나가 오렌지라 천연 오렌지 향보다 저렴한 향은 없는 것이다. 합성으로 만들면 훨씬 비용이 많이 든다. 천연이라고 딱히 더 안전할 것도 더 좋을 것도 없다. 시트러스와 같이 대량의 부산물이 생기는 것이 아니라면 천연향은 별 의미가 없다. 천연향의 장단점을 바르게 이해할 필요가 있다.

천연향은 기본적으로 향조가 풍부하고 자연스럽다.

- 식물에서 향기 성분은 통상 0.1% 이하다(시트러스 껍질과 같이 특정 부위를 제외). 천연향은 순도가 낮아 충분한 내기 위해서는 그 투입 비율이 높아야 한다. 이에 따라 흔히 제품의 조직이 만족스럽지 못하게 되고 안정성이 나빠진다.
- 천연향의 추출, 증류, 농축의 과정에서 향조의 변화가 있다.
- 천연향은 그 강도나 품질이 원료의 산출지역, 수확할 때의 숙성도 그리고 수확 후의 취급에 따라 차이가 벌어져서 상당한 편차를 나타낸다.
- 천연 물질의 공급은 점점 불확실하게 되어가고 있으며, 환경 이슈로 규제도 심해지고 있다.
- 대부분의 천연향은 수확 후의 취급이나 가공 또는 저장 과정에서 불안정하며 변화를 겪게 된다.
- 다수의 천연 제품은 이취를 내거나 향의 강도를 떨어뜨리는 결과를 초래하는 효소 시스템을 가지고 있다.
- 다수의 천연 제품에는 독성 성분이 있다. 물론 충분히 미량이지만, 이를 제거하거나 통제하기 힘들다.

조합(합성)향료의 장단점은 아래와 같은 것이 있다.

- 천연향에 비해 원료의 순도가 높아 훨씬 소량 사용되므로 경제적이고, 가격의 변화에 덜 민감하다.
- 향이 더 안정적이고 보존기간이 길다. 좀 더 가혹한 가공조건에 견딜 수 있도록 배합 조정이 가능하다.
- 향기 물질의 농도가 높아 제품의 용도에 맞도록 다양한 형태(분무건조, 코팅, 캡슐)로 생산하기 좋다.
- 계절적인 요인 등 공급의 제한이 적다. 오히려 환경친화적이다.
- 수요자 요구에 맞게 배합비를 개발하여 주문 생산이 가능하다. 그래서 향에 의해 자신의 제품을 타사의 제품과 차별화할 수 있다.
- 천연 향조의 바람직하지 않은 특성을 조정할 수 있다.
- 품질과 부향 효과가 균일하다.

조합향이 천연향보다 부족한 것은 안전성이 아니라 풍부한 풍미인 경우가 많다. 예전에 조향 기술이 부족할 때는 조합향이 인위적이고 균형을 제대로 갖추지 못한 것도 많아 품질이 천연보다 떨어지는 경우가 많았지만, 지금은 오히려 향이 천연보다 풍부한 경우도 많다. 물론 커피, 바닐라 등과 같이 발효나 가열 공정을 거쳐서 만들어지는 향의 경우, 조합의 방법으로는 그 복합적인 풍미를 재현하기 힘들다. 결국 향은 풍미를 평가하여 더 마음에 드는 것을 선택하면 되는 것이지 굳이 그 출처를 따질 필요가 없다.

우리가 먹고 마시는 거의 모든 것은 향을 가지고 있다. 자연물에 부족한 향을 보충하는 방법으로 천연향만 좋다고 말하는 것은 과학적 사실과 거리가 멀다. 앞으로도 천연에 대한 선호와 그것에 부응하는 마케팅이 계속 인기를 누리겠지만, 향료에 있어서 합성과 천연은 같은 물질이고, 둘 다 감각적인 기능만 하므로 그 효능이나 안전을 따질 필요가 없다는 것만은 기억해주면 좋을 것 같다.

조향사에 의해 새로운 향이 만들어진다

2

1 조향사의 역할

향료 기술의 결정판은 향료와 향수이다. 향료나 향수를 만들기 위해서는 천연물의 분석 단계, 향기 물질의 제형화 단계 등이 모두 필요하지만, 처방을 만드는 조향사의 역할이 무엇보다 중요하다.

조향사는 향기 물질을 조합하여 새로운 향을 창조하는 사람이다. 향수나 생활용품용 향을 만드는 '퍼퓨머(Perfumer)'는 입은 사용하지 않고 코만 사용한다. 이 분야는 천연에 존재하든 존재하지 않든 조향하는 데 크게 제약받지 않으며, 단지 인간의 후각을 자극하여 기분 좋게 느끼게 하는 것이 중요하다. 자연계에 없는 향기라도 인간이 좋아하면 그것으로 목적은 거의 달성된다. 따라서 상상력이 중요한 요인이다. 반면 식품용 향을 개발하는 '플레이버리스트(Flavorist)'는 식품에서의 풍미 물질로 작용하는 향료를 다루기 때문에 입과 코를 모두 사용한다. 대상이 식품이므로 절대로 인체에 해가 되는 물질을 사용해서는 안 된다. 인간의 향에 대한 선호도는 지극히 보수적이므로 경험하지 않은 향에 대한 선호도가 낮다. 따라서 자연에 존재하는 선호도 높은 식품의 향을 그대로 재현하는 것이 일반적인 목표다.

한때는 콜라와 사이다 향이 창조될 정도로 향에 개방적이었을 때도 있었다. 콜라의 독특한 향은 레몬, 라임, 오렌지 같은 시트러스 향과 계피, 생강, 육두구, 정향, 고수 같은 향신료의 조합에 의해서 만들어진다. 사이다 향은 사실 레몬과 라임이 혼합된 단순한 향이다. 하지만 예전에는 레몬과 라임이 생소했기에 레몬 라임 향보다는 사이다 향으로 불린다. 콜라를 빼면 아이스크림의 소다 향 정도가 추상적인 향이다. 레몬 향, 라임 향, 오렌지 향 같은 시트러스 향에 바나나 같은 달콤한 향을 넣고 바닐라 향을 혼합한 것이다. 즉 소다 향은 혼합 과일 향에 바닐라 향을 추가한 것이지만, 소다 향을 혼합 과일 향이라 생각하는 사람은 별로 없다.

자연을 모방하기는 결코 쉬운 일이 아니다. 딸기의 향에 관여하는 성분은 수백 종이 훌쩍 넘는다. 이들 각각의 성분을 따로따로 분리하여 맛을 보거나 향기를 맡아보면 대단히 강하거나, 약하거나, 무언가의 향기를 닮기도 하고, 무엇

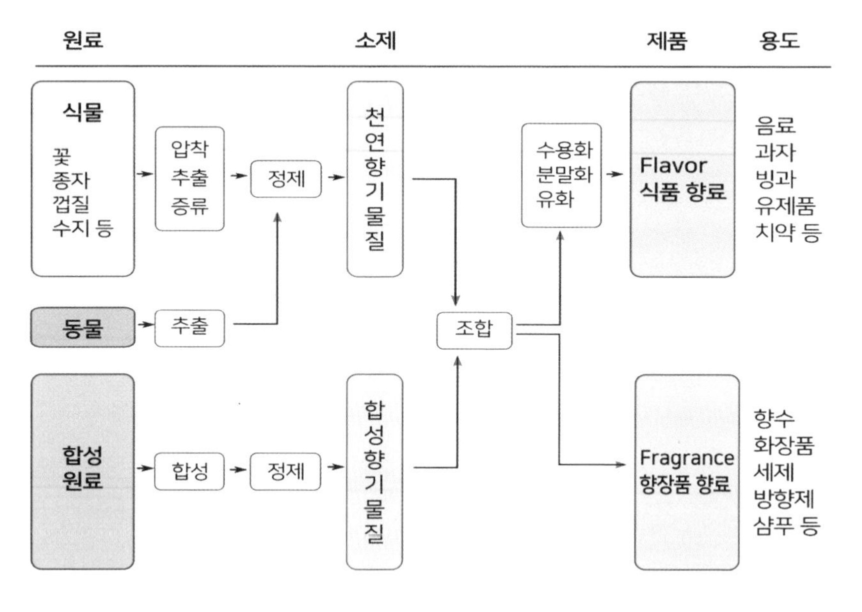

향의 조향 과정

인가를 생각나게도 하는 여러 가지의 인상을 주지만 정작 딸기라는 느낌은 들지 않는다. 그러나 이 성분들을 자연 그대로의 비율대로 재구성하면 우리는 '아 딸기구나!' 하고 느끼게 된다. 우리가 딸기라고 느끼는 것은 많은 성분이 조화를 이루어 우리의 감각기관을 자극 또는 일부를 억제하여 나타나는 현상이다. 즉 천연의 향 자체가 이미 자연적으로 조향된 상태이고, 조향사의 조향은 제한된 원료로 자연을 흉내 내서 이리저리 모아보고 섞어 보면서 조화를 찾는 시행착오의 연속이다.

* 절대 후각? 감각보다 중요한 것이 체계적인 훈련

수백 가지 향기 물질로 수많은 향을 창조해내는 조향사의 코는 다른 사람들보다 더 뛰어날까? 사람들은 절대 미각이나 후각에 대한 환상이 있다. 파트리크 쥐스킨트의 책 『향수』에는 그르누이라는 천재적인 후각을 가진 주인공이 등장한다. 주인공의 후각이 어찌나 뛰어난지 그 당시에 유행하는 향수 향기를 맡고는 한 번에 따라 만들고, 몇 km 떨어진 곳의 향기를 다 구분할 수 있다고 나온다. 하지만 이것이 실제로 가능한 일일까? 그리고 음식을 맛보기만 해도 어떤 재료가 들었는지 줄줄 읊는 일이 실제로 가능할까?

영화나 드라마를 보면 와인을 마시기만 하면 연도까지 알아맞히는 장면이 종종 등장한다. 하지만 특정 와인을 맛보고 어느 지방의 몇 년도 무슨 와인이라고 알아맞히는 것은 현실적으로 불가능하다. 만약 우리가 하루에 10개의 와인을 맛보고 그 맛을 외운다고 가정할 때, 1년에 3,650개의 와인 맛을 기억할 수 있을 것이다. 하지만 3,650개의 와인 맛을 정확하게 기억한다는 것은 불가능에 가깝다. 향료회사가 조향에 쓰는 원료는 3,000가지가 안 되는데, 조향사가 그것을 익히는 데만 몇 년씩 걸린다. 그리고 해가 바뀌면 수확한 포도의 품질도 달라져 같은 이름의 와인도 맛이 미묘하게 달라진다. 그런데 프랑스 보르도 지방에만 1만 2,000여 개의 메이커가 있고, 메이커마다 다양한 와인을 만든다. 그러니 어떤 와인 맛을 보고 어느 지방의 몇 년도 무슨 와인이라고 알아맞히는 것은 그저 영화 속에서나 가능한 상상인 셈이다.

사실 소믈리에가 가지고 있는 것은 와인에 대한 패턴이다. 많은 훈련과 학습으로 쌓아 올린 패턴(지식)으로 와인의 맛을 보는 것이다. 그러니 커피를 잘 평가한다고 와인을 잘 평가할 수 없으며, 와인을 잘 평가한다고 차를 잘 평가하기는 힘들다. 그만큼의 지식을 쌓아야 가능하다.

* 민감하면 과민하기 쉽다

혀의 1㎠당 맛봉오리(미뢰) 수는 둔감한 사람의 경우 100개, 보통 사람은 200개, 민감한 사람은 400여 개 정도다. 민감한 사람이 식품업계에서 일하기에 유리할 것 같지만 오히려 쓴맛에 과민해서 부적합하다. 보통의 경우가 즐기는 음식 폭이 넓고 정도도 높아 식품연구원에 적합하다. 향을 만드는 조향사도 일반인 정도의 감각이면 충분하다. 사실 식품연구원이나 조향사에 어울리는 사람은 예민한 후각보다는 향기를 접하고 만드는 것에 즐거움과 기쁨을 느끼는 사람이다. 감각만 예민하다고 무작정 좋은 것이 아니다. 술의 향을 예찬하는 사람 중에도 둔감자의 비율이 높다. 그래야 알코올의 쓴맛을 무시하고 술의 향을 즐길 수 있기 때문이다.

타고난 감각보다 열정과 훈련이 전문가를 만든다. 평범한 사람이나 전문가나 똑같은 정도로 향기를 감지하지만, 전문가는 똑같은 감각 정보를 가지고도 활용을 잘하는 훈련이 되었다는 것이 보통 사람들과 다른 점이다. 훈련된 조향사가 새로운 향수와 독특한 노트를 쉽게 구분하고, 숙련된 와인 전문가는 원료로 쓰인 포도 품종과 생산 지역과 구분하지만, 이것은 후각보다 훈련된 기억에 의지한다. 다시 말해 전문가의 강점은 후각 능력이 아니라 지적 능력에 있으며, 이 전문적인 지적 능력은 체계적인 훈련에 달려 있다.

마스터 소믈리에가 되기 위해 반드시 치러야 하는 와인 시음 테스트는 25분

안에 생산 국가조차 알 수 없는 6가지 와인을 구별하고 설명해야 한다. 각각의 와인에 4분의 시간이 할당되고, 10초 동안 포도의 품종, 생산지역, 빈티지까지 감별해 설명하고, 설명에 대한 정확한 근거까지 제시해야 한다.

"6가지 와인 중 마지막 한 가지를 식별하기 위해 열중하고 있었습니다. 시간은 계속 흘러갔지요. 와인의 레그(Leg, 눈물)를 한번 보고, 향기를 음미한 후 한 모금을 입에 머금었습니다. 처음에는 그 와인이 과숙된 카베르네와 시라가 혼합된 와인이라고 생각했어요. 생산지는 아마도 호주 같았고요. 하지만 뭔가 찜찜했죠. 그 와인의 특징에 대해 다시 생각해봤습니다. 단맛이 별로 없고, 묵직하고, 알코올 도수가 높고, 톡 쏘는 맛이 있었어요. 그리고 건포도 맛이 약간 났습니다. 그러자 딱 떠오르는 게 있었죠. '오, 이건 아마로네야!' 연구와 집중이 진가를 발휘하는 순간이었습니다." (출처: 『와인테이스팅의 과학』)

A. S. 바워치의 『냄새』에 등장하는 소믈리에의 와인 판정 과정 소개에도 이런 분석적 측면이 강조된다. 먼저 와인 잔을 45도 각도로 기울인 뒤 가장자리에서 빛이 어떻게 부서지는지 분석한다. 빛, 침전 등을 분석하여 일차적으로 가능한 목록을 줄이고, 와인을 휘둘러 향을 맡고, 들숨의 냄새를 분석한다. 잠시 쉬었다가 다시 향을 맡고, 흔들어 한 모금 마시고 입안을 와인으로 세차게 행군 후 뱉는다. 다시 45도 각도에서 바라보고 잔을 빙빙 돌리며 다시 한 번 향기를 맡는다. 그러다 다시 한 모금 마시고, 다시 뱉는다. 식탁 위에 잔을 놓고 색을 살피고 마지막으로 향을 맡는다. 와인의 판별에 코보다 시각 정보로 1차 스크린을 하고, 와인의 향을 여러 측면에서 맡으면서 다양한 시나리오에서 하나를 고르듯이 평가한다. 전문가는 이처럼 인지적 가이드를 통해 섬세하게 느끼는 사람인 것이다.

커피를 커핑(Cupping)할 때도 마찬가지다. 우리가 일상으로 마시듯이 커피를 마시면서 평가하지 않는다. 먼저 규격의 양을 분쇄하여 컵에 담고 들숨으로 향을 평가한다. 그리고 뜨거운 물을 넣고 향을 평가하고, 일정 시간 경과 후 상단에 거품층을 깨고 다시 향을 평가한다. 충분히 식었을 때 맛을 보며 미각과 후각을 평가하는 등 분석적 절차에 따라 여러 측면에서 품질을 평가한다. 이처럼 기억된 자료와 예측과 검증의 논리 회로를 가동하면서 맛을 평가하지, 천재적 후각으로 단숨에 평가하지 않는다. 소믈리에가 와인의 산지를 추정하는 것은 결국 코가 아니라 여러 시나리오를 검증할 수 있는 지식에 의한 것이다.

사실 초보자라 할지라도 두 잔의 와인이 서로 같은 와인인지 다른 와인인지는 쉽게 구별할 수 있다. 전문가의 식별 기술은 정보가 서로 일치할 경우에 한정된다. 그러니 인위적으로 정보를 조작하면 일반인보다도 속기 쉬울 수 있다. 예를 들어 화이트와인에 붉은 색소를 섞어 레드와인으로 만들었을 때 전문가들은 색으로부터 오는 정보를 통해 코를 조정하는 능력이 더 강하므로 오히려 잘 속을 수 있다.

2 향의 감별에는 코보다 지식이 중요하다

이처럼 와인 전문가들이 보통 사람보다 특별한 혀나 코를 가지고 있다고 볼 수 없지만, 특별한 뇌를 가지고 있다고는 말할 수 있다. 소믈리에의 뇌를 찍은 영상 자료를 보면, 이들이 와인의 맛을 볼 때의 뇌는 비전문가와 상당히 다르게 활동한다는 것을 알 수 있다. 소믈리에가 와인을 한 모금 마시면, 뇌는 맛과 향기의 정보가 수렴하는 영역에서 활동이 강화된다. 이 영역에서의 활동이 강화됨으로써 소믈리에는 향미의 효과를 더욱 섬세하게 지각하는 것이다.

뇌의 좌반구는 분석적인 과정을 담당하므로 위와 같이 활동이 강화된다는 것은 소믈리에가 보통 사람들에 비해 더 지적으로 맛을 경험한다는 뜻이다. 또한 와인을 삼킬 때 소믈리에의 뇌는 기억, 언어, 결정 등과 같은 더 고차원적인 인지 기능과 관련이 있는 영역에서 더욱 큰 활동을 보여준다. 이 영역에서의 활동이 증가함으로써 소믈리에의 분석적인 감미 경험이 한층 더 강화되는 것이다. 이러한 뇌 영상 연구 결과는 소믈리에들이 가진 진정한 기술에 대해서도 잘 설명해준다.

또한 포도의 품종과 생산기술에 대한 방대한 지식은 소믈리에가 이 두 요소의 수많은 변형에 따른 다양한 향미의 특징을 파악하는 데 도움을 준다. 예를 들어, 소믈리에라면 말산 발효법으로 생산된 와인의 향미에 아주 친숙할 것이다. 시음 테스트에서 소믈리에는 말산 발효법을 연상시키는 향미 중 하나를 알아챌 가능성이 높고, 그다음에는 요구르트나 사우어크라우트같이 발효법의 결과로 연상되는 향미에 주의를 기울이게 될 것이다. 이런 과정을 통해 소믈리에는 시음 테스트나 여타의 실험에서 와인을 더 쉽게 알아볼 수 있게 된다.

그리고 초보자와는 달리 소믈리에는 이미 정형화되어 있는 와인의 종류를 기준으로 여러 와인 사이의 유사성을 판정한다. 소믈리에의 해박한 지식은 그들이 더욱 쉽게 수많은 향미의 종류를 알아내고, 범주화하여 기억할 수 있게 한다. 향미는 포도의 품종이나 생산과정에 따라 결정되기 때문이다. 이러한 지식과 시음 훈련이 없다면, 아무리 와인을 즐기고 자주 마시는 사람이라 하더라도 구분하기는 쉽지 않다.

* 조향사에게 중요한 것은 타고난 감각 능력보다 체계적 훈련이다

조향사도 마찬가지로 특별하지 않은 코를 가지고 있어도 향수를 만들 수 있다. 전문가를 만드는 것은 특별한 지적 능력과 사고 과정이다. 단지 더 뛰어난 후각적 심상 능력을 갖추고 있을 뿐이다. 특정 음식의 향기를 떠올리고 성분을 섞었을 때 어떤 향기가 날지 상상할 수 있는 능력이 핵심이다. 지각 능력을 부단히 갈고닦으면 향기에 대한 두뇌 반응이 바뀐다. 조향사와 일반인의 뇌파 패턴을 비교해 보면, 향기를 맡을 때 조향사는 인지 판단에 관여하는 전두엽 부위 즉, 안와전두피질에서 뚜렷한 활동을 보인다고 한다. 이 두뇌 반응 패턴은 그들이 향기를 더 분석적으로 지각한다는 점을 반영한다.

초보 조향사가 되기 위해서는 300종 이상의 향기 물질을 구분해야 한다. 나아가 전문 조향사는 자기 회사에 있는 재료 모두에 익숙해지고 각각의 차이를 인식할 수 있어야 한다. 기본 원료를 익힌 훈련생은 다음으로 조향사처럼 생각하는 법을 배운다. 전문가는 향수를 분석하거나 새로운 향을 만들 때 개개 성분에 대해 생각하지 않는다. 조화라고 하는 전형적인 결합에 대해 생각한다. 조화는 특히 잘 어울리는 원료들의 혼합이고 조화는 향료 제조의 기본 원칙이다. 그러니 평소에 비슷한 향을 가진 물질끼리 머릿속에 잘 정리되고 차이를 구분해야 한다. 조향사는 원료를 기억하는 것이 아니라 패턴을 인식하는 것이다.

* 전문가는 패턴을 통해 예측에 능한 사람이다

향에 대한 천재는 있을까? 완전히 구분되는 향기 물질을 섞으면 몇 개나 구분할 수 있을까? 생각보다 적다 3가지 성분이 섞인 혼합물에서 하나라도 식별할 수 있는 사람은 15%도 되지 않는다고 한다. 조향사와 향료 전문가도 혼합물에서 3가지 이상은 식별하지 못한다. 훈련하고 난이도가 쉽도록 조정해도 4가지를 넘지는 못한다고 한다. 결국 전문가는 똑같은 감각 정보를 더 잘 활용하는 인지 능력을 갖추고 있다는 것이 다른 점이다.

조향사는 특정 향수의 향기를 떠올리고, 성분을 섞었을 때 어떤 향기가 날지 상상할 수 있는 능력을 키워야 하고 개념화할 수 있어야 한다. 예를 들어 포도주 전문가는 늘 맛을 보면서 기록한다. 전문가는 자신의 묘사를 이후에 시음하는 와인과 일치시키는 데 비전문가보다 뛰어나다. 전문가들은 이런 지적 훈련 덕에 비전문가들이 말로 표현하기 위해 노력하느라 향 자체를 지각하지 못하는 '언어적 그늘 효과'라는 함정을 피할 수 있다.

조향사는 어떻게 이 수많은 향료 원료를 익힐까? 훈련의 첫 단계는 이용할 수 있는 성분의 향기를 배우는 것이다. 향기 물질을 매트릭스식 접근법을 이용해 주요 성분을 가르친다. 격자형 행렬에서 가로줄에는 향기군이 있고 세로줄에는 교육 일정이 있다. 첫 번째 수업에선 가로줄 방향으로 레몬유, 백단유, 정향 등 각 향기군의 원료 향기를 맡는다. 두 번째 수업에는 새로운 표본 즉, 베르가모트유와 삼나무 유, 계피유 등의 향기를 맡는다.

이 과정이 여러 번에 거쳐 진행되면 매트릭스 전체의 향기를 맡게 되며 과정이 끝날 때쯤 학생들은 향기 군 사이의 차이를 느끼게 된다. 향기 군의 차이를 배울 때는 쉽지만 향기 군 안의 물질 간 차이를 배우는 것은 좀 더 어렵다. 예를 들어 시트러스 계통과 꽃 향 계통은 차이가 크지만, 시트러스 중에 레몬, 베르가모트, 귤, 밀감, 블러드오렌지, 자몽, 라임의 향기를 구분하는 것은 좀 더 어렵다.

결국 많은 향기 물질의 미묘한 차이를 구분하려면 각 성분에 대해 자신만의

향수의 대표적 향조와 천연 물질

향조	대표적인 천연물
Citrus	Lemon, Bergamont, Orange, Lime, Tangerine, Grapefruit
Woody	Cedarwood, Patchouli, Pine, Sandal wood, Vetiver
Spice	Clove, Nutmeg, Cinnamon, Juniper, Ginger
Flowery	Jasmine, Tuberose, Narcissus, Mimosa, Iris, Hyacinth
Green	Galbanum, Tagetes, Violet leaves
Minty	Peppermint, Spearmint
Balsamic	Vanilla, Benzoin, Tonka bean, Tolu balsam
Ambery	Incense, Styrax, Myrrh, Labdanum, Calamus
Fruity	Blackcurrant, Peach, Plum, Buchu

인상을 갖는 것이 중요하다. 그래야 향기 물질의 섬세한 차이를 기억하여 적합한 목적에 활용할 수 있기 때문이다. 초보 조향사라면 100가지 이상의 천연 재료와 150여 가지 합성 물질을 구분해야 하고, 전문 조향사라면 500~2,000가지 재료를 구분해야 하는데 자신만의 인상으로 기억해야 많은 종류를 구분할 수 있다. 향기를 익힌 훈련생은 그다음엔 조향사처럼 생각하는 법을 배운다. 향에서 중요한 것은 개별 성분의 개성이 아니라 조화이다.

* **인터뷰: 향기는 상상 속에서 완성된다**

다음은 프랑스의 화장품·향수 회사인 '겔랑(Guerlain)'의 조향사(Grand perfumer) 티에리 바세의 인터뷰 기사를 발췌한 내용이다.

- 조향사에겐 후각이 가장 중요하지 않을까요? 학생 때 후각 시험을 봤을 것 같은데요.

"조향이 향에 관한 작업이란 건 맞는 얘기지만, 후각은 후천적으로 훈련으로 얼마든지 단련할 수 있습니다. 오히려 아덩 선생님은 제 감수성과 상상력이 새로운 향을 만들어 내는 데 도움이 된다고 생각하셨어요."

- 보통 조향사들은 정교하게 향기를 맡으려고 마늘을 삼가고 금연하는 등 코 관리에 무척 신경을 쓰던데요.

"전 담배도 피우고 마늘도 잘 먹습니다. 물론 담배가 건강에 해로울 순 있겠지요. 건강을 망쳐서 일에 지장을 줄 정도가 아니라면 담배를 피우거나 마늘을 먹는 건 조향사의 후각에 별 영향을 주지 않는다고 생각합니다. 조향사의 후각은 오직 훈련에 의해 발달하죠."

- 뛰어난 후각이 아니라면 조향사에게 가장 필요한 것은 뭘까요?

"뛰어난 머리와 체력입니다. 현재 조향에 쓰이는 기본 향은 3,000가지 정도 됩니다. 조향사는 이를 모두 알아야 하죠. 그냥 아는 정도가 아니라 언제 어디서고 일일이 그 향을 구별하고 기억해낼 수 있어야 합니다. 그래야 어떤 향을 어떤 순서로 섞어야 머릿속에 그린 향기가 나올지 해답을 얻을 수 있죠. 물론 저는 그렇게 할 수 있습니다. 어쨌든 그러려면 머리가 좋아야 하고요. 결국 훌륭한 조향사는 제조과정에 쓰일 향을 결정하는 등 과정을 잘 통제하면서 상상 속에 그린 추상적인 향을 현실로 구체화해내는 작업을 잘하는 사람입니다. 창의력이 있어야죠."

후각은 대개 나이가 들수록 퇴화하는데 조향 능력은 나이가 들어도 퇴화하지 않는다. 2009년, 뉴욕에서 출발한 여객기가 엔진 속으로 날아드는 거위 떼를 피하려고 허드슨강에 불시착한 일이 있었는데, 당시 승객 150명 전원이 생존할 수 있었던 것은 조종사와 승무원, 구조를 도운 예인선의 선장까지 모두 경험 많고 노련한 중년이었기 때문이라는 분석이 있다.

일리노이대학 신경과학자인 아트 크레이머는 40~69세의 항공교통관제사와 항공기 조종사 118명을 대상으로 응급상황에 대처하는 시뮬레이션 실험을 했는데, 나이가 많은 조종사들은 처음에 시뮬레이션 장치를 다루는데 시간이 좀 더 걸렸지만, 핵심 조종 기술과 문제 해결 능력에서는 오히려 젊은 조종사들보다 더 뛰어났다고 한다. 조향 기술 역시 종합적인 판단과 관리능력이 더 중요해서인지 나이가 들어도 줄어드는 예민함을 보상할 만한 경험과 기술이 더 요긴하다. 그래서 실력 있는 조향사는 은퇴할 나이를 훌쩍 넘어서 활약한다.

3 조합향(Compound flavor)을 만드는 과정

발효나 가열로 만들어지는 풍미는 풍부하고 훌륭하지만, 향으로 만들기는 어렵다. 딸기 향을 원한다고 발효나 가열을 통해 만들 수는 없다. 그런데 분석을 통해 과일, 꽃의 향을 구성하는 향기 물질을 알면 그것을 하나하나 조합(compounding)하여 향을 만들 수 있다. 모든 향은 향기 성분의 조합이라 이론적으로는 어떤 향이든 그 향에 포함된 향기 성분과 비율만 정확히 알고, 그 향기 성분을 구할 수 있다면 만들 수 있다.

과거에는 향의 구성 성분을 알지 못했고, 설혹 구성 성분을 안다고 해도 그런 물질을 구할 방법이 없었다. 그래서 향은 너무나 비싸고 귀한 것이었다. 그러다 분석기술과 화학 산업이 발달하면서 과일 등을 분석하여 특유의 향을 내는 향기 성분을 알 수 있게 되었고, 합성의 기술이 발전하자 향을 조합하여 개별 향기 물질도 만들 수 있게 되었다. 이를 '조합향료(소위 합성향)'라고 한다. 우유에 한 방울의 바나나 향을 넣어서 바나나 맛 우유를 만드는 일이 가능해진 것이다. 더구나 어떤 식품이든 그 향기 성분을 분석하면 수백 종의 향기 물질이 있지만 대부분 영향력이 없어서 10~30종 정도만 조합하면 향을 재현할 수 있다. 조합향료가 성공적이었던 이유는 이처럼 적은 종류의 향기 물질을 소량만 사용해도 충분했기 때문이다.

* 기기 분석 결과는 조향의 보조수단일 뿐

그렇다면 만약 분석 장비를 통해 구성하는 향기 물질의 종류와 비율만 완벽하게 알 수 있으면 조향사의 도움이 없이도 향을 만들 수 있을까? 애석하게도 아직은 어렵다. 처음 분석기기로 향기 성분 분석을 시작했을 때는 어떤 식품의 향기 성분만 전부 분석하면 그대로 향을 만들 수 있을 것이라 기대했다. 그렇게 된다면 오랜 숙련 기간이 필요한 조향사가 없어도 된다. 하지만 아직 이를 성공한 회사는 없다. 무슨 물질이 들어 있는지 안다고 향이 되지는 않는 것이다. 사과 향을 만들기 위해 검출된 모든 물질을 사용하려는 것은 비용 문제도 있고 안전 측면에서도 바람직하지 않다. 가장 먼저 고려할 것이 역치를 감안한 기여도이다. 역치가 향의 종류에 따라 무려 100만 배나 달라서 성분 비율보다 역치를 중요하게 따져봐야 한다. 향은 아주 많은 성분이 들어 있지만 이것 모두가 향에 기여하지 않고, 20~30개 성분으로 재현하는 것이 많다.

향기 물질은 색처럼 단순히 혼합 비율 그대로 작용하는 것이 아니라 향기 물질 간에 상호작용이 매우 심하게 일어나므로 경험이 많은 조향사의 역할이 여전히 필요하다. 분석 결과만으로는 상품성 있는 향을 만드는 것은 불가능하고 우리는 아직 향과 후각에 대해 충분히 이해하지 못하기 때문이다. 그래서 향은 여전히 조향사의 예술적인 재능을 활용해야 한다. 조향사는 분석된 양보다 훨씬 많이 또는 훨씬 적게 사용해야 조화에 의해 원하는 결과를 얻을 수 있는 경우도 많다.

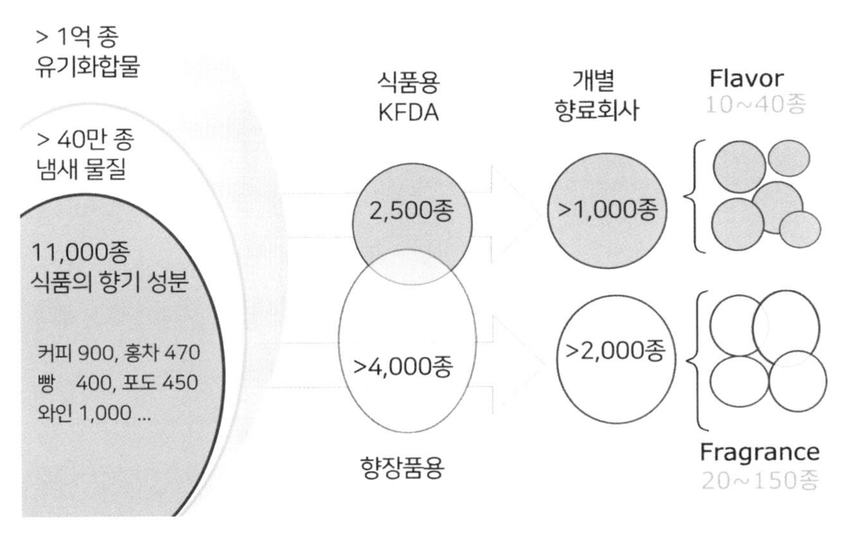

조향에 쓰이는 향기 물질의 종류

* 향은 여러 성분의 조화로 인한 결과물이다

원료 자체로는 나쁜 냄새라고 할 수 있는 것들이 적절한 비율로 섞이면 놀라운 효과를 내는 경우도 많다. 인돌(Indole)은 고농도에서 나쁜 냄새를 내지만, 희석하면 백합, 튜베로즈 등의 향에 불가결한 성분이 된다. 매운 후추를 그대로 입에 넣으면 맛이 없지만 소스 등에 적당량 사용하면 절묘한 풍미를 내듯이 자체로는 불쾌한 향기 물질도 조화를 통해 매력이 만들어진다. 그러니 개별 향기 물질이 어떤 향기 물질과 어떤 비율로 조합되어야 그것이 살아나고 좋아지는지 알아야 한다. 균형이 조향의 핵심이고, 향료 물질 간의 조화를 찾아내는 것이 조향의 기술이다.

이를 잘하기 위해서는 향기 물질 하나하나의 성격을 잘 파악해야 한다. 천연향료라면 그 향료의 역사, 식물학상의 분류, 산지, 채유법, 형상, 주요한 성분, 가격, 응용에 대한 지식을 쌓고, 합성향료에서는 원료, 제조법, 물리화학적인 성질, 가격, 응용 그리고 여러 가지의 용매 중에서의 거동, 안정성, 안전성, 용해성, 순도 등의 지식도 있어야 한다.

그리고 수많은 조합의 연구 즉, 그림에서 물감과 물감을 어느 정도의 비율로 섞으면 본인이 원하는 색이 나오는지 확인하듯이 향기 물질을 서로 조합하면서 경험을 쌓아야 한다. 이런 훈련에는 많은 시간이 필요해서 훌륭한 조향사가 되기까지는 많은 시간이 필요하다. 왜 조향에는 많은 경험과 시간이 필요한지를 제대로 이해하려면 향기 물질과 후각 수용체의 상호작용을 이해해야 한다. 후각 수용체는 그 종류가 400종이나 되어 한 가지 물질이 동시에 여러 수용체에 작용하는데, 그중에는 제짝과 결합하여 신호를 만드는 것도 있지만 어떤 것은 엉뚱한 수용체와 결합하여 그 위치만 차지하고는 신호를 만들지 않아 원래 작용해야 할 물질의 결합을 방해하는 억제 작용만 한다. 어떤 향기 물질의 냄새를 맡을 때 결합하는 효과는 인지할 수 있지만, 억제하는 작용은 그 존재를 느낄 방법이 없다. 그러니 상호작용의 예측이 그렇게 힘든 것이다.

a. 핵심 성분으로부터의 접근법

향을 만드는 가장 간단한 접근 방법은 분석 연구를 통해 핵심 성분을 찾아내고 가장 핵심적인 성분부터 차례로 제품에 적합한 비율을 찾아 맞추어나가는 방식이다. 하지만 이는 이론적으로는 그럴듯해도 실제로 적용하기는 힘들다. 왜냐하면 먼저 핵심적인 몇 가지 원료로 간단한 특징을 맞추고 여기에 좀 더 미세한 풍미를 조정하기 위해 성분을 추가하면 앞에 배합한 원료의 특징에 새로 추가한 성분의 효과만 추가되는 것이 아니라 앞에 맞추어 놓은 배합이 추가된 성분의 영향을 받아 그 특징이 완전히 달라지기 때문이다. 사실 향기 성분은 3가지 정도만 섞어도 원래 어떤 성분을 가지고 섞었는지 모를 정도로 상호작용이 심하다. 성분을 하나 추가할 때마다 앞서 맞추어 놓은 배합의 최적 비율이 바뀌게 되고, 또다시 전체적인 비율을 조정해야 한다면 계속 재조정이 필요해서 실용적이지 않다.

b. 믹솔로지(Mixology) 방식

기존의 향료를 다양한 비율로 혼합하는 방식이다. 기존에 개성이 있고 특징적이며 소비자의 기호에도 적합한 향들이 충분히 있다면 시도해볼 만한 방식인데, 대부분 무난한 향들이 많아서 섞어도 원하는 특징이 확실히 드러나지 않는다. 이런 현상은 2잔의 개성이 다른 맛있는 커피를 섞으면 과연 2가지 커피의 장점이 합해져 훨씬 맛있는 커피가 될지, 아니면 개성이 사라진 평범한 커피가 될지 생각해 보면 이해할 수 있을 것이다. 막연히 여러 가지를 섞으면 섞는 만큼 장점이 증가하지 않는다. 그리고 여러 가지 제품을 섞어서 만들면 나중에 생산 시 어려움을 겪을 가능성도 커진다.

c. 기존 향의 변형

기존의 향을 수정해서 만드는 방법은 간편해 보이지만 생각만큼 간단하지는 않다. 기존의 향이 지금 만들려는 제품의 특성과 유사하다면 수정하기가 쉽지만, 유사한 향이 없다면 단순히 한두 가지 성분의 추가로는 해결되지 않는다. 성분 전체를 수정하거나 제품 전체의 배합비를 조정해 주어야 원하는 특성이 구현되는 경우가 많다. 그래도 이 방법이 그나마 쉬워서 이렇게 개발되는 향이 많다. 더구나 이미 원형이 되는 향을 개발해본 조향사라면 훨씬 수월하게 기존의 향을 변경하여 원하는 특성의 향을 개발할 수 있다. 하지만 이조차 이상적

바나나 향 조성 디자인 예(출처: 『flavor creation』 John Wright)

향 설계		향기 물질 선택
Buttery	버터	Diacetyl, Acetyl methyl carbinol
Candy	캔디	Maltol
Cheesy	블루치즈 과일	2-Methyl butyric acid 2-Heptanone, 2-Pentanone
Creamy	크림	δ-decalactone
Floral	카네이션, 제비꽃 우디	Methyl isoeugenol α-ionone, β-ionone
Fruity	바나나 바나나, 럼 바나나, 패션프루츠 럼, 배, 바나나	Isoamyl acetate Isoamyl butylate, Isobutyl acetate Isoamyl octanoate Butyl acetate, Hexyl acetate
Green	풀, 풋사과	cis-3-Hexanol, Hexanal cis-3-Hexenyl acetate trans-2-Hexanal
Spicy	정향	Eugenol
Sharp	식초 자극성 퓨젤알콜	Acetic acid Acetaldehyde iso Amyl alcohol
Vanilla	바닐라	Vanillin

인 방식은 아니고 조향사의 실력 향상에도 별로 도움이 되지 않는다. 이 방식을 주로 사용하면 정말 좋은 향을 개발하기도 힘들고, 좋은 조향사가 되기도 힘들다는 뜻이다.

d. 설계적 접근

능력 있는 조향사들은 향기 성분의 개별적인 특징을 알고 복잡한 혼합 속에서 구성 성분들이 어떤 특징을 낼지도 머릿속으로 그려낼 수 있다. 본인이 원하는 최종 제품의 이미지를 그려내고 어떤 성분이 도움이 될지 그들의 직관력과 창조력으로 그 이미지를 구현해나가는 것이다. 성공적인 조향사들은 과학적인 접근법으로 훈련이 잘되고 여기에 창조적인 영감을 잘 떠올릴 수 있는 사람이다. 결국 조향은 단순한 조각모음을 훨씬 뛰어넘는 창의적 활동이다.

후각과 향기 물질이 여전히 어려운 이유

3

1 향기 물질이 어려운 이유

과거에 비하면 향의 비밀은 정말 많이 밝혀져 있다. 수많은 향기 물질이 합성되고, 그것을 사용하는 수많은 향료회사와 조향사가 있으며, 분석 장비는 놀랄 만큼 성능이 좋아지고 주변에 흔해졌다. 그래서 수많은 향료와 향수가 나오고 있지만, 문제는 일반인의 향에 대한 지식과 실력은 과거에 비해 전혀 늘지 않고 있다는 것이다. 우리의 향기 물질과 후각에 대한 이해는 지극히 피상적인 수준이다. 과학이 많이 발달한 현대에도 왜 여전히 향과 후각은 어려운지부터 알아볼 필요가 있다.

* 향기 물질은 종류가 너무 다양하다

1800년대 이후 쿠마린과 계피의 향기 성분인 신남알데히드 등이 발견되기 시작하면서 새로운 향기 물질의 발굴이 활발해지고 향수가 급격하게 발전하기 시작했다. 향료는 좋은 향기 물질을 찾고, 그것을 합성하고 활용하는 기술을 바탕으로 발전하는데, 맛이 좋은 과일이나 식재료를 발견하면 향기 성분을 분석하고 특징을 알아내는 것이 향을 알아가는 첫 단계라고 할 수 있다.

향기 물질의 발견과 분석에 획기적으로 공헌한 것이 바로 '가스크로마토그래피(GC)'의 등장이다. 휘발성 향기 분자가 컬럼(Column)을 지나면서 이동 속도의 차이에 따라 차례차례 분리되어 피크로 나타나는 것이다. 그리고 질량분석기(MS)까지 발전하여 분리된 성분의 질량 스펙트럼을 바탕으로 그 물질이 무엇인지까지도 바로 알려준다.

이런 분석기기의 발달로 한 가지 식재료에서 수백 가지 향기 물질이 발견되었다. 볶은 커피에서 850종, 홍차에서 470종, 빵에서 400종, 감자에서 150종, 토마토에서 400종, 포도에서 450종 이상이다. 한 가지 종류의 식재료에서 발견된 향기 물질만 수백 가지이므로 수만 종의 식재료의 향을 모두 합하면 정말 많을 것 같지만, 공통적인 것이 많아 지금까지 식품에서 발견된 향기 물질은 11,000종 정도다. 이처럼 종류가 많은 것이 첫 번째 어려움이다.

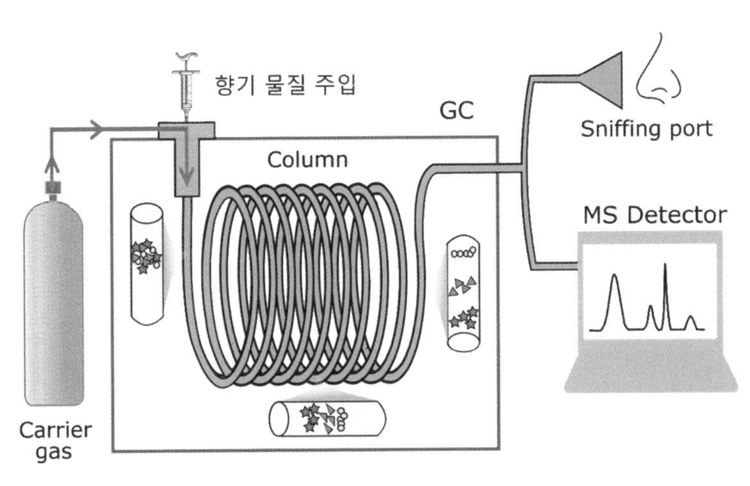

향기 물질 GC/MS 분석의 원리

* **향기 물질에 따라 역치의 차이가 매우 심하다**

한 가지 향기 물질이라고 해도 상황에 따라 그 특징이 크게 달라진다. 미국의 엘리너 갬블(1868~1933)은 인간이 향기 물질을 어떻게 지각하는지를 적절한 실험 환경에서 연구한 최초의 과학자였다. 그녀는 많은 실험 끝에 다음과 같이 향기 물질의 특성을 정리했다.

- 약한 향, 예를 들어 바닐린과 쿠마린은 순식간에 사람들이 더 이상 반응하지 않는 향기의 최대 강도에 이른다.
- 약한 향기일수록 사람마다 느끼는 차이가 더 뚜렷하다.
- 약한 향기일수록 날마다 느끼는 감도의 변화가 더 뚜렷하다.
- 피곤함은 약한 향기에 더 영향을 끼친다.
- 강한 향기는 약한 향기를 숨긴다. 또한 농도가 높으면 쉽게 불쾌해진다.

향료는 역치의 차이가 매우 심하다. '역치(値; Threshold)'는 생물체가 자극에 대한 반응을 일으키는 데 필요한 최소한의 농도이다. 향의 경우 그 차이는 100만 배에 달한다. 같은 양에서도 향의 강도가 100만 배나 차이 날 수 있으

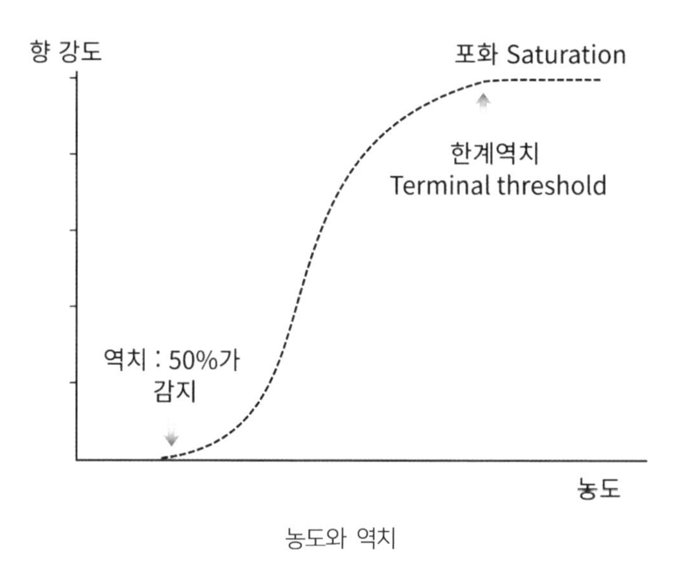

농도와 역치

니 함량보다 역치를 반영한 기여도가 중요하다.

매니큐어를 지울 때 쓰이는 아세톤의 향은 대부분 강하다고 느낀다. 그런데 박하의 멘톨은 아세톤보다 375배 강하고, 부테인싸이올은 5만 배나 강하다. 그렇다고 분자 자체에 큰 역치의 차이를 설명할만한 특별한 요소는 없다. 즉 향기 분자의 구조를 알아도 그것이 얼마나 강한 향기를 가질지는 예측하기 쉽지 않은 것이다. 똑같은 원자와 무게를 가진 분자도 아주 사소한 입체적 형태의 차이로 어떤 것은 강력한 향기 물질이 되기도 하고, 어떤 것은 전혀 향기가 없는 물질이 되기도 한다.

- **감각역치(Threshold of sensation)**: 감각이 없는 상태에서 50%가 감각하는 강도(1995년 이후 표준적인 측정법 도입).
- **차별역치(Difference of threshold)**: 주어진 자극이 감각에 확실한 변화를 부여하는데 필요한 최소 변화량.
- **한계역치(Terminal threshold)**: 양을 증가시켜도 더 이상 적절한 강도의 변화를 느낄 수 없는 강도. 이 양을 초과하면 보통 고통으로 느껴진다.

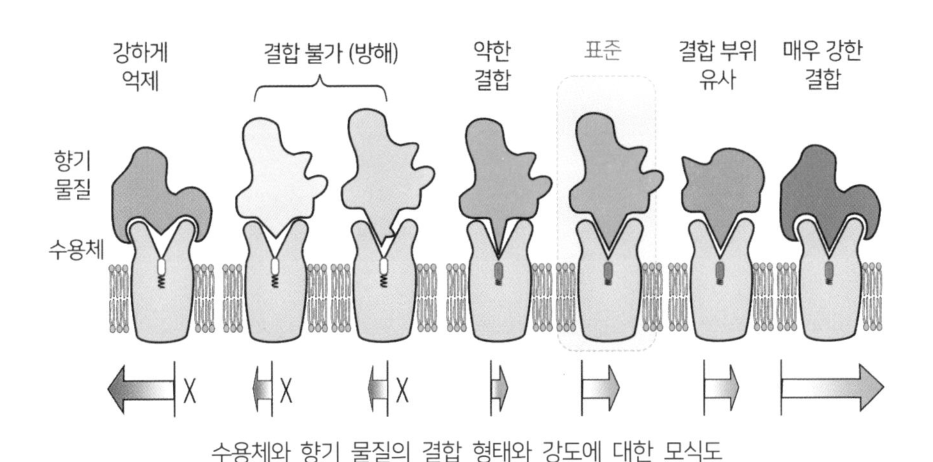

수용체와 향기 물질의 결합 형태와 강도에 대한 모식도

a. 향의 강도는 수용체의 수, 결합력 등에 영향을 받는다

향기 물질은 후각세포의 수용체와 결합하여 작동을 하는데, 그 결합의 양상은 사람마다 다르다. 어떤 것은 제법 오래 결합하고 어떤 것은 짧은 순간만 결합한다. 향기 분자와 수용체 모두 격렬하게 진동하고 움직이기 때문이다. 향기 분자는 수용체의 결합 위치와 얼마나 유사한 형태를 가지는지, 그때 결합력은 어떤 것이 작동하는지에 따라 달라진다. 수용체와 분자는 가까운 거리에 위치하여 방향과 모양이 적절한 경우에만 결합한다.

향기 분자와 수용체의 궁합이 좋으면 오래 결합하지만, 모든 분자는 끊임없이 진동하고 주변의 분자도 모든 방향으로 항상 움직이고 서로 충돌하기 때문에 계속 결합하기 힘들다. 그래서 분자와 수용체는 아주 짧은 간격을 두고 붙었다 떨어지기를 반복한다.

향기 물질의 역치(출처: 『Food chemistry』 4판 H.D. Belitz 외)

성분	역치 (ppm)
Ethanol	100.0
Maltol	9.0
Furfural	3.0
Hexanol	2.5
Benzaldehyde	0.35
Vanillin	0.02
Limonene	0.01
Linalool	0.006
Hexanal	0.0045
Ethyl butyrate	0.001
Methanethiol	0.00002
2-Isobutyl-3-methoxypyrazine	0.000002
1-p-Menthene-8-thiol	0.00000002

이런 결합력의 차이만큼 역치도 다양해진다. 그리고 감지한 신호는 세포 안의 효소 양에 따라 증폭하는 정도가 달라지기도 하고, 신호를 취합하는 과정에서 증폭 또는 억제가 일어난다. 이런 결합력 차이, 증폭 정도, 신호 연합, 노이즈 제거, 콘트라스트 강조 과정에 의해 역치에 엄청난 차이가 난다. 그리고 개인에 따라 이런 수용체의 발현 정도가 다르니 사람마다 다른 감각을 가지고 있는 것이다.

b. 후각은 역치와 포화도의 패턴이 다양하다

우리는 주정(에탄올 95%)에서 강한 향이 난다고 생각하지만, 사실 그 정도는 향이 없다고 말해도 과언이 아니다. 보통의 향기 물질은 알코올보다 1만 배, 심하면 10억 배 이상 소량으로 작동하기 때문이다. 이런 역치의 차이는 농도에 따라 달라지는데, 보통은 향이 0.1%만 있어도 포화농도에 도달한다. 그 이상의 농도에서는 더 이상 진하게 느끼지 못한다. 향의 진정한 강도와 느낌은 실제 식품에 존재하는 만큼 희석해봐야 알 수 있다. 어떤 것은 희석한 만큼 강도가 낮아지기도 하고, 어떤 향기 물질은 백 배, 천 배, 만 배를 희석해도 크게 그

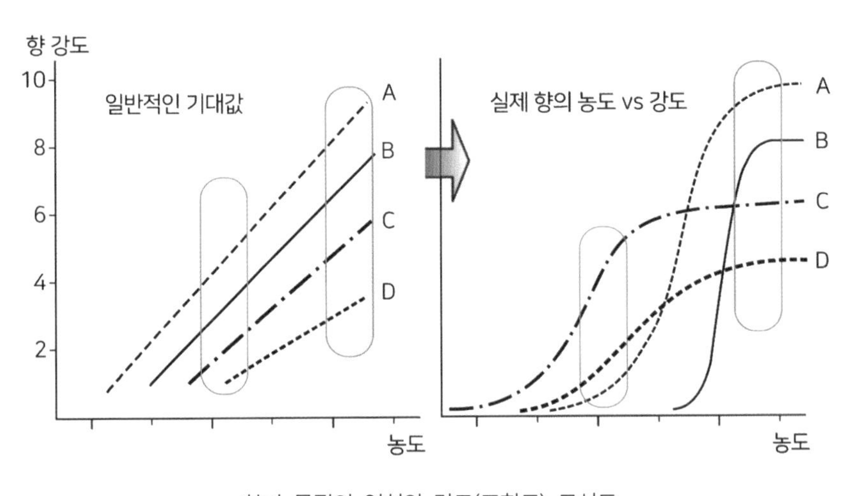

향기 물질의 역치와 강도(포화도) 모식도

강도가 낮아지지 않는 것처럼 느껴지는 것도 있다.

포화농도라고 똑같이 진하게 느끼는 것은 아니다. 향기 물질이 후각 수용체에 도달하는 속도와 대응 수용체의 숫자 등에 따라 그 강도가 달라진다.

c. 용매에 따라 휘발성과 역치가 달라진다

향기 물질은 용매 즉 무엇과 같이 있는지도 중요하다. 같은 향기 물질이라도 공기 중에 휘발할 때와 물에 녹아 있을 때 또는 알코올에 녹아 있을 때의 역치가 달라지는 것이다. 그나마 용매에 따라 향기 물질이 전체적으로 같은 비율로 역치가 달라지면 괜찮은데, 향기 물질별로 역치가 달라지는 차이가 커서 여러 가지 향기 물질을 조합한 향료의 경우, 향의 강도만 달라지는 것이 아니라 향의 느낌(향조)마저 달라지는 어려움이 있다.

역치는 향기 물질의 가장 큰 어려움의 하나이다. 하지만 이조차 후각의 인지 기작만큼 어렵지는 않다. 후각은 매우 변덕스러운 감각으로 향기를 분류조차 제대로 할 수 없으며, 사람마다 제각각일 뿐 아니라 경험과 맥락에 따라 완전

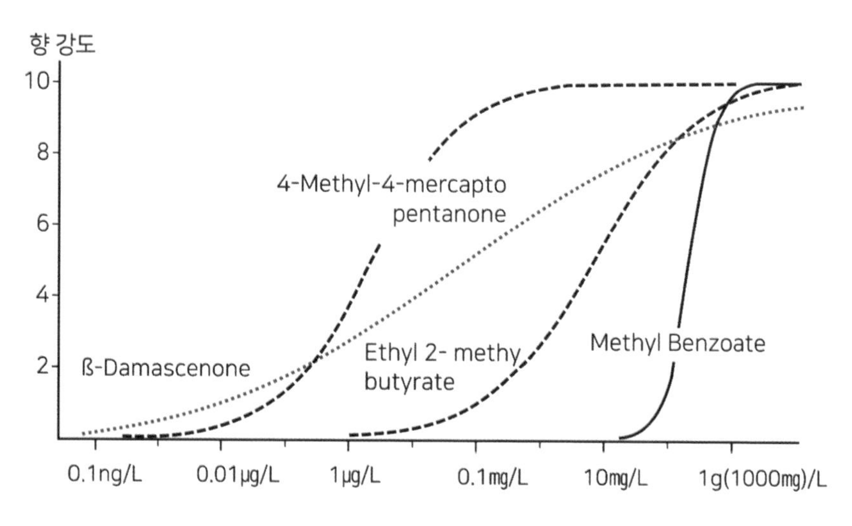

향기 물질의 농도에 따른 향 강도의 변화(출처: V. Ferreira, 2010)

히 의미가 달라진다. 이런 후각은 수용체 단계의 비밀만 간신히 풀었을 뿐 우리가 어떻게 향기를 지각하는지 등에 대한 중요한 비밀은 여전히 풀리지 않는 숙제다.

용매 조건에 따른 역치의 변화(출처: H.D. Belitz, 2009)

성분	공기(ng/l)	물	물/공기
Damascenone	0.003	2	670
Methoinal	0.12	200	1,600
2-Methylisoborneol	0.09	30	3,300
2-Acetyl-1-Pyrroline	0.02	100	5,000
4-Vinylguaiacol	0.6	5,000	8,300
Linalool	0.6	6,000	10,000
Vanillin	0.9	20,000	22,000
Furaneol	1.0	30,000	30,000

성분	물(ppm)	맥주	맥주/물
n-Butanol	0.5	200	400
3-Methylbutanol	0.25	70	280
Dimethyl sulfide	0.00033	0.05	151
E-2-Nonenal	0.0008	0.00011	0.14

2 후각이 어려운 이유

2004년, 리처드 액설(Richard Axel) 박사와 린다 벅(Linda B. Buck) 박사에게 노벨 생리의학상이 수여되었다. 후각의 메커니즘을 밝힌 공로를 인정받아 이 분야에서는 정말 드물게 노벨상을 받은 것이다. 두 사람은 오랫동안 감성과 정서의 영역에 있던 후각을 처음으로 정밀과학의 영역으로 끌어냈다는 평을 받는다.

후각은 오랫동안 감각의 위계에서 가장 낮은 위치에 놓여 있었다. 시각과 청각, 촉각이 객관적인 감각으로 중시되었던 것에 반해, 후각은 주관적인 감각으로 외부 대상의 인식에 도움이 되지 않는다고 여겨졌다. 그래서 후각은 '욕망과 욕구, 본능의 감각'으로, 후각이 예민한 것은 문명화가 덜 되었음을 나타내는 것으로 여겼을 정도다. 과학자들의 감각에 관한 연구는 시각이 최우선이었고, 거기에 청각이 추가되는 정도였다. 반면 후각은 아주 뒷전이었다. 거기에는 후각에 대한 낮은 인식의 문제도 있었지만, 더 결정적인 것은 후각을 연구할 마땅한 방법이 없었기 때문이다.

시각은 뇌의 25%를 차지할 정도로 부위가 넓고, 객관적이면서 기능이 분화되고 맵도 있어서 여러 가지 방법으로 연구할 수 있지만, 후각은 주관적이고 뇌에서 차지하는 비율도 너무 낮아서 모든 것이 어려웠다. 향기를 분류하는 것부터 후각이 작동하는 원리를 밝히는 것 등 쉬운 것이 없었다. 그래서 과학자들이 후각 연구에 뛰어들지 않았다. 그러다 1991년 린다 벅과 리처드 액설이 오래전부터 예견되었던 후각 수용체를 발견하면서 모든 것이 바뀌었다. 이후 과학사의 주변에 불과했던 후각이 주류 연구 분야로 당당하게 편입되었고, 많은 체계적인 연구가 진행 중이다.

* 인간의 후각 수용체는 종류가 400개나 된다

코에서 후각을 담당하는 부위는 뇌에서 가장 가까운 코 상단의 후점막 부분이다. 이 부분은 황갈색을 띠고 있어서 다른 부분과 구별되는데, 작은 동전 정도 크기에 후각세포가 1,000만 개 정도 들어 있다.

후각세포는 끝부분이 섬모 형태로 가지처럼 뻗어나 있고, 거기에 향기를 감지하는 후각 수용체(센서)가 1,000개 정도 있다. 만약 후각세포가 한 종류라면 한 가지 향기만 구분할 수 있을 텐데, 인간의 후각 수용체는 400가지나 된다. 400종류의 후각 수용체는 코끼리의 2,000종, 쥐의 1,000종에 비하면 많은 편은 아니지만, 인체의 GPCR 중에서는 후각 다음으로 많은 세로토닌 수용체가 15종에 불과하고, 시각 수용체가 3종, 촉각 수용체가 4종, 미각 수용체가 30종(이 중 25종이 쓴맛)인 것에 비하면 압도적으로 많은 수이다.

후각 수용체가 향기를 감각하는 대표적인 이론에는 형태설과 진동설이 있는데, 지금은 분자의 형태를 감각한다는 형태설이 주류를 이루고 있다. 초기에는 분자 전체의 형태를 인식한다는 '아무어(Amoore)' 모형이 설득력 있었지만, 지금은 분자의 일부(발향단)를 감각한다는 것이 주된 생각이다. 자물쇠와 열쇠의 관계처럼 자물쇠(수용체) 구멍에 맞는 열쇠(향기 물질)가 결합하면 세포막에 이온이 쏟아져 들어올 수 있는 통로를 열고, 통로를 통해 흘러들어온 이온이 전류를 만들고 후각세포를 점화시킨다. 그리고 뇌를 향해 신호가 전달된다.

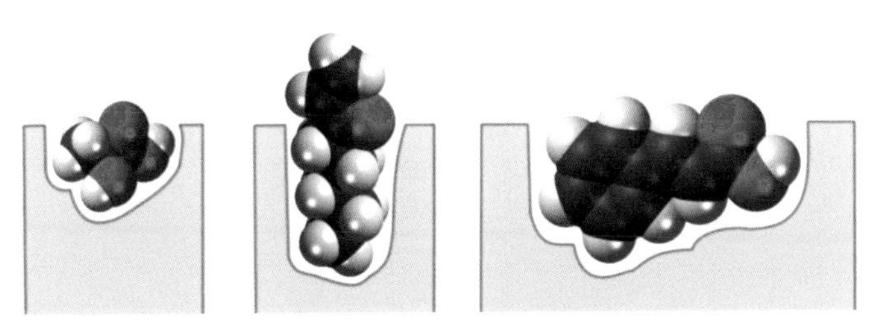

아무어(Amoore)의 형태 가설

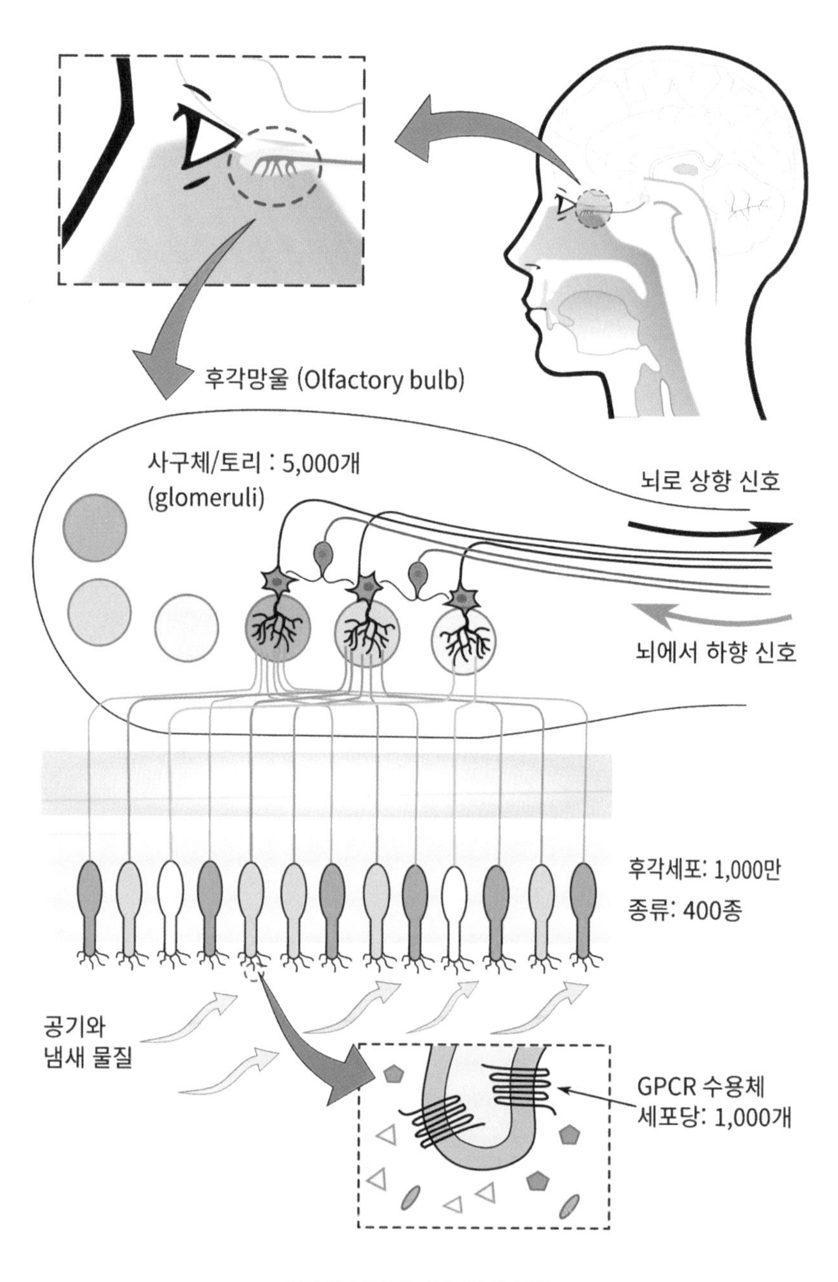

후각의 구조와 수용체의 종류

* 향기는 코로 맡을 때(들숨)와 먹을 때(날숨)마저 다르다

커피는 향을 맡을 때는 정말 매력적인데 마시면 향이 실망스러울 때가 있고, 치즈는 향은 고약한데 오히려 먹을 때는 풍미가 매력적일 경우가 있다. 생선의 비린내는 그냥 코로 맡을 때는 괜찮은데 먹으면 강렬하게 느껴지는 경우가 있다. 이는 들숨(정비각) 즉, 코로 숨을 들이키면서 맡는 향기와 날숨(후비각) 즉, 음식을 먹을 때 목 뒤로 휘발하면서 코로 느껴지는 향기가 다르기 때문이다. 보통의 동물은 들숨을 통해 향을 탐색하는 기능이 발달해 있고, 사람은 날숨의 경로를 통해 음식의 품질을 판단하는 능력이 발달해 있다. 인간의 후각은 날숨이 핵심이다. 향은 들숨일 때보다 날숨일 때 느낌이 다르고 날숨일 때 양에 비하여 강하게 느껴지는 경우가 많다.

신선한 생선은 향이 별로 없다. 그런데 생선을 상온에 보관하면 금방 비린내가 나기 시작한다. 비린내는 주로 트리메틸아민(TMA) 때문인데, 과거에 생선에 비린내를 줄이는 방법으로 레몬즙을 뿌리는 것이 많이 추천된 것은 TMA가 알칼리성 물질이라 산성이 되면 용해도가 증가하고 휘발성이 감소하므로 비린내가 훨씬 덜 느껴지기 때문이다. 코로 향을 맡을 때는 별로 비린내가 안 나던 생선이 먹을 때는 비린내가 강해지는 경우가 있는 것은 입에서 온도가 올라가 휘발성이 증가하거나, 침에 의해 산이 중화되어 pH가 올라가 TMA의 휘발성이 증가하기 때문이다.

초장을 찍어 먹는 것도 마찬가지 이유다. 초장에는 많은 식초가 들어 있고, 모든 향을 덮어버리는 고추장도 듬뿍 들어 있다. 더구나 들숨은 향(후각)만 작용하지만, 날숨은 미각과 함께 작동한다. 적절한 단맛과 신맛 등의 맛 성분은 향을 더 강하고 매력적으로 만든다. 그래서 우리는 맛과 향을 잘 구분하지 못하기도 한다.

* 후각 수용체는 동시에 여러 물질과 반응한다

1개의 후각세포에는 400가지 후각 수용체 중 단 1가지만 표현되어 있다. 하지만 1개의 후각세포가 1가지 향기 물질에만 반응하는 것은 아니다. 린다 벅 연구팀은 후각세포를 개별적으로 분리하여 리모넨 같은 특정 향기에 대한 민감도를 직접 조사했다. 그러자 리모넨 같은 분자는 딱 한 종류의 후각 수용체만 활성화하지 않았다. 어떤 수용체는 강하고 어떤 수용체는 약한 식으로 여러 종류의 수용체를 활성화했다. 한 가지 물질이 여러 수용체를, 하나의 수용체가 여러 물질에 반응한 것이다.

이는 후각 수용체가 분자 전체를 감각하는 것이 아니라 분자의 일부를 감각하기 때문이다. 하나의 향료 분자에도 여러 가지의 발향단을 가질 수 있어 여러 종류의 수용체를 자극할 수 있고, 후각 수용체가 400종인데다 완벽하게 정교하지는 않다 보니 비슷한 여러 분자와 결합할 수 있는 것이다.

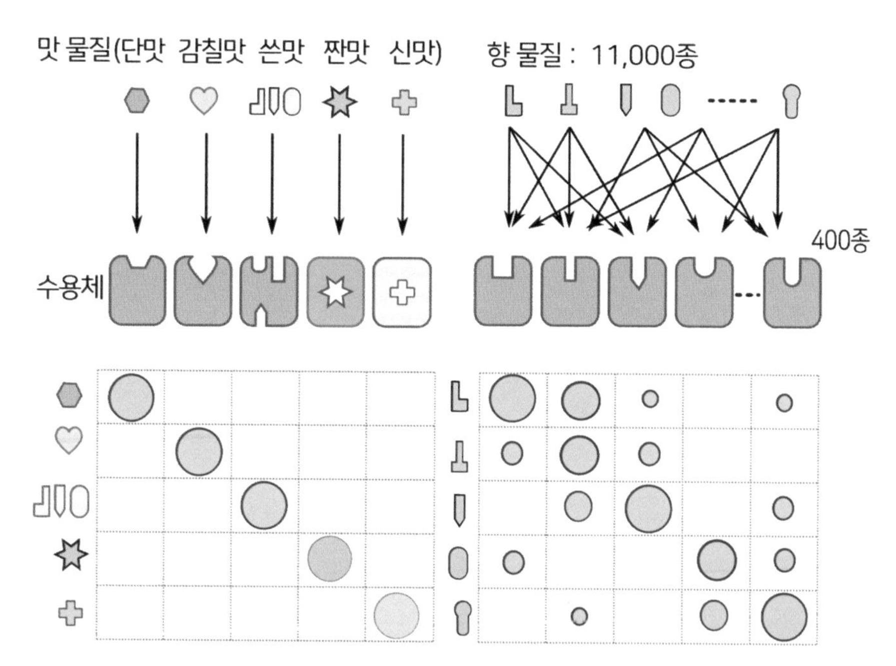

미각과 후각의 수용체 반응 차이

이 실험은 400가지의 후각 수용체로 어떻게 1조 가지의 서로 다른 향기를 구별할 수 있는지에 대한 힌트를 주지만, 풀기 힘든 또 다른 수수께끼를 남긴다. 그것은 "왜 색은 3원색만 있으면 원하는 모든 색을 만들 수 있는데, 향은 수백 가지 향기 물질을 가지고도 원하는 향을 완벽하게 만들 수 없을까?"와 같은 것이다.

물감은 독립적으로 작용하여 원하는 어떤 색도 만들 수 있지만, 향은 한 가지 물질에 여러 특징이 있어서 그중에 원하는 특징만을 골라내어 조합할 수가 없다. 원하지 않는 특성까지 높아져 원하는 최종 퍼즐을 맞추기가 색의 조합보다 비교할 수 없이 힘들다. 그리고 특정 수용체의 활성화 못지않게 억제 즉, 어떤 수용체를 불활성화(억제)시키는 것이 향의 조합에 핵심 기술인 것이다.

* 후각수용체는 효소처럼 매우 특이적으로 결합한다

사람들은 천연향은 은은하고 합성향은 강력한 것을 보고 합성향을 화학적으로 만들어서 훨씬 강력하다고 생각하는 경우가 있다. 하지만 이는 전혀 사실이 아니다. 화학적이라 강한 것이 아니라 순도가 높아서 그런 것이고, 천연향은

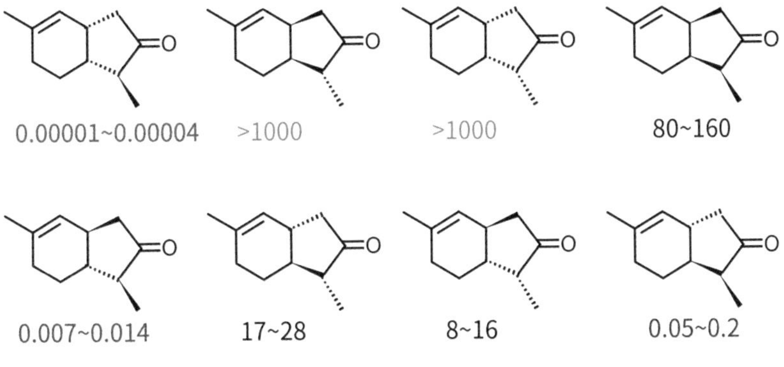

0.00001~0.00004 | >1000 | >1000 | 80~160

0.007~0.014 | 17~28 | 8~16 | 0.05~0.2

와인 락톤의 광학이성체에 따른 역치의 차이
(역치 단위 ng/L, Guth 1996).

함량이 0.1%가 되지 않아 은은하게 느낄 뿐 같은 분자는 같은 강도로 느낀다. 오히려 반대로 천연이 광학이성체 때문에 합성보다 강한 향을 낼 수 있다.

똑같은 분자식과 분자량을 가진 물질이어도 광학이성체는 왼손과 오른손처럼 다를 수 있다. 그런데 자연은 양손을 만들지 않고 자연은 오른손과 오른손 장갑처럼 한 종류만 만든다. 포도당은 D형과 L형, 아미노산도 D형과 L형이 가능한데, 자연에서의 포도당은 주로 D형, 아미노산은 주로 L형을 만든다. 향기 물질도 촉매로 만들면 여러 광학이성체가 만들어지지만, 효소로 만들면 한 종류만 만들어진다. 합성향은 촉매로 만드는 경우가 많고, 천연향은 효소로 만들어진 것이라 합성향에 광학이성체가 있을 확률이 높다. 같은 분자인데 형태만 살짝 다르면 우리의 후각은 어떤 것을 더 잘 느낄까? 당연히 예전부터 자연에 존재하던 형태다. 우리의 감각은 자연에 존재하는 물질을 감지하도록 진화했지, 있지도 않은 물질을 감지하기 위해 미리 개발된 것이 아니다. 그러니 천연의 향이 합성향보다 강하게 느낄 확률이 높은 것이다.

자연 식물의 기하이성체는 트랜스형보다 시스형이 많다. 따라서 시스형이 향기가 우수하고 강한 것이 많다. 멘톨은 3개의 부재 탄소가 있어서 8개의 광학이성체가 가능한데, 천연에서 얻는 것은 'L-멘톨'이며, 이 형태가 다른 광학이성체에 비해서 향도 강하고 지속성 있는 청량감을 준다. 자몽 향의 특징을 강하게 주는 '누트카톤(Nootkatone)'도 8개의 광학이성체를 가지는데, 이 중 천연에서 유래한 형태만이 자몽의 느낌을 주며 다른 형태는 맛과 향이 떨어진다.

식물은 향기 물질을 효소로 만들기 때문에 한 가지 형태로 만들어지지만, 촉매를 이용하여 화학적으로 합성하면 여러 광학이성체가 만들어지고 이것을 분리하여 제거하지 않으면 향취가 떨어지는 경우가 많다. 자연에 왼손과 왼손 장갑만 있다면, 합성으로 만들 때는 오른손 장갑도 동시에 만들어져 불필요한 한 짝 때문에 제 짝 확인하느라 시간이 오래 걸리는 셈이다.

* 향기 물질은 형태가 복잡할수록 다양한 발향단을 가진다.

향기 물질은 2가지 이상의 발향단(Osmophore)을 가지는 경우가 많다. 분자의 형태가 복잡할수록 여러 수용체와 결합할 수 있고 여러 가지 느낌을 줄 수 있다. 앞서 향기 물질은 같은 분자가 광학이성체와 같은 사소한 차이에 의해서도 향이 완전히 달라질 정도로 특이적이라고 했는데, 하나의 향기 물질이 여러 수용체를 자극하는 것은 모순되는 주장 같다. 하지만 이것은 향기 수용체가 분자의 전체를 인식하지 않고 일부만 인식하는 것으로 해결 가능하다.

분자의 전체적이 모습이 완전히 달라도 결합하는 부위만 같으면 결합하고, 분자의 전체적인 모습이 비슷해도 결합 부위가 다르면 결합하지 못하는 것이다. 더구나 코에는 400종류의 수용체가 있다. 분자의 형태가 복잡한 형태일수록 다양한 발향단이 있어서 여러 가지 수용체에 동시에 결합할 수 있고, 그만큼 다양한 느낌을 줄 수 있는 것이다.

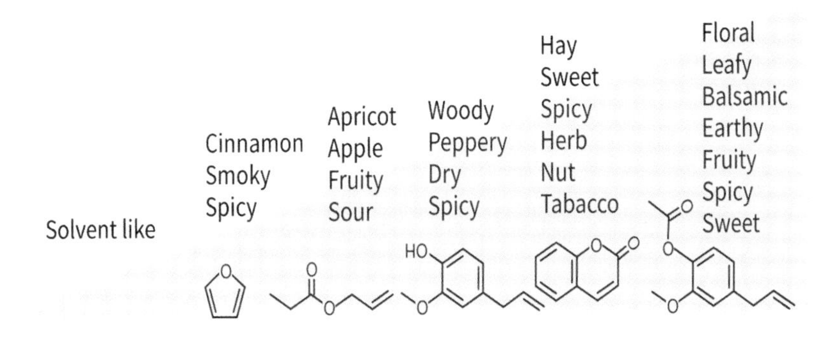

* 향기 물질 농도에 따라 느낌이 달라질 수 있다

인돌은 농도가 높을 때는 악취지만, 희석하면 재스민 꽃향기의 일부가 된다. 이처럼 한 가지 물질이 농도에 따라 전혀 다른 향처럼 느껴지는 현상은 제법 있다. 이 현상을 어떻게 해석할 수 있을까? 희석하면 느낌이 달라지는 이유는 의외로 단순하다. 우선 농도가 낮을 때는 주로 결합하기 쉬운 수용체 1에 결합한다. 그런데 농도가 높아지면 점점 수용체 2에 결합할 확률이 증가한다. 그리고 수용체 2가 수용체 1과 전혀 다른 향을 감각하는 수용체라면 수용체 1에만 결합할 때와 수용체 2까지 결합한 상태는 그 느낌이 전혀 다를 수 있다.

희석하면 달라지는 향조

물 질	100%	→ 희 석
운데카락톤	기름내	→ 복숭아 향
디메틸설파이드	해산물	→ 0.1% 익은 딸기잼, 연유
인돌	불쾌한 동물 취	→ 0.0001% 재스민 등 꽃 향
퍼푸릴싸이올	불쾌 취	→ 0.001% 커피, 로스팅 향
데카날	비누취, 고수	→ 0.1% 오렌지, 과일 향

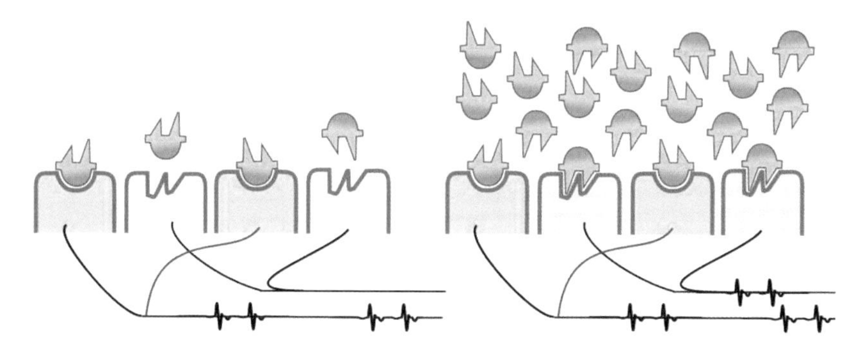

농도에 따라 향조가 달라질 수 있는 원리의 모식도

* 향기 물질은 농도에 따라 역할이 달라질 수 있다

식재료는 다양한 향기 물질이 복잡하게 상호작용하기 때문에 향기 물질을 따로따로 맡았을 때의 느낌으로 설명되지 않는 경우가 많다. 실제 식품에서 향기 성분의 역할이 어떤 식으로 작용하는지는 페레이라(V. Ferreira) 박사가 와인에서 개별 향기 물질을 가감하면서 향조의 변화를 관찰한 연구보고서를 살펴보면 이해에 도움이 된다. 그는 와인과 같은 조성의 혼합물을 준비하고, 개별 향기 물질을 추가하거나 생략하는 방식으로 그 역할을 분석했다. 지루하게 하나하나 농도별로 진행한 이 실험을 통해 실제 식품에서 개별 향기 물질이 어떤 역할을 하는지 이해할 수 있게 되었다. 그의 실험은 와인의 경우이지만 다른 식재료에서도 기본 원리는 그대로 적용된다.

이소아밀아세테이트는 단일 물질로 존재할 때는 뚜렷하게 바나나의 특성을 보인다. 하지만 농도가 낮아지면 점점 바나나의 특징은 사라지고 과일 향이나 약간의 달콤한 느낌 정도만 준다. 와인에서 200μg/L 이하면 그저 달콤한 과일 향의 일부이며, 그것을 제거한다고 해도 풍미에는 큰 차이가 없다. 적어도

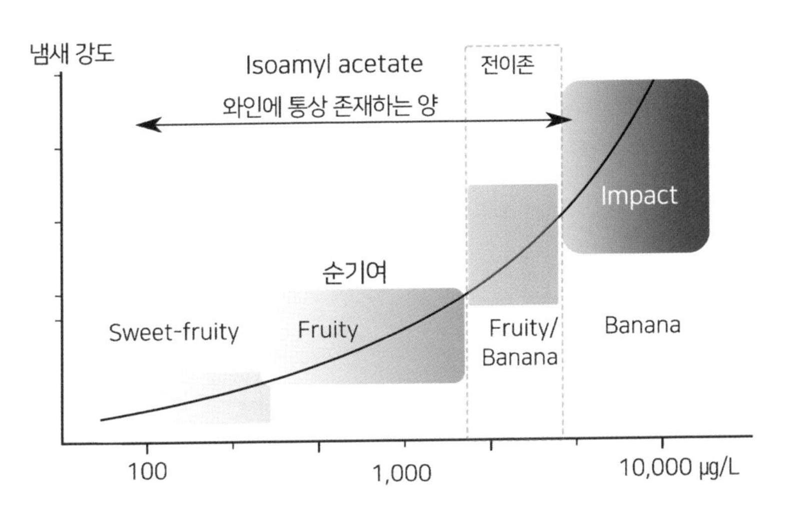

독자적인 향을 내는 향기 성분(출처: Ferreira)

200~1,400㎍/L 정도 있어야 와인에 확실히 과일 풍미를 부여할 정도로 역할이 커진다. 만약 이때 이소아밀아세테이트를 제거하면 와인의 과일 풍미가 감소하지만 향조가 변할 정도의 질적인 변화는 일어나지 않는다. 만약 1,400~2,200㎍/L로 많은 농도가 존재하면 질적 변화도 일어나 민감한 사람들은 와인에서 바나나 향을 느낀다. 2,000㎍/L 이상이면 거의 모든 사람이 바나나 향을 인식하며, 자칫 지나치면 이취로 느낄 정도가 된다.

와인에서 독자적인 풍미를 낼 정도로 강력한 에스터 물질은 이소아밀아세테이트 밖에 없고 나머지는 불분명한 향을 낸다. 2-메틸부틸레이트가 딸기의 특징을 가진다고 하지만 낮은 농도에서는 약한 과일 맛이고, 농도가 높아질수록 과일과 딸기 느낌은 증가하지만 그것만으로 누구나 딸기로 인식할 정도의 뚜렷한 개성을 주지는 못한다. 식물에 흔한 제라니올도 상당히 강한 향기 물질이지만, 와인에서는 특징을 나타내지 않고 시스-로즈옥사이드 같은 향기 물질의 풍미를 높이는 역할을 한다. 시스-로즈옥사이드가 함유된 와인에 제라니올을 첨가하면, 제라니올과 관련된 향기 뉘앙스가 증가하지 않고 로스옥사이드의 풍미

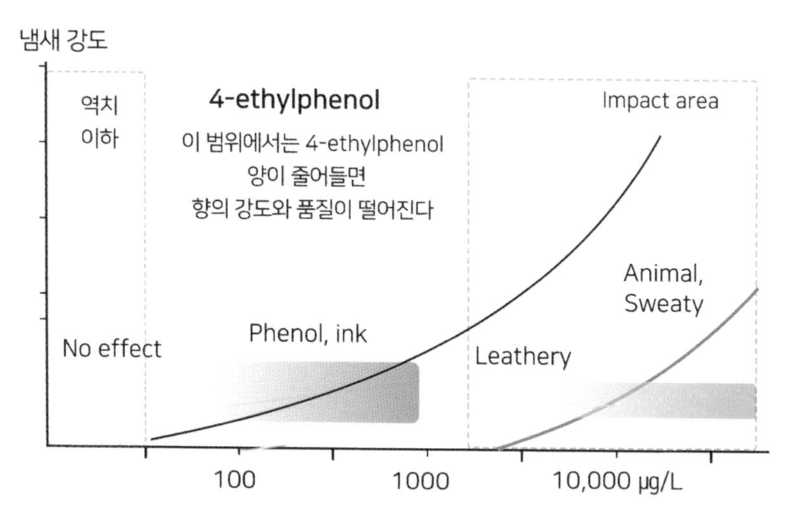

고농도에서 다른 향을 내는 향기 성분(출처: Ferreira)

가 증가한다. 제라니올은 향미 상승제의 역할만 하는 것이다.

농도에 따라 다른 특징이 나타나는 경우도 있다. 4-에틸페놀은 저농도에서는 페놀과 같은 향기지만 고농도(1,000μg/L 이상)에서는 동물, 땀내 같은 악취가 나온다. 그 외에도 인돌이나 황화합물 등 상당히 다양한 물질들이 고농도에서 단순히 향이 강해지는 것이 아니라 새로운 이취가 느껴지는 경우가 있다.

이처럼 향은 각각 할 수 있는 역할이 다르다. 이를 정리하자면 다음과 같다.

- 강한(high impact) 향기 물질: 한 가지 향기 물질로 그 식품의 특성을 말할 수 있을 정도로 특정 아로마를 가진 물질이 충분히 많은 경우.
- 주요 기여자: 향기 물질이 재료의 특징에 충분히 역할을 해 그 물질을 제거하면 풍미가 확실히 감소하는 경우.
- 순 기여자: 충분히 높은 농도로 존재해 제품 풍미에 기여.
- 이차적 기여자: 다른 향기 물질과 같이 작용해야 풍미에 기여.

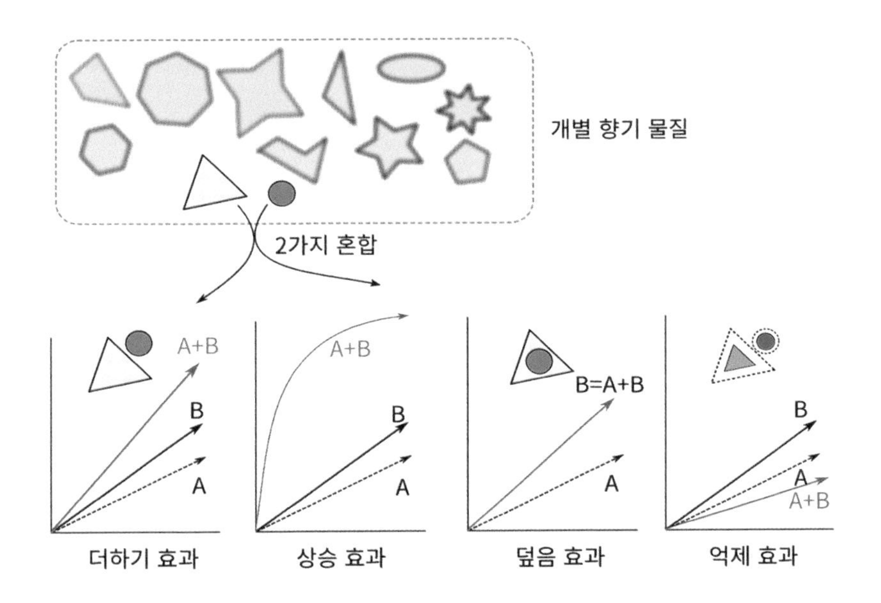

- 아로마 강화제: 고유의 개성은 없지만 다른 향조를 강화하는 경우. 이런 강화제를 제거하면 직접적으로 관련되지 않은 향조가 감소하기도 한다.
- 아로마 억제제: 특정 향조를 억제하는 역할을 한다.

* **아로마 버퍼(Aroma buffer)와 백색 냄새(Olfactory white)**

향은 여러 향기 물질의 복합적인 작용이라 어떤 향기 성분이 어느 정도 양까지는 그것을 빼거나 추가해도 그 개별 향의 특징이 두드러지지 않고, 전체적인 풍미의 증감만 일어난다. 일종의 '아로마 버퍼' 현상이다. 아로마 버퍼는 수용액에 버퍼(완충제)를 넣으면 소량의 산이나 알칼리를 첨가해도 pH가 변하지 않는 것처럼 향에서도 완충시스템에 의해 특정 향의 효과가 감소하는 현상이다.

그리고 개별 향기 물질을 비슷한 강도로 조절하여 30개 이상 혼합하면 물질 종류와 관계없이 유쾌하지도 불쾌하지도 않으면서 뭔지 알 수 없는 똑같은 향이 되는 현상이 발생한다. 이것을 '백색 냄새(Olfactory white)' 현상이라고 한다. 여러 색의 조명을 합하면 합할수록 점점 흰색이 되는 것과 같은 현상이다.

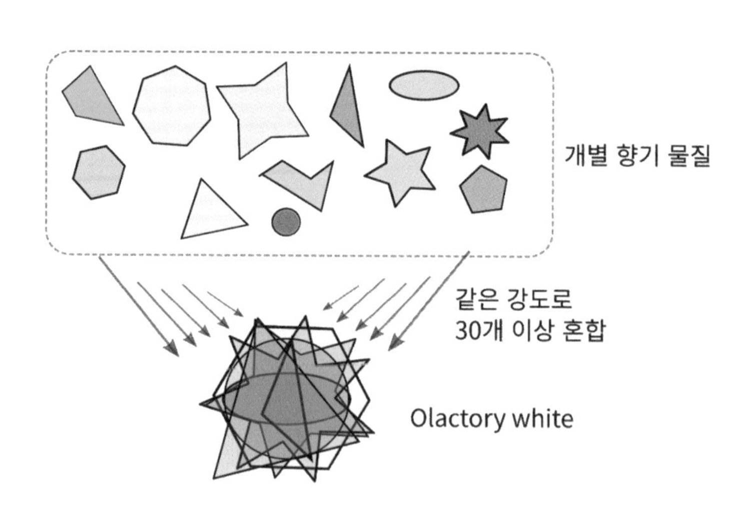

* 주도적인 향이 있을 때

향기 물질은 모두 향을 느끼기 시작하는 역치가 다르고 농도에 따른 강도가 증가하는 경향도 다르며, 최종 강도인 포화도도 다르다. 그래서 이론적으로는 농도에 따라 전체적인 향의 강도만 변하는 것이 아니라, 그 향조도 변해야 한다. 그런데 실제 식품의 경우 농도에 따라 강도만 변하는 경우가 많다. 주도적인 향기 물질이 있어서 농도가 달라져도 전체 향을 좌우하기 때문이다.

보통 식품의 향은 수십 가지 향기 물질에 의한 것이지만 다음과 같은 조건에서는 주도하는 향의 개별적인 풍미가 두드러지게 나타난다. 1)이소아밀아세테이트처럼 임팩트 있는 물질의 농도가 충분히 높아졌을 때, 2)레드와인에서 γ-락톤처럼 발향단이 유사한 분자 그룹이 합해져 개별적으로 제 역할을 못했던 것이 역치를 넘겨 특성을 발휘할 수 있게 될 때, 3)계통은 달라도 향조가 비슷한 물질들이 충분히 많아졌을 때, 4)아로마의 상승작용이 발생해 개별적으로 존재할 때보다 향이 강화될 때와 같은 경우 특정 향이 주도적인 역할을 할 수 있다.

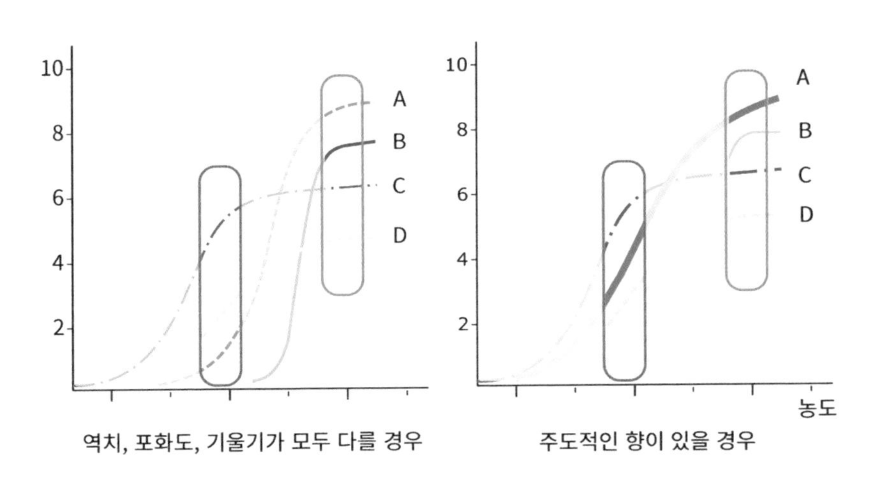

역치, 포화도, 기울기가 모두 다를 경우 주도적인 향이 있을 경우

* **향기 물질은 억제 작용이 30%라는 것을 이해하는 것이 핵심**

물감은 3원색만 가지고도 원하는 색상을 척척 만들어 내는데, 조향사는 3,000여 가지 향기 물질을 가지고도 원하는 향을 척척 만들어 내기 힘들다. 아무리 경험을 쌓아 개별 향기 물질의 특징을 잘 알아도 향기 물질을 혼합했을 때의 효과를 예측하기 힘들기 때문이다. 혼합의 결과를 예측하기 힘든 것에는 억제작용을 예측하기 힘든 것이 결정적이다. A라는 향기 물질 하나만 평가할 때는 1)수용체와 온전히 결합하여 신호를 만드는 것, 2)수용체와 불완전하게 결합만 하고 신호를 내지 못하는 것, 3)신호를 만들지 못한 것이 있다. 여기에 B라는 향기 물질이 추가되면 복잡해진다. 원래 A가 결합할 자리를 B가 차지하고 신호를 만들지 못하거나 B가 결합할 자리를 A가 그 자리만 차지하고 신호

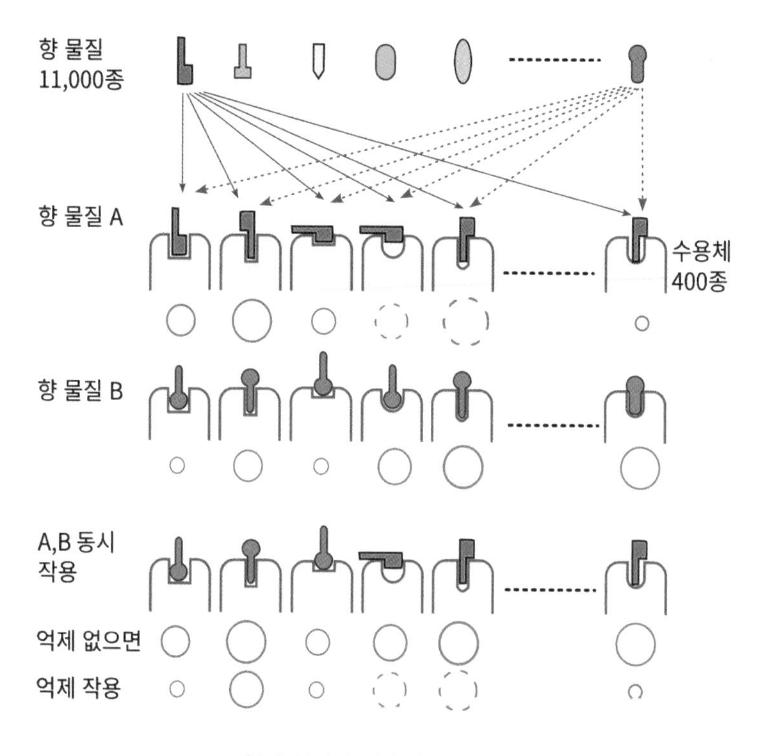

향기 물질의 상호작용 모식도

를 만들지 못하게 방해를 할 수 있기 때문이다. 이런 억제의 작용은 단독으로는 알 수 없고 상호작용을 했을 때만 드러난다. 이것은 메티오날이나 운데카락톤 같은 물질의 향을 맡아 보면 추정할 수 있다. 메티오날은 감자의 주 향기물질로 이것이 없으면 감자 향을 만들지 못하는데 느낌이 너무나 복잡하다. 조향사는 이 물질에 다른 향기 물질을 추가하여 감자 향은 살리면서 다른 느낌을 덮어야 한다. 효과적으로 억제를 해야 하는 것이다. 운데카락톤도 마찬가지다. 이 물질에서 복숭아의 느낌만 살리고 다른 느낌은 억제해야 우리가 원하는 복숭아 향이 된다.

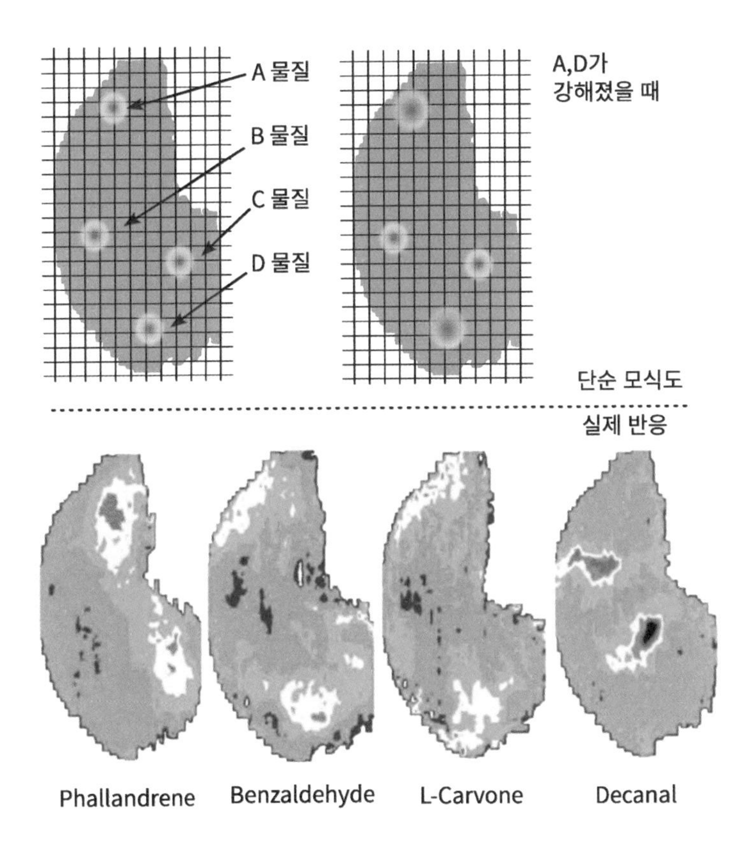

후각 물질에 따른 쥐의 후각 망울 반응 패턴
(출처: Woo, Cynthia C. 등 Chemical senses 32 1 (2007): 51-5.)

이런 억제 작용의 패트릭(Patrick Pfister) 등의 인돌수용체 실험을 통해서도 확인되었다. 이들은 인돌에 반응하는 향기 수용체와 이들 수용체를 자극하는 인돌 유사 물질을 찾아냈다. 그리고 이들을 혼합했을 때 나타나는 효과를 통해 억제 작용의 의미를 밝혔다. 억제 작용이 없다면 물감을 섞으면 섞을수록 탁한 검은색이 되는 것처럼 포화상태가 될 것인데, 그 자리만 대신 차지하고 수용체를 활성화하지 못하는 향기 물질 덕분에 인돌의 냄새에서 특정 느낌을 지울 수 있었다. 조향의 과정은 결국 향기 물질의 조각모음을 통해 자극하는 기능 70%와 억제 기능 30%를 적절히 활용하는 것이다. 이처럼 향은 개별 향기 물질을 안다고 그것이 혼합했을 때 느낌이 어떻게 변할지 예측하기 힘들다. 만약 그것이 예측 가능했다면 향은 이미 정복되었을 것이다.

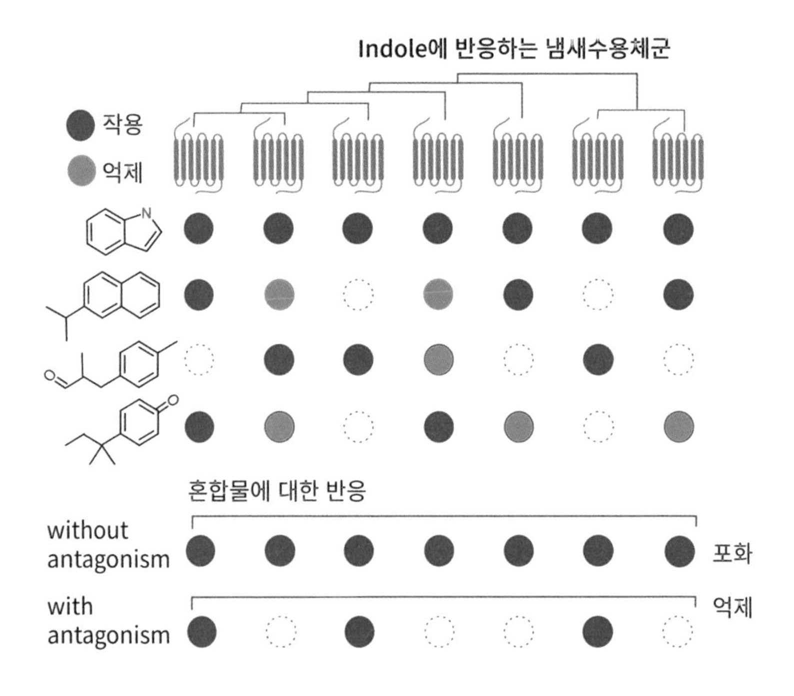

인돌 수용체의 반응(출처:Patrick Pfister 등, Current biology, 2020)

3 후각이 가장 역동적인 감각이다

* 후각 피로? 감각은 차이 식별 장치

후각 순응 또는 후각 피로라고 불리는 현상은 같은 향기가 지속되면 매초 2.5%씩 민감성이 줄어들어 1분 이내에 70%가 감소하는 것을 말한다. 그렇다고 단순하게 후각세포가 향기를 맡다가 피곤해져서 쉬는 현상이라 여기면 곤란하다. 이것은 뇌의 놀라운 조절 작용에 의한 것이지 단순한 피로나 우연에 의한 현상이 아니기 때문이다.

우리는 감각 신호는 감각세포에서 뇌로 최종 판단으로 한 방향으로 흐를 것으로 생각하지만, 감각 정보와 뇌의 최종 판단은 루프를 형성해 돌고 돈다. 감각의 정보가 뇌로 전달되어 지각을 형성하는 상향식 흐름과 뇌에서 감각기관으로 내려와 감각을 바꾸는 하향식 흐름이 맞물려 초당 수십 회를 돌고 도는 것이다. 뇌의 지각이나 예측의 결과가 후각세포의 신호가 모이는 사구체까지 내려와 감각 자체를 조절하는 것이다. 그래서 코가 향기를 맡는 감각의 단계부터 뇌가 신호를 보정하기 시작한다. 이런 뇌의 통제 결과가 아니라면 후각세포의 수명이 60일인데, 1분 만에 후각의 70%가 변하는 현상을 설명할 수 없다.

이런 후각의 적극적이고 역동적인 조절이 생존에 필수적이라는 것은 페로몬 현상을 생각해 보면 분명하다. 곤충은 정말 사소한 양의 페로몬에 극도의 쾌감을 느끼도록 설계되어 있다. 그런데 만약 나비가 4km 밖에서 페로몬을 감지하고 쾌감에 만족한다면 아무 의미가 없게 된다. 곧바로 감도를 낮추어 쾌감이 줄어들어야 조금이라도 농도가 높은 쪽으로 이동하려는 욕구가 생긴다. 같은 페로몬 농도에는 만족하지 않게 후각적 쾌감을 적극적으로 둔화시켜 농도가 진한 쪽으로 이동하게 유도해야 한다. 이것이 같은 향에는 금방 둔감해지고, 새로운 향에 대해서는 식별 능력을 유지하는 기능의 원형일 것이다.

* 지각이 감각을 통제한다

항구에 가면 생선 비린내가 코를 찔러 다른 향을 맡기가 힘들다. 그런데 시간이 지나면 점점 비린내는 줄고 차츰 다른 향을 맡을 수 있게 된다. 이는 단순한 후각의 피로 현상이 아니다. 뇌의 선택적인 억제 덕분이다. 같은 향기가 지속되면 그것을 억제한 덕분이지 결코 그 후각세포가 피로해져서 저절로 일어나는 현상이 아니다. 이보다 훨씬 적극적인 뇌의 개입이 같은 향기를 미리 덜 느끼게 하는 습관적 순응이다. 우리는 각자 특유의 체취를 가지고 있지만, 자신의 체취는 의식하지 못한다. 또한 빵 공장에 근무하면 그곳에 간다는 사실을 의식하기도 전에 빵 냄새를 덜 느끼도록 후각을 조정한다. 향료회사 연구소에는 배경이 되는 강한 향이 있다. 그 향을 외부인보다 잘 느끼지 못하는 것은 건물로 다가가려는 순간 뇌가 코의 신호체계를 조정해 배경 향기를 맡지 않도록 해주기 때문이다. 사실 분자는 희석될 뿐 쉽게 사라지는 것이 아니라 우리는 향기 물질에 포위되어 사는 것이다. 뇌의 적극적인 통제 덕분에 후각이 제 기능을 하는 것이다.

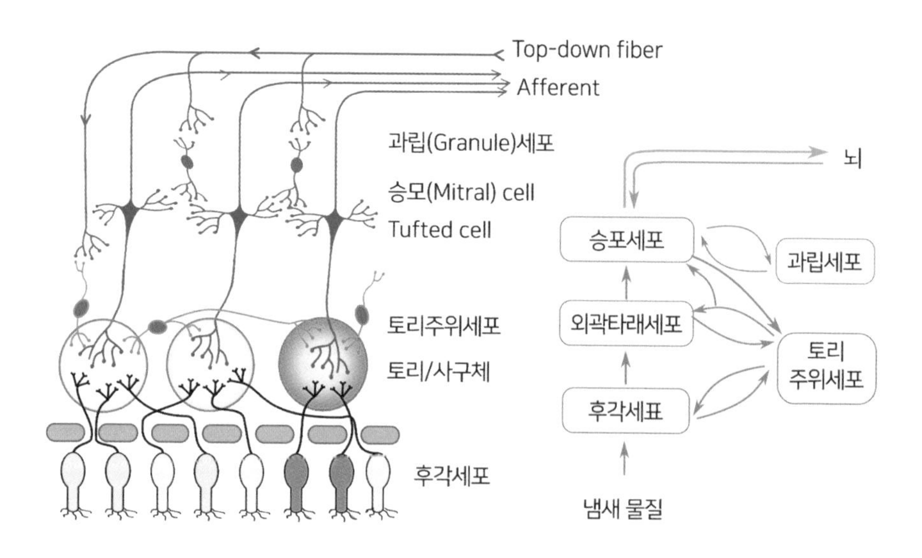

4 좋은 향과 나쁜 향은 따로 있지 않다

* 향은 스트레스의 산물이기도 하다

우리는 좋은 향과 나쁜 향이 따로 있고, 식물이 좋은 환경에서 좋은 향을 만들 것이라 기대하지만 실제로는 오히려 스트레스의 산물일 경우가 많다. 고추의 매운맛은 50%가 유전적 요소이며, 나머지는 환경적 요소에 의해 결정된다. 동일 품종이라도 지면에 가깝게 열리는 고추가 더 맵고, 수분 공급 부족 등 고추가 스트레스를 많이 받을 때도 매워진다. 월동한 노지 채소가 맛과 향이 진하고, 비료를 사용하지 않은 채소 역시 향이 진하다. 좋은 와인도 척박한 토양에서 힘들게 자란 포도로 만든다. 결국 부족함과 스트레스가 식물의 향 생산을 부추기는 것이다.

영양과 날씨 등 조건이 좋으면 1차 대사산물인 탄수화물, 단백질, 지방의 합성이 왕성하지만, 2차 대사산물은 상대적으로 적다. 곤충에 대한 방어를 위해,

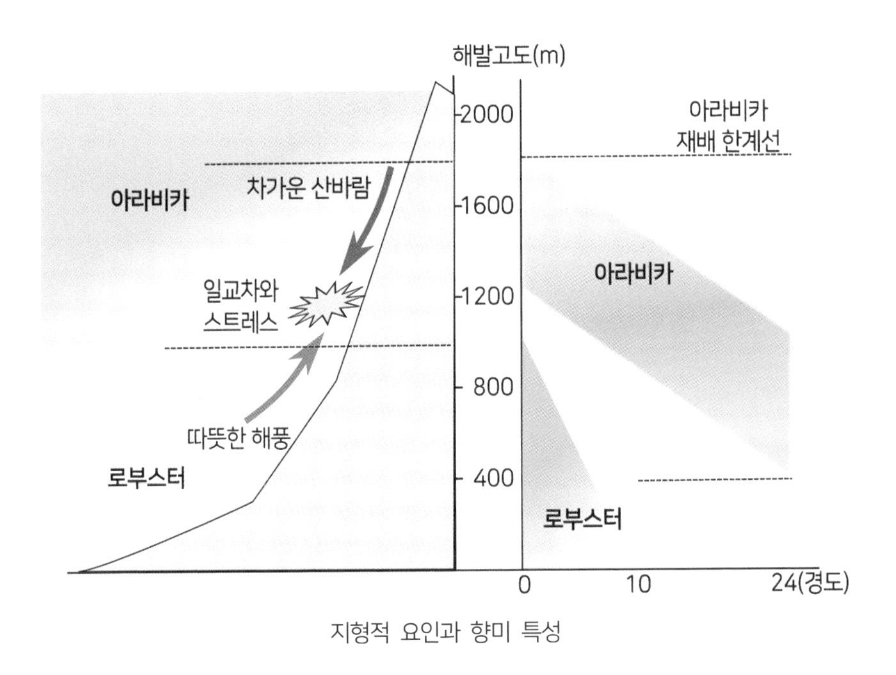

지형적 요인과 향미 특성

냉해에 견디기 위해 분자량이 적은 물질을 많이 축적한다. 물에 분자량이 적은 물질이 많을수록 빙점강하가 일어나 쉽게 얼지 않기 때문이다. 이들 저분자 물질은 맛과 향의 원천이기도 하다.

그렇다고 무작정 저온이 유리한 것은 아니다. 식물의 대사는 효소에 달려 있는데 온도가 높아질수록 효소는 활발히 작동해 많은 대사산물이 만들어진다. 결국 낮에는 온도가 높아 1차 대사산물을 많이 만들고, 밤에는 온도가 낮아 2차 대사산물을 많이 만든다. 고도가 높아 일교차가 큰 것이 식물에는 스트레스겠지만, 인간의 입맛에는 좋은 산물을 만드는 격이다. 고산지대의 커피 향이 진한 이유도 그런 이유일 것이다. 향이 좋은 것은 오히려 스트레스를 잘 견디어 냈다는 훈장인 셈이다.

* 향에 대한 호불호는 경험과 맥락에 따라 완전히 달라진다

사람의 맛에 대한 심리는 정말 복잡다단하다. 어떤 때는 사소한 이취에 불쾌감을 느끼기도 하고, 어떤 때는 심한 악취 때문에 모두가 외면하는 음식을 좋아하기도 한다. 그리고 맛은 좋아한다고 하면서 정작 고유의 향기는 싫어하기도 한다. 고기 향을 좋아한다지만 그것은 고기를 구웠을 때 나는 향기일 뿐, 돼지고기에서 돼지 냄새가 나는 것은 좋아하지 않는다. 지금 우리가 주로 먹는 것은 쇠고기, 돼지고기, 양고기, 닭고기가 대부분이며, 그조차 냄새가 없도록 품종을 개량하고 사료를 통제하여 키운 것들이다. 이런 고기 향이 달라지면 소비자는 대부분 이취로 생각하는 경우가 많다. 고기 냄새에 대해 특히 보수적이기 때문이다. 인간은 향이 강한 것을 싫어하며, 익숙하지 않은 향이 나면 더욱더 싫어한다.

갓난아이와 유아는 역겨움을 느끼지 않는다고 한다. 그러다 서너 살 무렵부터 혐오감을 배우게 된다. 그리고 아이들은 주변 사람들이 어떤 고기를 먹는지 관찰하고 아무도 먹지 않는 고기를 역겹다고 생각한다. 새로운 과일이나 채소 등 다양한 음식들은 기꺼이 모험을 한다. 아마도 채소나 과일은 쉽게 상하지 않아 안전하지만, 고기는 쉽게 상하여 조심하는 것이 생존에 훨씬 유리했기 때문이라 추정한다. 그만큼 향에 대한 취향은 시간에 따라 경험에 따라 달라질 수 있다.

예전에는 청국장은 좋지만, 치즈는 대단히 불쾌하다는 사람이 많았는데, 요즘은 거꾸로 블루치즈를 좋아하면서 청국장은 싫어하는 사람이 늘고 있다. 뷰티르산(Butyric acid)은 상한 음식에서 많이 생성되는 물질이라 부패취의 대명사였는데, 최근 뷰티르산의 향기를 맡으면서 토사물보다는 치즈를 연상하는 사람이 많아졌다. 데카날(Decanal)은 기름취이기도 하지만 고수의 대표적인 향기 물질이다. 흔히 말하는 고수의 비누 향이 데카날 성분인데, 이 향을 맡게 하면 요즘은 비누취보다 쌀국수를 먼저 떠올리는 사람이 많다.

이처럼 향기에 대한 선호도는 다분히 학습에 의한 것이다. 향기는 자극일 뿐 가치중립적인데, 경험과 학습을 통해 좋은 쪽인지 나쁜 쪽인지 취향을 확립해 간다. 향은 결국 맥락에 좌우된다. 향기는 음식을 기억하는 수단이지 음식의 가치에 대한 평가가 아니며, 그 음식을 통한 이득이 충분하다면 얼마든지 향기에 대한 취향을 바꿀 수 있다.

상황에 따른 선호도의 변화

성분	바람직할 때	이취로 느낄 때
E,E-2,4-Decadienal	닭, 고기	감자
2-Methoxy-4-Vinylphenol	커피	오렌지 주스
Methional	튀김	오렌지 주스
2-Methyl-3-Furanthiol	쇠고기	오렌지 주스
Prenyl thiol	커피	맥주
Sotolon	페누그릭	시트러스 주스

* 나이, 성별, 인종에 따라서도 선호도가 달라진다

- **개인의 차이:** 후각은 미각보다 차이가 더 심할 수 있다. 50여 종의 특정 향기를 맡지 못하는 취맹이 발견되었고, 같은 타입의 후각세포라도 개인에 따라 민감도가 다르다. 한 실험에서 27가지 후각 수용체를 조사한 결과, 16~22개의 개인별로 차이가 있었다. 만약 인간의 400개 수용체로 확장하면 237~326개가 다른 셈이다. 모든 사람은 각자 자신의 맛 세계에 살고 있는데 다른 사람도 자신처럼 느낄 것으로 착각한다.
- **나이 차이:** 미각과 후각은 신생아가 가장 예민하다. 신생아 시기에는 입안 전체에 맛봉오리가 돋아 있고, 입천장, 목구멍, 혀의 옆면에도 미각 수용체가 있다. 덕분에 아기들은 밍밍한 분유의 맛도 몇 배로 맛있게 느낀다. 이렇게 남아도는 미각세포는 10세 무렵이 되면 사라지고, 이후로도 소멸과 생성을 반복한다. 20대 이후에는 조금씩 후각이 약해지고, 60세 이후 급격히 약해진다. 후각은 대략 80세가 되면 건강한 사람 중 4분의 3이 향기를 잘 맡지 못한다. 65~80세 인구의 절반이 심각한 후각 상실을 느끼는 것이다. 노인들이 음식을 '맛있게' 먹지 못하는 이유도 여기 있을 수 있다.
- **성별 차이:** 쓴맛과 향기는 대체로 여성이 남성보다 민감하다. 남자는 먹을 만하다고 판단된 동물을 사냥하면 그만이지만, 여자는 식물을 채집해야 한다. 그런데 사실 대부분의 독은 식물이 합성한다. 따라서 여자가 쓴맛과 향에 민감할 수밖에 없었을 것이다. 한 가지 재미있는 사실은 남성이 더 민감한 성분도 있다는 것이다. 스웨덴의 매티아스라스카 교수팀은 은방울꽃의 주 향기 성분인 '부르지오날'을 남녀 각각 250명에게 맡게 했다. 그 결과 남자의 평균 역치가 13ppb인 반면, 여자의 평균 역치는 26ppb인 것을 밝혀냈다. 남자가 2배 더 민감한 셈이다. 부르지오날을 감지하는 향기 수용체가 콧속 후각상피뿐 아니라 정자 세포막에도 존재하기 때문에 정자가 부르지오날을 감지해 농도가 높은 쪽으로 이동한다는 독일의 루르대학 마르크

스퍼 교수팀의 연구 결과에 힌트를 얻어 '혹시 남성이 이 향기에 더 민감하지 않을까?' 하고 진행했던 실험이 사실로 밝혀진 것이다.

- **인종(역사) 차이:** 신맛은 서양인이 1/10 정도로 둔감하다. 따라서 동양인이 시다고 느끼는 것을 서양인은 맛이 풍부하다고 느낄 수 있다. 유색인종은 백색인종보다 민감한 후각을 가지고 있지만, 유럽의 조향사들이 맡을 수 있는 향기를 한국의 조향사는 맡지 못하는 경우도 있다. 세계 어디를 가도 그곳 사람들이 좋아하는 음식과 취향이 다르다. 그만큼 향기에 대한 선호도는 문화와 환경의 영향을 많이 받는다. 미국에서는 '노루발풀(wintergreen)'이 캔디의 민트향(methyl salicylate)으로 많이 쓰인다, 반면 이것을 안티푸라민 같은 의약품으로 먼저 접했던 나라는 유쾌한 향으로 느끼기 힘들다. 분비샘의 유무도 선호도에 주요한 영향을 끼친다(유럽, 아프리카계는 겨드랑이에 아포크린땀샘이 집중되어 있고, 아시아인은 적다).

이런 개인 차이, 나이 차이, 경험 차이, 남녀 차이 등을 알면 알수록 "사람마다 완벽하게 다른 감각을 가졌는데, 어떻게 이 정도로 비슷한 취향의 사람이 많을까?"와 같은 질문을 하게 될 것이다. 사람마다 너무나 다른 감각을 가졌지만 우리는 계속해서 서로가 서로에게 호불호의 경험을 보정하고 있어서 이 정도의 개인 차이만 드러난다는 것을 알 필요가 있다.

* 사람의 취향은 시간과 경험 등에 따라 변한다

대부분의 미국인이 농장에 살던 시절에는 가축의 분뇨 냄새가 넉넉한 재산과 안락한 가정을 의미했다. 오늘날 농촌을 방문하는 도시인들은 똑같은 냄새를 전혀 다르게 느낀다. 그들은 축사 냄새를 공해로 여기고, 밭에 뿌리는 퇴비 냄새도 싫어한다. 유기농을 좋아해도 고속도로를 달리다 느껴지는 퇴비 냄새에는 창문을 닫는다. 시간에 따라서도 좋아하는 향이 달라지는 것이다. 과거에 낙엽 태우는 냄새는 가장 선호하는 향의 하나였다. 추운 겨울 낙엽 태우는 불 주변이 가장 아늑한 공간이었기 때문이다. 하지만 지금은 누군가 낙엽을 태우면 매운 연기가 싫다고 멀리 돌아갈 것이다. 이처럼 감각, 그중 특히 후각은 변덕스럽다. 사실 이 정도는 약과다. 사랑하는 사람과 고급 식당에서 품격 있는 실내장식과 감미로운 음악이 흐르는 가운데 최고의 서비스를 받으며 기분 좋게 식사했을 때와 똑같은 음식을 험상궂은 사람에게 갑자기 납치되어 비명이 들리는 곳에서 불이 꺼진 상태로 먹는다면 같은 맛이 날 수 있을까? 단순히 불을 끄고 깜깜한 상태에서 뭔지 모르고 먹기만 해도 전혀 다르게 느껴질 것이다. 이처럼 맛과 향은 심리의 영향을 너무나 많이 받는다. 그러므로 우리가 맛을 제대로 알려면 미각과 후각은 시작일 뿐이고, 뇌의 작용에 대해 잘 알아야 한다.

* 역겨운 땀 냄새도 상대에 따라 좋은 향기가 될 수 있다

같은 땀 냄새라도 사람에 따라 전혀 다르게 느낄 수 있다. 2007년, 미국의 듀크대학과 록펠러대학의 공동 연구진은 사람에 따라 땀 냄새를 오줌 냄새처럼 느끼거나 정반대로 바닐라 향같이 느낄 수 있으며, 심지어는 아무것도 느끼지 않을 수도 있다고 밝혔다. 연구진은 '안드로스테론'과 향기 수용체 유전자 'OR7D4'에 주목하고, 400명을 대상으로 혈액 표본을 채취한 후 DNA를 서열화하여 유전자의 변화를 조사했다. 이 조사에 따르면 유전자의 변형에 따라 어떤 사람은 땀 냄새 등 타인의 향을 고약하거나 반대로 달콤한 향기로 지각하는가 하면 전혀 못 느끼기도 한다.

스웨덴 카롤린스카대학의 이반카사빅 박사팀은 여성과 동성애 남성은 남성의 땀에 들어 있는 호르몬에 똑같이 자극받는다는 연구 결과를 발표했다. 남성 호르몬인 테스토스테론과 여성호르몬인 에스트로겐의 냄새를 맡게 하고, 양선자 방출단층촬영으로 뇌 반응을 관찰한 결과, 테스토스테론 향기를 맡은 동성애 남성과 여성은 성 행동을 관장하는 뇌 부분이 강한 반응을 보였다. 이와 반대로 에스트로겐 냄새를 맡게 했을 때는 활성을 보이지 않았다. 라벤더 같은 일반적인 향기를 맡게 했을 때는 모두 후각을 관장하는 뇌 부위만 정상적인 반응을 보였지만, 남성 호르몬에는 여자와 동성애 남자, 여성호르몬에는 남자와 동성애 여자가 반응한 것이다.

* 사람들이 저마다 다른 향수를 선호하는 이유

향수를 쓰는 이유가 자신의 고유한 체취를 더 강조하기 위해서라는 가설은 의류, 화장품, 액세서리 등에서는 찾아볼 수 없는, 향수 산업만의 독특한 현상을 이해하는 중요한 단서가 된다. 향수에 대한 선호는 사람마다 제각기 천차만별이며 유행에 잘 휘둘리지 않는다. 엄밀히 말해 향수에는 유행 자체가 거의 존재하지 않는다. 모든 사람이 보편적으로 선호하는 향수 유형이란 없다는 것은 오늘날 전 세계에서 가장 잘 팔리는 향수 브랜드들이 50년 이상 된 것이라는 사실로도 확인할 수 있다. 겔랑의 '미츠코' 향수는 1919년, '샤넬 넘버 5'는 1921년에 처음 출시되었다. 한 마디로 사람들은 자기 취향에 맞는 향수 유형을 꾸준히 선호한다는 것이다.

2002년 초, 「네이처 제네틱스」에 실린 마사 매클린톡 박사의 논문에 의하면 사람들이 이성에게 끌리는 데는 후각이 매우 중요한 역할을 담당한다. 사람에게는 개인마다 독특한 체취가 있으며, 우리가 흔히 '살 냄새'라고 부르는 이 묘한 향기는 우리 몸의 면역 세포에 존재하는 'MHC(Major histocompatibility complex: 주조직적합 유전자복합체)'라는 물질 때문에 생겨나고 각각 사람마다 다르다고 한다. (물론 그 차이는 그리 크지 않아서 향기만으로 사람을 구별하기는 어렵다.) MHC 유전자는 하나가 아니라 서로 다른 여러 버전이 존재하는데, 흥미롭게도 내가 어떤 MHC 유전자를 가졌는가에 따라 내가 풍기는 체취가 달라질 뿐만 아니라 내가 선호하는 배우자도 달라진다고 한다.

스위스의 진화생물학자 클라우스 베데킨트와 그 동료는 여성들이 어떤 남성의 체취에 매혹될 때 MHC 유전자가 관여함을 입증했다. 먼저 남자 대학생들에게 이틀 동안 티셔츠를 입게 한 뒤 여자 대학생들에게 이 티셔츠의 냄새를 맡게 하자 자신과 다른 MHC 유전자를 지닌 남학생이 입었던 티셔츠에서 좋은 향기가 난다고 대답했다. 유사 실험에서 남성들도 자신과 다른 MHC 유전자를 지닌 여성의 체취를 선호한다는 사실이 밝혀졌다. 이 현상을 설명하는 하나의 가설은 근친 간의 짝짓기를 피하기 위한 수단으로 자신과 다른 MHC 유전자의 향기에 끌린다는 주장이다.

좋아하는 향수가 사람마다 천차만별인 까닭도 각기 다른 MHC 유전자를 지닌 사람들이 자신의 독특한 체취를 널리 광고하기 위해 서로 다른 향수를 선호하기 때문이라고 볼 수 있다. 진화생물학자인 만프레드 밀린스키와 베데킨트는 이 가설을 검증하기 위해 137명의 남녀 대학생에게 시중에서 판매하는 36종의 향수들을 평가하게 했다. 그리고 "당신에게 이런 체취가 나길 원하십니까?"와 "당신의 애인에게 이런 체취가 나길 원하십니까?"라는 두 질문에 답하게 했다. 예측대로, 실험 참여자가 어떤 MHC 유전자를 지니고 있는지에 따라 내가 쓰

고 싶은 향수가 무엇인지 쉽게 대답을 얻을 수 있었다. 그러나 내 애인이 쓰길 원하는 향수가 무엇인지는 누구도 꼬집어 예측하지 못했다. 내가 쓸 향수는 각자 MHC 유전자에 의해 결정된 체취를 강화해야 하니 특정한 유형의 향수로 확고하게 정해져 있지만, 애인에게 선물하고 싶은 향수는 잘 모른다는 뜻이다. 이처럼 향수 선호에는 각자의 MHC 유전자형에 따라 심한 개인차가 존재하므로 누구나 선호하는 지상 최고의 향수는 아마 앞으로도 존재할 수 없지 않을까 생각된다.

Part 2

향의 언어와 향기 물질

4장

향의 언어, 맛을 과학적으로 표현하는 방법

왜 향은 말로 표현하기 힘들까?

1

1 향을 말로 묘사하려는 시도는 많았다

식품의 성패는 맛에 달려 있고, 향이 그 맛의 성패를 좌우하는 핵심적인 요인으로 작용하는 경우가 많다. 그래서 식품회사 연구원들은 남들과 차별화되는 훌륭한 향을 찾기 위해 노력하지만 쉽지 않은 일이다. 자신의 머릿속에 원하는 콘셉트를 확실히 그린다고 해도 그것을 향료회사에 말로 표현할 방법이 없기 때문이다. 그리고 본인이 새로운 풍미의 제품을 개발해도 그것을 포장지에 표시할 방법도 없다.

모든 가공식품에는 소비자의 선택을 돕기 위한 표시사항이 있지만, 그것은 사용한 원료와 영양 정보 등이지 정작 식품 선택에 가장 중요한 요소인 맛에 대한 표시는 없다. 고작해야 일부 제품에 매운맛의 정도를 표시하거나 술에 알코올의 농도를 표시하는 정도다. 물론 알코올의 농도만 해도 맥주나 증류주 등의 근본적인 차이를 말해주는 중요한 정보이기는 하다. 하지만 같은 주종끼리의 경우라면 알코올의 농도는 너무나 부족한 정보다. 와인의 경우 당도, 산도, 바디감, 타닌의 양, 오크 향의 정도와 같은 몇 가지 지표라도 표시해주면 선택에 큰 도움이 될 텐데 그 정도도 쉽지 않다. 그러니 구체적인 향에 대한 표시는 사실상 불가능하다. 그래서인지 와인은 소믈리에라는 직업이 존재한다. 훌륭한 와인을 만드는 것도 대단한 기술이지만 훌륭한 제품을 제대로 평가할 수 있는 것으로도 가치 있는 전문가로 인정받기 때문에 많은 사람이 소믈리에 같은 전문 감정사를 꿈꾼다.

* 누구나 부러워하는 맛에 대한 묘사 능력

2004년 일본에서 연재를 시작한 『신의 물방울』이라는 만화는 우리나라에 번역되어 들어오자마자 선풍적인 인기를 끌었다. 이 책은 작가의 와인에 대한 사랑과 지식도 대단하지만, 그보다 더 대단한 것은 바로 와인의 풍미에 대한 섬세한 묘사다.

> "나는 천천히 자리에서 일어나 꽃이 만발한 정원을 한가롭게 거닌다. 아득한 기억 속에서 달콤한 미소를 짓는 소녀를 떠올리며 싹을 틔우기 시작한 푸른 이파리의 향기와 비 갠 후 발밑에서 피어오르는 흙냄새에 취해…."

와인을 단순히 '맛있다/맛없다' 정도로 평가하거나 "사과 향과 캐러멜 향이 느껴진다." 하는 수준의 단순한 묘사가 아니라 머릿속에 한 장의 멋진 풍경 사진이 떠오를 정도로 멋지게 묘사하여 와인에 별로 관심이 없는 사람도 그가 소개한 와인의 맛과 향이 궁금해질 정도였다. 하지만 이런 묘사는 와인에 대한 호기심을 불러오거나 와인에 대한 특별한 찬미로는 좋을지 몰라도 실제 제품의 특성을 객관적으로 묘사한 것이 아니어서 한계가 분명하다. 세상에 있는 수만 종의 와인을 일일이 이렇게 묘사할 수도 없고, 소비자의 선택에도 별 도움이 되지 않는다.

'와인의 황제'로 불리는 로버트 파커는 맛을 보는 것만으로 부와 권력을 쌓았다. 1982년산 보르도의 빈티지를 높이 평가한 최초의 인물이고, 와인 시장에 새로운 평가 기준을 제시한 이후, 수십 년간 최고의 비평가로 인정받았다. 전성기 시절에는 1년에 1만 종류의 와인을 맛보았다고 하고, 지금도 여전히 하루에 16~19종의 와인을 맛보고 있다고 한다. 현재 일반화된 100점 척도의 와인 평가 기준을 최초로 마련한 사람이기도 하다. 보르도 와인 생산자들은 그의 평가가 나오기 전에는 가격 공시조차 하지 않는다고 한다. 영국 와인 도매상 빌 블래치는 『와인의 황제, 로버트 파커』라는 책에서 "파커 점수 85점과 95점은 해당 와인 매출이 약 100억 원 정도 차이가 난다"라고 말했다. 파커가 90점 이상을 주면 명품 와인이 되고, 100점 만점을 받으면 가격이 폭등하면서 전설의 와인이 되는 것이다. 그래서 많은 사람이 '절대 후각'과 같은 뛰어난 감각 능력을 꿈꾸기도 한다.

하지만 우리에게는 절대 후각은커녕 조건에 따라 마구 흔들리는 상대적이고 유동적인 감각만 있다. 후각이 항상 흔들릴 수밖에 없는 이유는 『감각 착각 환각』 증보판에서 이미 자세히 다뤘지만, 간단한 예로 유명한 비평가 사이에서 같은 제품을 가지고도 평가가 극명하게 갈리는 것을 들어볼 수 있다. 『와인 테이스팅의 과학』에는 로버트 파커와 영국의 와인 평론가인 잰시스 로빈슨(Jancis Robinson)의 의견 충돌이 나온다. 먼저 2003년산 '샤토 파비'를 테이스팅한 로빈슨은 20점 만점에 12점을 주면서, 다음과 같은 혹평을 남겼다.

"과숙된 과일의 아로마가 식욕을 완전히 떨어뜨린다. 주범은 포트와인을 연상시키는 단맛이다. 포트와인은 두오모(Duomo)에서 잘 만들고 있는데, 굳이 생테밀리옹에서까지 이런 와인을 만들 이유가 있을까? 그야말로 형편없다. 거기에 불쾌한 풋내 때문에 보르도산 레드와인보다 늦게 수확한 진판델이 연상된다."

반면, 로버트 파커는 100점 만점에 96점을 주면서 호평했다.

"샤토 파비에서 다시 한 번 엄청난 와인을 내놓았다. 메를로 70%, 바르베네프랑 20%, 카베르네 소비뇽 10%의 블랜딩으로 빚어낸 절묘한 풍성함, 미네랄 풍미, 섬세한 묘사, 고급스러움이 감탄스럽다. 생테밀리옹 지역에서도 훌륭한 테루아를 자랑하는 샤토 파비의 석회질과 점토질 토양은 2003년의 폭염을 다루어내기에 완벽했다. 진하고 불투명한 보랏빛 와인에서 훈연 향과 더불어 미네랄, 검붉은 과일, 발사믹 식초, 감초 등의 도전적인 아로마가 느껴진다. 입안을 감싸는 풍부함 속에서는 눈이 번쩍 뜨이는 신선함과 또렷함이 함께 느껴진다. 뒷맛은 타닌 느낌이 돌지만, 산미가 낮고 알코올 도수가 높은 편이므로 4~5년 후부터 마시기 적당해질 것이고, 숙성을 고려했을 때 마시기 좋은 시기는 2011~2040년일 것이다."

두 사람 중에 누가 더 그 제품에 대해 정확한 평가를 했는지는 알 수 없지만, 로버트 파커 정도의 설득력이면 어지간한 사람은 맛있게 마실 것 같다. 그래서 많은 사람이 그를 부러워하고, 자신의 와인 평가 능력을 향상시키려고 노력한다.

2. 많은 아로마 휠(Aroma wheel)이 개발되었다

와인뿐 아니라 커피나 홍차 등도 즐겨 마시다 보면, 어느 순간 향에 관심이 깊어진다. 하지만 전문가가 아니다 보니 지금 느끼는 맛이 무슨 맛인지, 어디선가 느껴본 맛이나 향인데 이게 무엇인지 확신할 수 없을 때가 많다. 그래서 이런 어려움을 해결하기 위해 '아로마 휠(Aroma wheel, Flavor wheel)'이 개발되었다. 와인의 아로마 휠은 UC 데이비스대학의 앤 C. 노블(Ann C. Noble)

교수가 1980년대에 처음 만들었다. 와인에 표준적으로 사용할 만한 어휘를 고르고 분류하여 휠 형태로 정리한 것이다. 과거에는 와인의 평가에 향기로운(fragrant), 우아한(elegant), 조화로운(harmonious) 같은 주관적이면서 추상적인 단어가 사용되었다면, 노블 교수는 훨씬 구체적이고 분석적인 용어를 사용했다. 가장 안쪽에 '과일 향'처럼 기본 향조(note)가 쓰이고, 두 번째 휠에는 좀 더 세분화된 분류가 쓰이고, 마지막 단계에는 구체적인 향기 물질이나 식품이 들어간다.

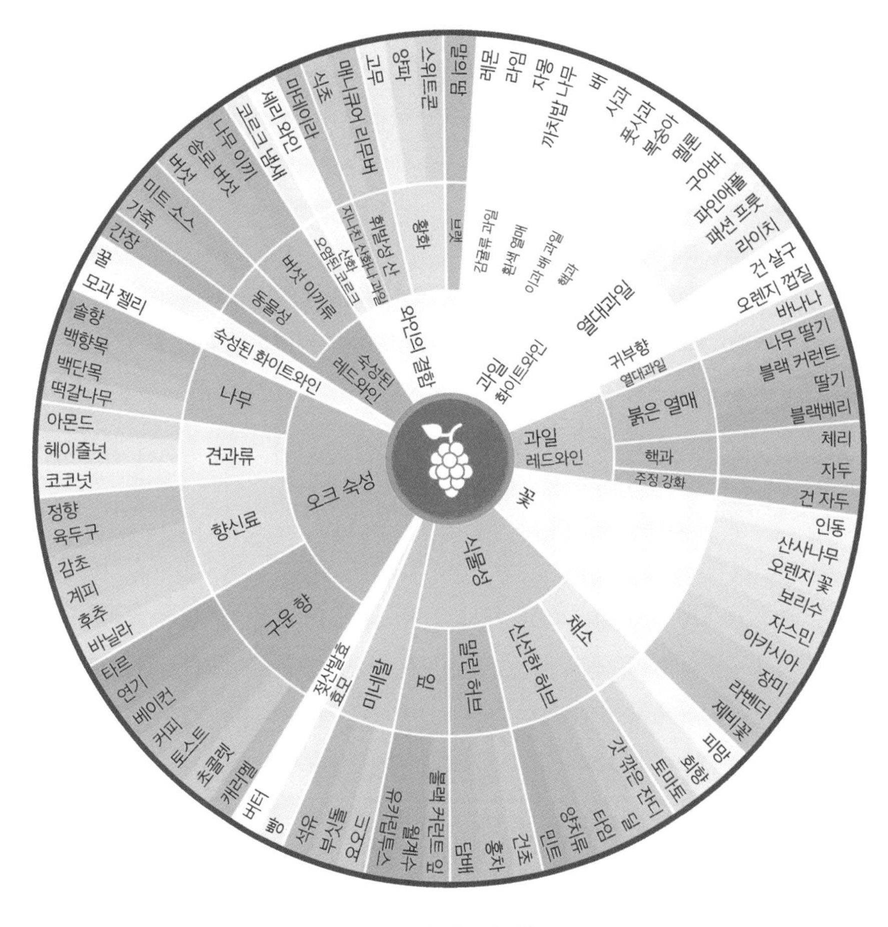

와인의 아로마 휠

와인을 마시다 뭔가 익숙한 향인데 구체적으로 생각이 나지 않을 때는 먼저 아로마 휠의 내부 원에 표시된 기본 향조를 찾는다. 만약 그중에서 과일 느낌이면 과일의 묘사 부분을 찾아 감귤류인지, 딸기류인지, 열대과일인지와 같은 2차 분류를 선택한다. 그리고 마지막으로 딸기인지 라즈베리인지 블루베리인지 같은 구체적인 향을 선택하는 방식이다.

와인의 아로마 휠에 등장하는 향만 해도 수십 가지라서 처음 보는 사람은 "와, 세상에! 와인에서 이렇게 다양한 향기를 느낄 수 있단 말인가?" 하고 놀라게 된다. 와인의 아로마 휠이 인기를 끌자 뒤이어 초콜릿, 빵, 맥주, 커피, 차, 위스키 등 각종 식품과 식재료에 대한 아로마 휠도 만들어졌다.

* 아로마 휠은 장점이 있지만 한계도 분명하다

잘 준비된 아로마 휠은 미각을 훈련하고 소통 능력을 향상하는 데 큰 도움이 된다. 하지만 한계 역시 분명하다. 와인에서 딸기 향을 느꼈다고 하면 그 딸기는 어떤 지역에 나는 어떤 품종의 딸기일까? 천연물도 풍미가 다양하지만 조합된 향도 회사별로 다르고 표준이 없으니 아는 것은 자기의 기대와 달라서 혼란스럽고, 모르는 것은 조합된 향으로 다양한 천연의 것을 연상하기 쉽지 않다. 와인에서 딸기 느낌은 딸기 향으로 표현한다고 치더라도 그 딸기 자체를 설명하려면 어떻게 해야 할까? 딸기의 품종별로 풍미의 차이를 묘사하기 위한 아로마 휠이 만들어지고, 거기에 와인이 등장한다면 마치 뱀이 자기 꼬리를 문 것처럼 묘사를 위한 묘사가 무한이 이어지는 난처한 상황에 빠질 것이다.

사실 와인에서 바닐라, 딸기, 정향 같은 향이 느껴진다고 해서 와인에 바닐라, 딸기, 정향이 들어 있는 것은 아니다. 바닐라가 느껴진다면 바닐린(Vanillin), 정향이 느껴진다면 유제놀(eugenol) 같은 향기 물질을 느꼈다는 의미이다. 이처럼 향을 향기 물질 말고 다른 방식으로 설명하려 하면 한계가 있다. 만약 사람들이 바닐린, 유제놀의 향을 안다면 이 와인은 바닐린이 희미하게 느껴지고, 유제놀이 다른 와인보다는 강하게 느껴진다고 설명하면 끝날 것이고, 그것에 대한 검증도 쉬워진다. 분석기기를 이용하면 실제 성분을 확인할 수 있다. 이처럼 개별 성분은 검증할 수 있지만 딸기 향처럼 복합적인 성분은 검증할 방법이 없다.

문제는 개별 향기 물질을 공부하기가 쉽지 않다는 것인데, 천연 물질도 어렵기는 마찬가지다. 와인에 블랙커런트의 향이 느껴진다고 하면 블랙커런트를 경험해보지 못한 사람은 과연 그것을 조합향을 통해 익힐 수 있을까? 조합향에는 표준물이 없고 실제 과일과는 맛도 같지 않기 때문에 쉽지 않다. 배(Pear) 향이 난다고 느낄 때 우리의 배와 서양의 배는 완전히 다르기도 하다. 그러니 조합향료를 이용한 향의 공부도 쉽지 않다.

3. 향에 대한 단어가 없으니 말로 표현할 수 없다

외국인에게 막걸리 맛을 설명하려면 어떻게 해야 할까? 막걸리뿐 아니라 대부분의 맛은 말로 표현이 불가능하다. 단어가 있어야 말을 할 수 있는데, 향에 대해 소통할 수 있는 단어가 거의 없으니 맛을 말로 표현할 방법이 없는 것이다. 많은 식품회사 연구원이 더 좋은 향, 자신의 제품에 어울리는 향을 원하지만, 원하는 향을 향료회사에 요구하려고 해도 그것을 말로 표현하는 것이 불가능하다. 우리에게는 향을 묘사하는 언어도 기술도 없기 때문이다.

커피와 차 등 세상 어떤 음식이든 향을 조금만 더 깊이 공부하면 결국에는 다양한 향기 물질과 만나게 된다. 세상의 모든 맛의 다양성은 향에 의한 것이고, 향은 여러 향기 물질의 다양한 변주곡이다. 그리고 향기 물질의 관점에서 본다면 꽃과 향신료, 과일과 와인, 빵과 커피 그리고 채소와 고기가 별로 다르지 않다. 같은 향기 물질의 다른 배합비인 것이다. 그러니 이론적으로는 향기 물질만 알면 세상의 모든 향을 이해할 수 있고 자유롭게 표현할 수도 있다. 실제로 조향사는 향기 물질을 이용하여 세상의 모든 향을 만든다.

다음에 나오는 간단한 과일 향 배합표는 향기 물질의 배합 비율 차이에 의해 향이 어떻게 달라지는지 간접적으로 체험해 볼 수 있다. 유의할 점은 과일마다 그것을 구성하는 향기 물질 종류가 아니라 오히려 배합비가 많이 다르다는 것이다. 그러니 공통으로 많이 쓰이는 향기 물질은 조향사뿐 아니라 향에 관심이 있는 누구라도 한 번쯤 경험하고 공부해 볼 필요가 있다.

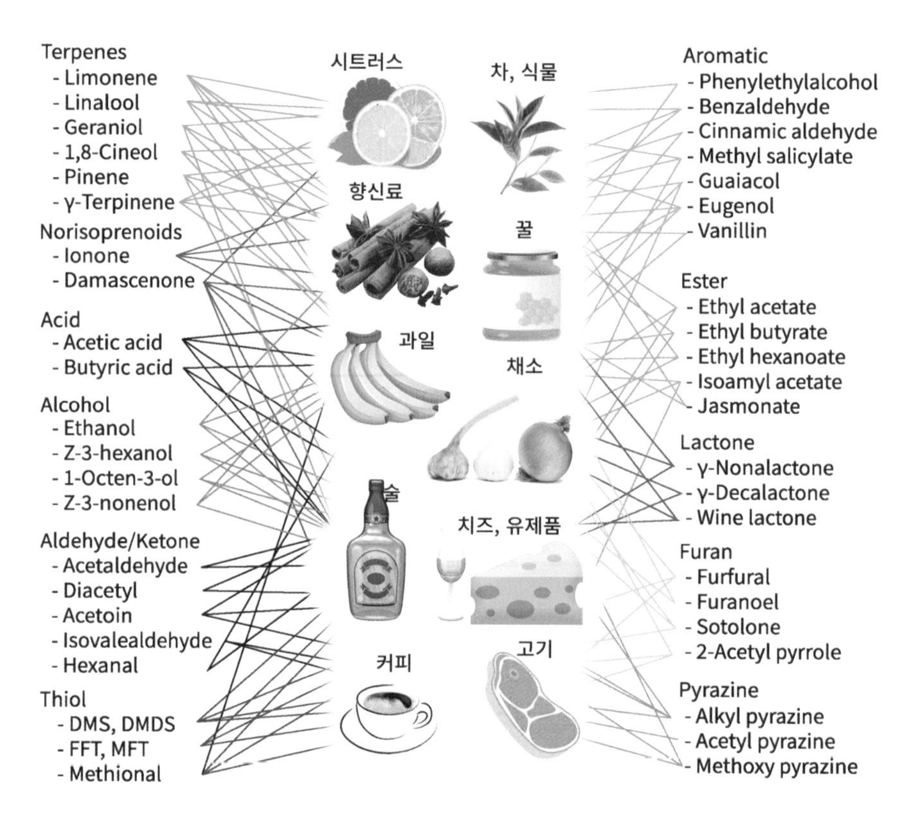

향신료와 식품을 구성하는 향기 물질

조합향의 배합표 예

향기 물질	사과 향	바나나 향	배 향	파인애플
1-Butanol	30	5	30	1
2-Methyl butanol	50	5	50	5
1-Hexanol	30	5	40	1
Amyl acetate		50	10	20.5
Isoamyl acetate	5	150	5	5
Ethyl butyrate	5	40	10	10
Amyl butyrate	5	30	20	20
Heptyl acetate	5	5	100	5
Ethyl-2-methyl butyrate	5	10	5	20
Allyl hexanoate	5	5	5	120
Citronellyl acetate	5	5	40	1
Hexanal	100	1	5	1
E-2-Hexenal	100	10	30	5
Benzaldehyde	0.1	0.2	0.2	0.1
Vanillin	1	30	1	30
Eugenol	0.1	2	0.2	0.1
Ethanol(용매)	693.8	686.8	638.6	770.8
합계	1000	1000	1000	1000

4. 이제는 향기 물질을 공부할 필요가 있다

물론 향기 물질을 안다고 해서 모든 풍미를 설명할 수 있는 것은 아니다. 향기 물질은 단독으로 존재할 때와 혼합된 상태일 때 그 느낌이 전혀 달라지는 경우가 많고, 심지어 농도에 따라 느낌이 달라지는 예도 있다. 그러니 향기 물질로 해결할 수 있는 것은 한계가 있지만, 그래도 향을 향기 물질로 이해하는 것보다 효과적인 방법은 없다. 향기 물질을 안다면 풍미를 이해하고 묘사하는 데 강력한 수단 하나를 얻을 수 있는 것이다.

짠맛을 젓갈, 간장, 김치, 나물 등 온갖 간이 다른 음식을 맛보며 공부하는 방법도 있지만, 소금을 맛보고 몇 가지 음식에 소금 농도를 달리해보면서 공부하는 방법보다 효과적이지는 않다. 단맛도 그렇고 신맛도 그렇다. 미각은 핵심 맛 물질로 공부할 때 효과적이라는 것을 알면서도 향을 향기 물질로 공부하면 매우 효과적일 것이라는 생각을 전혀 하지 못하는 것은 매우 안타까운 일이다.

현대 과학의 많은 성과는 큰 문제를 작게 나누어(divide) 각각의 작은 부분을 해결(conquer)하는 식으로 이루어냈다. 이것을 '분할 정복법'이라고 하고 '환원주의식 접근'이라고도 부른다. 이런 접근법이 지식의 파편화라는 부작용을 만들기도 했지만 그래도 전문적 지식의 축적에는 절대적인 공헌을 했다. 그런데 향은 아직 전문적인 지식을 말하기에는 분할 정복 방식 접근이 충분히 이루어지지 않았다. 향을 개별 향기 물질의 현상으로 나누어 이해할 필요성이 충분한 것이다. 향은 종류가 많아 한꺼번에 모든 것을 체험해 보거나 이해하기 힘들지만 그래도 아로마 휠을 공부할 정도의 노력이라면 향기 물질로 몇 종이라도 공부해 보는 것이 좋다. 확장성이 훨씬 늘어남을 느낄 수 있을 것이다.

2

향기 물질을 공부하면 장점이 정말 많다

식품은 맛이 중요하다고 말은 하지만 지금까지 그 핵심을 이루는 향을 구성하는 향기 물질이 주인공으로 등장하는 경우는 없었다. 모두 겉모습에만 관심이 있을 뿐, 진짜 속사정에 대해서는 외면하고 있는 셈이다. 향을 조금이라도 깊이 공부하려면 향기 물질을 알아야 하는데, 종류가 너무 다양하고 어렵다는 이유 등으로 모두 외면해왔다.

지금까지 향기 물질을 다루는 것은 순전히 조향사의 몫이었다. 일반인은 어떤 향기 물질부터 시작하면 좋을지 전혀 모르고, 몇 개나 공부해야 하는지도 모르고, 그런 향기 물질을 어떻게 구해야 할지도 모르고, 또 어쩌다 향기 물질을 경험해봐도 그렇게 낯설고 강렬한 향기 물질을 맛의 공부에 어떻게 활용하면 좋을지 생각조차 하지 않았다. 향을 공부하기는 쉽지 않지만, 그래도 향은 향기 물질로 이해하는 것이 가장 확실한 방법이므로 이번 챕터에서 그 방법을 구체적으로 제시해 보려고 한다. 먼저 왜 향을 향기 물질로 이해하면 좋은지부터 알아보자.

* 향기 물질은 표준적인 품질이 유지된다

향기 물질은 순도가 높고 항상 일정한 품질이 유지된다. 천연물은 여러 가지 성분의 조합이라 조건에 따라 그 비율이 다를 수 있고, 성분 간의 상호작용으로 시간에 따라 향취가 달라지지만, 단일 성분으로 된 향기 물질은 언제 어디서나 같은 풍미이고 시간에 따른 변화도 적다. 그래서 단일 성분의 향기 물질이 후각의 기준물질로 사용하기 좋다.

* 기기분석 결과를 이해하는 데 도움이 된다

분석기기는 과거에 비해 놀랄 만큼 발전했다. 쌀은 비교적 향이 약한 편이지만 477종의 향기 물질이 발견되었고, 맥주에서는 800종, 와인에서는 1,000종, 중국의 백주에서는 1,100종, 위스키에서는 1,300종의 향기 물질이 발견될 정도다. 분석기술이 좋아질수록 많은 향기 물질이 분석될 것이고 그럴수록 오히려 향은 이해하기 힘들어진다. 역치와 기여도를 파악할 수 있어야 그중에서 어떤 물질이 핵심인지를 알 수 있고, 그래야 분석의 결과를 활용해 향을 이해할 수 있다. 식품 분석에서 자주 등장하는 물질의 향기를 알아야 분석 결과의 해석을 시작해 볼 수 있다.

* 식재료에 대한 이해도를 높일 수 있다

향기 물질을 알면 다양한 식재료에 대한 이해도를 높일 수 있다. 예를 들어 계피의 향을 묘사하려면 어떻게 하면 좋을까? 계피는 신남알데히드의 비중이 높아서 누구나 신남알데히드의 향을 맡으면 바로 계피를 떠올릴 수 있을 정도다. 그런 신남알데히드의 향기를 알고 그것을 보조하는 향기 물질 몇 가지를 더 안다면, 품종마다의 향 차이를 그 물질의 비율로 설명할 수 있을 것이다. 모두가 계피처럼 주 향기 물질이 명확한 것은 아니지만 향신료, 피톤치드, 풀 등 여러 식물의 경우 향기 물질로 그 식물을 설명하기 쉬운 것도 많다. 이처럼 쉽게 설명이 가능한 것부터 시작하여 점차 미생물이 만든 발효의 향 그리고 최종적으로는 가열을 통해서 만들어지는 향기 물질까지 설명할 수 있다면 향을 이해하는 데 큰 도움이 될 것이다.

* 묘사분석의 특성 항목을 좀 더 쉽게 세분화할 수 있다

바닐라의 산지와 품종별 특징을 객관적으로 묘사하려면 어떤 방법이 좋을까? 완벽한 방법은 없지만 그래도 연구기관이나 식품회사 등에서 가장 많이 쓰이는 것이 묘사분석이다. 묘사분석은 소수의 고도로 훈련된 검사 요원에 의해 감지된 제품의 관능적 특성을 질적 및 양적으로 묘사하는 방법이다. 그러기 위해서는 식재료의 관능적 특성을 세부적으로 묘사할 수 있는 식재료의 특성 용어 즉, 묘사 단어를 찾아야 한다. 그런 후에 훈련된 패널들이 평가한 평균치를 이용해 프로파일을 작성한다. 그러면 그 식료의 특성을 나름 시각적으로 묘사할 수 있다.

이런 묘사분석을 할 때 평가 항목으로 단맛, 짠맛, 신맛과 같은 미각적 요소

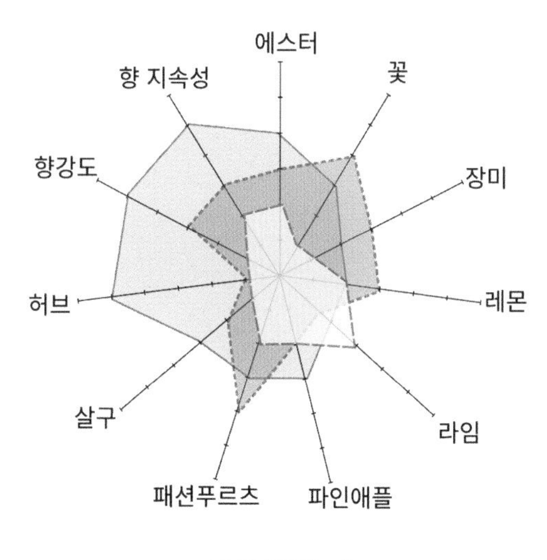

묘사분석의 예

나 식감 같은 것은 항목을 잡기 쉬우나, 향의 경우 세부적인 항목을 잡기는 쉽지 않다. 향기 물질에 대한 훈련이 없었기 때문이다. 향기 물질에 대해 아는 사람이 많을수록 향의 묘사 단어 선정이 쉬워질 것이고, 묘사는 더욱 제품 이해에 도움이 될 것이다.

* **향의 묘사에 기기 분석 결과도 활용할 수 있다**

보면 알 수 있다고 하지만 알아야 볼 수 있는 경우도 많다. 특히 향의 경우가 그렇다. 빨간색 시럽에 레몬즙을 넣고 이것이 무슨 맛이냐고 물으면 레몬을 떠올릴 사람이 많지 않지만, 그것이 레몬이라고 말해주면 누구나 레몬 맛을 확실히 느낄 수 있게 된다. 이처럼 맛은 힌트가 있으면 떠올리기가 쉬운데, 향에 대한 분석 자료가 있다면 우리는 그것의 도움으로 좀 더 섬세하게 느낄 수 있다. 홍차의 향기 성분 중에는 좀 엉뚱(?)하게도 살리실산메틸이 있는데, 그 자체로는 홍차를 전혀 연상할 수 없다. 그런데 홍차에 분석된 최초의 향기 성분이라고 말해주면 많은 홍차를 경험한 분은 "스리랑카 홍차 특유의 느낌이 이 물질에 의한 것이구나!" 하고 알아채기도 했다. 이처럼 이론치와 감각치가 서로 도움이 될 수 있는 것이다.

어떤 식물의 향을 분석하여 피넨이 10%, 리나로올이 60%, 유제놀이 10% 들어 있다고 단순히 분석 결과를 말해주면, 도대체 그것이 무슨 향인지 알아들을 수도 없고 너무나 직설적이라 신비나 낭만도 완전히 사라진 것처럼 느껴진다. 하지만 여기에 간단한 감각적인 터치만 입힌다면 얼마든지 다른 사람과 공유할 수 있는 표현이 될 수 있다. 예를 들어 피넨은 소나무 향으로, 리나로올은 홍차나 꽃의 향으로, 유제놀은 정향이나 치과 냄새로 돌려서 표현하면 되는 것이다.

* 매칭의 원리를 이해하는 데 도움이 된다

향기 물질을 알면 식재료를 조합할 때 왜 그런 조합이 잘 통하는지와 같은 블렌딩(matching)의 원리 등을 탐구하기 쉬워진다. 사용할 수 있는 식재료와 향신료가 수백 종일 때 과연 어떤 조합부터 시도해야 가장 빠른 속도로 적합한 조합을 찾을 수 있을까? 보통은 성공적인 레시피를 확보하여 그것을 활용하고 변형하는 것이 쉬운 방법이다. 하지만 기존의 결과를 뛰어넘는 새로운 레시피를 개발하려면 그것과는 비교할 수 없는 큰 노력과 시행착오가 필요하다. 그래서 좀 더 효과적인 매칭의 이론을 고민해야 한다.

최근 들어 개별 소재나 향신료를 그 특징을 부여하는 향기 물질로 이해하려는 노력이 증가하고 있고, 그것을 바탕으로 재료의 궁합을 맞추는 시도도 증가하고 있다. 영국의 스타 셰프 헤스톤 블루멘탈(Heston Blumenthal)과 향미화학자 프랑수아 벤지는 '푸드페어링 가설'에서 비슷한 향기 물질이 많은 식재료가 같이 썼을 때 요리에서 잘 어울릴 가능성이 높다는 이론을 내세웠다. 이는 성공적인 레시피의 분석을 통해서 어느 정도 증명된 이론이다. 이런 예측이 가능하다면 맞으면 좋고, 틀려도 최소한 탐구욕을 자극한다. 단순히 시행착오 방식의 경험만으로도 성공한 레시피보다 훨씬 힘이 있고, 나중에 자기 경험을 남에게 전달할 때도 탁월함이 생긴다.

해외에서는 이처럼 향기 물질을 통해 풍미를 설명하고 관습적 활용을 벗어난 획기적인 식재료의 페어링 발견을 위해 향기 물질을 활용하고 있다. 우리나라의 경우, 우리 식재료에 맞는 푸드페어링(Food pairing) 시스템을 개발하려는 노력이 아직까지 없다는 점은 매우 아쉬운 대목이다.

모두가 향기 물질을 조향사처럼 공부할 필요는 없다

3

향은 향기 물질로 이해하면 장점이 정말 많은데 그동안 왜 향기 물질을 공부하는 경우가 거의 없었을까? 많은 이유가 있겠지만 향료회사들이 사용하는 원료 목록조차 비밀일 정도로 정보가 공개되지 않았던 것도 큰 이유이다.

1 향기 물질은 그 목록조차 오랫동안 비밀이었다

과거에는 향을 만드는 원료와 과정이 모두 일급비밀이었다. 조향은 원래 연금술사들이 시작한 것이라 그런지 향료회사들은 향료의 배합비뿐 아니라 원료 리스트마저 아주 비밀스러운 자료로 관리했다. 그래서 향료 산업의 종주국인 유럽에서는 향료 물질을 식품첨가물로 관리하지 않았고, 미국에서도 향료제조협회(FEMA)에서 자율적으로 관리하고, 일본도 많이 사용되는 100개 이하의 개별품목 말고는 18가지 유형 구분만 있었지, 2,800종이 넘는 구체적인 개별 물질은 관리하지 않고, 업계의 자율적인 관리에 맡긴 것이다. 그래서 향은 가장 오랫동안 비밀스러운 존재로 보호(?)를 받았다.

우리나라에서 현재 식품에 사용할 수 있는 향기 물질은 모두 「식품첨가물공

전」에 공개되어 있다. 과거에는 향기 물질 목록 자체가 비밀스러운 것이었는데 이제는 완전히 공공의 영역으로 들어온 것이다. 문제는 오히려 종류가 너무 많다는 것이다. 「식품첨가물공전」에 공개된 2,500종은 지금까지 식품에서 발견된 1만 1천 가지보다는 적지만, 그래도 일반인이 공부하기에는 너무 많은 양이다.

그러므로 그중에서 풍미 이해에 핵심적인 향기 물질이 뭔지를 잘 골라내야 한다. 다행히 알아둬야 할 것은 그렇게 많지 않다. 향기 물질의 관점에서 본다면 꽃과 향신료, 과일과 와인, 커피와 홍차는 별로 다르지 않다고 할 정도로 공유하는 물질이 많다. 천연물은 향에 별로 기여하지 않는 물질이 대부분이어서 분석된 물질이 수백 가지라고 해도 실제 그 제품의 특징을 좌우하는 물질은 10개를 넘지 않는 경우가 대부분이다. 조향사가 수백 가지 향기 물질을 다룬다고 해도 대부분의 물질은 미세한 조절을 위해 필요한 것이고, 실제 자주 쓰이고 조향의 뼈대를 이루는 성분은 100개를 넘지 않는다. 그러니 일반인이 알아야 할 향기 물질은 당연히 100개보다 적어야 한다. 그런데 지금까지는 그것을 고르려는 노력이 없었다. 그러니 일반인에게 향기 물질은 완전히 접근할 수 없는 다른 세상의 것이었다.

* 일반인에게 마땅한 교육도 없었다

개인적으로 향에 아무리 관심이 많아도 공부는 쉽지 않다. 우선 무엇부터 해야 할지 막막하고 용어도 너무나 낯설다. 용어의 이해가 공부의 시작인데 향기 물질은 이름부터 유기화학에나 등장하는 낯선 이름인 경우가 많다. 더구나 향기 물질을 하나하나 맡아보면 그 향이 매우 강해서 친숙하거나 매력적이지 않은 경우가 많다. 그러니 일반인은 적절한 도움 없이는 향과 친해지기가 쉽지 않다.

한 분야의 문화 수준은 사용되는 단어의 숫자에 비례한다고 할 수 있다. 그런데 향을 묘사하기 위해 사용할 수 있는 단어는 너무나 적다. 향에 대해 서로 공감할 수 있는 단어가 전혀 늘어나지 않은 것이다. 휴대전화나 자동차 신제품을 보면 늘 새로운 색상과 명칭이 등장하곤 한다. 색에 대해 새로 만든 단어라고 해도 그 색을 직접 보여주면 되기 때문에 새로운 단어가 등장해도 별 문제가 없다. 하지만 향은 그것이 힘들었다. 새로운 향이 등장해도 색처럼 보여줄 수 없어서 새로운 단어가 의미 있을 수 없고 자리를 잡지도 못한다. 아니, 그런 시도조차 하지 않는다. 향을 색처럼 디지털화하여 공유할 수 없기 때문이다. 다행히도 갈수록 맛과 향에 관한 관심이 높아지고 있으니 지금부터라도 조금씩 단어를 만들어 가면 좋을 것 같다.

향에 대한 단어를 늘려가는 데는 향기 물질이 가장 적합하다. 향기 물질을 색처럼 디지털로 공유할 수는 없지만, 그래도 표준적인 물질이고 변화가 적은 데다 맛 물질보다는 오히려 같이 체험해 보기 쉽기 때문이다. 식품에서 가장 기본적이면서 공통적인 향기 물질부터 차례로 경험하고 이름을 알아가는 식으로 학습해가면 향의 언어도 상당히 풍성해질 것 같다. 문제는 아직 시도해본 사람이 거의 없다는 것이다. 이 책을 통해 그 필요성에 대해 공감하는 사람이 조금이라도 생겼으면 하는 바람이다.

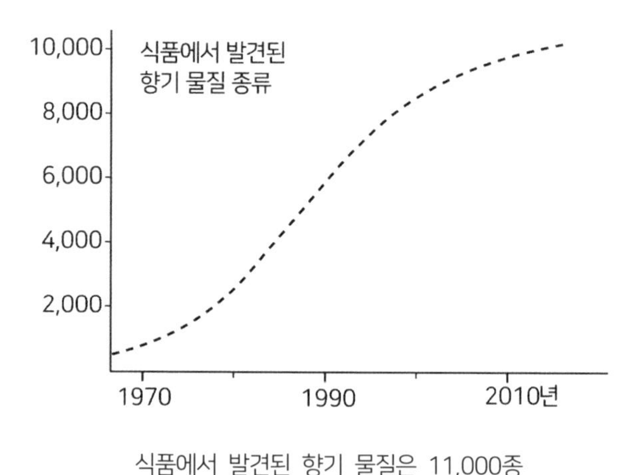

식품에서 발견된 향기 물질은 11,000종

2 식품 향료로 사용이 가능한 향기 물질은 2,500종 이상

일반인이 알아두면 좋은 향기 물질을 고르기 위해서는 먼저 향료업체들이 사용하는 향기 물질에 어떤 것이 있는지부터 살펴볼 필요가 있다. 향기 물질 중에서 가장 먼저 공개된 것은 1909년 설립된 '미국식품향료협회(Flavor and Extract Manufacturers Association, FEMA)'에서 정리한 목록이다. 향료 업체에서 자율적으로 사용하던 향기 물질을 정리하여 1960년에 최초의 향료 잠정리스트를 발표했고, 1965년에 1,124개를 GRAS(Generally Recognized as safe)로 정리하여 발표했다. 그러니 FEMA 리스트 중 일련번호가 2001부터 3124까지가 1960년대 이전부터 써오던 물질을 정리한 것이고, 이후 번호는 나중에 차례로 등록된 물질이다. 향기 물질 중에 우리가 관심을 가질만한 품목은 분석기술이 떨어진 과거에도 발견되고 활용될 정도로 대중적인 3124번 이전의 향기 물질이 많다.

- GRAS3: 1965년, 기존에 사용 중인 향료를 정리하여 1,124종을 FEMA No. 2001~3124번으로 등재.
- GRAS4: 1970년, 125종을 3125~3249번으로 등재.
  이후 계속 추가하여 2020년까지 2,942종 등재.
- GRAS29: 2020년, 63종을 No. 4879~4942번으로 등재.
- GRAS30: No 4943~4980
- GRAS31: No 4981~5029

우리나라는 2005년에 정부가 주도하여 세계 최초로 포지티브 리스트 작업을 시작했다. 이후로 국가에서 허용한 향료 원료만 사용해야 하는 세계 최초의 나라가 되었다. 리스트는 식품첨가물공전에 등록되어 있으며 2,500종 이상이다.

*** 많이 사용하는 향료는 아주 일부일 뿐이다**

식품용 향료 물질로 허용된 원료가 2,500종이 넘지만, 그중에 대량으로 사용되는 것은 극히 일부에 불과하다. 예를 들어 일본에서 사용되는 향료 물질은 전체 2,800여 종에서 불과 15가지가 사용량의 64.5%를 차지한다. 나머지 사용량을 모두 합해봐야 35.5%에 불과한 것이다. 이처럼 실제 향료회사에서 많이 사용하거나 주로 사용하는 품목은 생각보다 많지 않다. 리스트에만 존재하며 더 이상 쓰지 않는 품목도 아주 많다. 그러니 향료회사에서 많이 쓰는 품목부터 공부하는 것도 좋은 방법이다.

조향사라고 모든 향료 물질을 다 사용하지는 않는다. 주로 사용하는 것은 100여 종이고 프로젝트에 따라 추가로 몇 종을 더 사용할 뿐이다. 그러니 일반

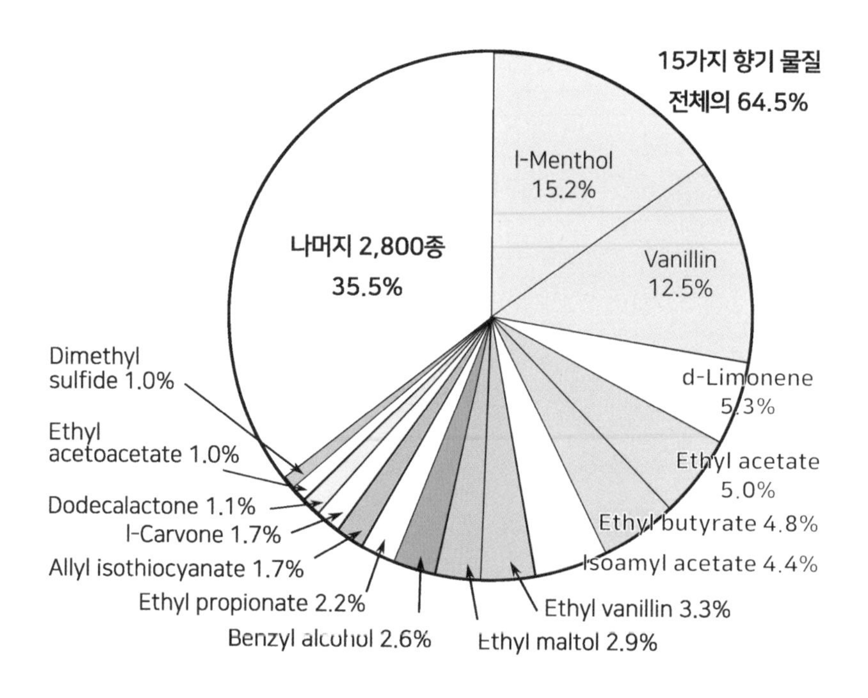

일본이 사용하는 향료 물질의 종류와 사용량(2005년 기준)

인이 알아야 할 향기 물질은 그리 많지 않다. 조향을 배운다면 향료회사에서 많이 사용하는 원료부터 공부하는 것이 바람직하겠지만, 일반인이라면 식재료나 가공식품에 가장 흔한 향기 물질부터 공부하는 것이 좋은 방법일 것이다.

다음의 표는 Henryk Jelen 등이 향을 연구한 논문에 등장하는 향기 물질의 빈도수를 조사하여 가공식품에 가장 많이 등장하는 향기 물질 상위 10개를 나열한 것이다. 이처럼 식품에 자주 등장하는 향기 물질을 골라 공부하는 것이 유용할 것이다.

가공식품에 자주 등장하는 향기 물질(출처: Henryk Jelen, 2017)

향기 성분	빈도(%)
Methional	54
Isovaleraldehyde	51
Diacetyl	42
Furaneol	41
sotolon	36
Acetic acid	29
Acetaldehyde	29
Ethyl isovalerate	28
2-Acetyl-pyrroline	26
Isovaleric acid	26

* 기여도를 분석하면 핵심적인 분자는 많지 않다

특정 식품의 향기 성분을 알고 싶으면 GCMS(기체 크로마토그래피 질량분석법) 같은 분석기기를 쓰면 된다. 한꺼번에 극미량의 성분까지 모조리 분석할 수 있게 되어 한 가지 식품만 분석해도 수십~수백 종의 향기 물질을 알 수 있다. 그러니 단순히 피크가 나온 순서대로 나열한 자료는 향을 이해하는 데 도움이 되지 않는다. 그나마 양 순으로 정렬하면 조금 더 가치 있는 정보가 된다.

예를 들어 장미유를 분석하면 시트로넬롤과 제라니올이 가장 많다. 함량의 1% 이상을 차지하는 원료가 7종 정도라 공부할 숫자가 크게 줄어든다. 사실 생명현상에서는 많이 존재하는 분자를 먼저 공부하는 것이 좋다. 많은 데는 다 이유가 있기 때문이다. 하지만 향은 단순히 존재하는 양 순으로 알아서는 한계가 있다. 향기 성분마다 역치가 너무 달라서 실제 향에 기여하는 정도가 양과 무관한 경우가 많기 때문이다. 그러니 역치를 고려하여 기여도가 많은 순으로 정렬해야 가치 있는 정보가 된다.

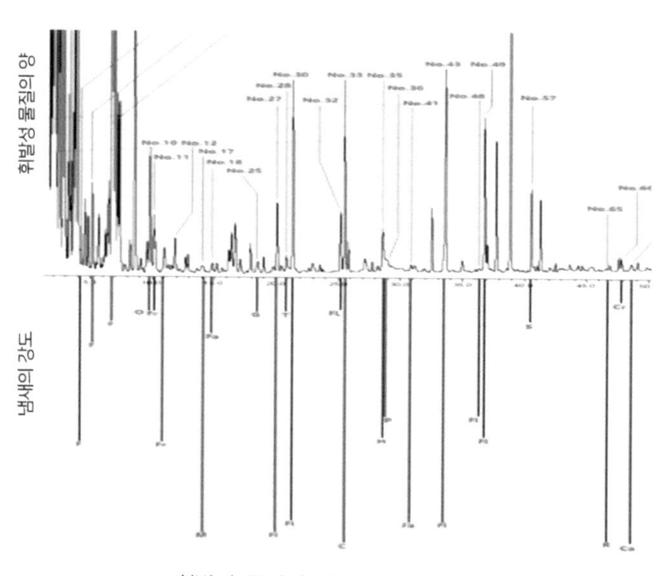

휘발성 물질의 양과 냄새의 강도

(A) 향기 물질을 분석 순서로 나열

향기 성분	함량
linalool	0.81
Citronellyl acetate	0.56
α-humulene	0.61
Germarcene	1.96
Citral	0.46
Geranyl acetate	2.17
Citronellol	23.43
Nerol	15.43
Geraniol	34.91
Phenylethylalcohol	0.98
Eugenol	1.72

(B) 양 순서로 나열

향기 성분	함량
Citronellol	38
Geraniol	14
Nerol	7
Phenethylaclohol	2.8
Methyleugenol	2.4
linalool	1.4
Eugenol	1.2
Rose oxide	0.46
Carvone	0.41
β-Damascenone	0.14
β-Ionone	0.03

(C) 향을 기여도 순서로 나열(출처: Ohloff, G, 1994)

향기 성분	함량	역치	냄새 값	기여도
β-Damascenone	0.14	0.009	156000	70.00
β-Ionone	0.03	0.007	42860	19.20
Citronellol	38.00	40	9500	4.30
Rose oxide	0.46	0.5	9200	4.10
linalool	1.40	6	2300	1.00
Geraniol	14.00	75	1860	0.80
Eugenol	1.20	30	400	0.18
Nerol	7.00	300	233	0.10
Carvone	0.41	50	82	0.04
Phenethylalcohol	2.80	750	37	0.02
Methyleugenol	2.40	820	29	0.01

향기 물질과 친해지기

4

1. 쉽고 특징이 명확한 것부터 친해진다

만약 사람들에게 벤즈알데히드와 캡사이신이 뭐냐고 물어보면 대부분 캡사이신은 알아도 벤즈알데히드에 대해서는 잘 모를 것이다. 캡사이신이 벤즈알데히드를 포함한 다른 대부분의 향기 물질보다 분자구조나 합성하는 과정이 어렵지만, 우리는 단지 캡사이신을 자주 들어보았고 벤즈알데히드는 들어본 적이 없으므로 어렵다고 느끼기 쉽다. 대부분의 향기 물질은 캡사이신보다 복잡하지도, 어렵지도, 위험하지도, 구하기 힘들지도 않다. 우리가 캡사이신 하면 매운맛으로 알듯이 향에서도 향조를 나타내는 대표적인 향기 물질만 알아도 향에 대한 이해와 소통은 완전히 달라질 것이다.

문제는 지금까지 굳이 알아보려고 하지 않고, 종류가 너무 많고 어렵다고 포기해왔다는 것이다. 조향사가 아닌 보통 사람이라면 대표적인 50가지 정도만 알아도 충분하다고 생각한다. 그러니 우선 식품에 자주 등장하는 공통적이면서 기본적인 것과 친해지면 좋을 것 같다. 그렇게 공부하다 보면 향기 물질이 만들어지는 과정에서 공통성과 패턴이 보이고 쉬워진다.

향기 물질 중에는 향을 맡아보면 바로 특정 식재료가 연상될 정도로 특징이 명확한 것이 있다. 계피의 시남알데히드가 대표적이다. 먼저 이처럼 쉽고 명확한 것부터 시작해보는 것이 향기 물질과 친숙해지는 방법이다.

향신료의 향기 물질

- 시나몬, 육계　Cinnamaldehyde, Eugenol
- 정향　Eugenol, Eugeneyl acetate
- 아니스　Anethole
- 마늘　Diallyl sulfide
- 겨자　Ally isothiocynate
- 페퍼민트　l-Menthol, Menthone
- 스피아민트　l-carvone, Carvone derivatives
- 바닐라　Vanillin, Guaiacol
- 노루발풀　Methyl salicylate

과일의 향기 물질

- 바나나　Isoamyl acetate, Eugenol
- 포도　Methyl anthranilate
- 오렌지　Limonene, Octanal
- 복숭아　γ-Decalactone, γ-Undecalactone
- 파인애플　Allyl hexanoate
- 자몽　Nootkatone, P-menth-1-en-8-thiol
- 체리　Benzaldehyde, trans-2-Hexenal
- 라스베리　Raspberry ketone
- 코코넛　γ-Nonalactone, δ-Octalactone

채소의 향기 물질

- 감자　Methional, 2,3-Dimethyl pyrazine
- 오이　E,Z-2,6-Nonadienal
- 피망　2-Methoxy-3-isobutyl pyrazine
- 인삼　2-Methoxy-3-isopropyl pyrazine
- 옥수수　Dimethyl sulfide, Hexanal
- 버섯　1-Octen-3-ol

기타

- 꿀　Phenylacetaldehyde, 2-Phenethyl alcohol
- 메이플　Maple lactone(Methyl cyclopentenolone)
- 버터　Diacetyl, Butyric acid, δ-Decalactone
- 초콜릿　Isovaleraldehyde, Trimethyl pyrazine
- 커피　Furfurylthiol, Pyrazine, 4-Vinylphenol
- 쌀(가열)　2-Acetyl-1-pyrroline
- 고기　Sulfurol, 2-methyl-3-furanthiol

2 향조가 비슷한 것을 이해하기

대표적인 향기 물질을 알아봤으면 비슷한 향기를 묶은 향조에 대한 이해도 필요하다. 맛을 묘사하기 위해 사용하는 묘사분석 즉, 향미 프로필을 작성하려면 그 식품이 갖는 대표적인 특성 요소를 발굴해야 한다. 이때 도움이 되는 것이 향조의 이해다. 향기 물질을 통해 향조를 표현할 수 있고, 향조를 통해 개별 향기 물질을 좀 더 세밀하게 느낄 수 있다.

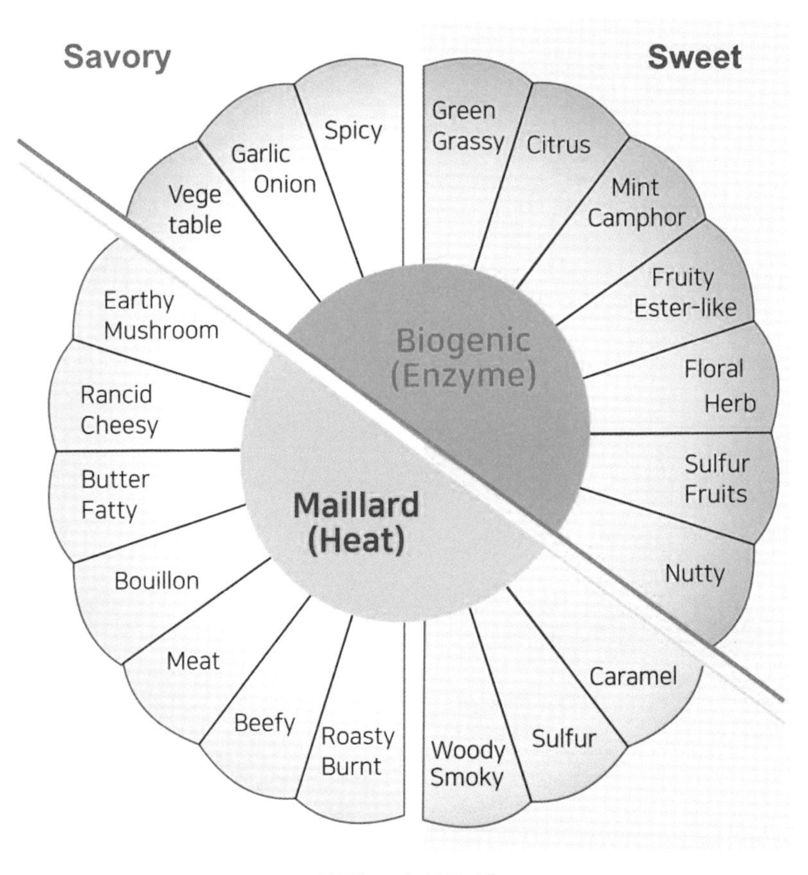

향조(note) 분류 예

- 시트러스 노트: 상쾌한 감귤계의 과일 향

  Limonene, Citral(Geranial+Neral), Decanal
- 민트 노트: 박하취의 상쾌한 냄새

  l-Menthol, Camphor, l-Carvone, Cineol
- 과일 노트: 시트러스 외 숙성된 과일 향

  Hexyl acetate, Isoamyl acetate
- 스파이스 노트: 향신료의 냄새

  Anethol, Eugenol, Thymol
- 그린 노트: 갓 잘린 풀잎의 냄새

  cis-3-Hexenal, trans-2-Hexenal, cis.3.Hexenol
- 지방, 산패 노트

  2-Nonenal, Butyric acid, 2,4-Decadienal
- 유제품, 버터 노트

  Diacetyl, Acetoin, 2-Heptanone, γ-Octalactone
- 로스트 노트

  2,5-Dimethyl pyrazine, 2-Acetyl pyrazine
- 너트, 캐러멜 노트

  Furonol, Homofuronol, Maltol
- 황(Sulphurous alliaceous) 노트

  Dimethyl sulfide, Allyl thiol, Allyl isothiocyanate
- 고기 노트

  3-Methyl-butan-2-thiol, 2-Methyl-furan-3-thiol
- 흙냄새

  Geosmin, 2-MIB, 2-Ethylfenchol

● 시트러스(Citrus): 터펜, 알데히드

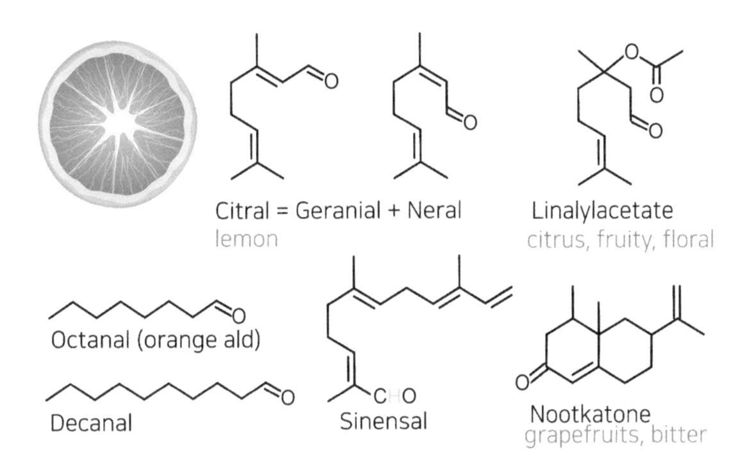

● 민트(Mint), 캠퍼(Camphor): 터펜

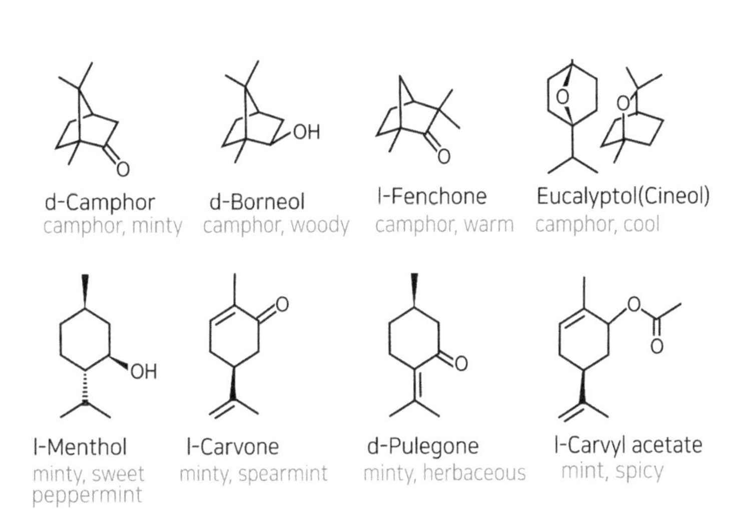

● 그린(Green): Hexenyl C6

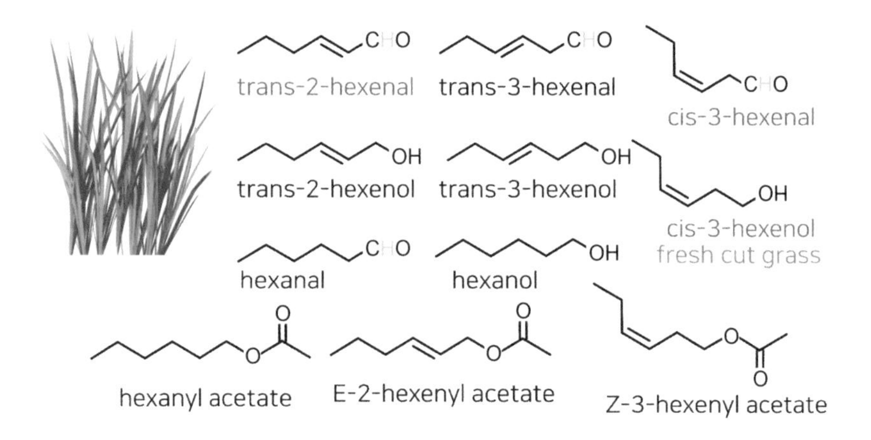

● 지방(Fatty), Rancid: 탄소 수 6개 이상

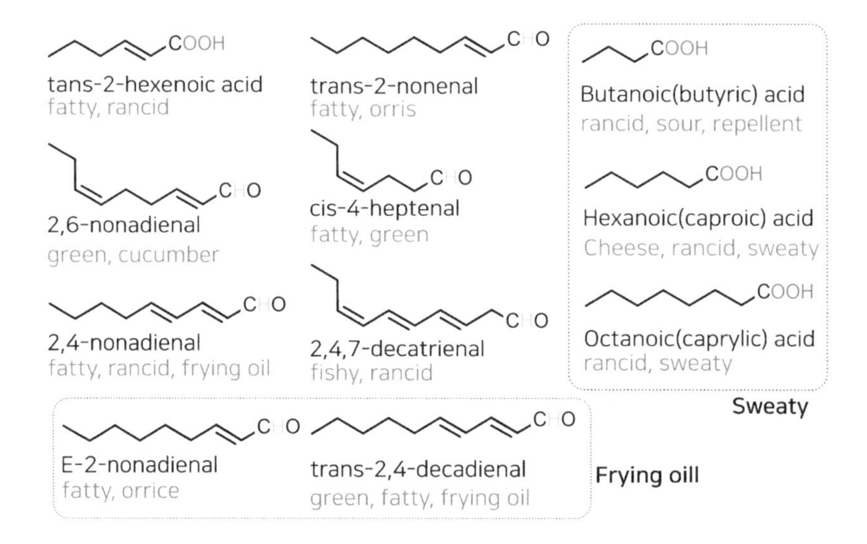

● 꽃(Floral): 터펜류, 방향족

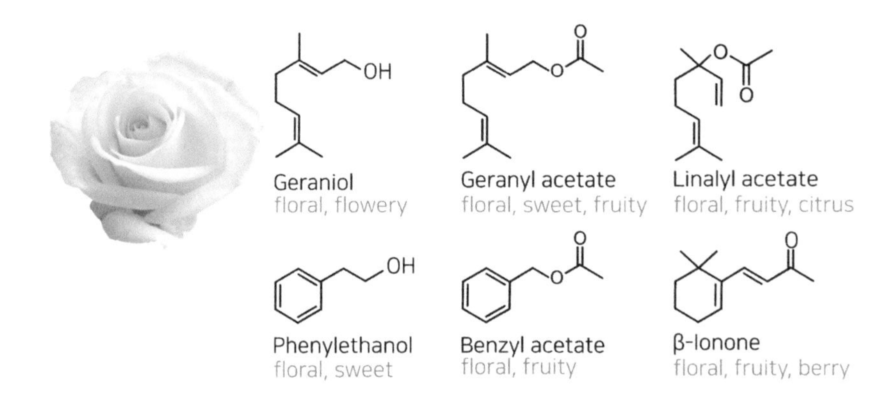

● 유제품, 버터: 케톤, 락톤

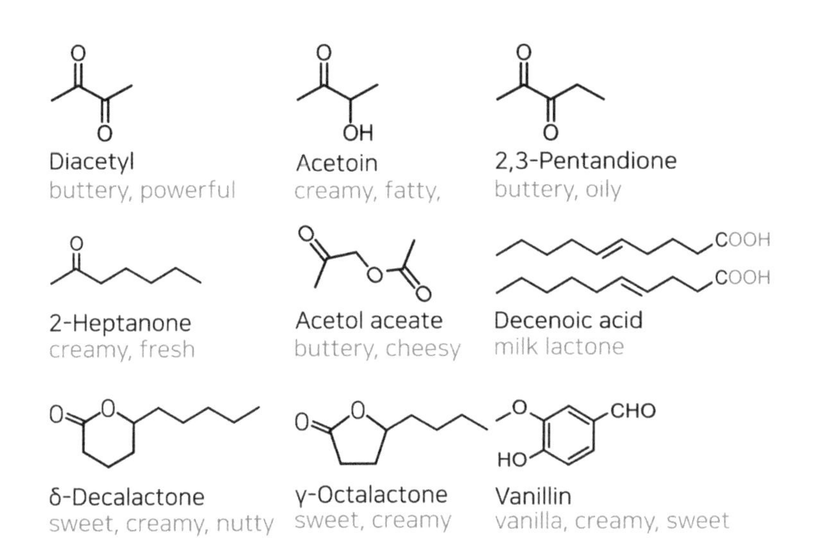

● 과일(Fruity): 에스터

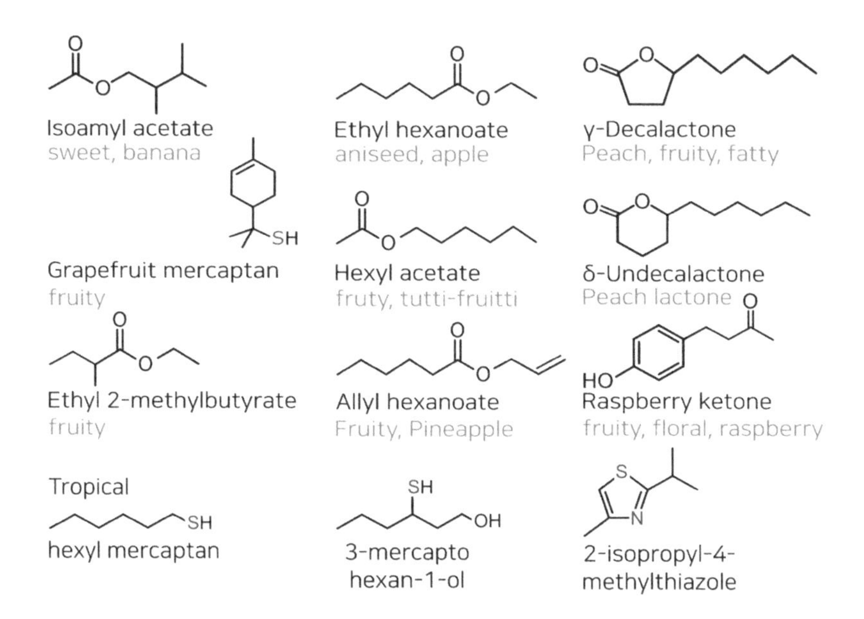

● 스파이스(Spice): 방향족

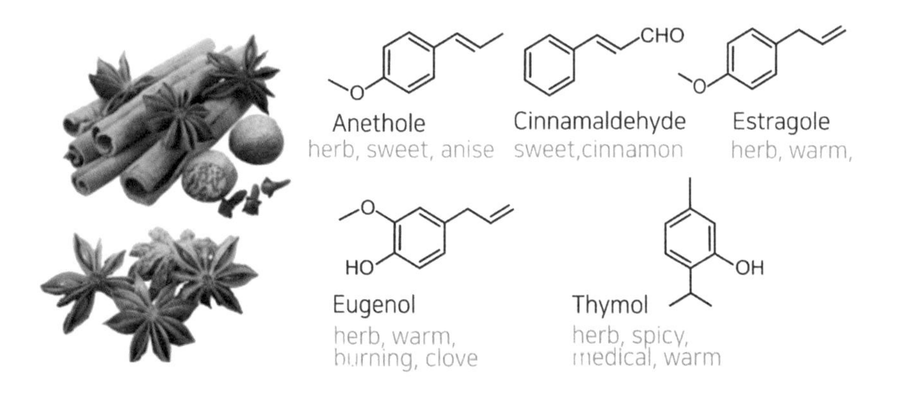

● 너트(Nutty), 캐러멜(Caramel), 씨리얼(Cereanl): 말톨, 피라진

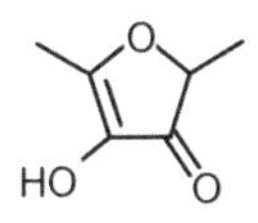
Furaneol

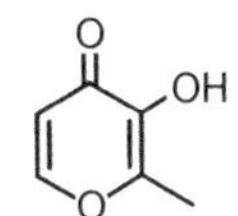
Maltol

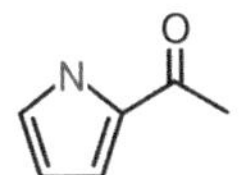
2-Acetylpyrrole

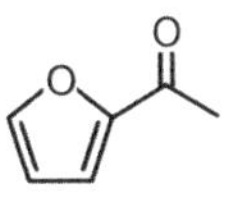
2-Acetylfuran

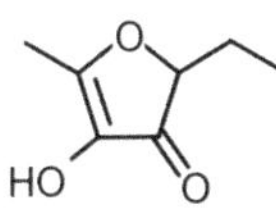
Ethylfuraneol

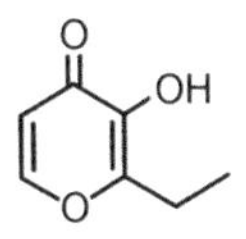
Ethyl maltol

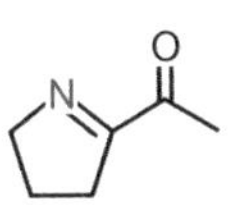
2-Acetyl-pyrroline
burnt, rice, popcorn

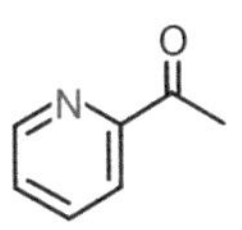
2-Acetylpyridine
cereal, popcorn

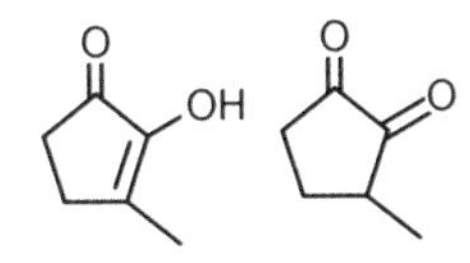
Maple lactone

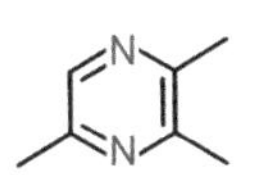
trimethyl pyrazine
caramel, nutty

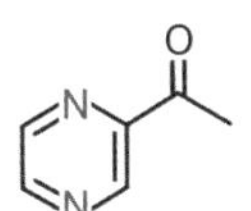
2-Acetyl pyrazine
roasty, nutty

● 구운 향(Roasted): Acetyl Pyrrole, Pyrazine

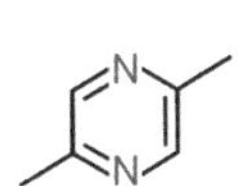
2,5-Dimethyl pyrazine
burnt, roasted nut

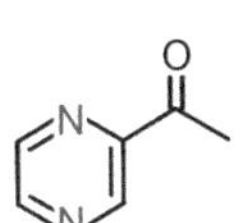
2-Acetyl pyrazine
roasty, nutty

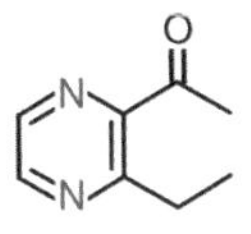
2-Acetyl-3-ethyl pyrazine
roasty, potato, earthy

Tetramethyl pyrazine
roasted, coffee

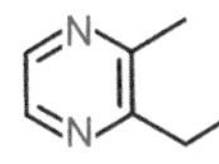
2-Methyl-3-ethyl pyrazine
burnt, nutty

● 스모키(Smoky), 우디(Woody)

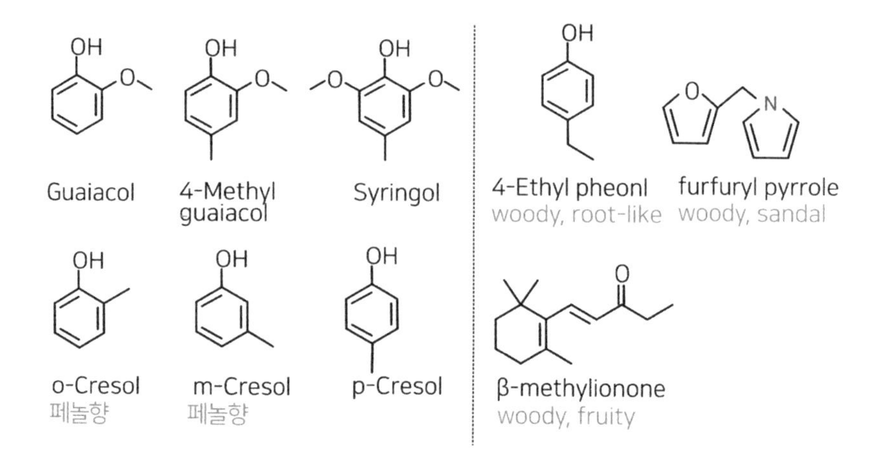

● 흙냄새(Earthy)

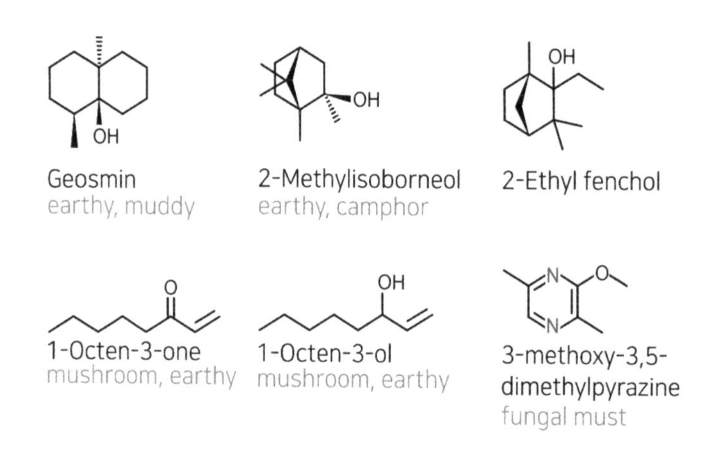

3 향기 물질의 명명법

향기 물질은 종류가 많고 이름도 너무 낯설어서 이름 때문에 공부를 포기하는 사람도 상당히 있을 것이다. 식품에서 발견된 향기 물질은 11,000종이다. 세상에 존재하는 1억 종이 넘는 유기화합물 중에 극히 일부이지만, 공부하기에는 너무나 많다. 더구나 향료명은 관용명과 이명이 너무 많다. 나중에 발견된 것은 체계적으로 이름을 붙인 IUPAC명(International Union for Physics and Chemistry)을 사용하는 경우도 많다.

포도당의 IUPAC명은 '2,3,4,5,6-Pentahydroxyhexanal'이다. 이는 헥산알(Hexanal) 탄소 수가 6개인 알데히드이고, 5개의 하이드록시(-OH)기가 있는 분자라는 뜻이다. 분자의 특성은 잘 보여주지만, 일상에서 사용하기는 너무 복잡하다. 비타민C의 정식 명칭은 '(R)-3,4-Dihydroxy-5-((S)-1,2-dihydroxyethyl)furan-2(5H)-one'이다. 너무 복잡해서 아무도 이렇게 부르지 않는다. 그래서 우리가 접하는 대부분의 식품 성분은 관용명이 쓰인다.

하지만 향기 물질은 워낙 종류가 많고, 분자의 형태가 단순해서 IUPAC명이 훨씬 적절한 경우가 많다. 그러니 향기 물질에 많이 등장하는 IUPAC명을 붙이는 규칙에 조금은 익숙해질 필요가 있다.

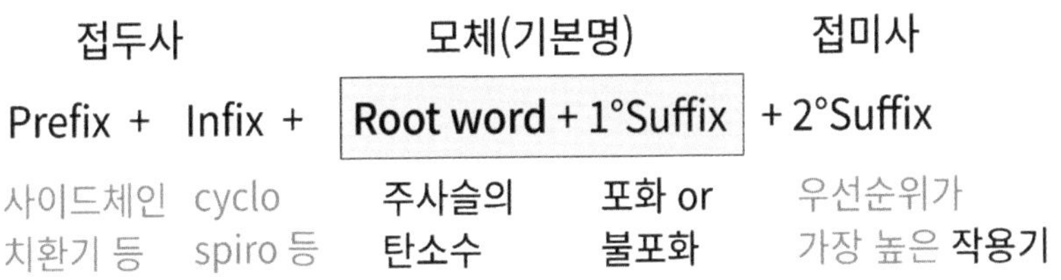

접두사		모체(기본명)		접미사
Prefix +	Infix +	Root word +	1°Suffix	+ 2°Suffix
사이드체인 치환기 등	cyclo spiro 등	주사슬의 탄소수	포화 or 불포화	우선순위가 가장 높은 작용기

- 명명법 1: 모체가 되는 탄화수소 찾기

유기화합물의 명칭에는 모체가 되는 부분, 작용기, 치환기 위치 등을 설명하기 위하여 많은 접두사, 접미사가 사용된다. 분자의 이름을 결정하기 위해서는 먼저 모체가 되는 사슬을 정해야 한다. 모체가 되는 사슬은 최대의 치환된 작용기를 가진 것, 최대 수의 다중결합을 가진 것, 최대 수의 단일결합을 가진 것, 사슬의 길이가 가장 긴 것 등의 조건으로 결정된다. 향기 물질은 휘발성이 있는 물질들이라 크기가 작아, 모체 길이가 12개 이하인 경우가 대부분이다. 그러니 1~12까지를 나타내는 숫자 표현만 알아도 충분하다.

탄소	모체 길이	관용어
1	Meth-	Form-
2	Eth-	Acet-
3	Prop-	Prop-
4	But-	But-
5	Pent-	Am-, Valer-
6	Hex-	Capro-
7	Hept-	Enanth-
8	Oct-	Capryl-
9	Non-	Pelargon-
10	Dec-	Capr-
11	Undec-	-
12	Dodec-	Laur-

접두 수사
mono /hen
di / do
tri
tetra
penta
hexa
hepta
octa
nona
deca

- 명명법 2: 작용기의 우선순위

모체가 되는 사슬을 결정하기 위해서는 작용기를 알아야 한다. 작용기가 있는 것이 모체가 되고, 작용기가 여러 개일 때는 우선순위가 높은 것이 모체가 된다. 작용기는 다양하지만, 향기 물질에 등장하는 작용기는 **카복실산** > **에스터**

> 알데히드 > 케톤 > 알코올 > 에테르 정도의 순위만 알아도 충분하다.

O OH O O O O OH O

Acid Ester Aldehyde Ketone Alcohol Ether

SH S NH_2 N

Thol Sulfide Amine

- 명명법 3: 입체 이성체

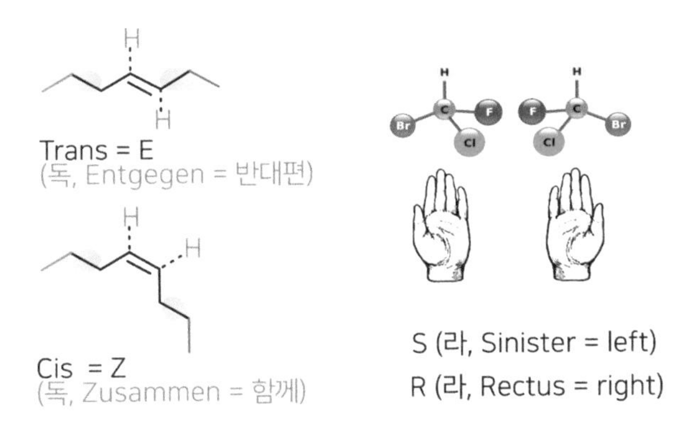

- 향기 물질에 자주 등장하는 치환기

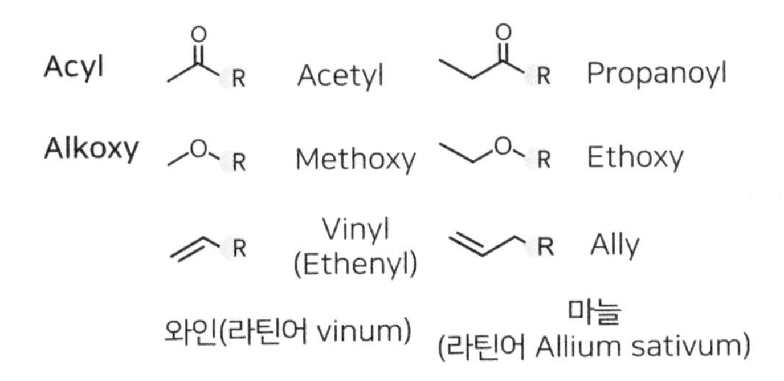

*** 향기 물질의 훈련법**

향기 물질을 구했으면 그 향에 익숙해져야 하는데, 그러려면 무엇보다 주기적으로 여러 번 맡아보는 것이 좋다. 한 가지 성분의 향기 물질도 맡을 때마다 느껴지는 것이 달라지기 때문이다. 왜 단일 성분인데 맡을 때마다 향에 대한 느낌이 달라지는지는 이번 책의 주제가 아니므로 설명을 생략하지만, 이것은 생각보다 근본적이고 거대한 질문이다.

개별 향기 물질을 설명한 자료, 물질이 어떻게 합성되었는지 기원을 설명하는 자료, 향기 물질이 천연물 어디에 존재하는지에 대한 자료 등을 많이 활용

조향사의 향기 훈련표 예

분류	A	B	C	D
알코올	Hexanol	Z-3-hexenol	Octanol	Decanol
	Linalool	α-Terpineol	l-Mentol	Phenylethyalcohol
유기산	Acetic acid	Butyric acid	Isovaleric	Octanoic acid
알데히드	E-2-Hexenal	Octanal	Benzaldehyde	Cinanamaldehyde
	Perilladehyde	Citral	Vanillin	
방향족	Anethole	1,8-Cineole	Eugenol	Guaiacol
케톤	2-Heptanone	Acetoin	β-ionone	l-Carvone
	Maltol	Methyl cyclopentenolone		
락톤	γ-nonaloctone	δ-decalactone		
에스터	Methyl anthanillate	methyl benzoate	Methyl salicylate	Methyl cinnamate
	Ethyl acetate	Ethyl propionate	Ethyl butyrate	Ethyl hexanoate
	Ethyl decanoate	EMPG	Butyl acetate	Isoamyl acetate
	Isoamyl isovalerate	Isoamyl phenylacetate	Hexyl acetate	Allyl hexanoate
	Linalyl acetate	l-menthyl acetate		Benzyl acetate

하여 이론적으로 친해지는 것도 좋은 방법이다.

향기 물질에 대한 경험은 어릴 때 해보는 게 더 좋을 것 같다. 한 달에 두 가지 향기 물질만 공부해나가도 3년 정도면 60개가 넘는 향기 물질을 익힐 수 있고, 그 정도면 어떤 식품의 향이든 편하게 대할 수 있게 된다. 향을 향기 물질로 말할 수 있는 사람이 많아지면 우리의 식품에 대한 묘사와 공부법은 완전히 달라질 것이다.

- 개별 단품을 이해한다.
    - -향기 훈련, 대표적인 향기 물질과 친해지기.
    - -향조를 이해하기.
- 혼합품에서 그 느낌을 찾아본다.
- 천연물에서 그 느낌을 찾아본다.
    - -대표적 천연물의 향기 물질 파악하기.

기본 향기 물질과 기본 향조를 알았으면 개별 식품에는 구체적으로 어떤 향기 물질이 있는지 알아볼 차례인데, 먼저 향기 물질의 분자적 특징과 합성 경로를 공부할 필요가 있다. 그래야 향기 물질을 단순히 나열식이 아니라 통합적으로 이해할 수 있기 때문이다.

5장

어원 찾기,
향기 물질은 어떻게 만들어질까

향기 물질의 기본 특징 1

1. 유기화합물 분자구조

세상에는 1억 종 이상의 유기화합물이 있고, 그중 40만 종 정도가 향기 물질이라고 추정한다. 식품에서 발견된 것만 11,000종인데 어떻게 해야 향기 물질을 효과적으로 공부할 수 있을까? 내가 식품을 공부하면서 가장 찾고자 했던 것이 모든 식품 현상을 일관성 있게 설명할 수 있는 원리였고, 나는 그 답을 '분자의 구조'에서 찾으려 했다. 그러다 분자의 형태를 통해 그 물리적 특징을 알아보는 방법을 찾아 쓴 책이 『물성의 원리』와 『물성의 기술』이다.

물성이 전분이나 단백질 같은 폴리머 현상을 다룬 것이라면, 향은 작은 개별 분자의 현상에 대해 다뤘다는 차이만 있다. 물론 분자구조식으로 어떤 향기가 날지 향을 예측하거나 설명할 수는 없다. 향은 분자 고유의 현상이 아니라 우리 뇌의 감각과 해석이 핵심인 현상이기 때문이다. 더구나 우리 코에는 무려 400종의 수용체가 있고, 수용체는 분자 전체가 아니라 일부만을 감각하는 것이어서 한 가지 수용체가 여러 분자를 감각하고, 한 분자가 여러 수용체를 자극한다. 이런 후각의 기작에 대해서는 『감각 착각 환각』의 증보판에서 자세히 다루었지만, 그래도 여기에서 분자 나름대로 공통성이 있다는 정도는 설명하고자 한다. 너무나 다양한 향기 물질을 좀 더 단순화하여 이해하려면 분자구조식을 통해 그 분자의 공통성을 이해하는 것이 도움이 된다. 향기는 분자의 형태를 감각하는 현상이다. 그러니 분자의 형태를 나타내는 구조식에 익숙해질 필요가 있다.

향은 분자구조가 아주 비슷해 보이는 것끼리도 전혀 다른 향을 가지는 경우가 있고, 전혀 다른 구조의 향기 분자가 비슷한 향을 가지기도 한다. 그렇다고 분자구조와 향기가 전혀 무관하다고 말하기에는 나름 패턴이 존재한다. 분자의 크기와 작용기에 따라 어떤 패턴을 보이는지 이해하면 그래도 향기 분자의 특성을 이해하는 데 상당한 도움이 될 것이다.

향기 물질은 거의 대부분 탄소를 뼈대로 한 탄소화합물이다. 그중에서도 특히 탄소와 수소로 된 탄화수소가 향의 기본형이고, 거기에 산소가 일부 포함되는 정도의 변화가 있다. 질소와 황을 포함한 향기 분자도 있으나 그것은 향이 강력해서 의미가 있을 뿐, 양으로 치면 극히 적다. 향은 분자량 300 이하의 작은 휘발성 분자일 뿐이다. 산소가 많이 포함될수록 친수성이 높아져 물에 잘 녹는 향보다는 맛 물질이 되는 경향도 있다. 탄소와 수소 위주로 된 분자다 보니 기본적으로 지방과 유사한 지용성 분자이기도 하다.

이런 향기 분자의 길이가 짧은지 긴지, 형태가 직선인지 꺾인 형태인지 또는 환 구조를 가졌는지 등에 따라 향의 특징이 어떻게 달라지는지를 알아보면 향기 물질의 특징을 이해하는 데 도움이 된다. 그러고 나서 산소, 질소, 황의 포함 여부에 따라 특징이 어떤 식으로 달라지는지 공부하면 좋을 것이다.

2. 길이(크기) 효과: 탄소의 길이에 따른 휘발성의 변화

* 직선형 구조: 지방족 향기 물질의 특징

향기 물질은 공간을 날아서 코에 도달해야 하기 때문에 반드시 휘발성이 있어야 한다. 그러니 분자의 길이가 너무 길면 곤란하다. 특히 직선형의 분자는 서로 결합하려는 경향이 있어서 탄소의 길이가 제한적이다. 탄소 원자는 4~16개다. 보통 8~10개의 범위가 가장 우아한 방향을 가진다. 분자가 길어질수록 향의 지속 시간이 길어지는데, 대체로 탄소가 1개 증가하면 지속 시간이 두 배로 늘어난다. 탄소 수가 적으면 짧고 강한 향취를 내고, 탄소 길이가 길어지면 미묘하고 오래가는 향취가 된다. 향기 물질 중에 산소가 전혀 포함되지 않은 탄화수소는 끓는 온도가 상온 이하이다. 향기 분자는 휘발성이 있어야 하지만 그렇다고 끓는 온도가 너무 낮아서는 곤란하다.

탄소의 길이별로 짧은 것부터 차례로 향을 맡아보면서 어떻게 달라지는지 그 패턴을 알아보면 다른 향기 물질의 특성을 이해하는데 좋다. 작은 분자는

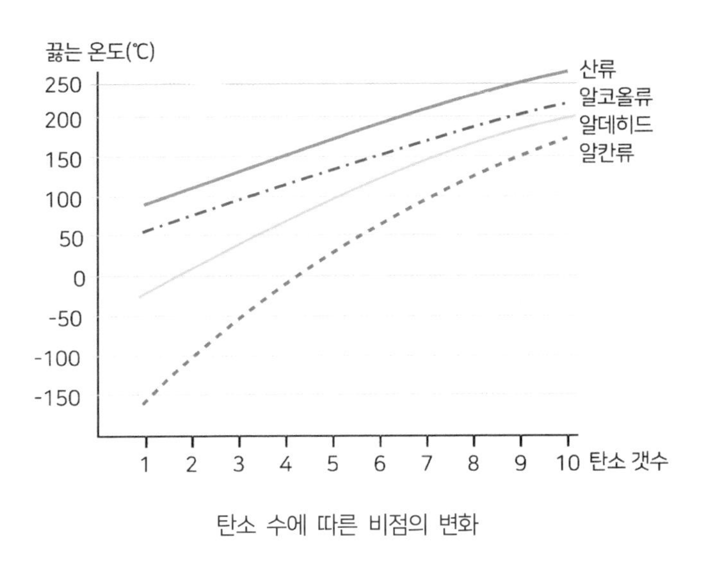

탄소 수에 따른 비점의 변화

운동성이 좋아 빠르게 침투하여 찌르는 듯한 자극을 주기도 하고, 탄소 6개가 되면 풀냄새가 난다. 그리고 더 길어질수록 지방취가 나고 끝내 향기를 잘 느낄 수 없는 분자가 된다. 고온에서 휘발하는 지방산이나 에스터는 향이 느껴지지 않아도 저온에서 휘발하는 향기 성분의 발산을 억제하는 보류 효과를 나타내고 쓴맛이나 자극을 감소시키는 작용도 한다.

탄화수소의 길이와 비점의 관계

이름	융점 ℃	비점 ℃	밀도	사용/존재
C1 메탄	−183	−162	(기체)	천연가스(주성분), 연료
C2 에탄	−172	−89	(기체)	천연가스(부성분), 화학원료
C3 프로판	−188	−42	(기체)	LPG(연료)
C4 부탄	−138	0	(기체)	LPG(연료, 라이터 연료)
C5 펜탄	−130	36	0.626	휘발유의 성분(연료)
C6 헥산	−95	69	0.659	휘발유의 성분, 추출 용매
C7 헵탄	−91	98	0.684	휘발유의 성분
C8 옥탄	−57	126	0.703	휘발유의 성분
C10 데칸	−30	174	0.730	휘발유의 성분
C12 도데칸	−10	216	0.749	휘발유의 성분
C14 테트라데칸	6	254	0.763	디젤유의 성분
C16 헥사데칸	18	280	0.775	디젤유의 성분
C18 옥타데칸	28	316	(고체)	파라핀 왁스 성분
C20 에코센	37	343	(고체)	파라핀 왁스 성분

* 크기와 온도의 효과: 운동성 & 침투성

분자의 운동은 크기가 작을수록, 온도가 높을수록 빨라진다. 향기는 분자가 작은 것이 숫자가 많고 운동성이 좋으므로 빠르고 강하게 등장했다가 빠르게 사라지는 경향이 있다. 프로피온산과 부티르산도 식초처럼 쏘는 듯이 빠른 속도로 침투하여 자극을 준다. 분자의 길이가 길어지면서 자극이 느리게 나타나고 부드러워지는 경향이 있다.

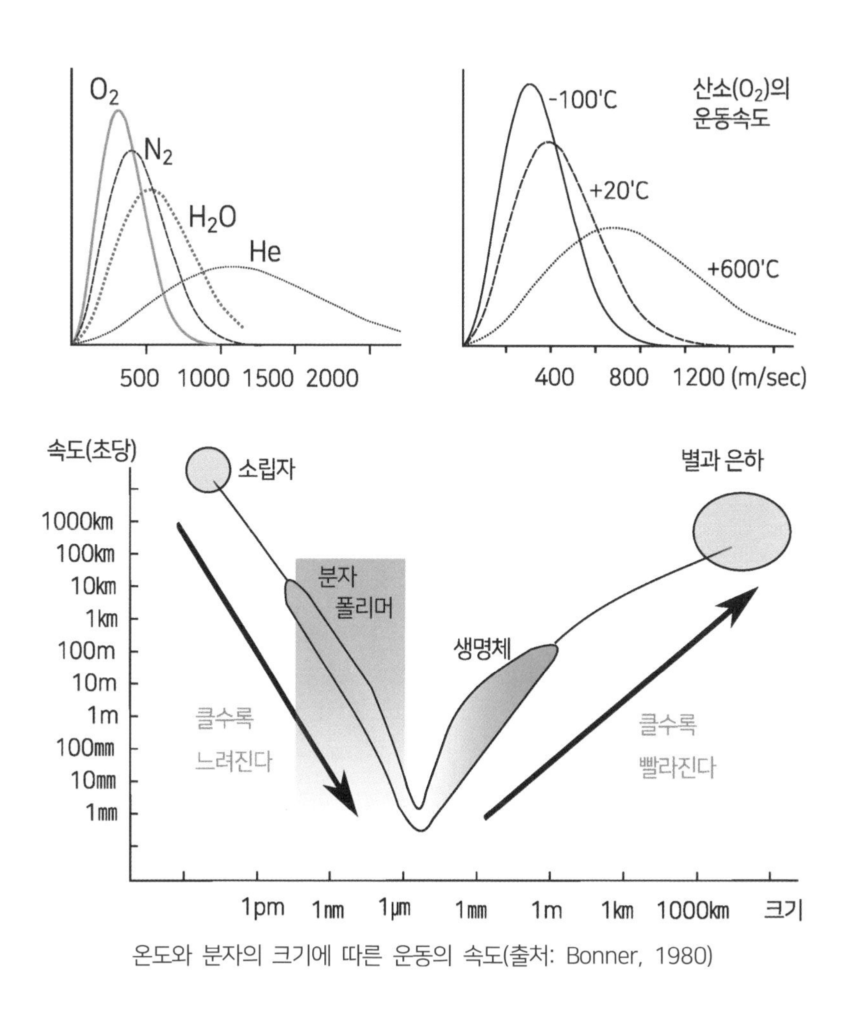

온도와 분자의 크기에 따른 운동의 속도(출처: Bonner, 1980)

3. 형태 효과: 직선, 꺾인, 가지 형태, 환 구조

a. 직선 & 꺾인 형태: 포화지방, 트랜스(불포화)지방, 시스형(불포화)지방

포화지방은 직선형이고, 직선형은 지방끼리 잘 결합하므로 쉽게 고체가 된다. 그만큼 종류가 단순하고, 향도 단순한 경향이 있다. 불포화 결합은 꺾인 형태인 시스형과 직선에 가까운 트랜스형이 있는데 자연에는 시스형이 많다. 꺾인 형태는 분자끼리 결합하기 힘들고, 융점은 직선형보다 낮아 넓은 범위에서 액체를 유지한다. 그래서 이중결합이 있는 것 중에 독특한 형태를 가지고 독특한 향을 내는 것이 많다.

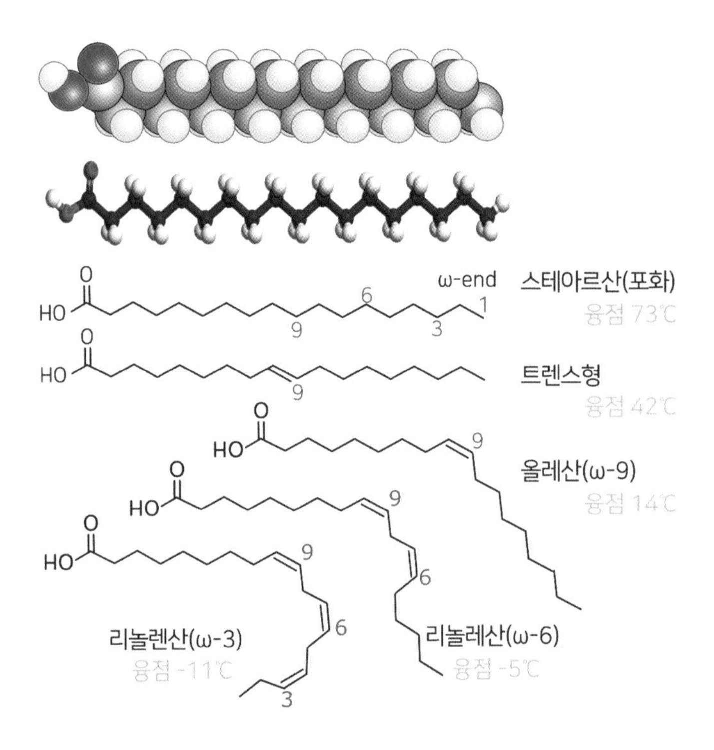

b. 분지형(Branched, 가지형)

지방산은 통상 직선 형태이고, 분지(branch; 가지) 형태를 띠는 것은 많지 않다. 가지가 많을수록 끓는 온도가 낮아지는데, 형태마저 특이하여 향으로 독특한 역할을 하는 경우가 많다. 대표적인 것이 분지형 아미노산인 류신, 발린, 이소류신에서 만들어진 이소아밀, 이소부틸 등이다. 이들은 역치도 낮아 소량으로도 개성 있는 향을 부여한다.

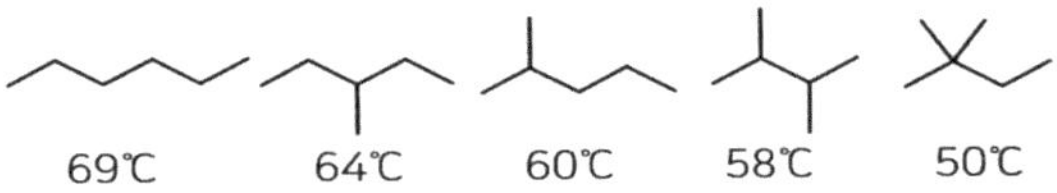

69℃ 64℃ 60℃ 58℃ 50℃

가지구조에 따른 끓는 온도의 차이

c. 환형(Cyclic), 방향족(Aromatic)

환형은 꺾인 형태의 결정판이라고 할 수 있다. 벤젠이 대표적인 방향족 구조인데, 같은 무게의 분자라도 환형이면 분자끼리 결합력이 낮아서 끓는 온도가 낮으므로 향으로 잘 작용하는 경향이 있다. 환형 중에서 이중결합이 공액형(Conjugation)으로 된 것이 방향족 물질이다.

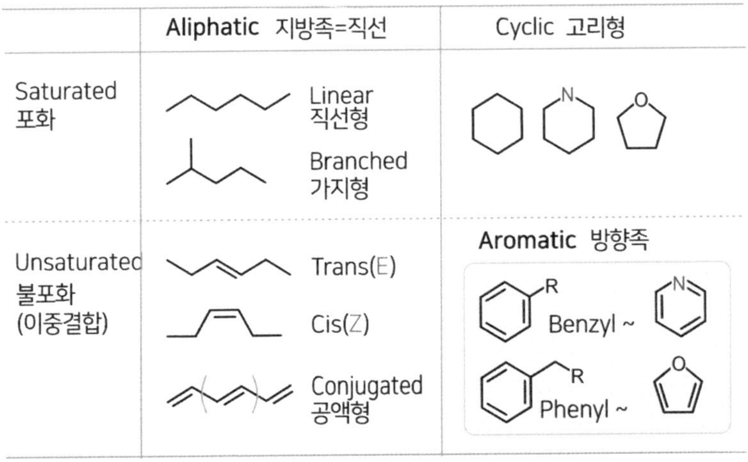

	Aliphatic 지방족=직선	Cyclic 고리형
Saturated 포화	Linear 직선형 Branched 가지형	N O
Unsaturated 불포화 (이중결합)	Trans(E) Cis(Z) Conjugated 공액형	Aromatic 방향족 R Benzyl ~ N R Phenyl ~ O

4. 극성효과: 산소는 친수성과 다양성을 부여할 수 있다

탄소와 수소로만 만들어진 탄화수소는 비극성으로 물에 녹지 않는다. 분자의 용해도는 분자 내에 친수성기를 얼마나 가지고 있느냐에 따라 달라진다. 향기 분자에 극성(친수성)을 부여할 수 있는 것은 카복실기(-COOH), 아미노기(-NH_2), 하이드록시(-OH)기이다. 분자의 중간보다 끝부분에 하이드록시기를 가

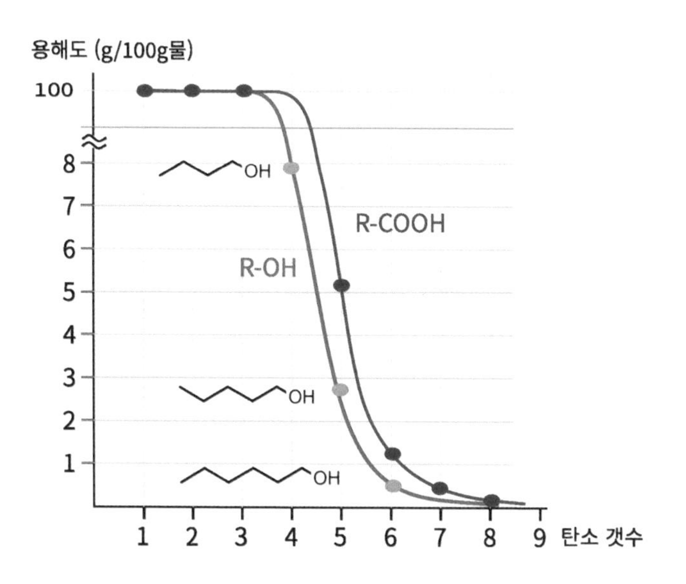

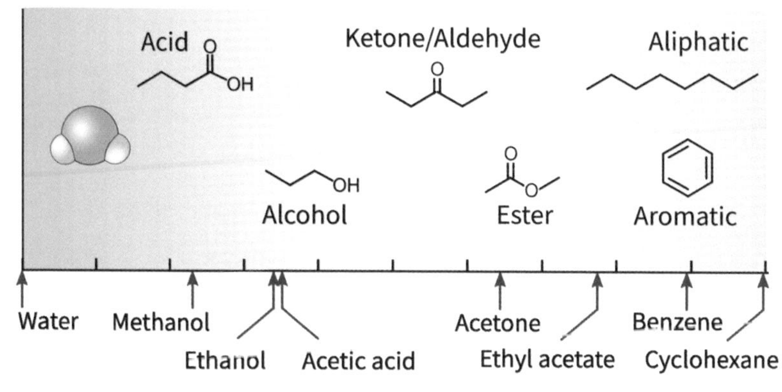

작용기와 용해도의 관계

지고 있는 것이 친수성이 강하며, 탄소 하나마다 하이드록시기가 하나씩 있을 정도로 많은 것이 물에 잘 녹는 당류 등이다. 물에 잘 녹으면 맛 물질이 되며 향의 특성은 급격히 약해진다. 향기 물질에 친수기가 없거나, 있어도 1~2개 정도만 있는 것이 많다.

대표적 친수기인 하이드록시기(-OH)의 의미를 가장 쉽게 알 수 있는 것은 알코올류의 용해도이다. 메탄올, 에탄올, 프로판올 등 탄소 길이가 3개인 것까지는 물에 아주 잘 녹으나, 그 이상부터는 탄소 수의 증가에 따라 급격하게 용해도가 감소한다. 용해도는 결국 이름이 아니라 친수기와 소수기의 비율에 따라 달라지는 것이다.

향기 물질은 기본적으로 휘발성이 있어야 한다. 그렇다고 상온에서 끓을 정도로 휘발성이 높으면 곤란하다. 그래서 보통은 비점이 60℃가 넘고, 100℃가 넘는 물질이 많다. 이런 휘발성을 좌우하는 것은 분자의 길이(크기)와 극성이다. 향기 물질에 극성이 있으면 같은 크기여도 다른 분자와 결합하는 힘이 커서 끓는점이 높고 쉽게 휘발하지 않는다. 예를 들어 에틸알코올, 벤질알코올 같은 산소를 포함한 극성의 분자는 에탄, 벤젠 같은 비극성 분자보다 끓는점이 높다(휘발성이 낮다). 이런 효과는 분자가 적을수록 강력하다. 초산의 경우 탄소 수가 하나지만 강한 극성이 있어서, 친수성이 높아 물에 잘 녹는 맛 물질인

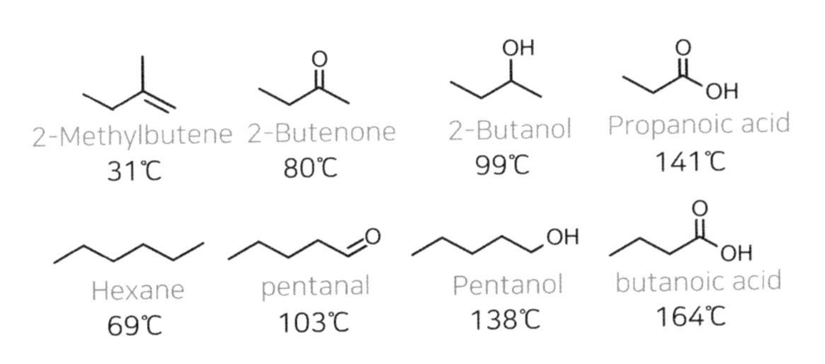

형태와 극성에 따른 끓는 온도의 차이

동시에 휘발성도 있어서 향으로도 작용한다. 다른 작은 크기의 산미료도 맛이자 향으로 작용한다.

분자가 커지면 상대적으로 나머지 부위가 커져서 작용기의 효과가 감소한다. 물론 극성의 부위가 한 분자 내에 여러 개 있을 수도 있고, 그런 경우에는 효과가 크다. 향기 물질 중 일부는 질소(N)나 황(S)을 가지고 있는 경우가 있다. 질소가 있는 부위는 주로 (+)의 극성을 가지고 있어 극성을 부여하고, 황(S)은 산소보다 무겁고 다른 분자와 쉽게 결합하는 경향이 있어서 소량으로도 강력한 향기를 부여하는 경우가 많다.

이런 분자의 특성이 용해성, 휘발성, 지속성 등에 큰 영향을 미친다. 극성에

향기 물질의 끓는점과 지속성의 관계

성분	분자량	끓는점 ℃	지속성
Ethyl acetate	88.11	77	3시간
d-Limonene	136.24	177	3시간~1일
Octanol	130.22	194	3시간~1일
Linalool	154.25	198	1일~3일
Benzyl acetate	150.17	215	1일~3일
Phenyl ethyl alcohol	122.17	220	1일~3일
Linalyl acetate	196.29	220	3시간~1일
Nerol	154.25	227	3일~1주
Citral	152.24	228	1일~3일
Dihydrojasmone	166.27	230	3개월
l-Carvone	150.22	231	1일~3일
Eugenol	164.21	253	1개월~3개월
Ethyl anthranilate	165.20	267	1주~1개월

의해 휘발성이 낮은 분자는 천천히 휘발하므로 강도는 약하지만 지속성이 길다.

정리하면, 향기 물질은 물질에 따라 그 특징과 느낌이 제각각이지만 그래도 크기(분자량), 형태, 극성에 따라 일정한 패턴을 보인다. 향기 물질의 기본 형태는 탄소와 수소로 이루어진 탄화수소(지방)의 일종처럼 작용하는데, 직선 구조는 다양성에 한계가 있다. 짧은 것은 기체이고 중간의 길이가 액체이고 긴

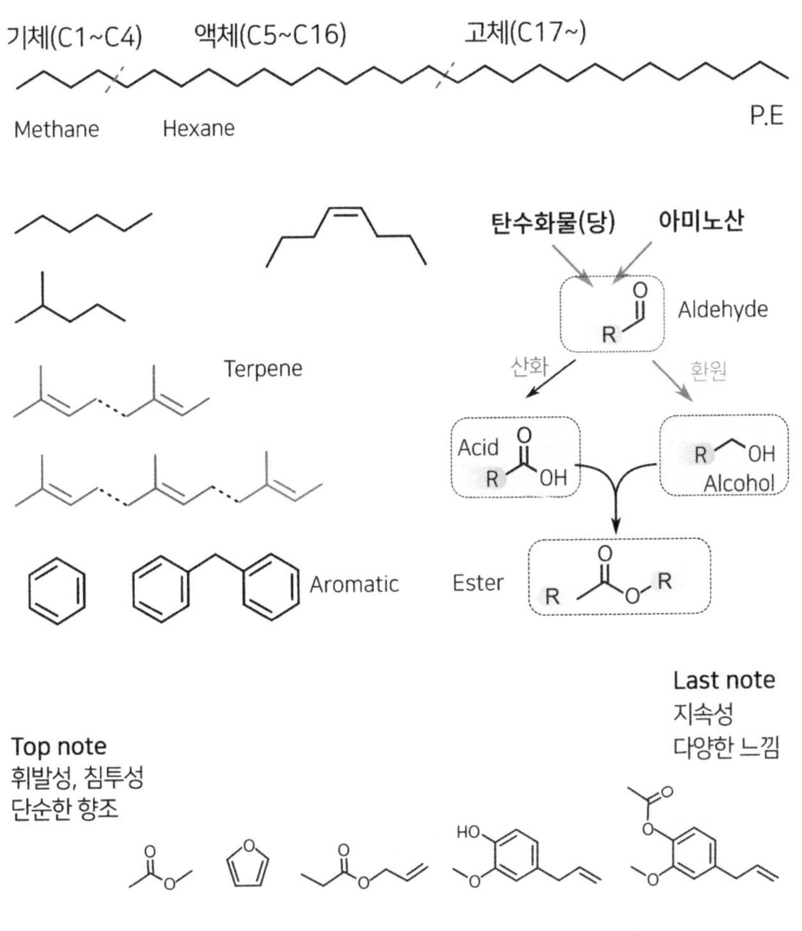

향기 물질의 형태의 변화에 따른 향기 특성의 패턴

것은 고체가 된다. 상온에서 기체인 것은 향기 물질로 작용할 수 없고, 고체인 것은 휘발성이 낮아 향이 약하거나 없어진다. 직선형 구조에 가지 구조가 추가되면 다른 분자와 결합하기 힘들어지고, 그만큼 더 넓은 범위에서 액체를 유지하고 독특한 향기 물질로 작용할 가능성이 높아진다. 불포화결합이 있으면 꺾인 형태로 고정될 수 있고, 형태가 그만큼 다양해진다.

가지 구조와 꺾인 구조가 결합한 것이 터펜이다. 식물의 주 향기 물질이 되기에 충분한 구조를 가진 셈이다. 불포화결합으로 3번 꺾인 형태가 벤젠 구조이며, 벤젠 구조는 직선 구조에 비해 다른 분자와 결합력이 약해 넓은 범위에서 액체를 유지한다. 그래서 식물의 개성 있는 향의 주인공인 경우가 많다. 이런 기본 형태에 메틸, 에틸, 프로필 같은 알킬 구조나 산소가 포함되면 향기 물질이 다양해지고, 산소가 포함되면 극성이 생긴다. 산소를 포함한 분자 중에서 알데히드가 화려하다. 알데히드가 산화를 통해 유기산이되거나 환원을 통해 알코올의 형태가 되면 친수성이 증가하여 향이 약해진다. 그러다 산과 알코올이 탈수 결합한 에스터가 되면 소수성의 분자가 되어 화려한 향기 물질이 된다. 향기 물질은 큰 분자가 작은 분자보다 휘발성이 낮아 향의 강도는 낮지만 지속성이 좋다. 또한 향기 물질은 지용성의 속성이 강해 음료와 같은 수용성의 매체에서는 빨리 휘발하여 강한 첫인상을 주지만, 유지가 많은 식품에서는 이들에 녹아 천천히 휘발하므로 향의 강도가 낮고 은은하게 느껴지는 특성을 보여준다.

이런 성질만 알아도 어떤 성분이 후각으로 감지되고 어떤 성분이 미각으로 감지될지 나름 예측할 수 있다. 그리고 술 증류 원리를 이해하거나 커피 등을 추출할 때도 왜 어떤 분자는 물에 녹고 어떤 분자는 기름에 녹는지, 그래서 왜 추출 방법에 따라 맛과 향이 그렇게 달라지는지 등을 이해하는 데 도움이 된다.

2 식물의 대표적 향기 물질: 터펜, 방향족

앞에서 향기 물질의 기본적인 특징을 알아보았으니 이제 구체적인 향기 물질을 알아볼 차례지만 향기 물질은 워낙 종류가 다양하여 하나하나 나열하면 끝이 없기에 몇 가지 대표적 유형으로 나누어 설명해보고자 한다. 먼저 알아볼 것은 식물의 신호와 방어 목적의 향기 물질이다. 사실 가장 의도적으로 만들어진 향기 물질이자 대표적인 향기 물질이니 이를 먼저 알아볼 필요가 있다.

식물은 살아 있는 화학공장이라고 할 수 있다. 인류가 아무리 다양한 화학물질을 합성한다고 해도 그것은 소품종 대량생산이지 식물처럼 다품종 다량 생산할 수 없다. 식물은 움직일 수 없으므로 향과 같은 화학 물질을 통해 소통하고 방어한다. 그래서 식물의 2차 대사산물인 향을 먼저 공부하고 모든 생명에 공통적인 에너지 대사를 통해 만들어지는 향을 미생물 발효를 통해 알아보고자 한다. 그리고 마지막으로 가열의 향을 알아보려고 한다.

내가 좋아하는 방식은 시작 물질을 알아보고 그것이 어떻게 변형되어 가는지 그 과정을 알아보는 방법이다. 향기 물질의 합성경로를 추적하다 보면 그런 유형의 패턴과 의미가 보이기도 한다. 향기 물질은 종류가 많으니 합성경로에 따라 분류해서 이해하면 효과적이므로 우선 합성경로를 추적해보고자 한다.

1 터펜계 향기 물질

식물이 주로 만드는 향기 물질을 기원에 따라 분류하면 크게 터펜계, 방향족, 지방족의 3가지로 나눌 수 있는데, 그중 터펜계 물질이 가장 많은 양을 차지한다. 터펜류는 5개의 탄소 원자로 구성된 이소프레노이드로부터 만들어진다. 이소프렌(Isoprene, Hemiterpene)은 불포화 결합과 가지 구조를 가지고 있어서 결합 방식에 따라 매우 다양한 형태를 가지고, 여러 가지로 변형도 가능하여 그만큼 다양한 향을 가진다.

이소프렌이 2개 결합한 것이 터펜이고, 3개가 결합한 것이 세스퀴터펜인데, 이것들은 비고리형(Acyclic), 고리형(Cyclic), 두고리형(Bicyclic) 구조를 가진다. 터펜은 많은 과일(특히 감귤류)과 향신료의 특징적인 아로마를 부여하고 침엽수의 잎과 껍질에서 많이 만들어지는 피톤치드의 주성분이다. 따라서 꽃과 식물의 기본 향기 물질을 이룬다. 터펜 분자들은 작고 휘발성이 강해서 코에 가장 먼저 닿아 가볍고 부드러운 최초의 인상을 제공한다. 고온에서 향을 사용하면 이들 분자가 열에 의해 쉽게 증발하여 향조가 변하거나, 산화로 쉽게 향이 변하기도 한다. 신선한 느낌이 사라지는 것은 이들 향기 물질의 변화 때문인 경우가 많다.

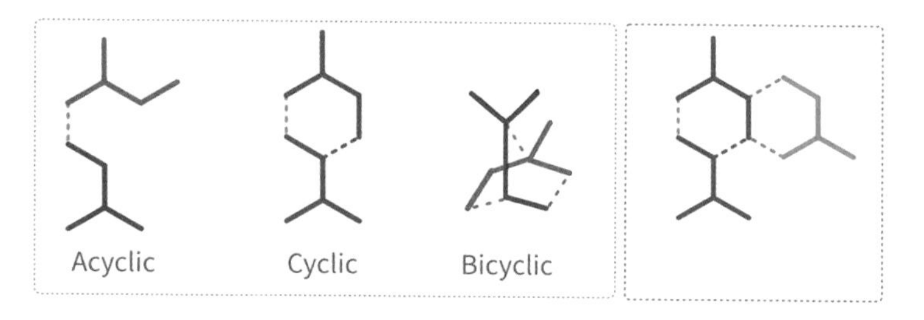

이소프렌의 다양한 결합 형태

* 기원의 추적: 이소프렌에서 천연고무까지

이소프렌(Isoprene)은 사이드체인과 불포화결합이 있는 탄소 5개로 된 독특한 형태의 탄화수소다. 1860년대에 고무의 열분해(Pyrolysis)를 통해 발견되었는데, 고무는 이소프렌이 수천 개 결합한 폴리머이다. 또한 모든 식물이 합성하고, 대기 중으로 가장 많이 방출되는 탄화수소이기도 하다. 식물이 대기 중에 방출하는 양은 연간 6억 톤으로, 식물이 대기로 방출하는 탄화수소의 1/3을 차지한다. 인류가 생산하는 플라스틱의 총량이 5억 톤 정도인데 그보다 많은 양이다.

식물이 대기 중에 이소프렌을 많이 방출하는 이유는 열 스트레스로부터 자신을 보호하기 위해서다. 큰 외부 온도의 변동으로부터 잎을 보호하고 세포막의 안정성을 높이고 활성산소로부터 자신을 보호하는 기능도 한다. 그래서 햇빛이 없는 밤에는 거의 배출되지 않고, 덥고 맑은 낮에 많은 양을 배출한다. 그리고 식물은 이소프렌으로부터 결정적인 분자를 합성한다. 바로 카로티노이드이다. 식물은 광합성을 통해 모든 유기물을 합성하여 살아가는 생명체이고, 광합성의 주인공은 클로로필이다. 하지만 클로로필만으로는 충분하지 않다. 광합성을 위해서는 밝은 빛에 노출되어야 하고, 광합성 과정에서 활성산소도 많이 만들어진다. 이때 활성산소를 제거하여 클로로필을 보호하고 에너지가 큰 파장의 빛을 흡수하여 광합성 효율을 높이는 분자가 필요한데 이것이 바로 카로티노이드이다. 더구나 클로로필 분자의 일부도 이소프렌의 중합체이다. 식물에 카로티노이드 계통의 색소 물질이 그렇게 풍부하고 다양한 이유이다. 그러니 우리는 어쩌면 식물이 카로티노이드를 합성하기 위해 만든 경로 덕분에 그처럼 풍부한 식물의 향을 즐긴다고 볼 수 있는 것이다. 식물은 이것 말고도 피톨, 레티놀(비타민A), 토코페롤(비타민E) 같은 것을 합성한다.

세포막에는 콜레스테롤 같은 이소프레노이드가 포함되어 있는데, 고세균의 세포막에는 좀 더 거대한 이소프레노이드 복합체가 있어서 고세균이 고온, 고염도 등 가혹한 조건에서 살아가는 데 중요한 역할을 한다. 터펜 중에서 가장 많이 접하는 것이 리모넨으로 오렌지, 감귤 등의 껍질에 있는 향기 물질 중 90%를 차지한다. 우리가 가장 많이 먹는 과일이 시트러스 과일이며, 여기에

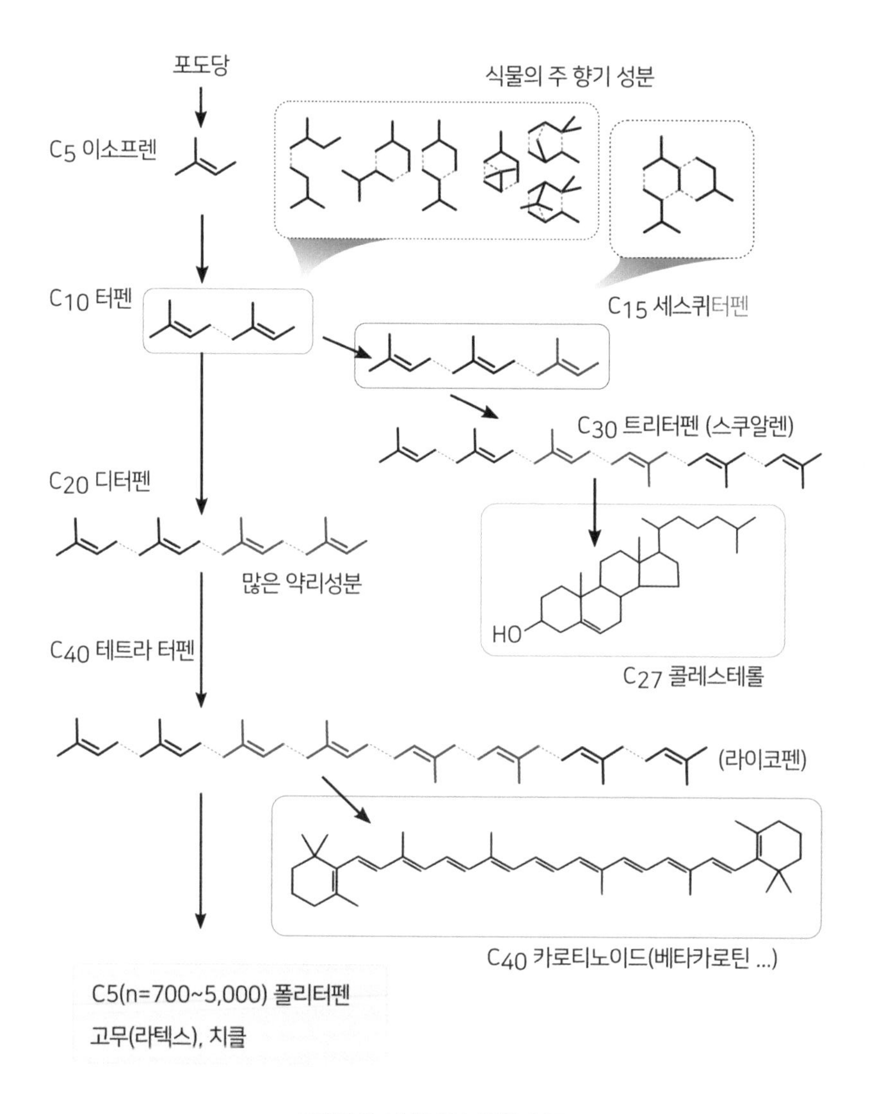

터펜류의 전체적인 합성 경로

압도적으로 많은 것이 리모넨이니 식물이 만드는 향기 물질 중에서 인류가 가장 많이 섭취하는 것이라 할 수 있다. 리모넨은 시트러스 계통의 과일뿐 아니라 대부분 식물에 약간씩은 포함되어 있지만 향이 강한 편이 아니라서 그 존재를 잘 모르는 경우가 많다. 이런 이소프렌이 가장 길게 결합한 것이 바로 고무이다. 천연 고무는 이소프렌 700~5,000개가 시스-1,4 결합을 통해 길게 연결된 것이고, 껌의 원료가 되는 치클은 트랜스-1,4 결합을 한 것이다.

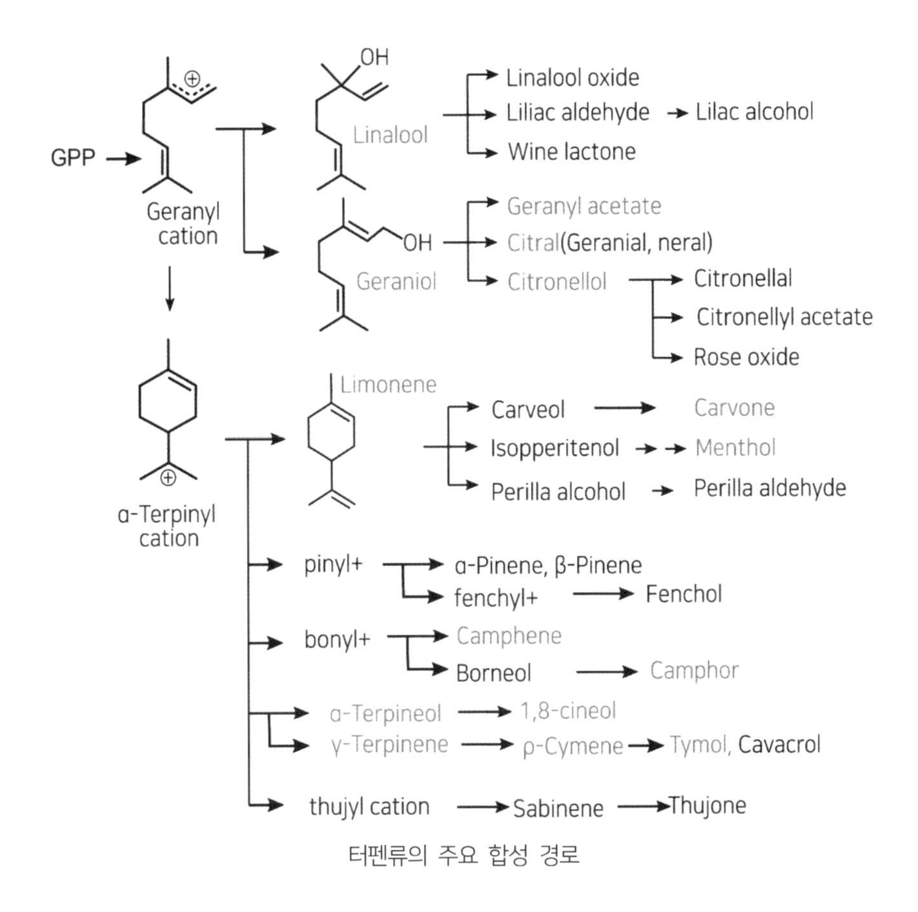

터펜류의 주요 합성 경로

동물은 이소프렌으로부터 스쿠알렌을 거쳐 콜레스테롤을 합성한다. 우리 인간이 특별한 목적으로 가장 많이 합성하는 물질이 담즙산, 호르몬, 세포막 등을 구성하는 콜레스테롤이고, 콜레스테롤 합성의 시작 물질이 바로 이소프렌이다. 그래서 인간이 내뱉은 숨의 가장 많은 양을 차지하는 탄화수소도 이소프렌이다. 매일 17mg 정도를 공기 중에 방출한다.

터펜계 향기 물질은 다양한데 네롤(Nerol), 제라니올(Geraniol), 시트로넬롤(Citronellol), 리나로올(Linalool) 같은 알코올류는 허브, 향신료 및 과일에 풍부하고 섬세한 향을 제공한다. 터펜 중에서 알데히드기를 가진 것은 향이 강렬하여 과일 향료에서 중요한 역할을 한다. 레몬 특징을 가진 시트랄(Citral)은 신선한 느낌이 강해서 여러 향료에 인기가 높고. 페릴알데히드(Perillaldehyde)는 들깨, 시넨살(Sinensal)은 오렌지의 풍미에 기여한다.

터피네올(Terpineol)은 네 가지 이성질체로 존재하는데, 그중 가장 풍부한 것이 α-터피네올이다. 여러 과일과 향신료에 들어 있는데 리모넨의 산화로 만

터펜 물질의 향조와 대표적 향기 물질

향조	대표적인 물질
Citrus	Limonene, Citral, Valencene, Nerolidol
Minty	Menthol, l-Carvone, Carvyl acetate, Pulegone
Camphor	Camphor, Borneol, Fenchone, Cineol
Floral	Linalool, Geraniol
Hoppy	Myrcene, humulene, Geranyl acetate
Spicey	Caryophyllene, Sabinene
Herbal	Ocimene, Fenchol, Bisabolol, Phytol, Isoborneol, Cymene
Wood & Earth	Pinene, Terpinolene, Terpineol, Camphene, Phellanrene, Guaiol, Cedrene, Carene

들어지기 때문에 저장 중에 함량이 증가하면 풍미 저하의 원인이 될 수 있다. 멘톨(Menthol)은 가장 친숙한 민트이며, 온도 수용체(TRPM8)를 활성화하여 청량감을 부여한다. 멘톨이 합성되는 경로에서 분기되어 카본(Carvone)이 합성되는데 ℓ-카본은 스피어민트 향이 나고, d-카본은 캐러웨이 향이 난다. 캐러웨이 씨앗에 포함된 오일의 50%가 d-카본이다.

터펜은 이외에도 정말 다양한 종류가 있어서 여러 가지 음식에 풍미를 제공하고, 아로마테라피의 핵심 물질이며 항균 능력도 부여한다. 그러니 향료 공부의 시작을 터펜계 물질로 해볼 가치가 충분한 것이다.

* 노르이소프레노이드(Norisoprenoid)

식물이 가장 많이 생산하는 이소프레노이드는 카로티노이드이다. 식물은 광합성의 보조색소로 자외선으로부터 자신을 보호하고자 다량의 카로티노이드를 합성하는데, 이것은 빛이나 열에 의해 분해될 수 있다. 비타민A도 카로틴의 분해로 만들어지며, 작게 분해되면 이오논, 다마스콘(Damascones), 다마세논(Damascenone) 같은 향기 물질도 만들어진다.

식물 대부분은 카로티노이드를 보유하고 있는데 이들에서 만들어지는 β-다마세논은 역치가 워낙 낮아서 아주 적은 양으로도 향미에 충분히 기여한다. 그러니 커피, 맥주, 술, 장미, 과일 등에서 핵심적인 향기 성분으로 작용한다. 가장 비싼 향신료인 사프란의 향기 물질인 사프라날도 카로티노이드계 색소의 분해로 만들어진다.

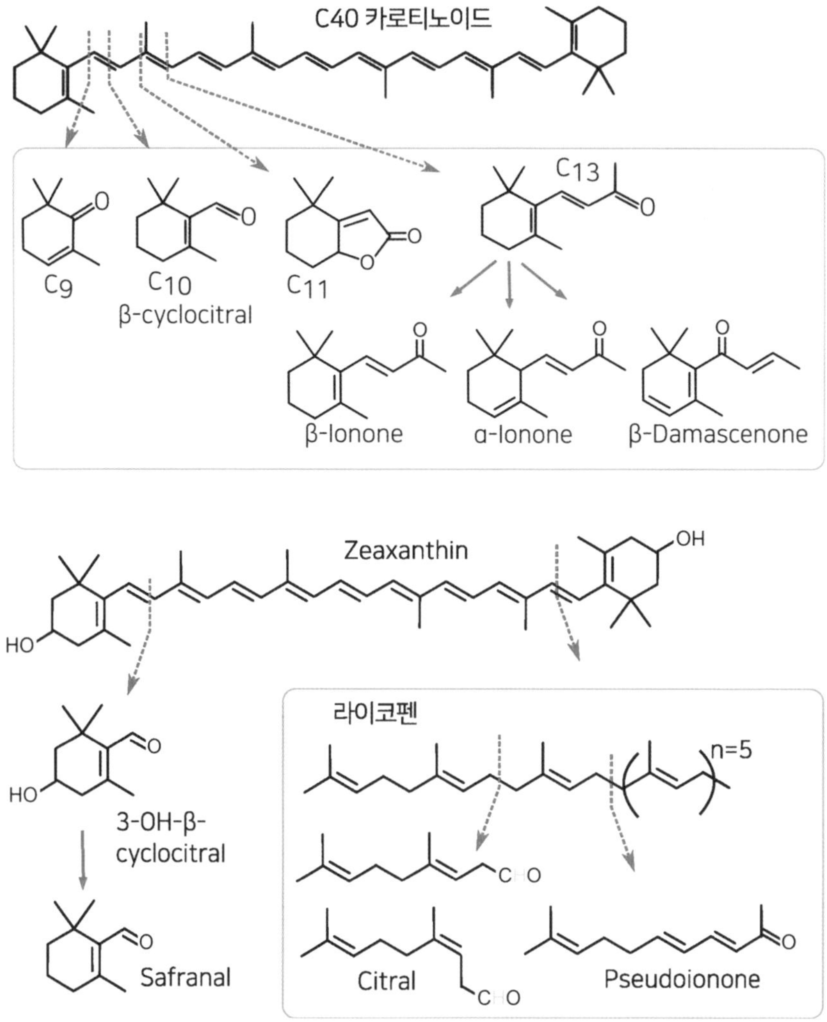

C40 카로티노이드

C9

C10
β-cyclocitral

C11

C13

β-Ionone

α-Ionone

β-Damascenone

Zeaxanthin

OH

HO

HO

3-OH-β-
cyclocitral

Safranal

라이코펜

n=5

CHO

Citral

CHO

Pseudoionone

카로티노이드 분해로 만들어지는 향기 성분

터펜 종류별 향조와 그것이 주로 존재하는 천연물

성분	향조	기여하는 냄새
pinene	piney, woody, terpy	소나무, 시트러스, 스파이스, 수지
terpineol	piney, terpy, floral	소나무, 사이프러스, 다양한 식물
terpinolene	woody, terpy, citrus	라임, 생강, 스파이스
cymene	woody, terpy, harsh	유칼립터스, 오레가노, 타임
myrcene	woody, resinous, green	침엽수, marijuana, 시트러스
phellandrene	green, terpy	침엽수, 딜, 회향, 국화
thujone	cedar leaf	cedar, 쑥, 세이지
camphor	medicinal, cooling	허브,
borneol	woody, warming	소나무, 생강, 시트러스, 스파이스
sabinene	woody, pine, warming	cedar, 타임, 오레가노, 마조람
cineole	mint, pine, warming	유칼립터스, 로즈마리, 라벤더
carvacrol	oregano, warming	오레가노, summer savory, 타임
Thymol	thyme, warming	타임, 오레가노, 마조람
menthol	minty, cooling	페퍼민트, 민트류
menthone	minty	민트류, 제라늄
l-carvone	spearmint	스피어민트 라벤더, 시트러스
d-carvone	caraway, dill	캐러웨이, 딜, 라벤더
fenchone	minty, earthy, camphor	회향, 라벤더, cedar
ocimene	green, woody, tropical	민트, 꽃, 라벤더, 타라곤
perillaldehyde	fresh, green, citrus	들깨잎, 페어민트, 시트러스
cumin aldehyde	cumin, green, sweaty	큐민, 시나몬
linalool	floral, lavender, woody	꽃, 라벤더, 다양한 허브와 식물
citronellol	floral, rose, geranium, green	시트로넬라, 장미, 꽃, 제나늄, 생강, 시트러스
geraniol	sweet, floral, rose,	장미, 제라늄, 꽃

2 방향족(Aromatic): 벤젠구조를 가진 향기 물질

단백질을 구성하는 20가지 아미노산 중 방향족 아미노산은 페닐알라닌, 티로신, 트립토판이 있으며, 이 중 페닐알라닌에서 만들어지는 향기 물질은 방향족 향기 물질의 핵심을 이룬다. '방향족성(芳香族性; Aromaticity)'은 탄소화합물이 평면상에 포화-불포화가 반복적인 공액형구조로 결합한 것을 말한다. 이런 물질은 '공명 효과(Resonance effect)'에 의해 탄소 간의 결합이 단일결합도 이중결합도 아닌, 고르게 1.5중결합을 하는 효과를 가지고 있어서 벤젠링의 가운데를 원으로 표시하는 경우도 많다. 전자가 특정 결합에 치우치지 않고, 분자 전체에 퍼지게 되어 일반적인 불포화탄화수소보다 안정적이고 반응성이 낮다.

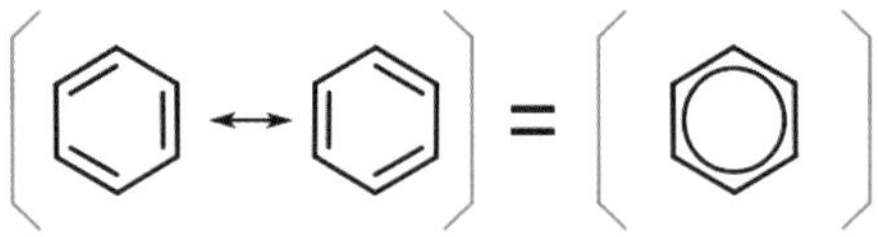

식물은 리그닌을 만들기 위해 페닐알라닌을 대량으로 생산한다. 리그닌은 라틴어인 'Lignum(목재)'에서 유래한 말로써, 나무의 경우 크고 단단한 몸집을 유지하기 위해 셀룰로스와 헤미셀룰로스로 강도가 높은 구조체를 만든 뒤 이들을 붙잡는 접착제 역할을 위해 리그닌을 합성한다. 그래서 리그닌이 목재의 15~35%를 차지할 정도로 많으니 식물은 정말 많은 페닐알라닌을 합성해야 한다. 이런 리그닌의 비중은 침엽수 > 활엽수 > 풀 순서이며, 식물은 그만큼 많은 페닐알라닌을 합성해야 한다. 리그닌은 여러 단계를 거쳐 합성되는데, 그 중간 과정이 여러 향료 물질의 합성기작과 연결되어 있다. 그리고 리그닌은 나무를 태웠을 때 나는 향의 원천이기도 하다. 오크통이든 스모킹 향이든 나무를 태웠을 때 나는 향을 이해하려면 리그닌에 대해 알아야 한다.

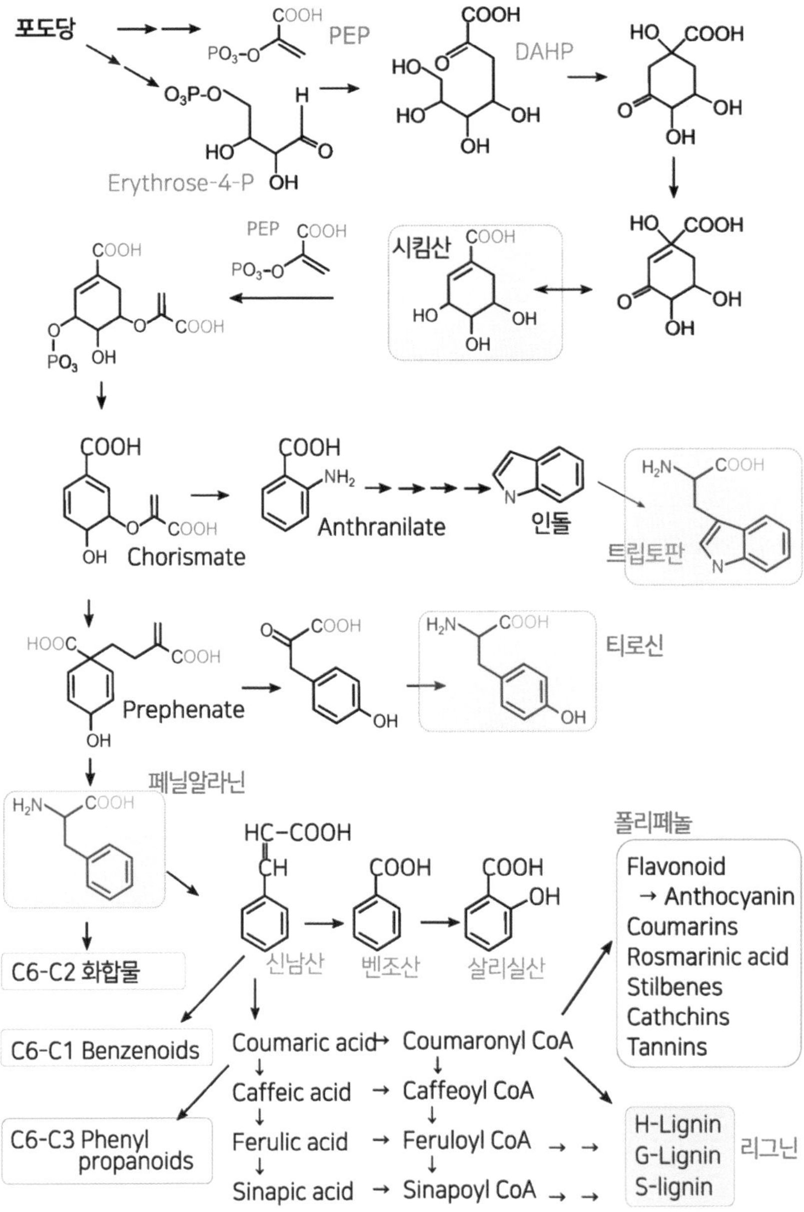

포도당 → → PEP
Erythrose-4-P
DAHP
시킴산
PEP
Chorismate
Anthranilate → → → → 인돌 → 트립토판
Prephenate → → 티로신
페닐알라닌
C6-C2 화합물
신남산 → 벤조산 → 살리실산
C6-C1 Benzenoids
C6-C3 Phenyl propanoids
Coumaric acid → Coumaronyl CoA
Caffeic acid → Caffeoyl CoA
Ferulic acid → Feruloyl CoA → →
Sinapic acid → Sinapoyl CoA → →

폴리페놀
Flavonoid
→ Anthocyanin
Coumarins
Rosmarinic acid
Stilbenes
Cathchins
Tannins

리그닌
H-Lignin
G-Lignin
S-lignin

포도당에서 페닐알라닌과 리그닌의 합성 과정

* 대표적인 방향족 향기 물질

방향족에는 독특한 향기 물질이 많은데, 그 시작을 알리는 것이 페닐알라닌에서 아민기가 떨어져 나가면서 만들어지는 페닐아세트알데히드와 페닐알코올이다. 이들은 꽃과 꿀 느낌이 난다.

신남산에서 카복실기가 떨어져 나가면 벤즈알데히드가 되는데 벤즈알데히드는 속씨식물이 자신을 보호하기 위해 배당체 형태로 많이 저장하는 물질이고, 벤조산과 살리실산 합성의 중간 물질이기도 하다.

살리실산은 식물 보호기작의 대표적 신호 물질이고, 해열, 진통 등의 약리작용이 있어서 과거부터 의약품으로 쓰였으며, 이를 변형시켜 아스피린이 만들어졌다. 살리실산은 에스터의 형태로 여러 정유 속에 포함되어 있는데, 특히 노루발풀잎에 살리실산메틸이 많이 들어 있어서 약으로 사용되기도 했다.

신남산의 4번 위치에 하이드록시기가 결합한 파라쿠마린산에서 아니스알데히드, 아네톨, 에스트라골 같이 향신료에 많은 산이 만들어지고 페룰산에서는 유제놀, 과이어콜, 비닐린 같은 향기 물질이 만들어진다.

이런 방향족 향기 물질은 리그닌을 만드는 과정에서도 만들어지지만, 리그닌의 분해에서도 만들어진다. 위스키나 포도주를 오크통에서 숙성할 때 오크통에서 유래한 독특한 향기 물질이 리그닌의 분해로 만들어진다.

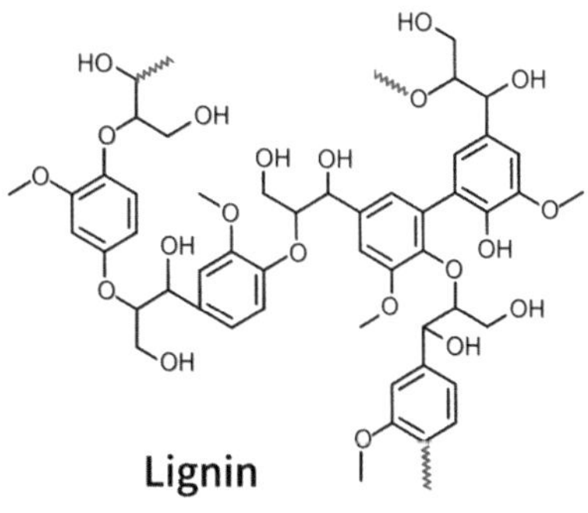

Lignin

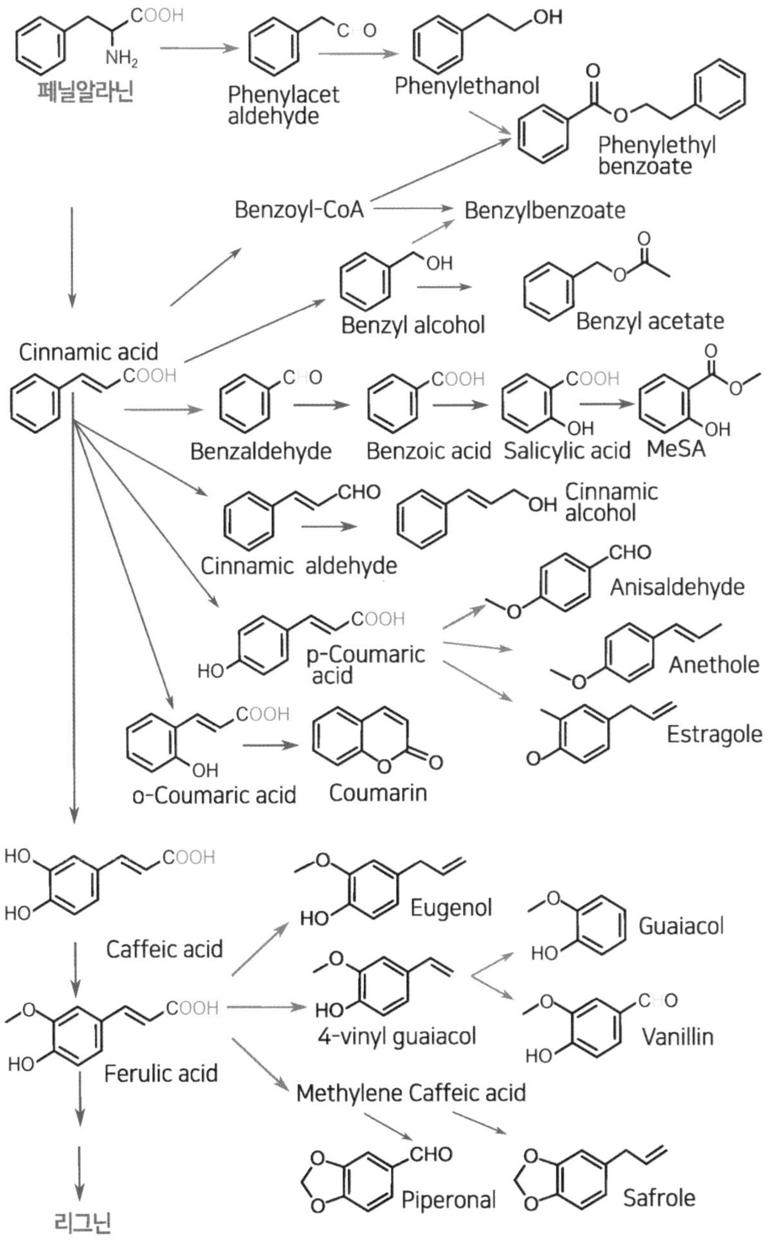

COOH
NH_2
페닐알라닌
CHO
Phenylacet aldehyde
OH
Phenylethanol
O
O
Phenylethyl benzoate
Benzoyl-CoA
Benzylbenzoate
OH
Benzyl alcohol
O
O
Benzyl acetate
Cinnamic acid
COOH
CHO
Benzaldehyde
COOH
Benzoic acid
COOH
OH
Salicylic acid
O
O
OH
MeSA
CHO
Cinnamic aldehyde
OH
Cinnamic alcohol
CHO
O
Anisaldehyde
HO
COOH
p-Coumaric acid
O
Anethole
O
Estragole
COOH
OH
o-Coumaric acid
O
O
Coumarin
HO
HO
COOH
Caffeic acid
O
HO
Eugenol
O
HO
Guaiacol
O
HO
4-vinyl guaiacol
O
HO
CHO
Vanillin
O
HO
COOH
Ferulic acid
Methylene Caffeic acid
O
O
CHO
Piperonal
O
O
Safrole
리그닌

리그닌 합성 경로에서 만들어지는 방향족 향기 성분

발효 에너지 대사와 향기 물질 3

포도당을 중심으로 한 탄수화물 대사는 에너지 대사의 핵심이자, 유기산을 거쳐 단백질과 지방이 만들어지는 핵심 경로이다. 그리고 향기 물질의 합성에도 큰 영향을 준다.

식물의 잎은 햇빛을 이용해 포도당을 만들고, 나머지 모든 생명체는 포도당에 비축된 에너지를 활용해 살아간다. 에너지 대사는 포도당이나 지방 같은 고에너지의 분자를 다시 에너지 제로인 이산화탄소로 분해하는 과정이고, 그 과정에서 산소의 비율이 높아진 알코올, 알데히드, 케톤, 유기산과 같은 여러 가지 맛 물질과 향기 물질이 만들어진다.

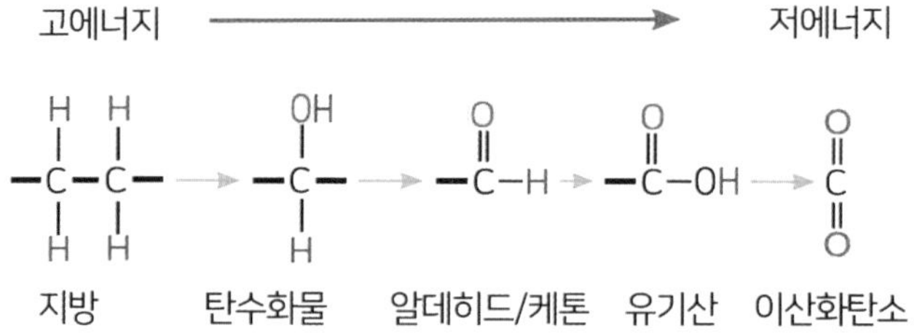

고에너지 → 저에너지

지방 → 탄수화물 → 알데히드/케톤 → 유기산 → 이산화탄소

1. 유기산

1) 지방 대사로 만들어지는 지방산

지방은 생각보다 맛과 향에 중요한 역할을 한다. 지방을 가수분해하면 글리세롤과 지방산이 되는데, 글리세롤은 약간의 단맛을 내며 에너지원으로 쓰인다. 와인 같은 발효제품에 상당량 남아 있는 경우가 있다. 지방산 중 향기 물질로 작동할 만한 것은 탄소 수가 10개 이하이며, 보통의 식용유를 구성하는 지방은 이처럼 짧은 지방산이 별로 없지만, 버터에는 상당량의 단쇄(탄소 수 4~6)지방산이 포함되어 있어서 독특한 풍미를 낸다.

단쇄지방산은 특히 자극적인 향기를 가지는데, 발사믹 식초와 치즈에 특징적인 향을 제공한다. 체다치즈와 버터의 향은 부티르산과 카프로산이 주된 역할을 하고, 스위스치즈의 향은 프로피온산이 주 역할을 한다. 초산, 부탄산, 헥산

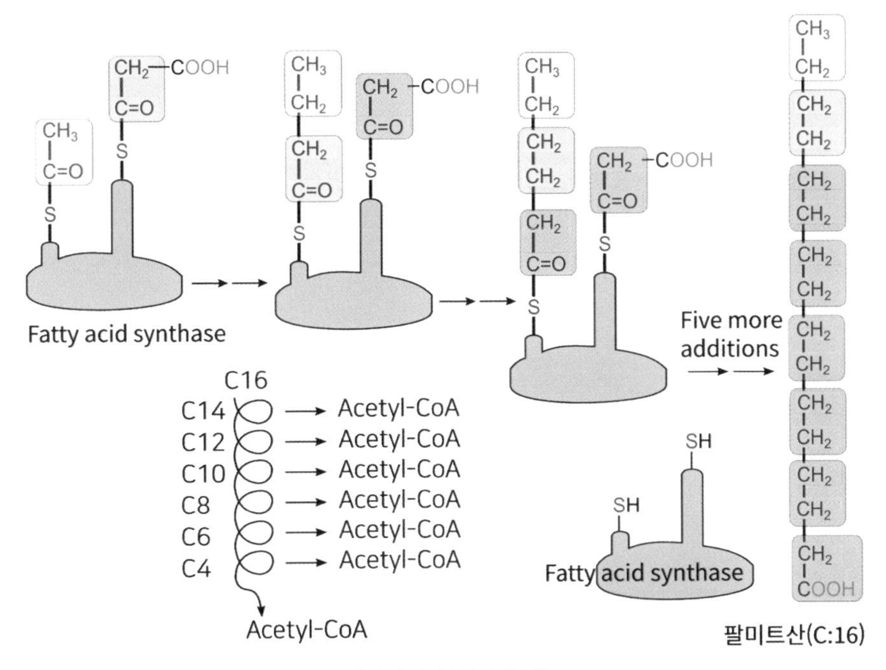

지방산의 합성과 분해

산, 옥탄산, 데칸산은 파마산치즈의 향에서 중요하다. 지방산의 길이가 길어질수록 자극취는 덜하고 크림이나 지방 느낌이 강해진다. 옥탄산은 블루치즈 향을 제공한다. 메틸 또는 에틸 치환기가 있는 경우 향기가 특이해져 4-메틸옥탄산과 4-메틸노난산은 양고기와 염소 치즈 특유의 향이 나게 한다.

길이가 긴 지방산은 그 자체로는 향이 없지만 분해되면 향기 물질이 된다. 콩 자체는 별로 향이 없지만 콩을 갈기 시작하면 풋내 또는 비린내가 나는 이유이다. 잔디도 자체로는 향이 별로 없지만 자르거나 떼어내면 향이 나기 시작한다. 세포가 파괴되면서 세포 속 소기관에 갇혀 있던 지방분해효소가 지방과 만나면서 길이가 긴 지방산을 작은 조각으로 분해하기 때문이다.

탄소 길이가 18개인 리놀렌산과 리놀레산은 쉽게 12개와 6개짜리 조각으로

지방산의 종류 및 향기 특성

구분	학술명	관용명	향조 (% = 관능 추천 농도)
	C1, Methanoic	Formic	
	C2, Ethanoic	Acetic	10%, Sharp, pungent, sour, vinegar
	C3, Propanoic	Propionic	0.1%, pungent, acidic, cheesy, vinegar
SCT	C4, Butanoic	Butyric	1%, sharp, dairy-like, cheesy, buttery
	C5, Pentanoic	Valeric	1%, cheesy, sweaty, sour, milky, fruity
	C6, Hexanoic	Caproic	10%, cheesy, fruity, green
MCT	C8 Octanoic	Caprylic	10%, rancid, oily, vegetable, cheesy
	C10 Decanoic	Capric	1%, soapy, waxy, fruity
	C12 Dodecanoic	Lauric	10%, mild, fatty, coconut
LCT	C14 Tetradecanoic	Myristic	100%, Faint, waxy, fatty
	C16 Hexadecanoic	Palmitic	100%, heavy, waxy, creamy, candle
	C18 Ocatadecanoic	Stearic	
	C20 Eicosanoic	Arachidic	

분해되는데, 탄소 6개짜리 지방산이 바로 풀냄새의 주인공이다. 이 지방산은 먼저 Z-3-헥세날이 되는데, 이것은 향의 역치가 0.25ppm으로 아주 소량으로도 풀냄새가 난다. 이 화합물은 상당히 불안정하여 빠르게 E-2-헥세날(Leaf aldehyde)로 재배열되거나 Z-3-헥세놀(Leaf alcohol)로 전환되며, 향수와 향료에 많이 사용되는 원료다.

잔디가 손상되었을 때 박테리아로부터 식물을 보호하고 절단된 부분이 치유되도록 돕는 수단으로 해석하기도 한다. 식물이 손상을 입었을 때 방출되어 다른 식물이 방어 메커니즘을 가동시키거나 손상을 입히는 해충을 잡아먹는 포식자를 유인하는 신호물질이 된다는 것이다. 이것 말고도 지방산으로부터 락톤,

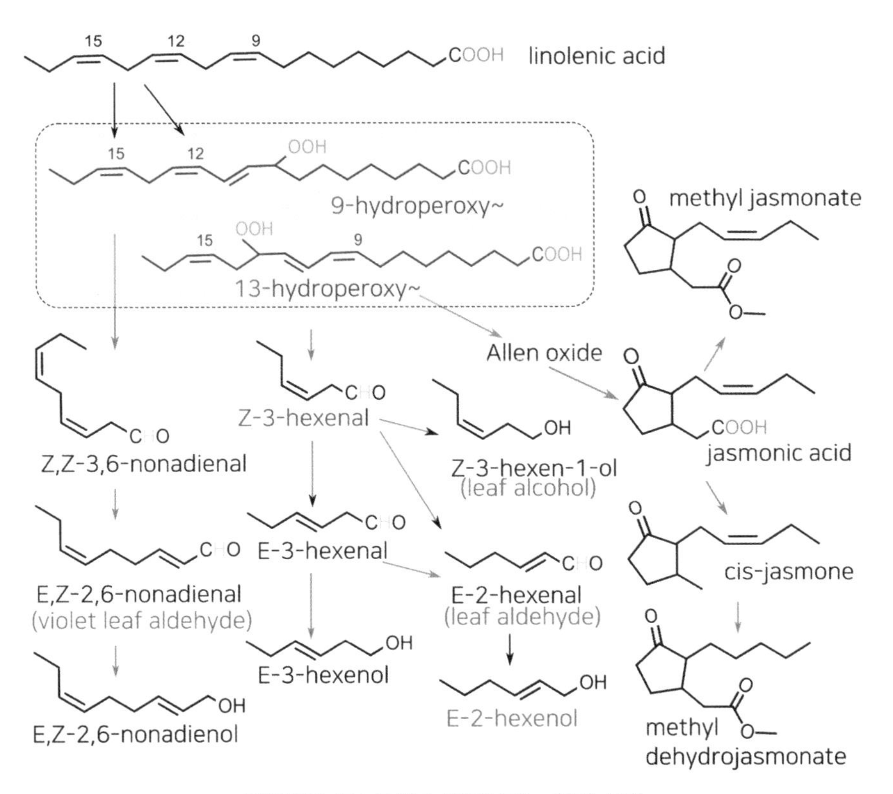

지방산의 효소분해로 만들어지는 향기 물질

자스몬, 노네날 등 여러 향기 물질이 만들어진다.

2) 탄수화물 대사로 만들어지는 유기산

산은 기본적으로 맛 성분이다. 분자량이 적으면 휘발성이 있어서 향기 물질로도 작용한다. 그래도 산류가 풍미에 중요한 것은 알코올류와 결합하여 산류의 종류만큼 다양한 에스터가 되기 때문이다.

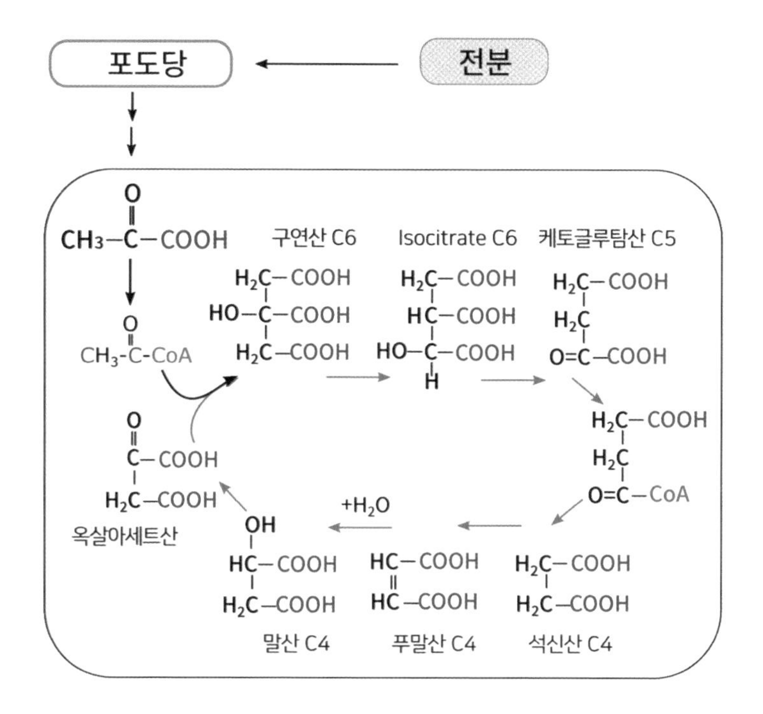

3) 단백질 대사로 만들어지는 유기산

단백질(아미노산)은 3대 영양소라 많은 아미노산이 합성되고 분해된다. 아미노산에서 아미노기가 분해되면 케토산이 되고, 다시 카복시기가 분해되면 알데히드가 되어 강한 향기 물질이 된다. 알데히드가 산화되면 유기산, 환원되면 알코올이 된다. 친수성이 높아서 향이 급격히 약해진다. 그러다 유기산과 알코올이 탈수반응을 거쳐 에스터가 되면 다시 소수성의 강한 향기 물질이 된다.

여러 아미노산 중에서 류신, 이소류신, 발린 같은 분지형 아미노산은 독특한 가지 구조를 가져서 향이 독특하고 역치가 낮아서 양에 비해 중요한 역할을 하는 경우가 많다.

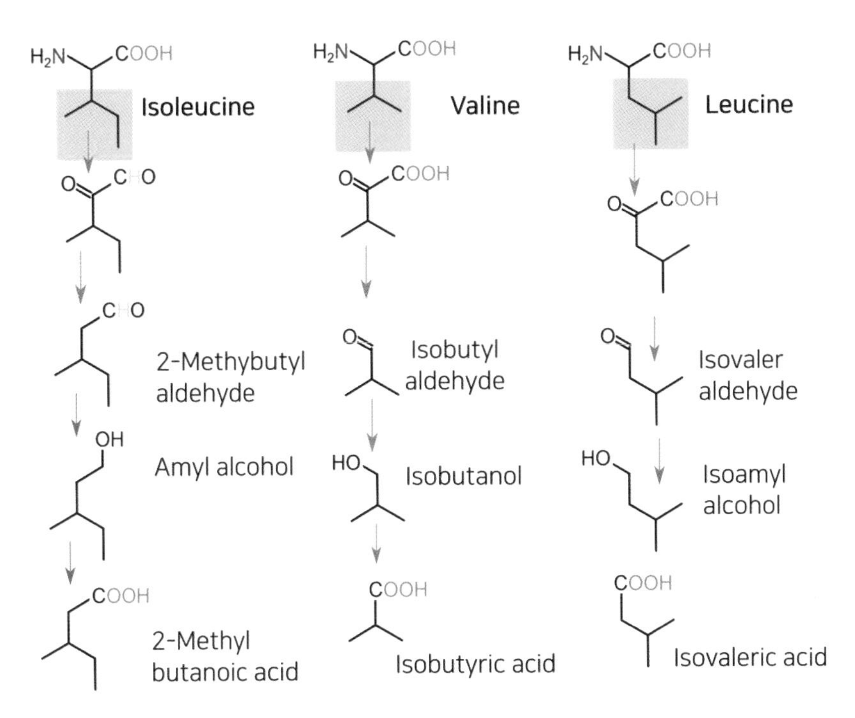

분지형 아미노산에 만들어지는 향기 성분

2. 알코올류(-OH)

알코올류는 대부분 향을 가지고 있고, 그중에서 특히 C5 이하의 알코올이 과일, 채소 등에 흔히 존재한다. 다른 탄소화합물은 탄소 수가 6개 이상을 고급(higher), 그 이하의 짧은 것을 저급(lower)으로 구분하는데, 알코올만큼은 탄소 수 2개를 기준으로 한다. 그래서 메탄올(C1)과 에탄올(C2)만 저급(lower)이고 나머지는 고급(higher)이다. 이때 고급과 저급의 차이는 단순히 탄소의 개수인데도 마치 품질의 우열을 가리는 단어처럼 느껴져 퓨젤(Fusel)이라는 단어를 쓰기도 한다. 고급(higher)을 장쇄, 저급(lower)을 단쇄라고 할 수도 있겠으나, 장쇄라고 말하기는 길이가 너무 짧다. 아무튼 알코올은 에탄올과 에탄올을 제외한 나머지 알코올인 퓨젤알코올로 구분할 수 있다.

* 에탄올(Ethanol)

에탄올은 빼어난 용매이자 매력적인 물질이다. 오죽하면 물보다 에탄올을 좋아하는 것처럼 보이는 사람도 있다. 에탄올은 뇌에서 도파민 분비를 촉진하여 탐닉에 빠지게 하는 중독의 물질이기도 하고, 긴장을 완화하고 활력을 부여하는 삶의 윤활유가 되기도 한다. 이런 양면성은 분자 자체에도 똑같이 적용된다. 에탄올의 분자식은 CH_3CH_2OH로 왼쪽의 CH_3-는 소수성(친유성, 지용성)이고 -OH는 강한 친수성이다. 에탄올 한 분자에 친수성과 친유성이 반반씩 들어 있어 물에 너무나 쉽게 섞이고, 향기 물질이나 여러 지용성 분자를 잘 녹인다. 그래서 예전에는 25도 이상의 술에 과일이나 여러 약용작물을 넣고 유효성분을 뽑아낸 소위 약주들이 많았다. 하지만 에탄올이 뭐든 잘 녹이다 보니, 원하지 않는 쓴맛 성분까지 녹이는 단점도 있다.

에탄올은 크기가 작고 친유성도 있어서 지방으로 된 세포막도 쉽게 통과한다. 그래서 술은 다른 음식 성분보다 빨리 흡수되어 쉽게 취하게 된다. 고도로 농축된 에탄올은 세포막을 터뜨려 세포를 죽일 수도 있다. 에탄올을 생성하는 효모 정도 되어야 20% 농도의 에탄올을 견딜 수 있지 나머지 대부분의 미생물은 그보다 훨씬 낮은 농도에서 사멸된다. 그래서 에탄올 함량이 높은 술은 미생물로 인해 변질될 염려가 없다. 더구나 에탄올은 물보다 휘발성이 강하여 농축하기도 쉽다. 그래서 옛날부터 에탄올이 78℃에서 기화하는 것을 이용하여 증류주를 만들었다. 그렇게 고농도의 에탄올이 만들어지면서 중세시대에 향수 산업이 시작될 수 있었다. 에탄올은 분자량이 적고, 물에 잘 녹아 부동액 효과도 매우 크다. -114℃가 되어야 얼기 때문에 에탄올 함량이 높은 술은 매서운 추위에도 얼지 않는다.

에탄올은 독성이 낮고, 맑고, 색깔도 없는 액체다. 에탄올이 발암물질로 꼽히는 것은 자체의 독성 때문이 아니라 알코올에서 만들어진 아세트알데히드 때문이고, 우리가 술을 너무 많이 마시기 때문이다. 에탄올이 아닌 다른 물질을 그렇게 마신다면 당연히 훨씬 더 심각한 문제가 생길 것이다. 에탄올은 저분자 물질치고는 맛과 향이 매우 약한 편이다. 보통의 향기 물질은 ppm 단위로도 강한 향을 낸다. 에탄올은 그보다 수만 배 향이 약하지만, 워낙 고농도라 어쩔 수 없이 맛과 향이 느껴지는 것이라 볼 수 있다. 만약 에탄올이 0.1% 이하라면 느끼기 힘들다.

술은 에탄올의 배열에 따라 맛이 달라질 수 있다. 에탄올은 15% 이상에서는 물에 에탄올이 녹은 형태이고, 57% 이상에서는 에탄올에 물이 녹은 형태이며, 그 중간은 복잡한 형태를 가진다. 에탄올이 소수성 부위가 얼마나 안쪽에 모이고, 친수성 부위가 바깥쪽으로 배열된 구조를 갖느냐에 따라 같은 양도 입안에서 느껴지는 쓴맛이 달라질 수 있다.

* 퓨젤알코올/고급알코올(higher, 탄소수 >C2)

탄소가 2개 이상인 알코올의 절반 정도는 우디(woody)한 느낌이 있다. C4,

C5는 알코올류 특유의 냄새가 강하고, C8에서 향 강도가 피크를 이루다가 C14 이상에서 무취가 된다. C6인 헥세놀(Hexenol)은 다른 C6 화합물처럼 풋내를 낸다. C7~C10까지는 과일 향도 나지만 사슬이 길어지면서 점점 지방 또는 비누 같은 느낌이 된다.

이중결합이 있으면 독특한 향을 가지는 경우가 많은데, 옥텐올(C8, 1-Octen-3-ol)은 버섯 향, 노나디에놀(C9, 2,6-Nonadienol)은 오이 향이 된다. 지방이나 아미노산에서 만들어지는 알코올은 알코올 고유의 특성을 가지고 있지만, 박하의 멘톨, 정향의 유제놀 등과 같이 방향족이나 터펜족 알코올은 알코올의 특성보다는 본체가 가지는 특성이 강하다.

알코올은 알데히드보다 향에 대한 기여도가 낮은 경향이 있는데, 물에 용해도가 높아 향보다 맛으로 작용하는 경향이 있기 때문이다.

알코올류의 향기 특징

탄소 수	알코올	향기 특징
C1	Methanol	알코올취, 독성이 있음
C2	Ethanol	sweet alcoholic ethereal medical
C3	Propanol	alcoholic fermented fusel musty
C4	Butanol	sweet 과일, 살구
C5	Pentanol	fruity, green
C6	Hexanol	green, sweet, 풋내, 사과
C7	Heptanol	green, 과일, 레몬
C8	Octanol	Waxy, green, 오렌지, 레몬, 버섯, 꽃
C9	Nonanol	꽃, 장미, 오렌지 wet oily
C10	Decanol	지방, 꽃, 오렌지, sweet clean watery
C12	Dodecanol	earthy soapy waxy fatty 꿀, 코코넛

3. 에스터류(-COO-): 유기산+알코올

식품에 사용하는 향기 물질 중에는 에스터류가 가장 많다. 다른 분자는 효소에 의해 단계적 전환으로 만들어지기 때문에 변신에 한계가 있지만, 에스터는 10가지 유기산과 10가지 알코올이 있다면 두 가지가 만나 100종류의 에스터를 만들 수 있기 때문이다.

에스터는 워낙 종류가 많아서 그 특성을 다 알기는 힘들지만 탄소 수 12개 이하, 그중에서도 탄소 수 6개 이하의 지방산과 알코올로 만들어진 에스터가 과일의 향에 중요한 역할을 한다. 그래서 멜론, 사과, 파인애플, 딸기 등의 향에 에스터류가 많다. 에스터 중에 가장 풍부한 것은 에틸아세테이트로 아세틸 CoA와 알코올이 에스터 반응을 통해 만들어진다. 둘 다 워낙 많이 만들어지는 것이라 에틸아세테이트도 그만큼 흔하다. 다행히(?) 역치가 높아서 양에 비해 향이 강하지 않다. 만약 향이 강했다면 대부분의 과일이나 술의 향이 에틸아세

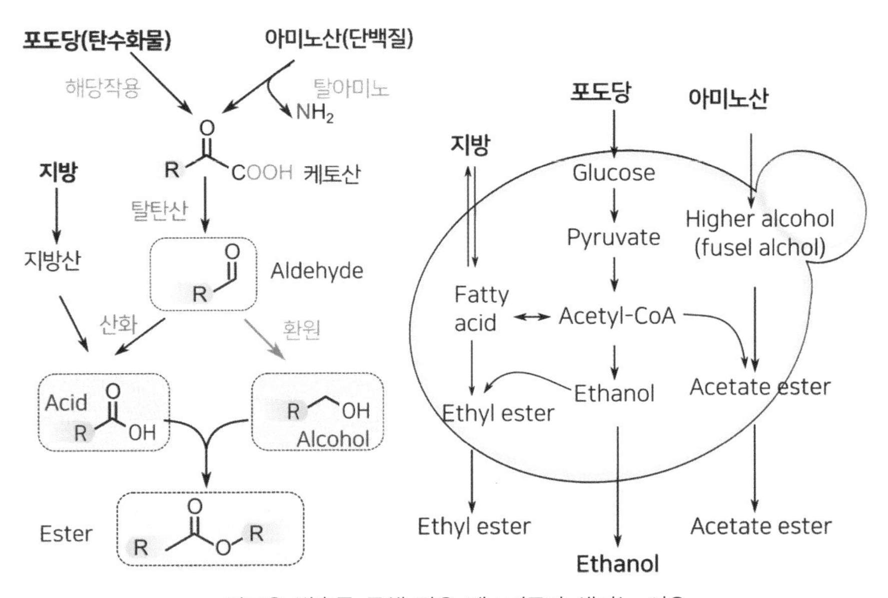

알코올 발효를 통해 많은 에스터류가 생기는 이유

테이트 향으로 통일되었을 것이다.

에스터는 지방산과 유사한 패턴이 있다. 분자량이 적은 에틸부타노에이트, 에틸헥사노에이트 등은 과일 향을 내고, 사슬의 길이가 길어질수록 지방의 느낌이 강해지거나 치즈 또는 왁시해진다. 과일의 향은 많은 에스터의 조합으로 나타나는데, 그중 3-메틸부틸 아세테이트는 배, 알릴헥사노에이트는 파인애플, C9 에스터는 멜론 향에 중요하다. 에스터는 숙성 햄과 일부 치즈의 섬세한 향에도 기여를 하는데, 에틸부타노에이트와 에틸헥사노에이트는 파마산치즈와 블루치즈의 주요 향이다.

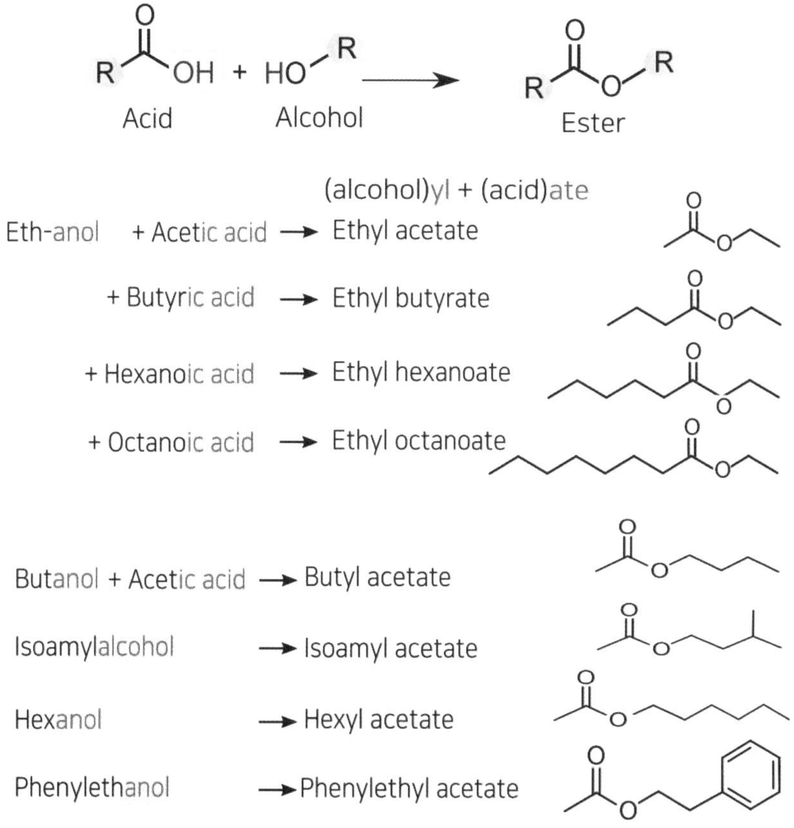

Acid + Alcohol → Ester

(alcohol)yl + (acid)ate

Eth-anol + Acetic acid → Ethyl acetate

+ Butyric acid → Ethyl butyrate

+ Hexanoic acid → Ethyl hexanoate

+ Octanoic acid → Ethyl octanoate

Butanol + Acetic acid → Butyl acetate

Isoamylalcohol → Isoamyl acetate

Hexanol → Hexyl acetate

Phenylethanol → Phenylethyl acetate

* 락톤류: Cyclic에스터(-COO-)

분자 내에 고리형의 에스터(-COO-) 구조를 가진 물질을 락톤이라 하는데 삼각형 구조가 α-락톤이고, 사각형, 오각형으로 고리가 커짐에 따라 β, γ, δ, ε이 된다. 그중에 γ-락톤이 가장 안정적이고, δ-락톤이 그다음으로 안정적이다.

락톤은 과일 등에 약간씩 함유되어 있으며 부드러움과 달콤함을 준다. 최초로 발견된 락톤은 쿠마린이다. 쿠마린은 1882년 발견된 이후 그 특유의 풍미 덕분에 향수의 원료로 사용되었는데, 간독성 문제로 식품에는 사용이 금지되었다. 락톤 중에서 14~17개의 큰 환상고리를 가진 것은 향의 지속성이 큰 사향(麝香) 향기를 가진다.

락톤은 대체로 에스터와 유사한 향을 가져서 과일 향이 많이 사용되고 우유와 버터에서 중요한 향이다. 5각형의 γ-락톤 중에 γ-옥타락톤, γ-데카락톤은 복숭아, 크림, 코코넛, 열대 풍미로 유명하다. 락톤의 역치는 구성 탄소의 수가 증가함에 따라 현저하게 감소하는 경향이 있다.

6각형인 δ-락톤은 γ-락톤보다 향이 약하다. 달콤한 크림, 버터 등에 몇 가지 락톤이 확인되었는데, 그중 δ-데카락톤이 기여도가 가장 높고 달콤한 크림 향에 기여한다. 초콜릿 향에도 크게 기여하며, 자스민락톤은 녹차에 꽃잎과 같은 향기를 제공한다. δ-노나락톤은 버번위스키의 향에 상당히 기여하고, γ-데카락톤도 위스키에 기여한다.

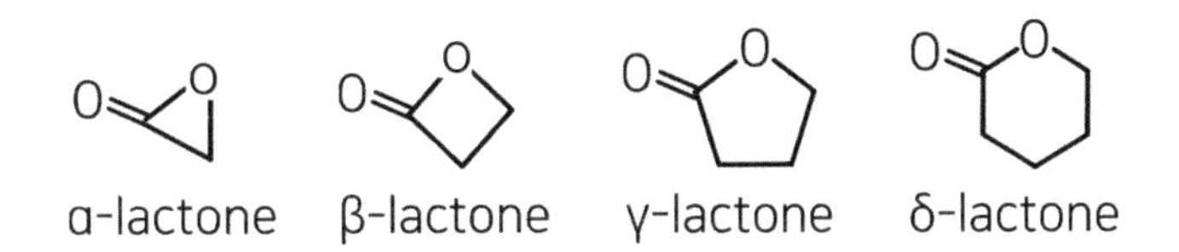

락톤은 여러 경로로 합성되는데 지방산에서 합성이 되는 경우가 가장 많다. 카프릴산에서 γ-옥타락톤, 리놀레산에서 γ-노나락톤, 리놀렌산에서 자스민락톤, 올레산에서 γ-도데카락톤 등이 합성된다.

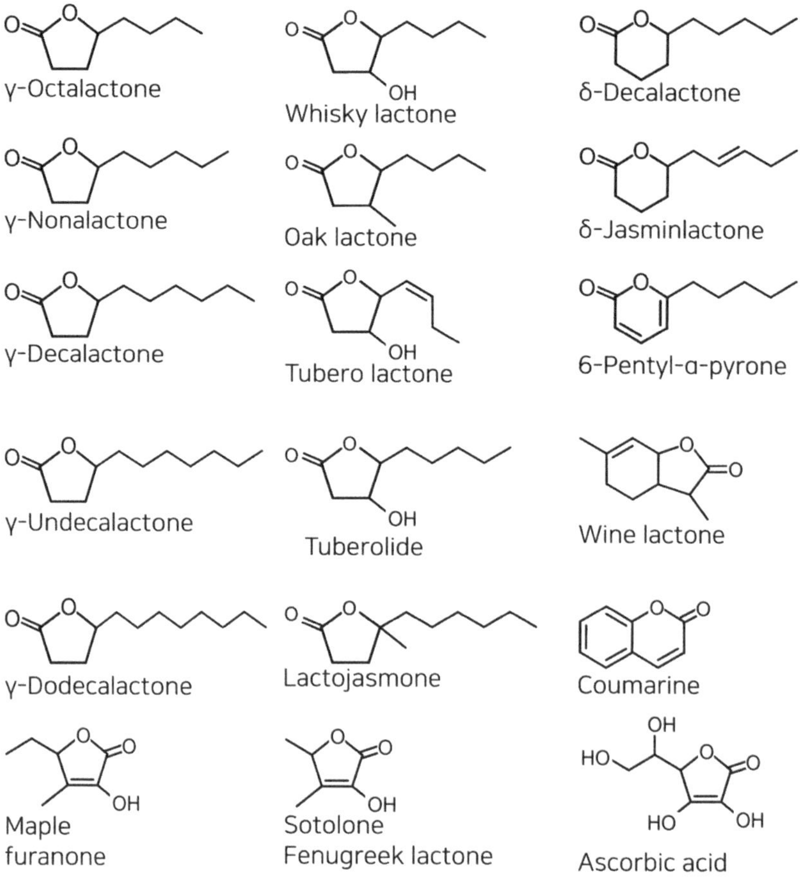

γ-Octalactone
Whisky lactone
δ-Decalactone
γ-Nonalactone
Oak lactone
δ-Jasminlactone
γ-Decalactone
Tubero lactone
6-Pentyl-α-pyrone
γ-Undecalactone
Tuberolide
Wine lactone
γ-Dodecalactone
Lactojasmone
Coumarine
Maple furanone
Sotolone Fenugreek lactone
Ascorbic acid

식품에 존재하는 주요 락톤류

4. 알데히드류와 케톤류

* 알데히드류

알데히드류는 대체로 화려한 편이며, 두 얼굴을 가지고 있다. C4, C5는 버터 향이 나고, C8, C12는 꽃 향과 버터 향을 가지다가 C16에서 무취가 된다. 터펜계 알데히드는 시트러스 향조를 가지며, 각종 채소와 과일의 풍미에 관여하고 유지류에서는 특유의 풍미와 산패취의 두 가지 모습을 보여준다. 데카디에날(2,4-Decadienal)은 콩기름, 쇠고기, 닭고기, 토마토 등에서 기름진 풍미를 주지만, 다른 지방산의 알데히드류는 불쾌한 산패취로 작용하는 경우가 많다.

주요 알데히드의 향기 특징

탄소 수		향기
C1	Methanal/Formaldehyde	Pungent
C2	Ethanal/Acetaldehyde	Fruity
C3	Propanal	Alcohol smell
C4	Butanal/Butyraldehyde	Fruity, sweet
C5	Pentanal	chocolate, nutty
Ald C-6	Hexanal	Fatty green, grassy,
	cis-3-hexenal trans-2-hexenal	green leaf green grassy
Ald C-7	Heptanal	Fruity, nutty, fatty
Ald C-8	Octanal	sweet, citrus, orange
Ald C-9	Nonanal	floral, rose, citrus
	2,6-Nonadienal	cucumber, melon
Ald C-10	Decanal	citrus peel, strong orange
C12	Dodecanal	Lilac, violet

기타: Benzaldehyde, Cinnamaldehyde, vanillin, furfural

일반적으로 알데히드류가 알코올류보다 강한 향취를 가지고 있으며, 아세트 알데히드는 많은 과일의 중요한 향으로 작용한다. C3~C5 알데히드(Propanal, Butanal, Pentanal)는 복합적인 향취로 용매취, 몰트취, 풋내를 갖는 경향이 있다. 분지형 C5 알데히드(2-Methylbutanal, 3-Methylbutanal)는 역치가 낮고 대부분의 조리된 식품과 과일, 채소 등에서 발견되며 맥아와 초콜릿에 필수적인 향이 된다. C6 알데히드는 풋내를 가진다. 헥사날(Hexenal)이 대표적으로 풋콩, 청사과, 자른 풀 같은 풋내와 덜 익은 향에 기여한다. cis-3-Hexenal은 토마토에 신선한 느낌을 제공하고 석류, 오렌지, 사과에서도 중요하다. 그러나 불안정하여 쉽게 trans-2-Hexenal로 전환된다. 저장 중 신선한 과일의 신선도 감소는 종종 이러한 전환에 기인한다. 이런 알데히드 및 알코올은 열처리 중에도 형성되기 때문에 조리된 식품에서도 종종 발견된다. 천도복숭아 같은 과일이나 채소는 성숙함에 따라 헥사날과 관련, C6 알데히드가 감소한다.

사슬 길이가 C6 이상으로 증가하면 알데히드의 이중적인 특성이 증가하여 농도에 따라 과일, 꽃, 지방의 느낌을 동시에 가지게 된다. 그리고 C7부터 지방 느낌이 증가하기 시작하는데 2-헵테날은 풋내와 지방취로 묘사된다. cis-4-Heptenal은 감자, 아마씨 기름, 양고기 등 지방의 냄새가 많은 식품, 특히 육류에서 악취를 유발하고, 생선과 해산물에서는 비린내를 유발하는 경향이 있다. C8인 옥타날은 지방이 많은 과일 느낌을 주고, C9인 노네날(Z-6-Nonenal)은 멜론, 오이 향을 제공하며, C10인 데카날은 지방 느낌이 강한 오렌지 느낌을 준다. 체인이 길어질수록 지방 느낌이 점점 확실해진다. 지방취나 산패취는 무조건 나쁘다고 생각하지만, 지방 느낌은 저칼로리 제품에서 중요하다. 그리고 산패 취의 물질은 치즈 특히 블루치즈의 특징을 좌우한다. 많은 알데히드가 지방 느낌을 주는데, E-2-Nonenal과 2,4-Decadienal이 대표적이다. C10인 네세날(2-Decenal)부터 C14인 테트라데세날(2-Tetradecenal)까지는 고수 특유의 냄새를 제공한다.

알데히드 중에 두 개의 이중결합을 가진 것은 향의 역치가 낮은 편이다. 2,4-디에날 형태가 튀긴 향에서 중요한데 E,E-2,4-Decadienal은 감귤과 튀김의 특징적인 향을 제공한다. 역치가 낮아 프라이드치킨의 풍미에서 중요하다. C9의 2,4-노나디에날(Nonadienal)도 튀김 향을 제공하며, 이중결합의 위치가 바뀌어 E,Z-2,6-Nonadienal이 되면 오이 향이 된다. 바닐린(바닐라), 벤즈알데히드(체리), 페닐아세트알데히드(장미, 꿀), 신남알데히드(계피) 등은 모두 중요한 방향족 알데히드이다.

*** 케톤류**

알데히드는 산소와 이중결합이 분자의 끝에 있고 케톤은 중간에 있다는 차이가 있지만, 둘은 상당히 닮았다. 2-헵타논은 블루치즈와 과일 향이 나고, 3-옥타논은 흙과 버섯 향이 난다. 2,3-부탄디올(디아세틸)과 2,3-펜탄디온은 역치가 낮고 조리된 음식에서 버터 같은 풍미를 제공한다. 형태가 복잡한 케톤 중 Filbertone(E-5-methyl-2-hepten4-one)은 헤이즐넛 향, 제라닐 아세톤(Geranyl acetone)은 꽃과 장미 향, 라즈베리 케톤은 라즈베리 향, 이오논(β-ionone)과 다마세논(β-damascenone)은 과일의 느낌과 동시에 다른 여러 가지 복합적인 향취를 제공한다. 그리고 케톤하면 치즈 향을 빼놓기 힘들다. 대표적인 것이 블루치즈의 2-펜타논, 2-헵타논, 2-노나논과 같은 것이다.

*** 알데히드와 케톤의 아세탈 반응(축합반응)**

알데히드와 케톤은 반응성이 높아서 숙성 중 품질 변화에 영향이 크다. 이들은 알코올과 반응하여 아세탈을 형성하며, 그렇게 만들어진 아세탈의 향은 종종 해당하는 알데히드의 향과 비슷하지만 덜 강력한 경향이 있다. 보관 중에 축합(알돌) 반응이 일어나면 향조가 비슷하다고 해도 향료 분자의 개수가 감소함으로 향이 약해질 가능성이 높다. 식품 향료는 향장품 향료에 비하여 향기 물질의 농도가 약하여 이런 축합반응의 정도도 약하다.

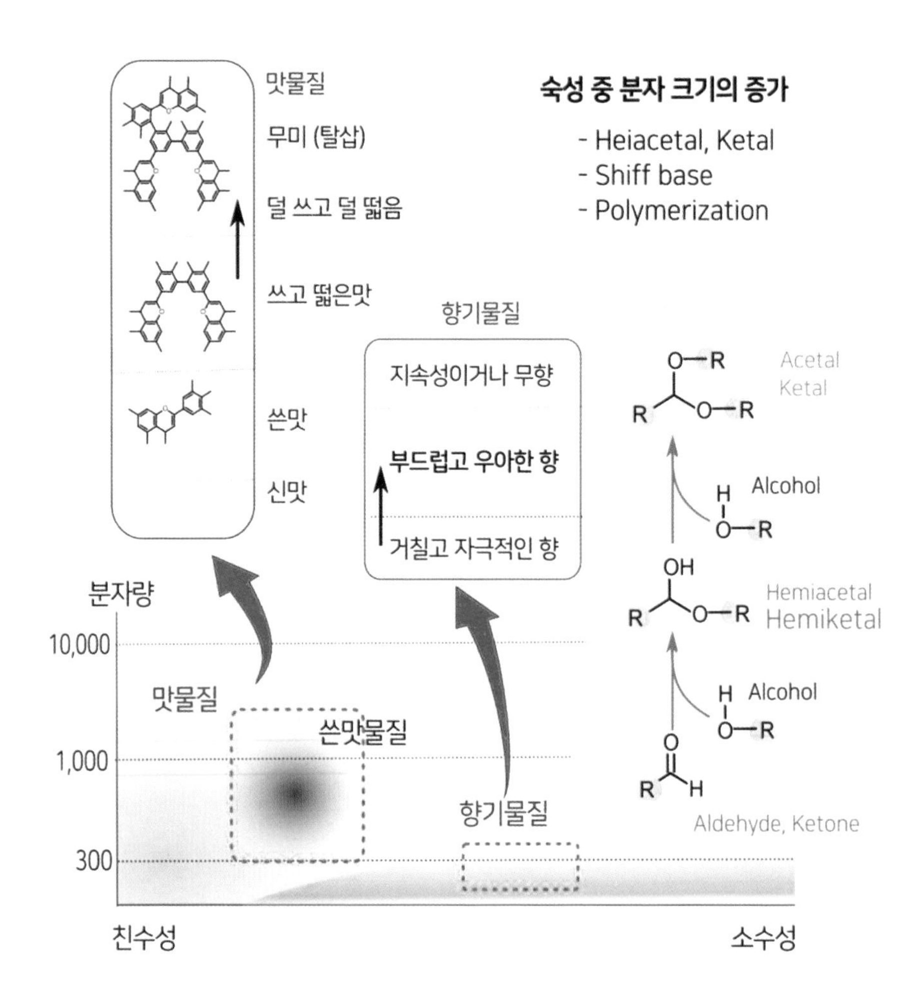

질소(N) 함유 향기 물질

4

* 암모니아(NH_3)와 요소(NH_2-O-NH_2)

식물에게 질소는 정말 귀한 자원이다. 식물은 물과 이산화탄소를 이용해 지방과 탄수화물을 모두 스스로 만들 수 있는데, 단백질에 필요한 질소(암모니아 또는 질산)는 질소고정균 같은 외부의 도움에 의존한다. 그러니 식물이 만든 질소화합물은 왜 귀중한 자원을 사용해 그것을 만들었는지 살펴볼 필요가 있다. 식물이 이용할 수 있는 질소의 형태가 질산이나 암모니아인데 암모니아(NH_3)는 질소를 중심으로 3개의 수소가 결합한 물질이다.

암모니아는 황화수소와 함께 우주의 탄생부터 존재한 향기로 지금도 우주에 많으며 숙성된 치즈, 살라미, 홍어, 소변 등에도 많은 향기 물질이다. 암모니아

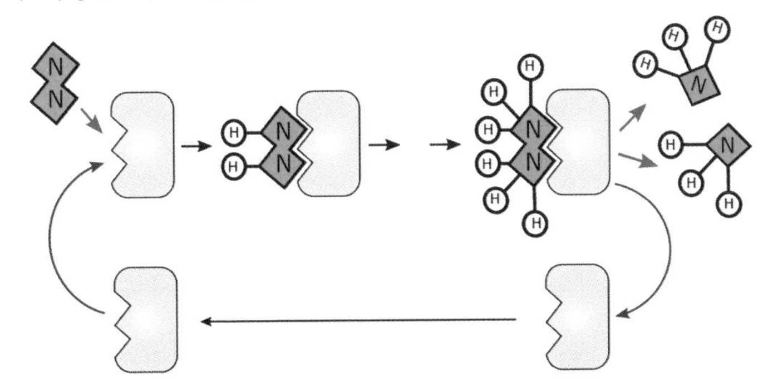

는 식물에게는 귀중한 자산이지만 동물에게는 섭취한 아미노산을 분해할 때 만들어지는 노폐물이기도 하다. 탄수화물이나 지방은 이산화탄소의 형태로 분해되어 호흡으로 제거되는데, 아미노산의 아미노기가 분해된 암모니아는 물에 잘 녹기 때문에 호흡으로 제거되지 않는다. 그래서 덜 유독한 요소(Urea) 형태로 전환되어 소변으로 제거된다.

요소(Urea)는 최초로 합성된 유기물이기도 하다. 종전에 유기물은 생명체만이 만들 수 있는 물질이란 의미였는데 1828년 프리드리히 뵐러가 무기물에서 요소를 만들면서 유기화합물은 생명이 만든 화합물 대신에 탄소를 기본골격으로 만들어진 화합물로 개념이 바뀌었다. 인간의 소변의 95%는 물이고 5% 정도가 고형분인데, 고형분의 절반 정도가 요소이다. 우리는 요소를 꾸준히 배출하는데 가오리나 홍어 같은 바다의 연체동물은 요소를 몸에 항상 일정량 비축한다. 바닷물의 삼투압에 대응하기 위해서이다. 갓 잡은 홍어는 매우 신선하고 아무런 암모니아 냄새가 없는데, 시간이 지날수록 요소가 암모니아로 분해되고, 물에 잘 녹아 몸 안에 쌓이게 된다. 잘 삭힌 홍어의 암모니아 냄새가 그렇게 강렬한 이유이다.

이취에 기여하는 아민류

질소 화합물	냄새	역치(ppm)
암모니아(NH_3)	자극취	1.5
Methyl amine	생선 냄새	0.035
Dimethyl amine	부패한 생선 냄새	0.033
Trimethyl amine(TMA)	자극적인 생선 냄새	0.000032
Triethyl amine	부패한 생선 냄새	0.0054
Skatole(methyl indole)	오줌 냄새	0.0000056
Indole	분뇨 냄새	0.00030

* 트리메틸아민(TMA)을 비린내로 느끼는 이유

트리메틸아민(Trimethyl amine, 이하 TMA)은 인지질(레시틴)을 구성하는 콜린(Choline)이나 카르니틴, 베타인 등이 분해되어 만들어진다. 생선은 평소에는 대부분의 TMA를 산소와 결합한 TMAO의 형태로 보관한다. 바닷물의 삼투압에 대응하는 수단으로 활용하기 때문이다. 더구나 압력에 의해 단백질이 불안정화 되는 것을 막는 역할도 해주기 때문에 심해에 사는 물고기일수록 많은 TMAO를 비축한다.

그런데 생선이 죽으면 더 이상 TMA를 TMAO로 전환하는 효소가 만들어지지 않게 된다. TMAO가 점점 TMA로 전환되는 것이다. 우리는 TMAO가 많은 생선은 신선하고 맛있게 느끼고 고작 산소 하나가 떨어져 나간 TMA는 매우 불쾌한 비린내로 느낀다. 오래되어 상한 생선은 치명적이기 때문에 그것을 피하는 수단으로 TMA를 강력한 비린내로 느끼도록 진화해온 것이다.

생선회의 품질이 떨어졌을 때 식초나 레몬즙을 뿌리면 비린내가 없어지는 것은 TMA가 염기성이므로 산성에서 용해도가 증가하고 휘발성이 감소하기 때문이고, 주방에서 생선 조리에 사용했던 칼과 도마 등을 묽은 식초에 씻으면 쉽게 비린내가 없어지는 것도 같은 이유이다.

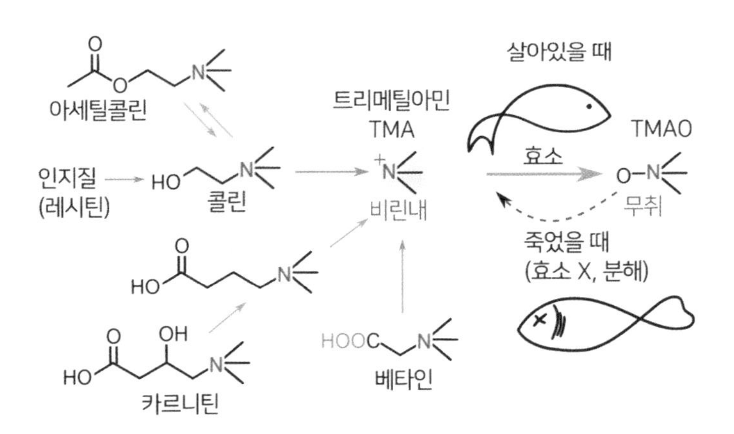

비린내(TMA)의 생성 경로

TMA는 연체동물, 갑각류와 모든 해양 어류뿐 아니라 사람에게도 꾸준히 만들어 진다. 그래도 바로 TMAO로 전환된 뒤에 소변으로 배출된다. 그런데 사람의 희귀질환 중에 '트리메틸아민뇨증(Tryimethylaminuria)'이 있다. 이는 체내에서 TMA를 TMAO로 전환하는 효소에 이상이 생겨서 환자의 땀, 침, 호흡 등에서 심한 비린내가 나는 질환이다. 몸에 비린내가 난다고 생명에는 전혀 위협이 되지 않지만, 대인관계를 맺을 수 없어 삶의 질을 완전히 망쳐버리는 심각한 병이다.

* **피롤류(Pyrroles, Pyrrolines and Pyridines)**

아민류 중에 바람직한 향기를 내는 것은 별로 없고, 사이클 형태의 질소 화합물이 향에서는 훨씬 중요하다. 아미노아세토페논은 옥수수 콘칩의 향기에 기여하고 다른 여러 식품의 향에도 기여한다. 메틸안스라닐레이트(Methyl anthranilate)는 과일(콩코드 포도)의 향에 기여한다.

피롤(Pyrroles)은 주로 메일라드 반응으로 만들어지며 로스팅, 조리취, 탄취와 관련이 있고, 대부분의 조리된 음식에서 발견된다. 특히 아세틸피롤린(2-Acetylpyrroline)은 밥의 주 향기 물질이고, 신선한 빵과 팝콘에서도 중요하다. 유사한 구조의 아세틸피롤(2-Acetylpyrrole)은 캐러멜, 너트 향을 가지고 아세틸피리딘(2-Acetylpyridine)은 빵, 팝콘 같은 향을 제공한다.

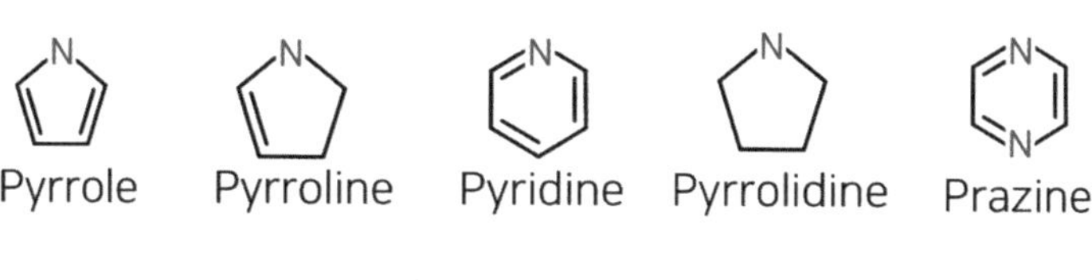

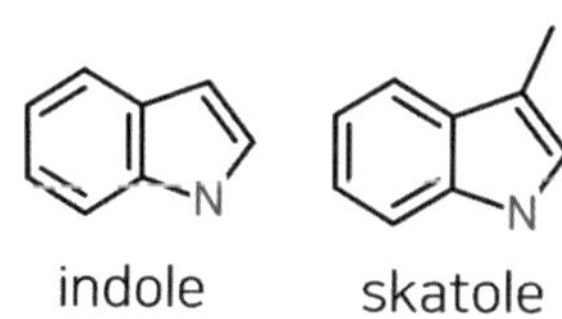

인돌(Indole)은 향이 강하고 불쾌한 동물 냄새와 분변 냄새로 알려졌는데, 극소량의 경우 몇몇 사람들은 즐거운 꽃향기를 느끼기도 한다. 유사한 물질인 스카톨(Skatole)도 백합 향에 존재하지만 불쾌감을 주는 경우가 많다. 스카톨은 수퇘지의 페로몬인 안드로스테톤과 같이 있으면 매우 불쾌한 웅취가 된다. 곡물사육 대신 목초사육을 했을 때 종종 나타나는 부정적인 냄새에도 기여하고, 탈지분유의 웅취에도 기여를 한다. 이런 인돌류는 트립토판의 분해로 만들어지는 물질이라 홍합의 저온 저장 중에도 증가하여 홍합을 4일 정도 보관하면 맛이 없어지는 원인이 되기도 한다.

* **피라진(Pyrazines)의 향조와 합성 경로**

피라진이 향기 물질로 주목받은 것은 1950년대 이후다. 현재 100여 종 이상의 피라진이 밝혀졌는데 대부분 100℃ 이상 열처리 과정에서 화합물이 분해되면서 생성된다. 알킬피라진, 피라진은 치환도가 낮으면 로스팅 향과 비스킷 향을 가지며 역치가 높지만, 치환도가 증가하면 차츰 역치가 낮아진다(향이 강해진다).

2-에틸-3,6-디메틸피라진은 감자, 나무, 흙냄새를 가지며, 2-에틸-3,5-디메틸피라신은 날콤하고 초콜릿 향을 가지며 역치가 1μg/kg이다. 2,3-디에틸-5-메틸피라진은 구운 감자 향이 난다. 둘 다 코코아 향에 중요하고 육류에도 중요하다. 아세틸피라진은 너트 향을 가진 경향이 있는 반면, 더 복잡한 피라진은 조리한 고기에 로스팅취를 부여하기도 한다. 생감자와 채소에서 발견되는 메톡시피라진은 강한 향기를 가진다. 2-메톡시-3-이소부틸피라진은 피망의 핵심 향이다. 이소부틸 대신에 이소프로필기가 결합한 것은 콩(Bean) 피라진으로 불리며 두유, 감자의 흙냄새, 파슬리 잎과 같은 향이 난다고 한다. 인삼 향의 핵심 성분이기도 하고, 역치가 낮으며 지속성이 강하다.

피라진은 효소에 의해 합성되기도 하고, 메일라드 반응을 통해 만들어지기도 한다. 식물의 효소에 의해서도 만들어진 2-메톡시-3-이소부틸피라진은 피망의 핵심 향으로 매우 강력하다. 2-메톡시-3-이소프로필피라진은 인삼 또는 생감자 껍질의 향인데 커피에서는 내열성이 있어서 로스팅으로도 사라지지 않는 것이 오히려 문제이다. 이것 말고도 많은 피라진이 있어서 커피를 강하게 로스팅할수록 점점 주도적인 향이 된다. 그러니 커피를 강하게 로스팅할수록 원래부터 존재하던 향은 사라지고 반응에 의해 만들어지는 내열성 있는 향기 물질이 주도하게 되므로 향이 비슷해진다.

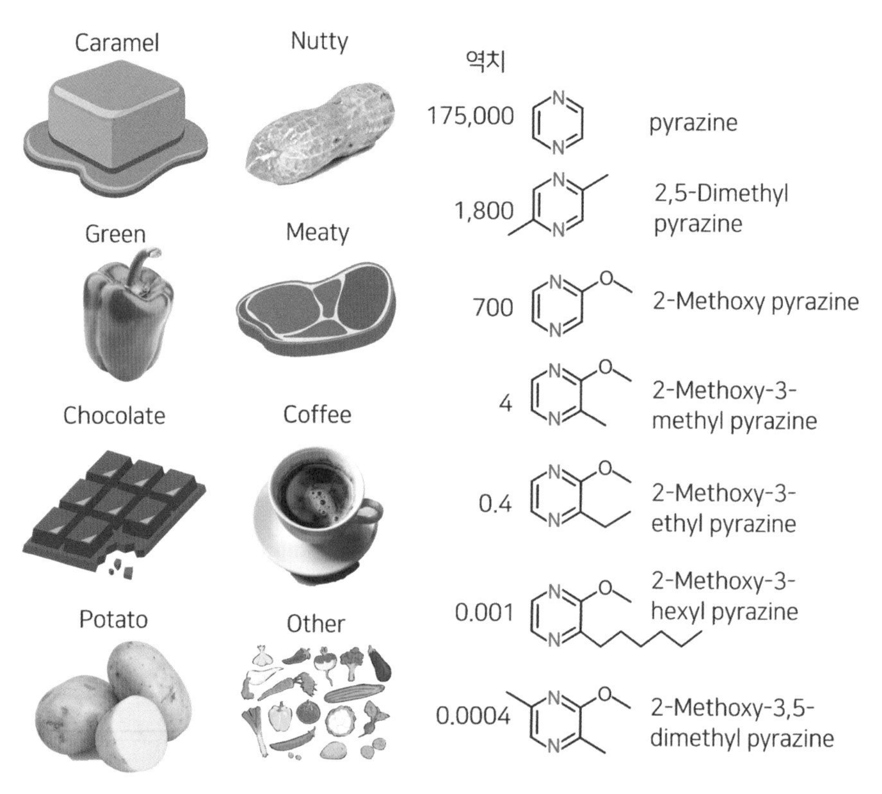

피라진의 향조와 물에서 역치

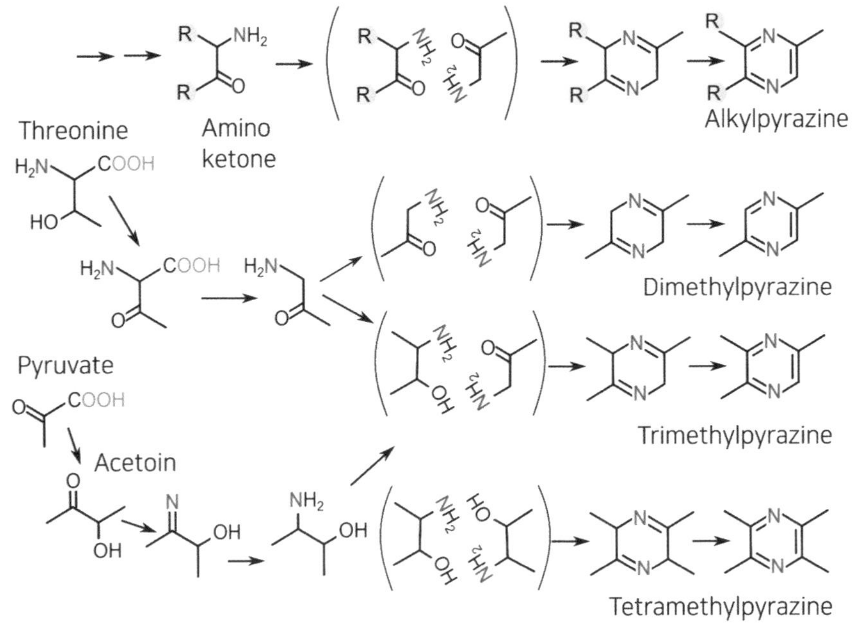

알킬피라진의 합성 경로

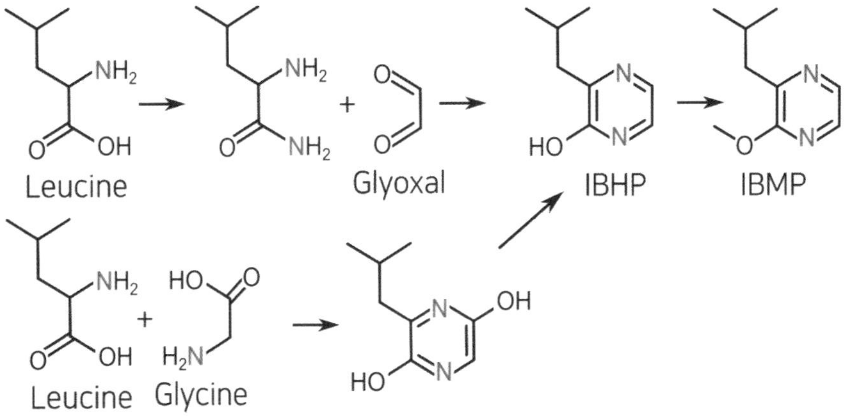

류신에서 메톡시피라진의 합성 경로

황(S) 함유 향기 물질

5

1 황화합물의 특징: 양은 작고, 예민하다

황(Sulfur)은 산스크리트어로 '불의 근원'을 뜻하는 'Sulvere(라틴어의 Sulphurium)에서 나온 단어다. 냄새도 불처럼 화끈하게 작용한다. 황은 황끼리의 결합을 잘해서인지 황의 함량이 98%가 넘는 고순도의 황광산이 있다. 여기에서 황을 채취하여 산화시켜서 이산화황(SO_2)을 만들고, 이산화황을 다시 산화시켜서 삼산화황(SO_3)을 만든다. 그리고 물(H_2O)에 반응시키면 황산(H_2SO_4)이 된다. 황산은 화학 공업의 꽃이라고 할 정도로 산업적으로 중요하고 매년 2억 톤이 넘게 생산할 정도로 많이 사용된다.

식물은 이런 황산염(SO_4)을 질소(N_2)보다 훨씬 쉽게 사용한다. 황산염(SO_4)을 흡수한 후 몇 단계를 거쳐 황(S)의 상태로 만든 뒤 세린(아미노산)과 결합하여 시스테인(Cysteine)을 만든다. 시스테인으로 사용하거나 몇 단계를 거쳐 메티오닌을 만든다. 시스테인은 생리적으로 중요한 아미노산이며, 머리카락을 구성하는 케라틴에 10% 이상 함유되어 고유의 형태를 유지하는 역할을 하고, 효소나 호르몬 활성에도 중요한 역할을 한다. 시스테인의 황 부위에 산화환원력이 있고 반응성이 높아 수많은 생리적 기능을 하는 것이다. 그리고 식품을 가열하면 만들어지는 특별한 향에도 중요한 역할을 한다. 메일라드 반응을 통해 온갖 풍미 물질을 만들어 내는 것이다. 그래서 제빵을 할 때 풍미 보조제로 시스테인을 쓰기도 한다.

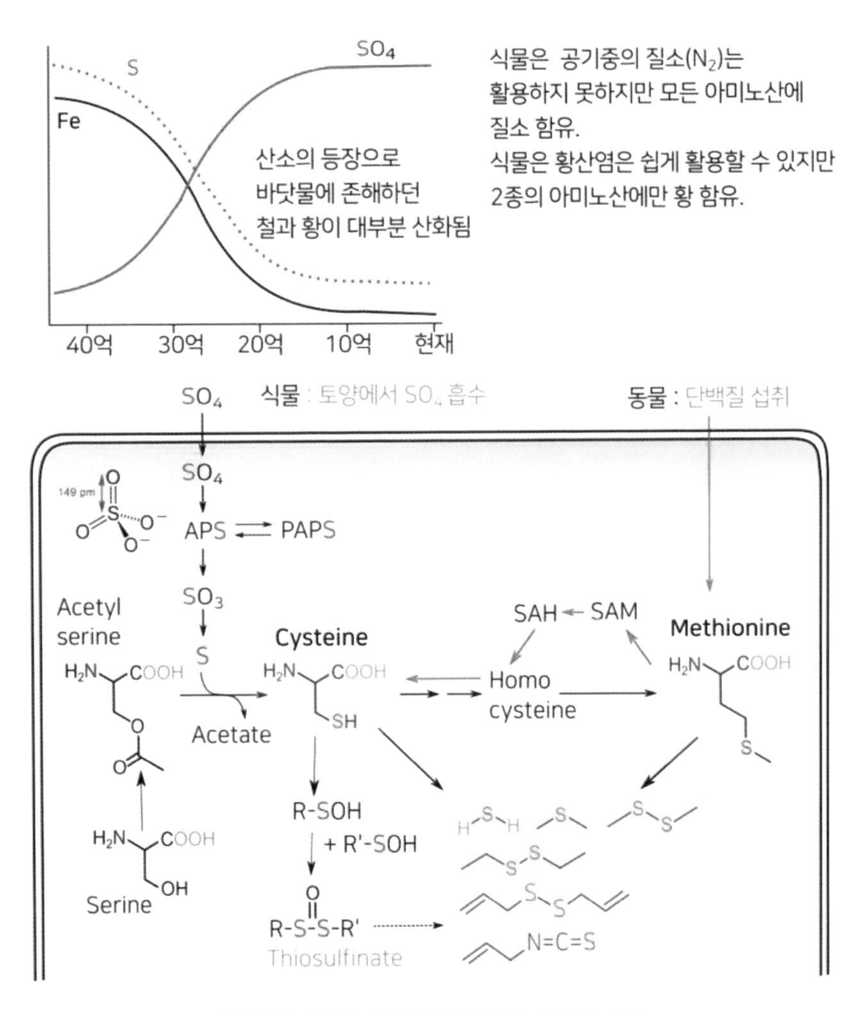

황 함유 아미노산의 합성과 향기 물질의 생성

* **사람들은 황 냄새에 매우 민감하다**

황을 포함한 향기 물질은 독특한 향을 내는데, 워낙 소량으로 작용하여 지나치면 불쾌하지만 소량이면서 다른 것과 혼합하면 매력적으로 변한다. 마늘, 양파 및 양배추에 독특한 정체성을 부여하고 구운 고기와 커피의 향기로운 매력과 일부 과일 및 와인의 '이국적인' 향에 기여한다.

황은 그야말로 지배적인 향기이다. 똑같이 생긴 향기 물질에서 그것을 구성하는 산소 하나만 황으로 바꾸어도 그 강도가 적게는 수천 배에서 심하면 1억 배까지 강해지기도 한다. 그만큼 인간의 코는 황 냄새에 예민하다. 고기를 구우면 나는 향이나 커피의 향도 그 핵심적인 매력을 설명하는 것은 황을 포함한 향기 분자이다. 황은 워낙 소량으로 작동하기 때문에 조금만 과해도 불쾌하지만, 그런데도 인간은 끊임없이 황 냄새를 좋아하도록 진화해왔다.

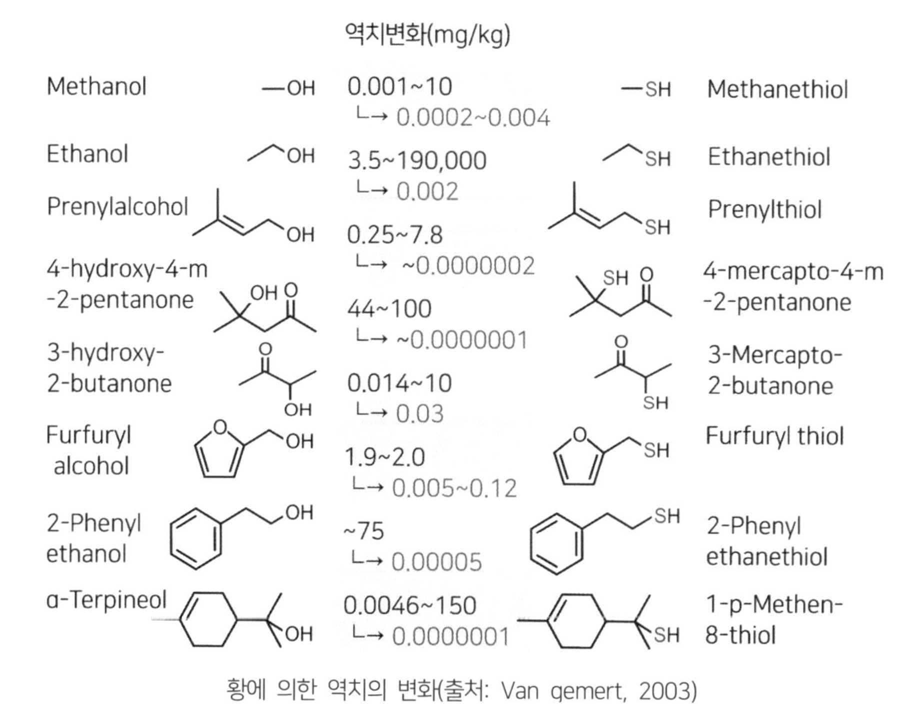

황에 의한 역치의 변화(출처: Van gemert, 2003)

또한 악취에도 결정적인 역할을 한다. 최악의 악취로 늘 꼽히는 것이 스컹크 냄새인데, 2-부텐싸이올, 3-메틸부탄싸이올 같은 황(싸이올)을 포함한 향기 분자가 핵심적인 역할을 한다. 싸이올은 분자의 끝 쪽에 황화수소가 포함된 것으로 대부분 향이 강렬하다. 오죽하면 일부러 악취 물질로 활용할 정도다.

1937년 3월, 미국 텍사스의 한 학교에서 천연가스 누출로 인한 대폭발 사고가 일어났다. 천연가스 자체에 향이 없어서 사람들은 가스 누출을 눈치채지 못했고, 급기야 폭발 사고로 이어져 294명의 아이와 교사가 사망하는 참사가 벌어졌다. 이 참혹한 사건 이후 천연가스나 프로판가스에는 무조건 에테인싸이올 같은 강한 냄새 물질을 첨가하도록 법으로 정해졌다.

와인이 자외선에 많이 노출되면 원하지 않는 스컹키한 냄새가 발생하는데 이것도 적은 양의 황화합물 때문이다. 방귀 냄새도 예전에는 인돌이나 스카톨 같은 질소화합물 때문으로 알려졌지만, 지금은 황화수소, 디메틸설파이드, 메테인싸이올 같은 황화합물이 그 원인으로 밝혀졌다. 세상에서 가장 큰 꽃이자 극심한 악취가 나는 꽃으로 유명한 '타이탄 아룸(일명 시체꽃)'의 냄새도 몇 가지 황화합물 때문이고, 사람들이 바닐라 커스터드를 변소에서 먹는 것 같다고 표현하는 두리안의 악취도 황화합물 때문이다.

그런데 황화합물은 인간이 가상 좋아하는 향이기도 하다. 가장 단순한 향기 분자인 황화수소의 냄새를 흔히 썩은 달걀 냄새로 묘사하는데, 실제로 잘 희석하여 맡아보면 삶은 달걀 냄새와 유사하다. 달걀은 매우 복잡한 성분으로 되어 있어서 달걀 특유의 맛은 복잡한 성분의 상호작용이라 예상할 수 있는데, 고작 극미량의 황화수소 한 가지로 달걀과 똑같은 냄새가 나는 것이 오히려 놀라운 일이다.

최근까지 우리 민족은 참기름을 정말 좋아해서 어떤 음식이든 참기름만 넣으면 고소하고 맛있어진다고 생각했다. 이 참기름의 핵심적인 향기가 바로 황화합물이다. 그래서 참기름에 생소한 서양 사람은 참기름 향을 약간 스컹키하다며 싫어하기도 한다. 요즘 서양송로버섯인 트뤼프(Truffe; 트뤼플)가 매우 고급 식재료로 인기를 끄는데, 그 향을 좋아하는 사람은 우리가 참기름을 대하듯이 어떤 음식이든 맛있게 변한다고 생각한다. 그런 트뤼프의 특징적인 향도 황화합물(2,4-Dithiapentane)이다.

2 황을 포함한 향기 물질

* **황화수소와 싸이올(Thiols; 티올, 머캅탄, sulfanyl)**

황화수소(H_2S)는 수소와 황 원소를 결합한 가장 작은 향기 분자로서 극미량도 감지할 수 있고 고농도는 위험할 수 있다. 익힌 달걀의 향이지만, 단백질이 분해되면서 만들어지는 대표적인 물질이라 고농도에서는 '썩은 달걀 냄새'로 느껴진다. 지구의 화산과 온천은 유기체가 생기기 이전부터 이 분자를 방출해

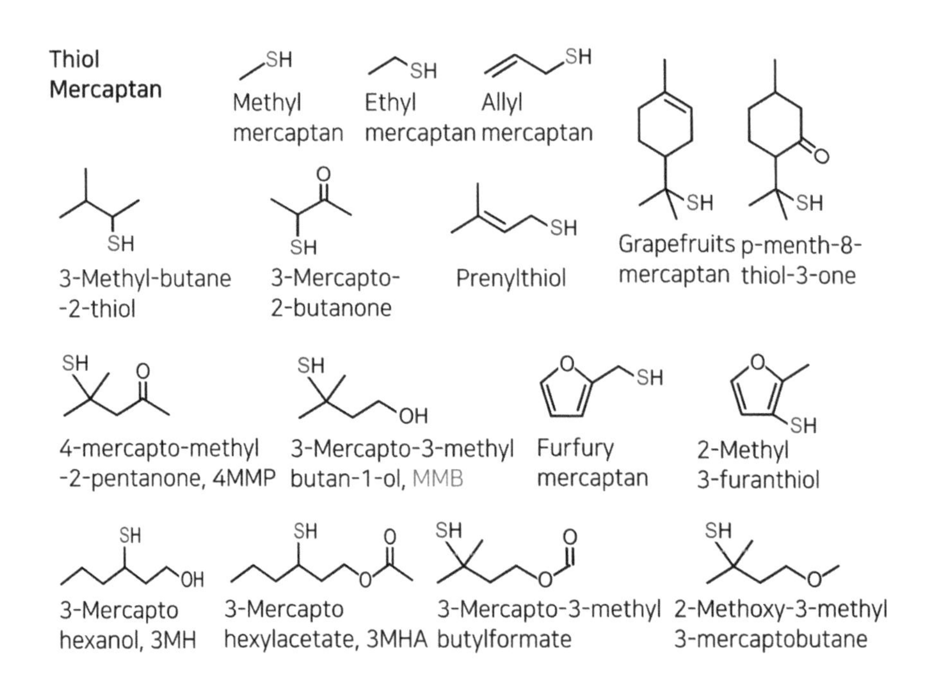

왔으니 원시 지구의 향기가 곧 유황의 냄새일 것으로 생각된다.

C1~C3싸이올(Methanethiol, Ethanethiol, Propanethiol)은 향의 역치가 낮고, 황이 많은 채소 같은 향이 있다. 2-Mercapto-3-pentanone과 4-Methyl-4-mercapto-2-pentanone은 블랙 커런트 또는 고양이 오줌 같은 냄새를 부여한다. 3-Mercaptohexanol과 3-Mercaptohexyl acetate는 레드와인에 강한 블랙 커런트 향을 부여한다. 망고싸이올로도 불리는 10-Mercaptopinane은 망고 향이 강하고, p-Menth-1-en-8-thiol은 자몽 향의 특징이 강하며, 역치는 0.0001μg/kg으로 매우 낮다. 두리안의 냄새도 싸이올류의 역할이 크다.

고기 향에서는 MFT(2-Methyl-3-furanthiol)와 FFT(2-Furfurylthiol, 2-Furfuryl mercaptan, 2-Furanmethanethiol) 같은 물질이 중요한 역할을 하며, FFT는 커피에 핵심적인 향기 물질이다. 이런 싸이올류는 오트플레이크, 커피, 참깨에 중요하고, MFT는 오렌지 주스를 가열할 때 부정적인 풍미 변화 역할을 한다. 3-Methyl-2-butene-1-thiol은 맥주의 일광취(Sun flavor)와 관련이 있는 스컹키한 향으로 알려져 왔는데 와인에서는 오히려 향에 큰 기여를 하는 것이 밝혀졌다.

* 설파이드(Sulfides)

디메틸설파이드(DMS)는 바다, 해조류, 김 등의 향기뿐 아니라 옥수수, 아스파라거스 향, 과일 향도 제공한다. 디메틸트리설파이드(DMTS)는 과도하게 익힌 브라시카 채소에서 이취의 주요 원인이 된다. S-메틸-L-시스테인과 그것의 설폭사이드에서 열분해로 생기는 향은 배추속 식물(양배추, 유채, 겨자)과 파속(파, 양파, 마늘) 채소의 향에 상당히 기여한다. 메치오날은 감자에서 발견되는 매우 강력한 삶은 감자 향이지만 다른 많은 식품에서도 높은 기여를 하는 향기 물질이다. 알릴(Allyl) 및 프로필 설파이드, Di-sulfides, Tri-sulfides는 마늘과 양파에 다량 존재한다. 알릴메틸설파이드는 마늘 향, 2,4-Dithiapentane은 트뤼프 오일의 향이다. 3,5-Dimethyl-1,2,4-trithiolane을 포함한 다양한 고리형 황화물이 조리된 고기에서 발견된다. 3,5-Di-isobutyl-1,2,4-trithiolane은 베이컨 향에 기여하고, 푸란싸이올의 구조를 기반으로 한 많은 황화물이 고기 향에 기여한다.

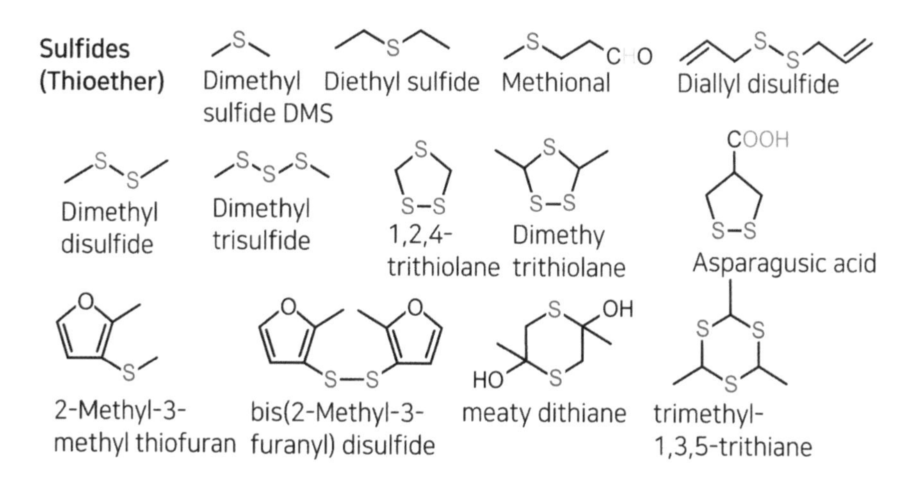

* 티오펜(Thiophenes)

항을 포함한 사이클 구조 물실은 특히 시스테인 함량이 높을 때 가열과정에서 잘 형성된다. 단순한 티오펜은 향이 약하지만, 예외적으로 2-methyl-3-thiophenethiol은 2-methyl-3-furanthiol과 유사한 형태로 구운 고기 특성이 있고 볶은 참깨에서 발견된다. 커피에는 많은 황화합물이 포함되어 있다. 커피에서 발견되는 이중고리 티오펜은 로스팅, 스모키 및 유황 냄새에 기여한다.

Thiophene
(Arometic S)

OH

SH

2-methyl
thiophene

thiophene
ethanol

2-methyl-
3-thiophenethiol

3 황화합물의 합성 경로

* 시스테인과 메티오닌으로부터

황 함유 향기 물질은 시스테인이나 메티오닌의 분해에서 시작된다. 황은 반응성이 좋아서 여러 물질과 이합집산을 거듭하며 다양한 향기 물질이 된다.

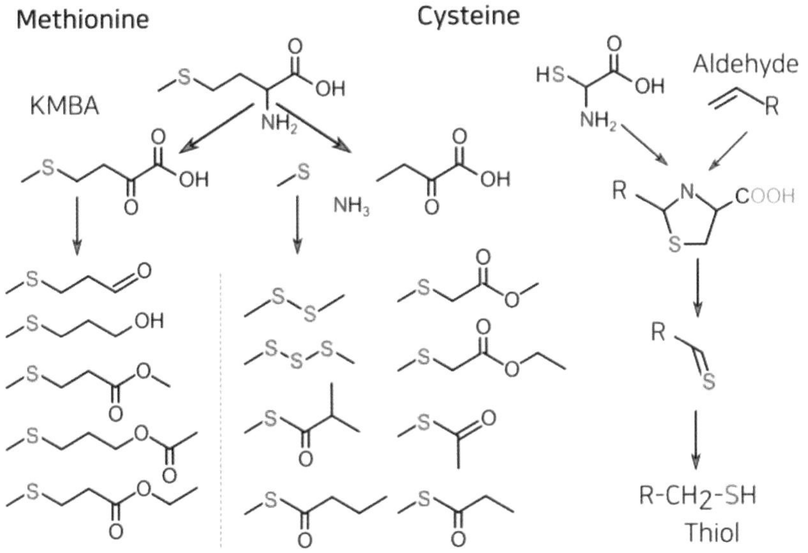

Methionine
Cysteine
KMBA
Aldehyde
OH
NH2
HS
NH3
COOH
R-CH2-SH
Thiol

* 퓨란계 황화합물

메일라드 반응으로 황을 함유한 향기 물질도 만들어진다. 이들은 역치가 낮아서 강력한 향기 물질로 작용한다.

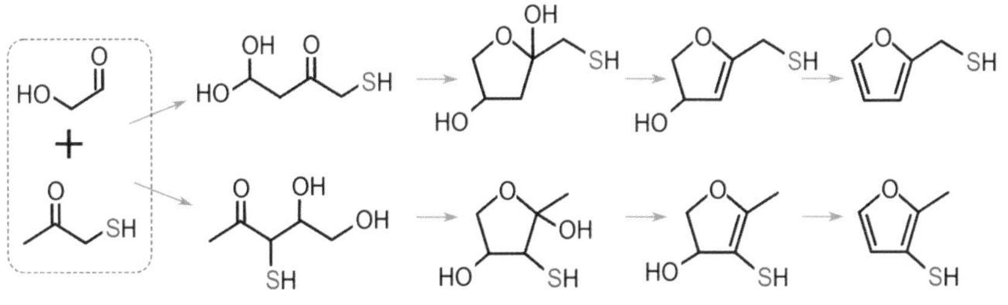

HO
OH
SH

메일라드 반응으로 만들어지는 황화합물

* **글루코시놀레이트(GSL) & 이소티오시아네이트(Isothiocyanates)**

양배추속 채소에서 고농도로 발견되는 글루코시놀레이트(Glucosinolate)는 2010년까지 130종 이상이 발견되었고, 이것은 이소시아네이트(Isothiocyanate, ITC)와 향의 중요한 원천물질이 된다. 글루코시놀레이트가 효소(Myrosinase)에 의해 가수분해되면 다양한 생리 활성 화합물과 매운 향을 생성한다. 이 중에 자극적인 향과 생리 활성 효과를 모두 제공하는 것은 이소티오시아네이트(ITC)이다. 조리된 콜리플라워에서 알릴이소티오시아네이트(AITC)가 중요하고 브로콜리 향에 Methyl, Butyl, 2-methylbutyl 이소시아네이트와 설파이드가 중요하다.

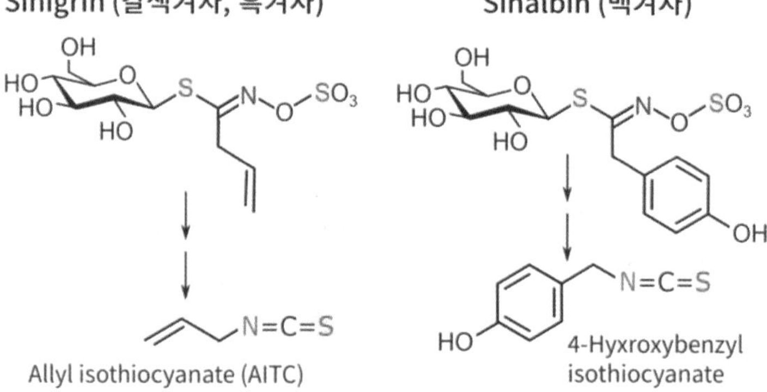

글루코시놀레이트에서 향기 물질이 만들어지는 경로

* 티아민(비타민B1)에서 만들어지는 향기 물질

비타민은 향기 물질과 별로 관련이 없는데, 티아민과 비타민C는 예외적으로 가열 시 만들어지는 향기 물질과 관련이 있다. 티아민은 분자 자체에 티아졸/설퍼롤 구조를 가지고 있어서 고기 향과 관련이 깊다.

메일라드 반응에 의해 생성되는 티아졸은 조리취, 로스팅 및 토스트 향을 주는 경향이 있다. 자주 나타나는 티아졸은 2-Acetylthiazole이며, 고소한 팝콘 향을 부여한다. 유사한 2-Acetyl-2-thiazoline은 역치가 낮고 갓 구운 빵의 향을 가지고 있다. 2-Isobutylthiazole은 생 토마토에 존재하며 토마토에 특유의 그린 노트를 부여한다.

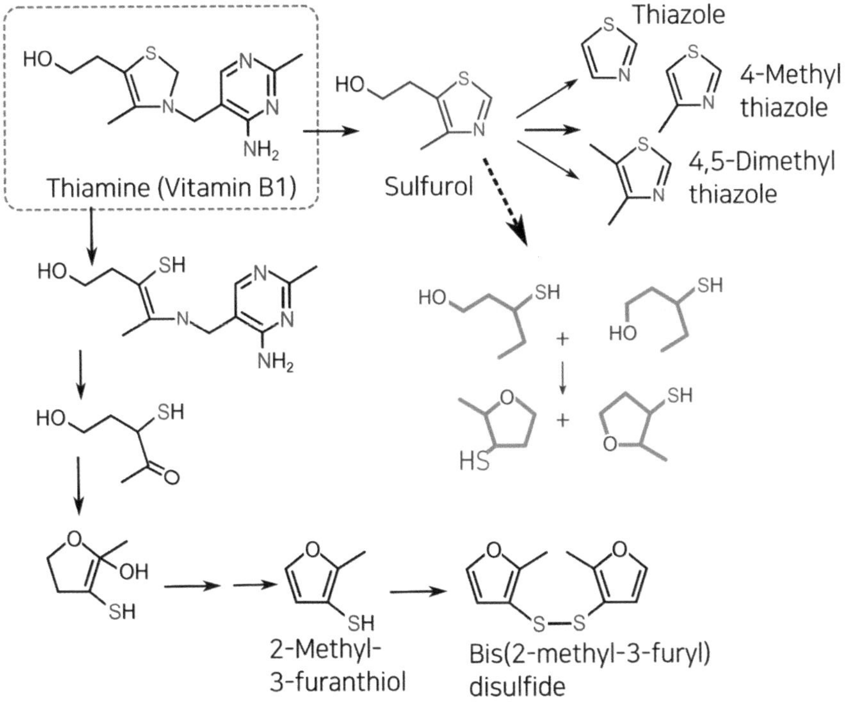

비타민B1에서 향기 물질 합성 과정(출처: Vincent varlet, 2010)

가열로 만들어지는 향기 물질 6

식품의 가열 반응은 매우 복잡해서 식품의 온갖 성분을 변화시키고 색과 향도 만들어진다. 가열로 만들어진 향은 만들어지는 동시에 상당량 휘발되고, 실제 제품에 남은 양은 0.1%가 안 되지만 그 효과는 매우 강력하다. 가열에 의해 탄수화물(당류)만 있으면 캐러멜 반응이 일어나고, 단백질(아미노산)과 만나면 메일라드 반응이 일어난다. 이런 반응을 통해 피라진이나 황화합물 등 인류

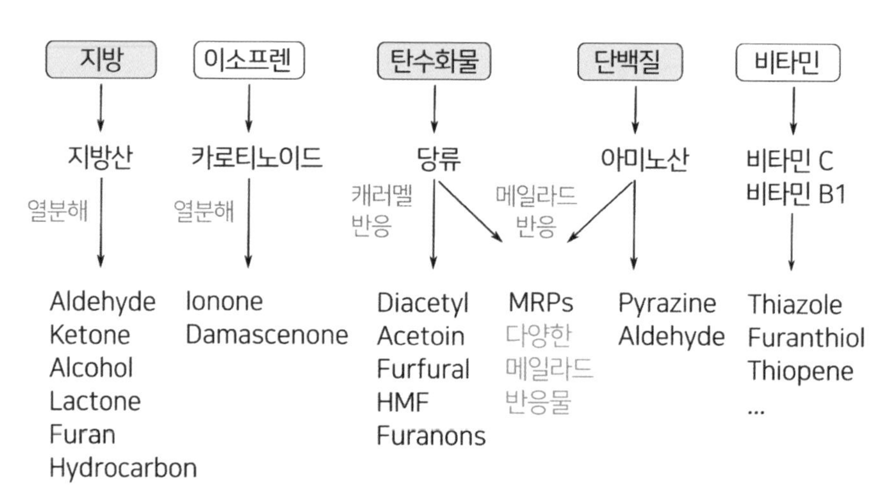

가열 반응의 주요 전구체와 반응 생성물

가 좋아하는 향이 만들어지며, 이때 지방의 역할도 상당하다. 지방산이 분해되어 여러 풍미 원료가 되거나 향기 물질의 전구체가 된다. 튀김의 풍미가 바로 분해되고 산화된 지방산에 의한 것이다. 카로틴의 분해가 일어나고 비타민C도 메일라드 반응을 통해 향을 만들고 갈변도 일으킨다. 이런 반응은 과일주스 등에는 불리하지만, 빵에서는 긍정적인 효과를 준다. 비타민B1은 질소와 황이 포함된 티아졸 구조가 있어서 분해되면 향에 상당한 영향을 미친다.

1 캐러멜 반응(가열, 분자탈수)

캐러멜 반응은 아미노산 없이 당류만을 가열했을 때 일어나는 화학반응이다. 이 반응을 통해 무색무취한 당에서 놀랍도록 다양한 향이 만들어진다. 당을 가열하면 단맛은 줄어들고, 색깔이 짙어지며 향이 강해진다. 반응이 지나치면 탄화로 쓴맛도 강해진다. 캐러멜은 대개 설탕으로 만드는데, 설탕은 구성 성분인 포도당과 과당으로 분해된 후 새로운 분자들로 재결합된다. 과당을 '환원당'이라고도 하는데, 분자 내에 알데히드 구조가 있어 반응성이 크기 때문이다. 포도당, 설탕에 캐러멜 반응이 일어나는 온도는 160℃로 맥아당의 180℃보다는 낮지만, 과당의 110℃에 비해서는 훨씬 높은 이유다.

캐러멜 반응은 설탕을 물과 섞어 갈색이 될 때까지 가열해보면 쉽게 알 수 있다. 물은 설탕이 포도당과 과당으로 더 잘 전환되도록 해주고 타지 않게 해준다. 설탕을 끓여 물이 적어지면 시럽 온도가 100℃ 이상으로 올라간다. 113℃가 되면 농도가 85%에 도달하고 퍼지를 만들 수 있다. 132℃에서는 당도가 90%가 되어 태피를 만들 수 있고, 149℃ 이상 가열하면 당도가 거의 100%이고, 식었을 때 바스러지는 하드캔디를 만들 수 있다.

캐러멜 반응으로 생기는 향에는 여러 향이 포함되어 있는데, 버터와 밀크

향, 과일 향, 꽃향기, 단내, 럼주 향, 구운 향 등이 대표적이다. 반응이 지나치면 단맛은 없고 신맛, 나아가 쓴맛과 거슬리는 태운 맛 등이 더 두드러지게 된다.

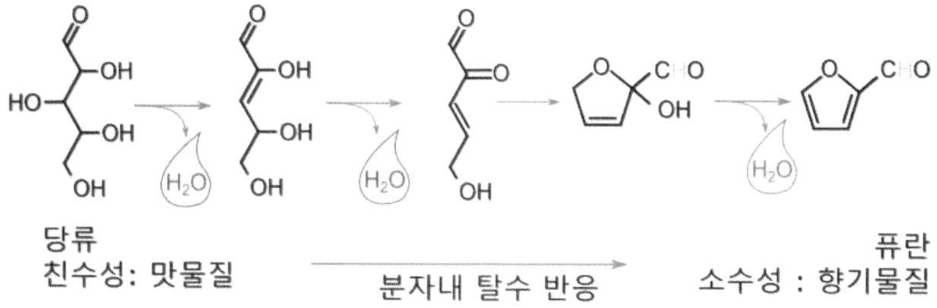

당류
친수성: 맛물질

분자내 탈수 반응

퓨란
소수성 : 향기물질

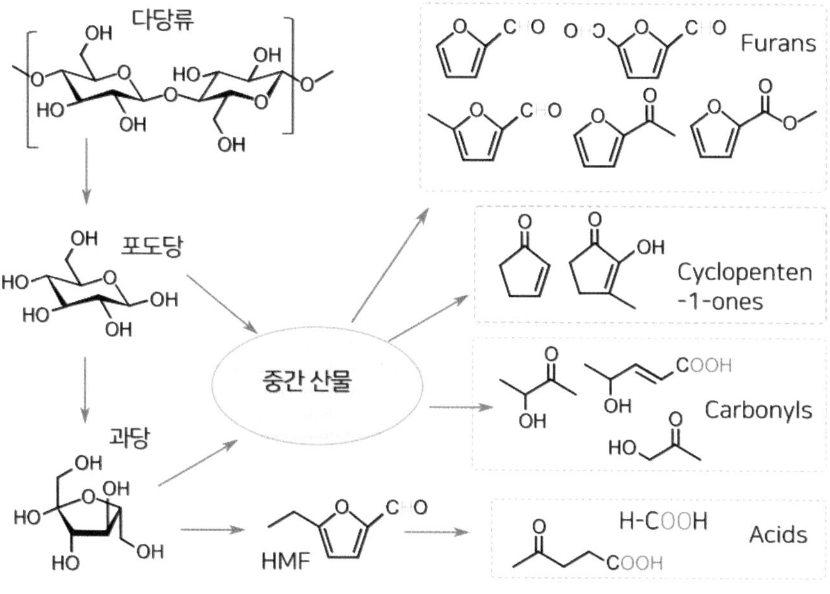

다당류

포도당

과당

중간 산물

HMF

Furans

Cyclopenten
-1-ones

Carbonyls

Acids

캐러멜 반응의 핵심 경로(출처: Yuan Zhao, 2018)

* 퓨란(Furans)

캐러멜 반응으로 생성된 퓨란은 산소가 포함되어 향기 역치가 낮은 경우가 많다. 2-아세틸퓨란은 코코아, 캐러멜, 커피 등의 향이고, 퓨라네올도 역치가 낮고 딸기와 달콤한 캐러멜 향을 제공한다. 소톨론(Sotolon) 또한 역치가 매우 낮아 희석하면 메이플 시럽 향이 되고 고농도에서는 스파이시한 향을 낸다. 소톨론은 조미료취라고도 하는데 쇠고기, 돼지고기, 그레이비, 된장, 간장 등에서 진한 세이버리 풍미를 제공한다. 소톨론 유사체인 메이플퓨라논(Maple

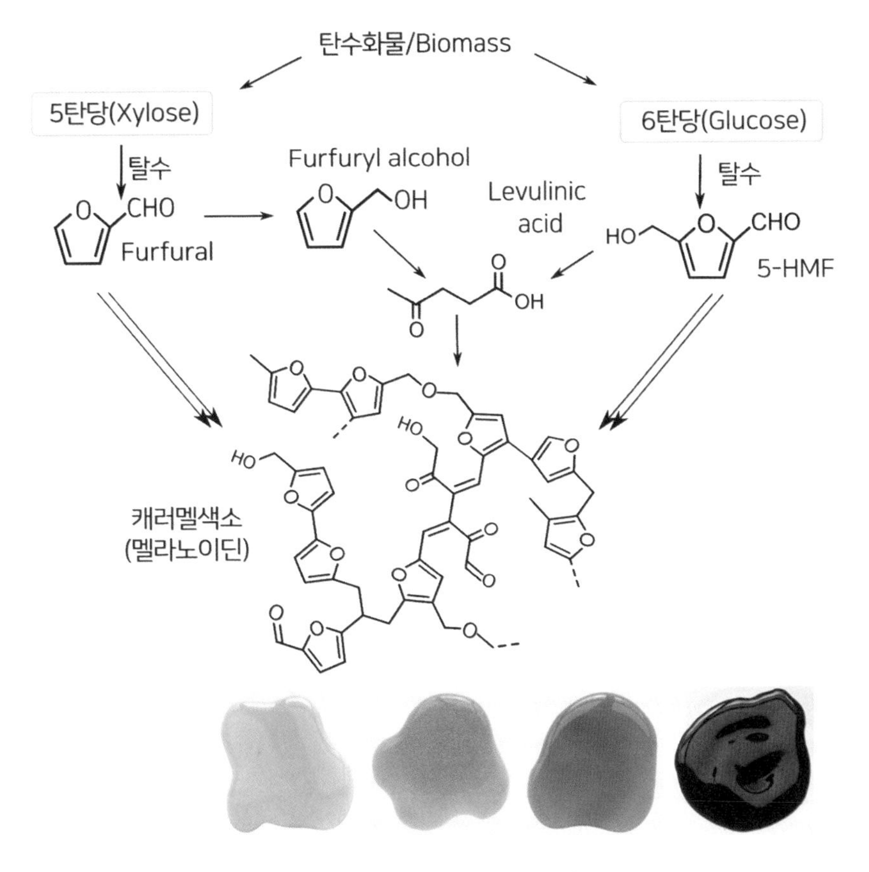

캐러멜 반응으로 만들어지는 색소

furanone: abhexon)은 강하고 달콤한 캐러멜 향과 메이플 향을 주며 커피에도 중요하다. 노르퓨라네올(Norfuraneol)은 퓨라네올보다 탄소가 하나 적고 유사한 단맛을 내지만, 역치가 훨씬 높아 향으로 가치가 떨어진다.

* **피라논(Pyranones)**

피라논은 퓨라논과 유사한 경로로 만들어지며 강력하고 달콤한 향을 준다. 말톨(Maltol)이 가장 잘 알려져 있고, 에틸말톨은 그보다 6배 정도 강력하다. 사이클로텐(Cyclotene)은 강한 캐러멜 향을 가지고 있으며, 간장에서 중요하고 토피와 캐러멜 등의 향료 원료로 자주 사용된다.

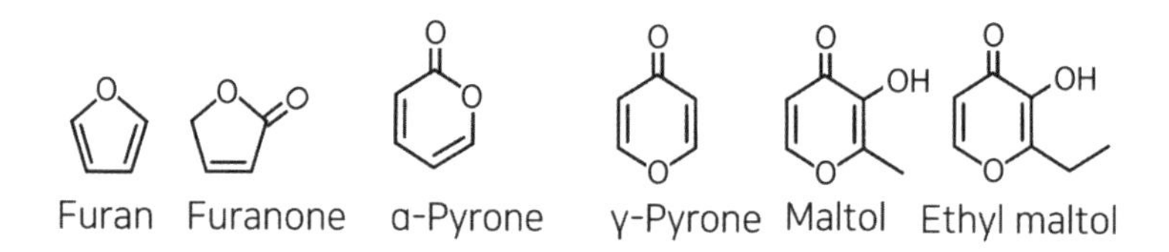

2 메일라드 반응

식품 성분 중 당류와 아미노산이 고온에서 반응하여 향이나 색소 물질이 만들어지는 것을 '메일라드 반응'이라고 한다. 이 반응은 선사 시대부터 조리에 이용되어왔지만, 루이스 메일라드라는 화학자가 1910년대에 들어서 체계적으로 정리하기 시작했다. 메일라드 반응은 당의 알데히드기가 그것과 친화력이 있는 아미노산의 아민과 결합하고 계속 이어지는 일련의 반응을 통해 다양한 맛, 향, 색소 분자가 만들어지는 과정이다. 이 과정은 알칼리 환경에서 더욱 촉진되며 요리의 맛과 향의 근본이 된다.

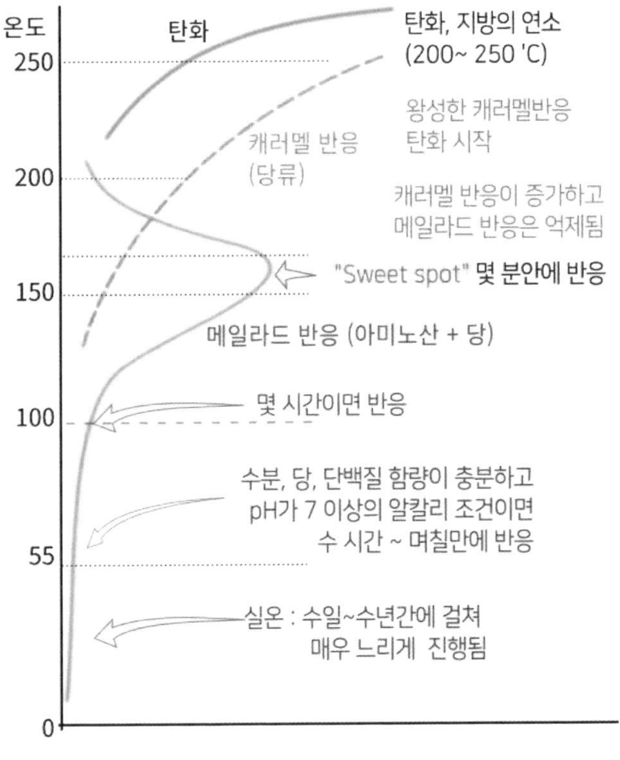

온도에 따라 달라지는 가열 반응의 종류

메일라드 반응을 통해 수백 가지의 향기 물질이 만들어지는데 구운 빵, 비스킷, 구운 고기, 연유, 볶은 커피, 군고구마, 군밤, 호떡, 부침개, 튀김 등의 로스팅 향이 이렇게 만들어진다. 이런 원리를 이용해 반응향(Reaction flavor)을 만들기도 하는데 이것은 다음과 같은 과정을 거친다.

- 원료: 단백성 질소원, 탄수화물, 지방 + 허브와 스파이스, 소금 등.
- 가공조건: 180℃에서 15분(또는 이보다 낮은 온도에서 같은 효과를 내는 상대적으로 더 긴 시간)을 초과하지 않아야 한다.
- pH: 8.0을 초과해서는 안 된다.

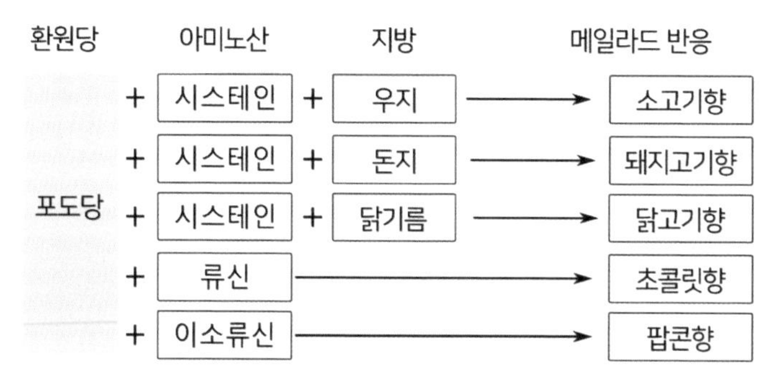

반응향의 기본 원리

	글리신	글루탐산	라이신	메티오닌	페닐알라닌
포도당	탄 캔디	닭	탄 감자	양배추	캐러멜
과당	소 육수	닭	감자튀김	콩스프	
맥아당	소 육수	구운 햄	묵은 감자	고추냉이	달콤함
설탕	소 육수	고운 고기	삶은 고기	삶은 양배추	초콜릿

당과 아미노산의 조합에 따른 향기 물질(Food flavor technology 2판)

당류	아미노산	온도(℃)	향기 특징
포도당	시스테인	100~140	Meaty, beefy
리보스	시스테인	100	Meaty, roast beef
비타민C	트레오닌	140	Beef extract, meaty
비타민C	시스테인	140	Chicken
포도당	세린, 글루타민, 티로신	100~220	Chocolate
포도당	류신, 트레오닌	100	Chocolate
포도당	페닐알라닌	100~140	Floral, chocolate
리보스	트레오닌	140	Almond, marzipan
포도당	프롤린	100~140	Nutty
포도당	프롤린	180	bread, baked
포도당	알라닌	100~220	Caramel
포도당	라이신	110~120	Caramel
자일로스	라이신	100	Caramel, buttery
리보스	라이신	140	Toast
포도당	발린	100	Rye bread
포도당	아르기닌	100	Popcorn
포도당	메티오닌	100~140	Cooked potatoes
포도당	이소류신	100	Celery
포도당	글루타민, 아스파라긴		Nutty

* 메일라드 반응의 기작

반응의 시작은 포도당과 같은 당류가 아미노산과 결합하는 것이고, 아미노산과 결합하면 반응성이 훨씬 커져서 다양한 물질로 변환이 쉬워진다. 반응은 여러 단계를 거쳐 일어나는데 가장 기본적인 과정이 당류 분자에서 수분이 빠져나가는 것과 분해가 일어나는 것이다. 분자 내 탈수가 일어나야 지용성 향기 물질이 되고, 쪼개어진 분자가 다른 분자와 만나 다양한 향기 물질이 되는 원료가 된다. 하나의 당과 하나의 아미노산만 반응시켜도 여러 가지 향기 물질이 만들어지는데 그런 물질을 통해 느끼게 되는 향의 특성은 고기, 초콜릿, 너트, 캐러멜 등 전형적인 가열의 향이다.

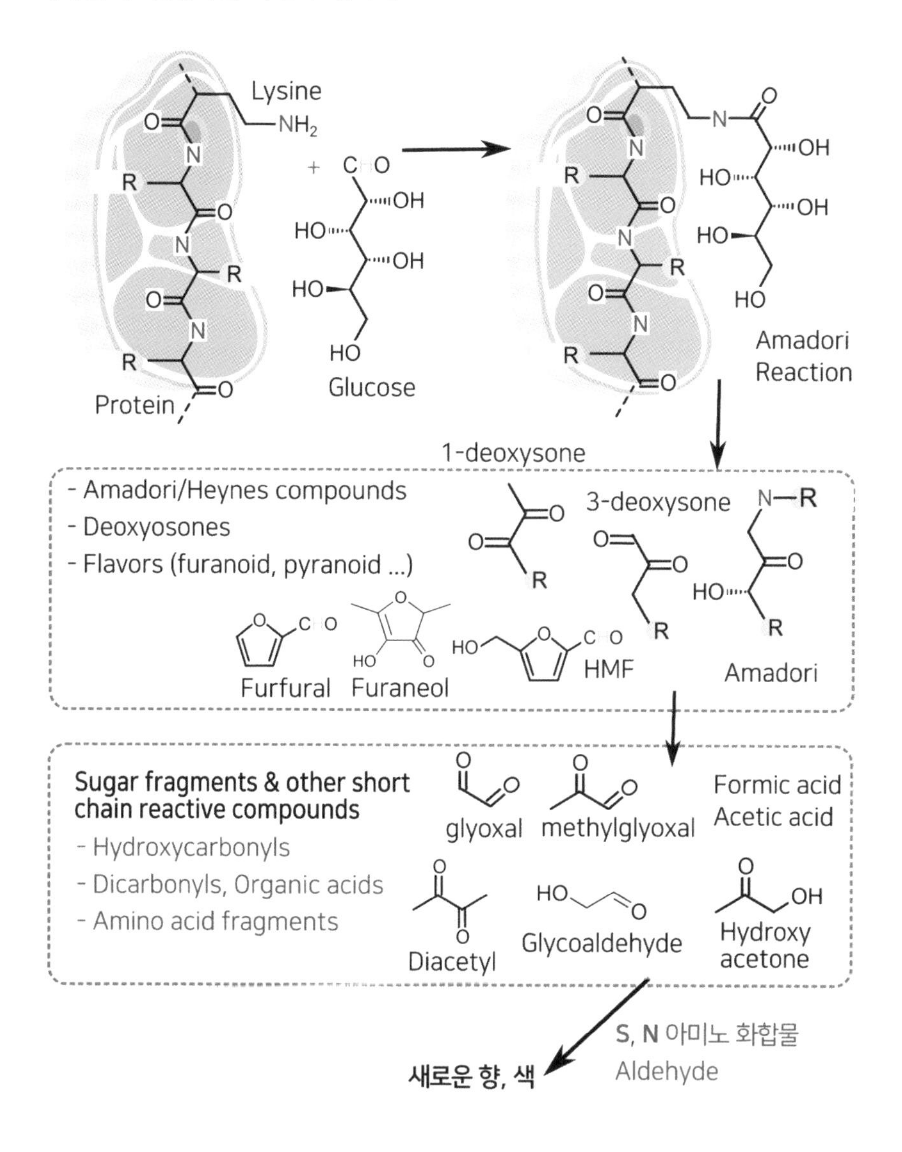

Glucose

$+RNH_2$

Schiff base

1,2-enaminol

Amadori compound

$-RNH_2$

$-RNH_2$

$+RNH_2$

$-H_2O$

Schiff base

Heynes compound

3-deoxysone

1-deoxysone

glyoxal

methylglyoxal

Furfurals

maltol

isomaltol

Furanones

methylglyoxal

Hydroxyacetone

+ Asparagine

+ Amino acid

+ Cysteine

+ Proline

$+ H_2S, NH_2$

Acrylamide

Pyrazine

Acetylthiazole

2-acetylpyrroline

Alkylthiazole

메일라드 반응의 개략도

포도당이 아미노산에 의해 여러 중간 물질로 분해되고 그것들이 이합집산을 하고 질소나 황 물질과도 결합하여 우리가 좋아하는 향이 되는 한편, 아크릴아미드 같은 위험한 물질도 만들어진다는 것이 핵심이다. 비타민C는 보통 항산화 기능을 한다고 알려져 있는데 가열하면 스스로 산화되어 향이나 색의 원료가 되기도 한다. 그 현상이 바람직한 경우도 있지만 바람직하지 않은 경우도 많다.

- pH에 따라 달라지는 반응물

메일라드 반응은 보통 알칼리에서 활발하여 pH가 낮아지면 갈변 반응은 억제된다. 갈변 반응이 진행되면서 pH가 낮아지는데 이것은 알칼리를 띠는 아미노기($-NH_2$)가 결합으로 제거되는 효과를 가지기 때문으로 생각된다.

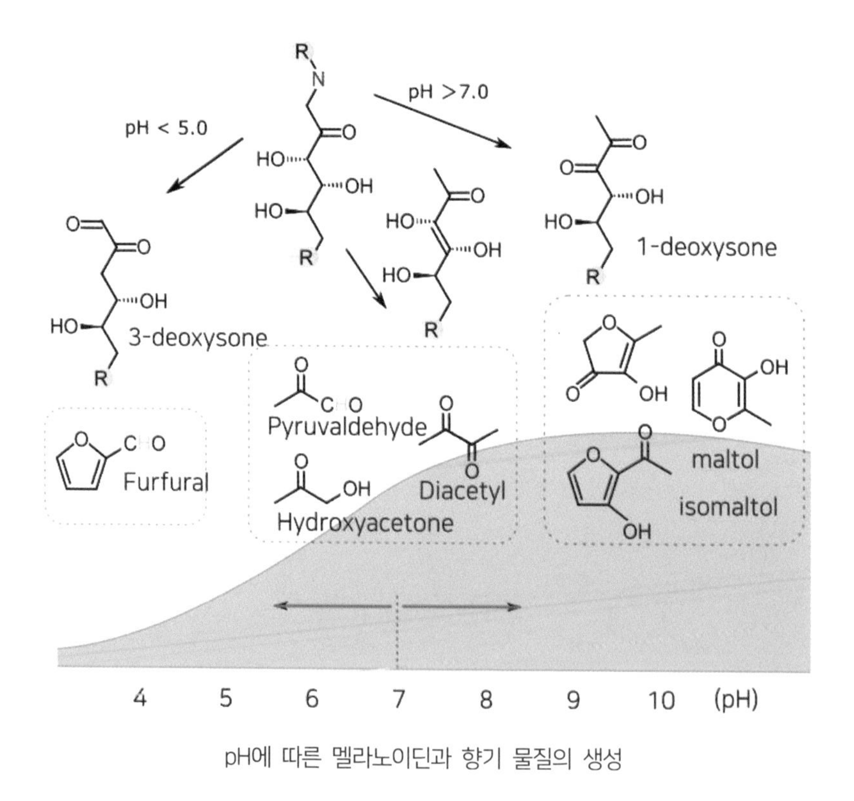

pH에 따른 멜라노이딘과 향기 물질의 생성

3 열분해(Pyrolysis)

* 리그닌의 열분해와 훈연향(Smoke flavor)

우리는 나무를 태울 때 나는 향을 좋아한다. 담배를 좋아하는 사람은 담배를 태울 때 나는 향도 좋아할 것이다. 나무의 주성분인 셀룰로스는 포도당으로 만들어진 것이라 가열로 만들어지는 향기 성분이 단순하지만, 리그닌은 벤젠링을 가지고 있어서 다양한 향기 물질이 만들어진다. 셀룰로스를 열분해할 때 만들어지는 향기 물질은 유기산(초산, 포름산), 말톨, 사이클로펜테논(Methyl, Ethyl, Dimethyl), 말톨, 퓨란(Furfural, 5-Hydroxy methyl furfural) 같은 것이지만 리그닌에서 만들어지는 물질은 페놀과 크레졸, 과이어콜(4-Methyl, 4-Ethyl, 4-Propyl), Pyrocatechol, 바닐린, 아세토 바닐론, 2,4,5-Tri-methylbenzaldehyde, 유제놀, 이소유제놀, Syringol, 다양하게 치환된 Syringol, Syringaldehyde 같은 것이다. 훨씬 다양한 풍미 물질이 만들어지고, 온도가 높아질수록 스모키한 향이 만들어진다.

나무의 열분해 산물을 이용하여 식품을 훈연하는 공정은 수천 년에 걸쳐서 활용되어 왔다. 육류나 생선을 건조하려고 연기를 피워 걸어 두었던 것이 결과적으로 더 오랫동안 보존이 가능하고 맛도 좋게 했던 것이다. 기술은 계속 발전하여 요즘은 전문적인 훈연 장비를 사용한다.

오늘날의 훈연 발생기는 강제적인 공기 순환과 온도가 조절되는 조건에서 단단한 재질의 나무 톱밥을 태우도록 고안되어 있다. 이렇게 하더라도 나무를 서서히 태우는 것은 상당한 기술이 필요하다. 제품의 향 품질에 차이가 생기거나, 잘못하면 제품에 그을음이 생기고 발암성이 있는 축적성 다환구조 물질이 만들어지기도 하지만, 사람들은 훈연한 불맛을 여전히 좋아한다. 그래서 액상으로 된 훈연 향을 개발하여 제품에 바르는 방식을 사용하기도 한다.

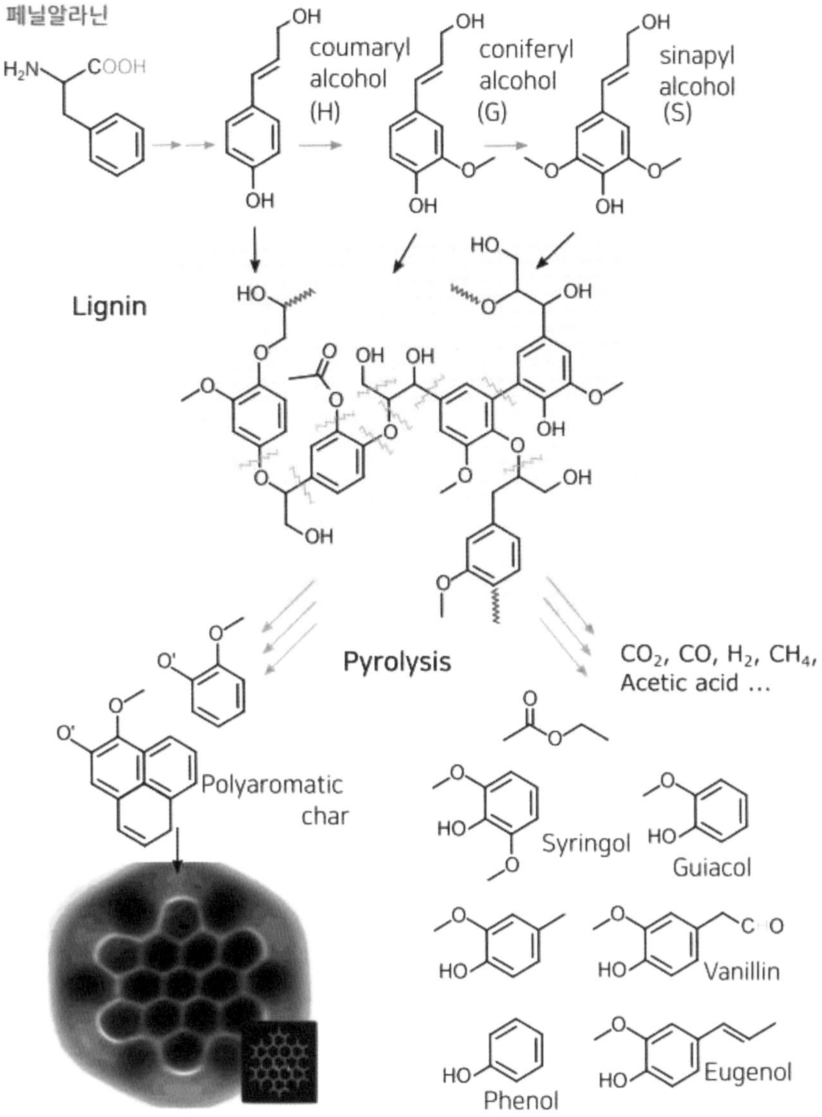

페닐알라닌

H_2N COOH

OH

coumaryl alcohol (H)

OH

coniferyl alcohol (G)

OH

sinapyl alcohol (S)

OH OH OH

Lignin

HO HO OH

OH OH

O O O O O O O

OH

OH OH

Pyrolysis

CO_2, CO, H_2, CH_4, Acetic acid ...

O'

O'

Polyaromatic char

Syringol

Guiacol

CHO

Vanillin

Phenol

Eugenol

리그닌의 열분해

나무를 열분해할 때 온도에 따라 만들어지는 향기 물질

온도	성분	향기 특징
저온	methanol	ethereal, alcohol
	formic acid, formaldehyde	sharp, chemical, suffocating
	acetic acid, acetaldehyde	pungent, vinegar, green
	propionic acid	pungent, cheesy
	acrolein (propenaldehyde)	acrid, irritating
	butyric acid	sour milk, cheesy
	diacetyl	buttery
	furans	solvent, earthy, malty, chocolate
	furfural	bready, nutty
	angelica lactone (furanone)	sweet, hay, coconut
	other furanones	caramel, sweet, burnt
중온	syringol	smoky, balsamic, medicinal, woody
	guaiacol	medicinal, smoky, woody, meaty
	4-vinylguaiacol	clove, medicinal, curry
	4-ethylguaiacol	bacon, clove, smoky
	3-, 4-methylguaiacol	vanilla, smoky
	propylguaiacol	clove, spicy, sweet
	eugenol, isoeugenol	clove, sweet
	vanillin	vanilla
고온	phenol (hydroxybenzene)	sweet, tarry, burnt, disinfectant
	2-methylphenol(o-cresol)	inky, medicinal
	3-methylphenol(m-cresol)	tarry, burnt, leather
	4-methylphenol(p-cresol)	stable, fecal
	dimethylphenols	sweet, tarry, burnt
	vinylphenol	medicinal, sweet

* 헌책의 냄새

헌책방 골목이나 도서관에 가면 헌책 냄새가 가장 먼저 방문객을 맞이한다. 이런 책 냄새를 분석하면 먼저 우디 향, 즉 나무 냄새가 있고, 스모키 향, 흙내음, 커피 향, 초콜릿 향, 바닐라 향 등이 난다. 셀룰로스와 리그닌이 분해되어 만들어진 바닐린, 벤즈알데히드, 푸르푸랄(Furfural) 등이 바닐라, 아몬드, 캐러멜 향을 낸다. 헌책 냄새를 좋아하는 것은 아마 이런 화학물질이 주는 달달한 향 때문일 것이다. 헌책에서 우디 향을 넘어 바닐라 향기가 날 정도면 이미 부식되는 과정이라 할 수 있다. 인쇄기법과 재료에 따라서도 향이 달라지는데, 셀룰로스보다는 리그닌이 안정적이므로 오래된 책일수록 리그닌의 비율이 높아진다.

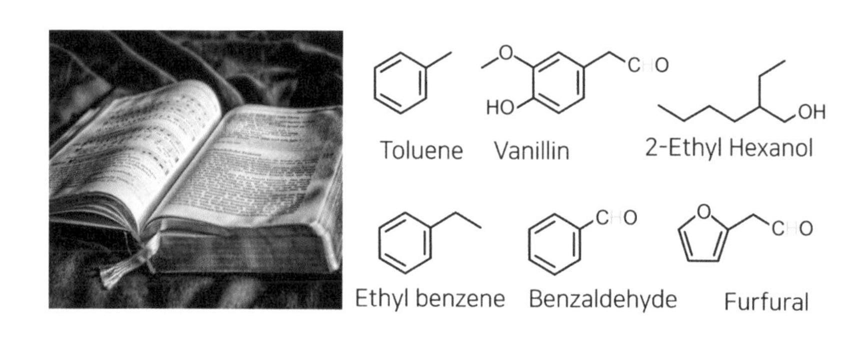

* 지방산의 열분해

지방산은 효소뿐 아니라 가열에 의해 분해되는 경우가 있는데, 지방산의 열분해는 효소로 분해한 것보다 훨씬 랜덤하게 이루어지므로 만들어진 향기 물질이 좀 더 복잡하고 다양하다. 튀김의 풍미가 바로 열에 의해 분해된 지방산으로 만들어진 풍미이다.

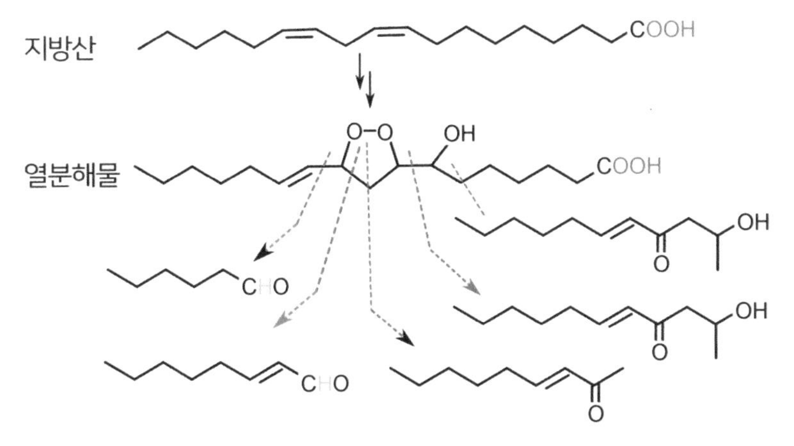

지방산의 열분해로 만들어지는 향기 성분

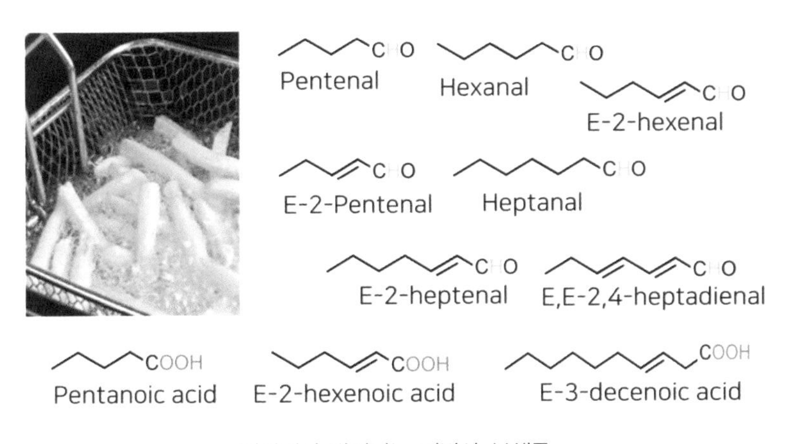

튀김에서 발견되는 지방산 분해물

향기 물질의 경시 변화 7

1. 향기 물질의 반응성과 보관 중 변화

일반적으로 향료 성분들은 대부분 안정적이지만, 일부는 산화로 변하거나 아세탈 반응으로 변한다. 여기서 설명하는 내용은 향수나 향료처럼 고농도의 향

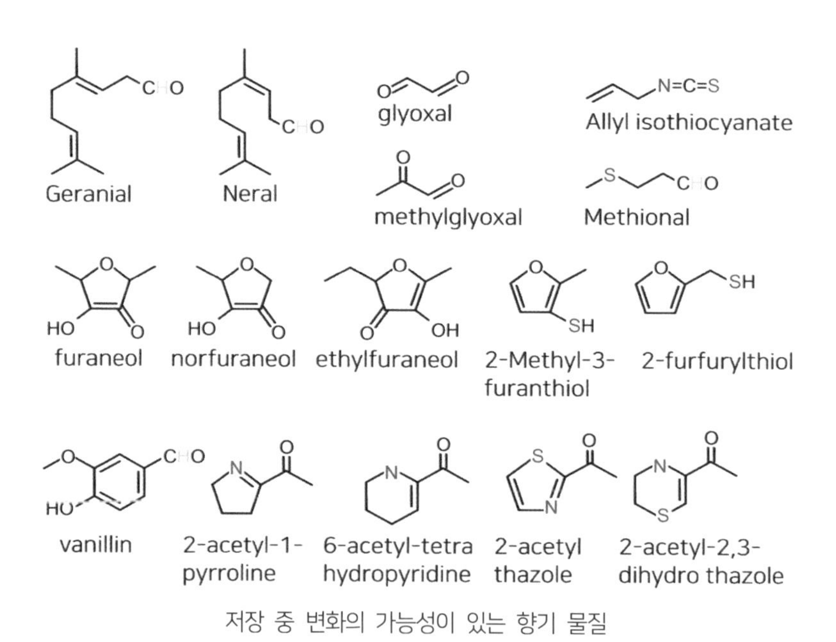

저장 중 변화의 가능성이 있는 향기 물질

기 물질에서 일어나는 현상이지만, 식품에서도 기본 원리는 같으므로 소개한다. 향수를 조합한 후 1~2년 정도 냉암소에서 저장했을 때 향이 더 좋아질 수 있는 이유다. 에탄올과 알데히드 등의 자극취가 감소하고 향료 성분의 조화가 이루어진다. 그렇기에 좋은 향수를 만들기 위해서는 숙성 과정을 거치기도 한다.

1 아세탈, 헤미아세탈의 생성

알데히드와 케톤은 반응성이 높아서 향료의 안정성에 영향을 준다. 알돌(Aldol) 반응으로 2개의 알데히드나 케톤이 반응해 큰 화합물을 이루거나 알코올과 반응해 아세탈(Acetal)을 형성할 수 있다. 가스크로마토그래피(GC)를 이용해 향수를 분석해 보면, 향수가 오래되었을 경우 원래 존재하지 않았던 아세탈이 많이 생성된다. 또한 산성 용액에서 많은 양의 글리콜(Glycol)로 글리콜아세탈(Glycol acetal)이 형성된다. 보관 중 이런 알돌 반응이 일어나면 향조가 비슷하다 해도 향기 물질의 숫자가 줄어들어 향이 약해질 가능성이 높다. 지방족 알데히드가 알코올과 반응하면 아세탈화될 수 있고 알코올의 자극취는 많이 약해진다. 식품 향료는 향수에 비해 농도가 약해 반응 정도도 약하다. 어떤 물질은 알돌 반응의 결과로 강한 색상을 갖게 되어 제품 변색의 원인이 될 수 있다. 이러한 반응은 약한 알칼리 베이스에서도 나타나 문제가 되기도 한다.

메틸안스라닐레이트(Methyl anthranilate)와 알데히드가 반응하면 향조에 좋

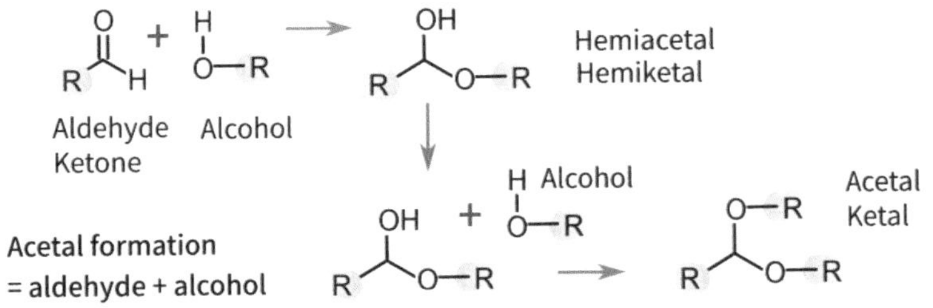

아세탈 반응 모식도

은 영향이나 풍부함을 줄 수 있지만 품질을 악화시키거나 바람직하지 않은 색 변화를 일으킨다. 도데카날과 페닐아세트알데히드는 시간이 지남에 따라 폴리머화되어 응고가 일어날 수 있다. 이런 반응은 pH에 영향을 받고 가역적이다. 페닐아세트알데히드는 자체가 축합반응으로 응고되거나 향이 약해진다. 에틸아세토아세테이트(Ethyl acetoacetate)는 알돌 반응이 잘 일어나는데 종종 알데히드 등의 불쾌취 물질이나 다른 커버하고 싶은 물질과 결합할 수 있어서 산업용 데오도란트(Deodorants)와 은폐제(masking agent)로 사용된다.

2 에스터화와 에스터의 가수분해

향기 물질이 공기와 접촉하면 산화되어 알데히드가 되거나 에스터가 되어 본래 향수의 향을 변하게 한다. 에스터는 알코올과 알데히드의 축합반응으로 생성된다. 그 역반응(가수분해)이 물과 산이나 염기의 존재 하에서 일어나는데, 모든 에스터가 해당되는 것은 아니다. 가수분해로 소량의 부티르산과 같은 물질이 형성되면 향에 악영향을 끼친다.

$$R\text{-}C(=O)\text{-}O\text{-}R2 \xrightarrow{H_2O} R\text{-}C(=O)\text{-}OH + HO\text{-}R2$$

Ester → Acid + Alcohol

3 산화(Oxidation)

많은 향료 원료의 경우 산화에 민감하다. 시트러스 오일, 알데히드(지방족, 터펜, 방향족), 프라네올에서 자주 이 문제가 발생한다. 항산화제와 용매의 선택이 다소 도움이 될 수 있지만, 어떤 경우에는 문제가 되는 물질을 대체해야만 한다. 특히 에센셜 오일을 포함한 향수는 공기와의 접촉으로 인해 품질이 저하된다. 시트러스, 침엽수류 등에 많이 포함된 불포화 터펜의 이중결합에 산소가 결합하면서 산화가 일어나기 때문이다.

분말류는 특히 공기와 직접 접촉하여 발생하는 산화에 주의해야 한다. 항산화제의 도움이나 질소와 기체에 보관해 산소와 접촉을 막으면 좋은데 이 방법은 드럼과 같이 많은 양을 보관할 때 사용한다. 향의 보관에는 용존 산소의 양을 적게 하고 냉암소에서 보관할 필요가 있는 것이다. 천연물이나 용매에 미량의 철분이 함유된 경우, 바닐린과 같은 물질을 만나 짙은 붉은색을 형성해 향조에 변화가 없어도 색이 변해 클레임의 대상이 될 수 있다. 에센셜 오일에 철의 존재 여부는 벤질살리실레이트를 첨가해 색상 변화로 확인할 수 있다. 다행히 철은 구연산, 타르타르산 또는 옥살산을 이용해 제거할 수 있다.

많은 향료 원료는 자외선에 변색된다. 베르가못, 큐민 오일 등에서 문제가 되는 경우도 있다. 특히 보존 상태가 나쁘거나 촉매가 되는 금속 등이 미량 함유된 경우 산화되기 쉽다. 산성 음료에서 빛에 의해 가장 열화되기 쉬운 것이 향이다. 레몬 향의 특징적인 향기 성분인 시트랄(Citral)을 하루 동안 햇빛에 노출하면 차단한 것에 비해 약 85%가 소실되어 전혀 다른 향기의 물질이 되어

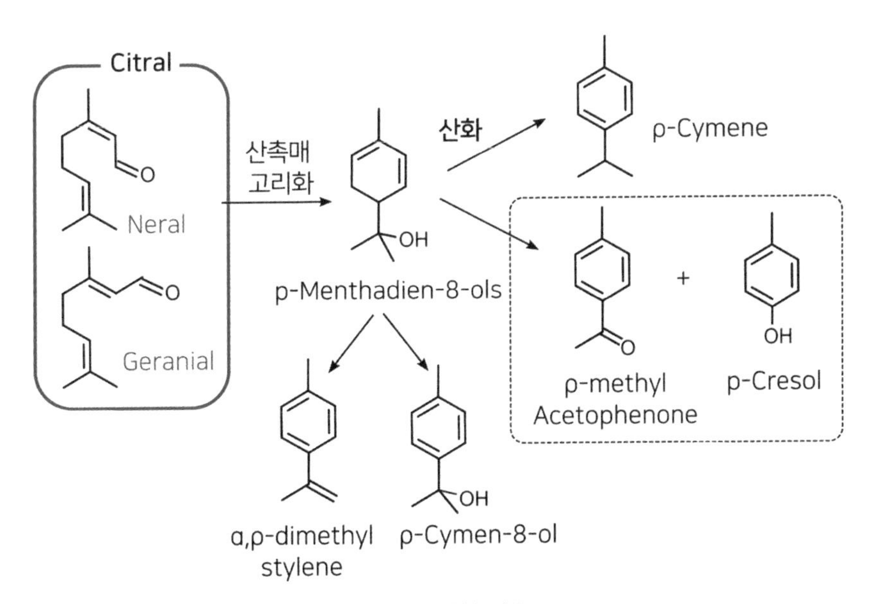

시트랄의 산화 반응

버린다. 시트랄이 빛에 의해 변화한 물질을 분석한 결과 5종류의 Photocitral을 볼 수 있었다. 그중에서도 특히 Photocitral B는 이취의 원인이 되었다. 다른 향기 성분으로는 리모넨이 50%, γ-터피넨이 90%, Geranyl Acetate가 25% 변화 소실되었다. 빛에 의해 레몬음료에서 이취가 발생하는 것을 억제하기 위해서는 특히 시트랄이 Photocitral로 변화하는 것을 억제하는 것이 관건이다. 용액의 pH도 시트랄의 변화에 크게 영향을 주는데, pH가 낮을수록 시트랄의 변화가 빠르다. 항산화제인 루테인과 클로로젠산이 빛에 의해 시트랄이 변화하는 것을 방지하는데, 루테인은 빛에 의해 이취가 발생하는 반면, 클로로젠산은 이취가 발생하지 않는다.

4 시프염기(SchiffBases)

시프염기계는 알데히드와 아민(-NH2)의 결합으로 형성된다. 아민은 메틸안스라닐레이트(Methyl anthranilate)가 대표적이다. 이렇게 만들어진 시프염기가 종종 더 좋은 효과를 보이기도 한다. 하지만 몇 주 또는 몇 달씩 걸리는 문제가 있고, 색상이 점차 변해가므로 품질 검증에 있어 문제가 된다. 희석시킬 경우 시프염기계의 반응 속도가 감소하는 효과가 있으며, 시프염기계 혼합물을 알코올에 희석하면 반응이 완전히 중단되지는 않지만, 생성 속도가 느려진다.

중합반응은 δ-락톤, Ethyl 2,4-decadienoate 그리고 Myrcene과 같은 터펜을 포함하는 경우 발생할 수 있다. 이 경우 향료의 강도가 감소하며, 향료 안에서 불용성 기름띠를 형성한다. 황을 포함한 향기 물질 중에 중합반응으로 향이 손실되는 경우도 있다.

Schiff base : adehyde + amine

CHO

OH

+

O

O

H_2N

Hydroxy
citronellal

Methyl
anthranilate

O

O

N

OH

aurantiol

Polymerization : adehyde + aldehyde

O

+

O

OH

O

2개의 Phenylacetaldehyde

Terpenoid

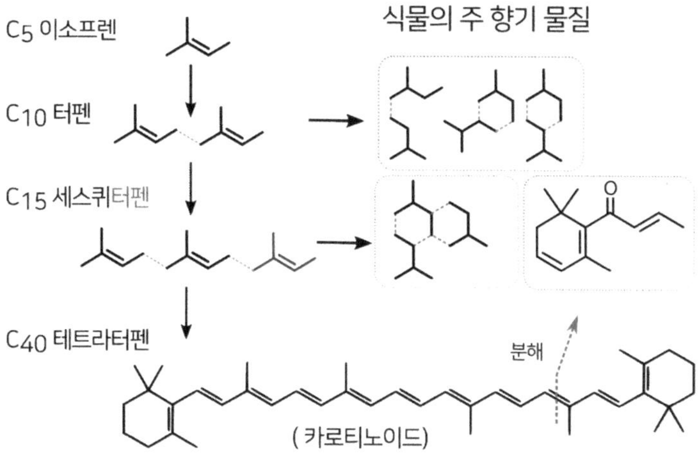

C_5 이소프렌

C_{10} 터펜

C_{15} 세스퀴터펜

C_{40} 테트라터펜

식물의 주 향기 물질

분해

(카로티노이드)

- 이소프렌으로부터 식물은 카로티노이드, 동물은 콜레스테롤 합성.
- 식물은 카로티노이드를 만드는 중간 과정에 다양한 향기 물질을 만듦.
- 터펜류는 식물이 만드는 전체 향기 물질의 1/2을 차지할 정도로 대량 생산.
- 불포화결합을 가지고 있어 열에 의해 손상되기 쉬움.
- 카로틴의 열분해로 이오논이나 다마세논 같은 향기 물질이 만들어질 수 있음.

Aromatic

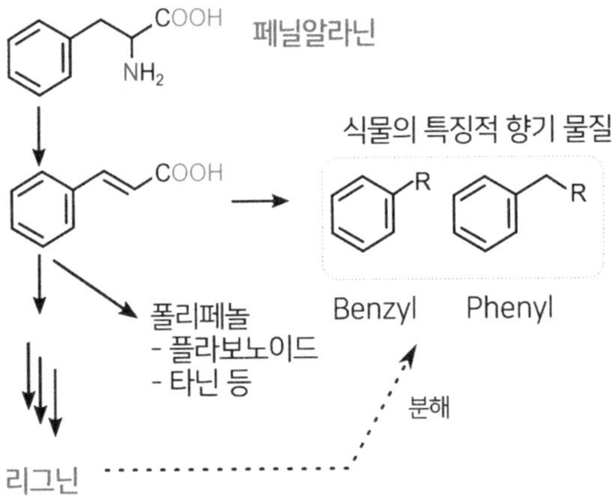

COOH 페닐알라닌
NH_2

식물의 특징적 향기 물질

COOH

R R

폴리페놀
- 플라보노이드
- 타닌 등

Benzyl Phenyl

분해

리그닌

- 식물이 압도적으로 많이 합성하는 아미노산은 페닐알라닌.
- 페닐알라닌에서 리그닌을 만드는 중간 과정에 다양한 향기 물질과 폴리페놀(플라보노이드, 타닌) 등이 만들어짐.
- 페닐알라닌은 방향족 아미노산으로 식물의 독특한 향기 물질을 만들 가능성이 높음.
- 리그닌에는 많은 방향성 구조를 가지고 있어서 열분해로 다양한 향기 물질이 만들어짐.

Carbonyl & Ester

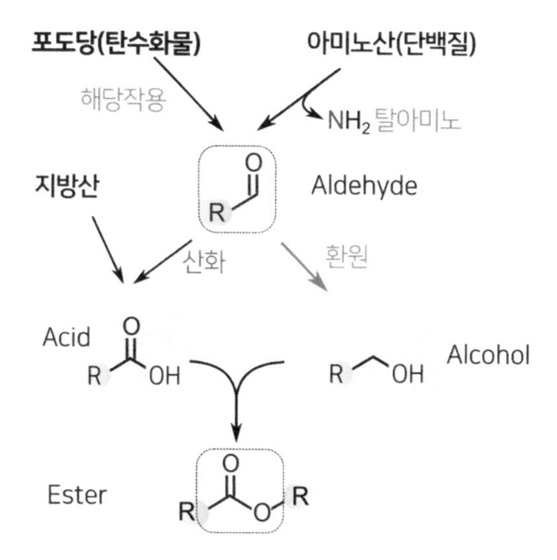

- 에너지 대사: 유기산 형태로 에너지 생성.

  (대부분의 생명체에서 일어나는 반응, 발효는 그 양이 많음)
- 유기산, 알코올: 수용성 → 향이 약함.
- 알데히드, 에스터: 소수성 → 향이 강함.

Nitrogen 함유

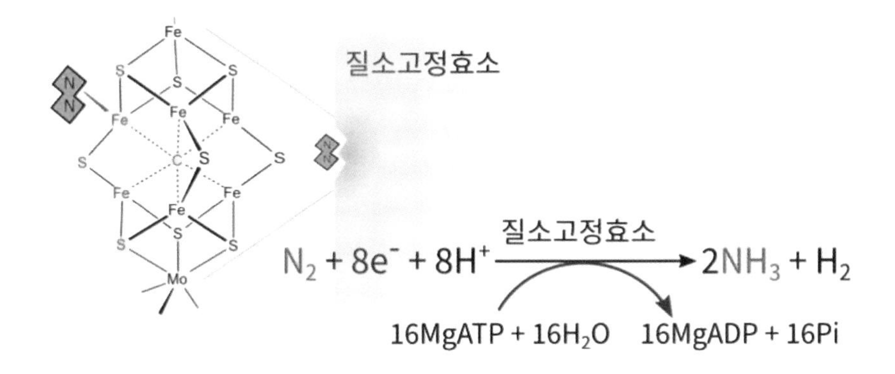

- 질소는 식물에게 매우 귀한 자원이라 매우 아껴서 사용.
- 단백질은 동물에 많아서인지 질소를 함유한 향기 성분 중에는 동물적 느낌이 있는 경우가 많음.
- 비린내 등의 아민류는 일반 유기물과 반대로 산에서 잘 녹음.
- 피라진은 내열성이 있는 경우가 많아 로스팅 과정에서 점점 축적됨.

Sulfur 함유

R-SH HS-R 환원

R-S-S-R 산화

- 싸이올(-SH)은 -S-S- 결합을 잘함, 변화하기 쉬움.
- 황화합물에 대해 인간은 특히 매우 민감하여, 소량으로 호불호가 바뀜.

Part 3

식품 속의 향기 물질

식물의 향

식물의 분류와 향기 물질 1

1. 식물의 2차 대사 산물

앞서 향기 물질의 특징과 합성 경로를 알아보았으니, 이제는 실제 식품에 어떤 향기 물질이 있는지 알아볼 차례다. 그렇다고 각각 식재료에 포함된 모든 향기 물질을 알아볼 생각까지는 없고 가능하지도 않다. 단지 핵심적인 향기 물질만 알아볼 것이다. 한 가지 식재료에도 수백 가지 향기 물질이 들어 있지만, 실제 주도적인 역할을 하는 향은 그리 많지 않다. 역치를 대입해 기여도(Aroma value)를 분석하면 5가지 이하의 물질이 90% 이상을 차지하는 경우가 많다. 이 책의 목적은 가장 작은 종류의 향기 물질로 가장 많은 식품의 특징을 이해하는 것이므로 가능한 핵심적인 향기 물질만 다루고자 한다.

지금까지 개별 식품의 향을 분석한 자료는 많지만, 기여도까지 온전히 분석한 자료는 별로 없다. 대부분 기기분석 결과로 나타난 향기 물질의 목록을 나열하는 수준이다. 소재별 분석 자료가 체계적으로 입력되어 있고, 조건에 따른 역치에 대한 자료로 향의 기여도를 분석할 데이터베이스만 잘 구축되어 있어도 우리의 식품 향에 대한 이해도는 완전히 달라질 텐데 그렇지 못한 게 못내 아쉬운 대목이다.

여기서는 향기 물질을 식물의 향, 발효의 향, 가열의 향의 순서로 알아보려 한다. 식물의 향기 물질 먼저 알아보려고 하는 것은 가장 많은 향기 물질을 만들고 특정이 있는 것이 많기 때문이다. 식물은 많은 유전자를 가지고 있다. 대장균이 4,300개, 효모가 6,600개, 초파리가 15,000개, 쥐가 20,000개 정도이고, 인간이 22,000개 정도인 것에 비해 옥수수는 33,000개, 밀은 95,000개의 유전자가 있다. 세균이나 효모의 경우 대부분의 유전자가 생존에 필요한 공통적인 것이라 특별한 향기 물질을 만들 여력은 별로 없다. 하지만 식물은 최고의 화학공장이라고 할 정도로 다양한 분자를 합성한다. 화학 물질 즉 2차 대사산물의 생산을 통해 자연과 병해충의 스트레스를 견디는 것이다. 일교차가 심한 지역의 식물이 향이 좋은 이유가 있는 것이다.

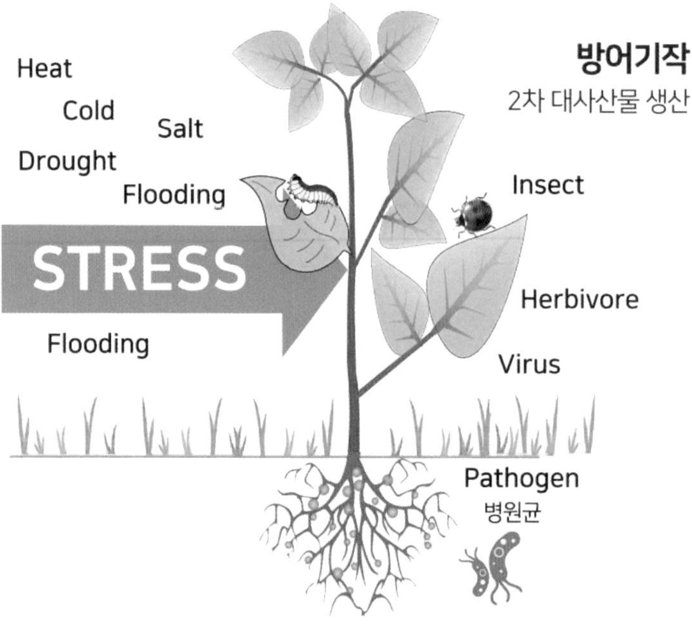

식물이 환경의 스트레스를 견디는 방법

식물이 스트레스로부터 자신을 보호하려는 2차 대사 산물에는 크게 터펜계 물질, 페놀(폴리페놀)계 물질, 알칼로이드를 포함한 질소화합물, 그리고 황화합물이 있다. 터펜계 물질의 대표적인 예가 침엽수에 풍부한 피톤치드이고, 페놀계 물질로 유명한 것이 떫은맛의 타닌이다. 커피의 카페인은 원래 커피나무가 자신을 보호하려고 만든 질소화합물이고, 겨자의 매운맛을 내는 아릴이소시아네이트도 자신을 보호하려 만드는 황화합물이다. 이처럼 식물은 다양한 향기 물질을 여러 목적으로 대량으로 만들기 때문에 식물이 만드는 향기 물질부터 공부하려고 한다. 식물은 2차 대사산물을 미리 만들어 배당체 형태로 비축하기도 한다.

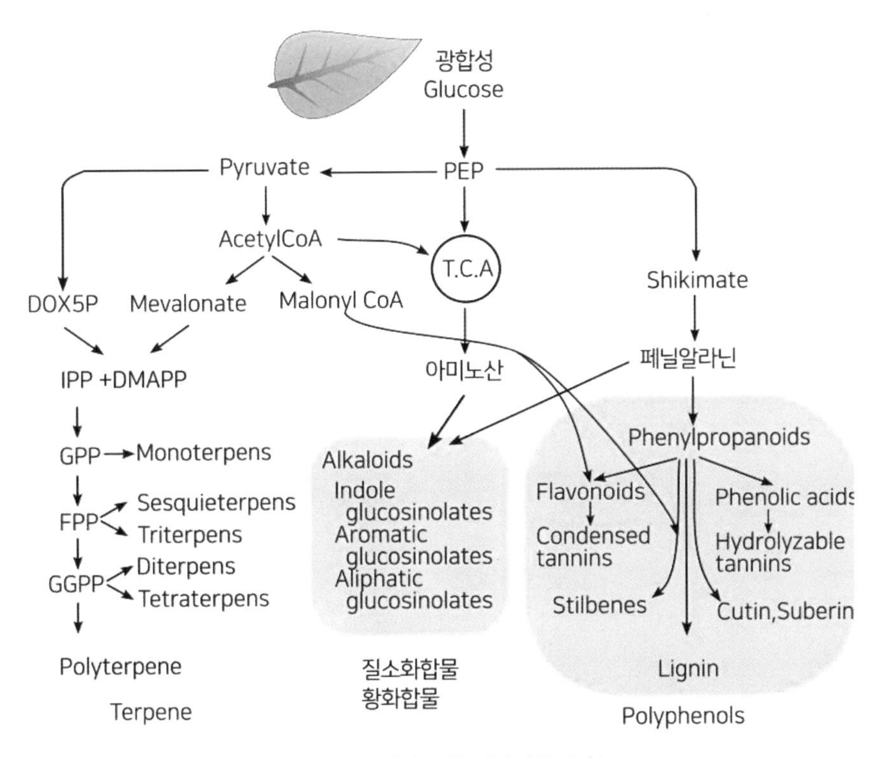

식물의 대표적인 2차 대사산물 유형

2. 배당체의 형태로 보관된 향기 물질

향기 물질 중에 배당체는 포도당 같은 당류 분자가 향의 작용기에 결합한 것이다. 이런 배당체는 생명체에서 수많은 중요한 역할을 한다. 많은 식물은 비활성의 형태인 배당체 형태로 화학물질을 저장하고, 이들은 효소 가수분해로 활성화될 수 있다. 식물 배당체는 약물로 사용되고 포식자에 대한 화학적 방어의 한 형태로 사용된다.

처음으로 발견된 배당체는 1830년대에 발견된 아미그달린(Amygdalin)이다. 아미그달린은 벚나무속 식물(초크체리, 체리, 살구, 배, 서양오얏), 은행, 사과, 아몬드 등에 있고, 푸른 매실에도 있다. 식물이 페닐알라닌으로부터 합성한 물

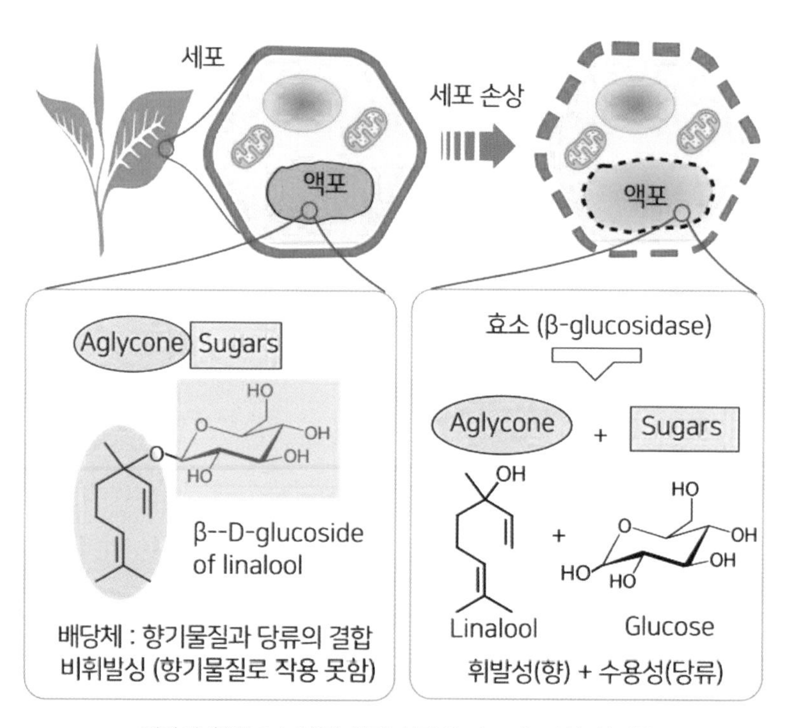

배당체 형태로 보관된 향기 물질의 효소에 의한 활성화

질이며, Benzaldehyde cyanohydrin의 배당체 즉, 2개의 포도당을 결합한 형태이다. 포도당 1개만 결합한 형태는 프루나신(Prunasin)이다. 식물은 평소에는 푸르나신이나 아미그달린을 당을 분해하는 β-Glycosidase와 따로 보관하는데, 애벌레가 잎을 갉아 먹으면 이들을 분리하고 있던 막이 터지고 이 둘이 만나서 다시 만델로나이트릴(Mandelonitrile)로 분해된다. 그리고 다시 시안화수소(HCN)와 벤즈알데히드로 분해된다. HCN은 애벌레를 공격하는 독으로 작용한다. 청산은 산소보다 훨씬 결합력이 강해서 산소의 활용을 막아서 심하면 사망하게 된다.

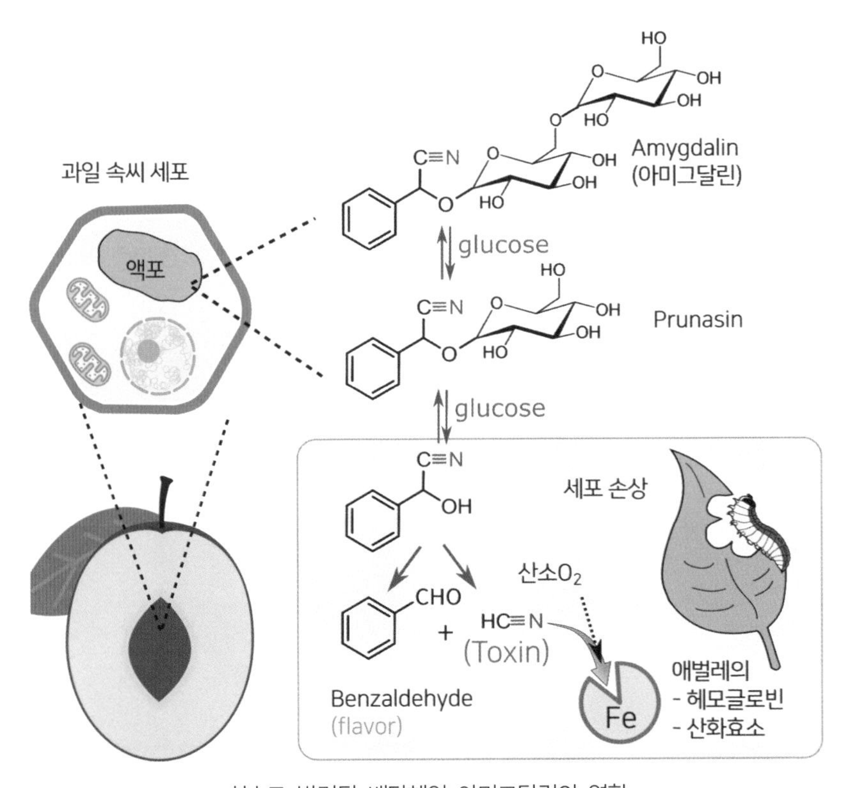

최초로 발견된 배당체인 아미그달린의 역할

* **차의 배당체**

향기 물질에서 배당체의 연구는 1970년대부터 활발히 이루어졌으며, 1990년대에는 50여 종의 식물 배당체가 연구되었다. 식물에는 향기 물질이 배당체 형태로 있어서 감각으로 느끼지 못하기 때문에 바닐라나 차에서처럼 가공과정에서 당분해 효소를 활성화하여 배당체를 분리하는 과정을 거치기도 한다.

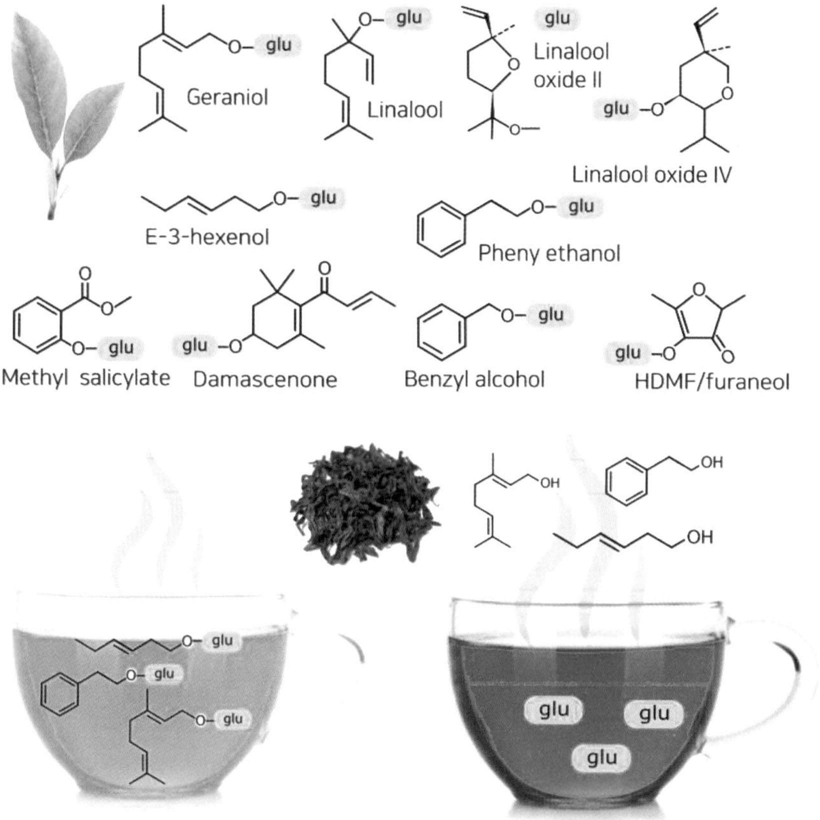
Geraniol
Linalool
Linalool oxide II
Linalool oxide IV
E-3-hexenol
Pheny ethanol
Methyl salicylate
Damascenone
Benzyl alcohol
HDMF/furaneol
glu
glu
glu

* 포도의 배당체

포도에도 상당량의 향기 물질이 배당체의 형태로 들어 있다. 이들도 당이 분리되면 향기 물질로 작용한다.

포도에 포함된 배당체의 비율

포도 품종	Free	Bound(배당체)	Bound/Free
Muscat Ottonel	1,679	2,873	1.7
Muscat Alessandria	1,513	4,040	2.7
Muscat Hamburg	594	1,047	1.8
Gewurztraminer	282	4323	15.0
Riesling	73	262	3.6
Chardonnsy	41	12	0.3
Syrah	13	65	5.0
Sauvignon	5	108	21.6

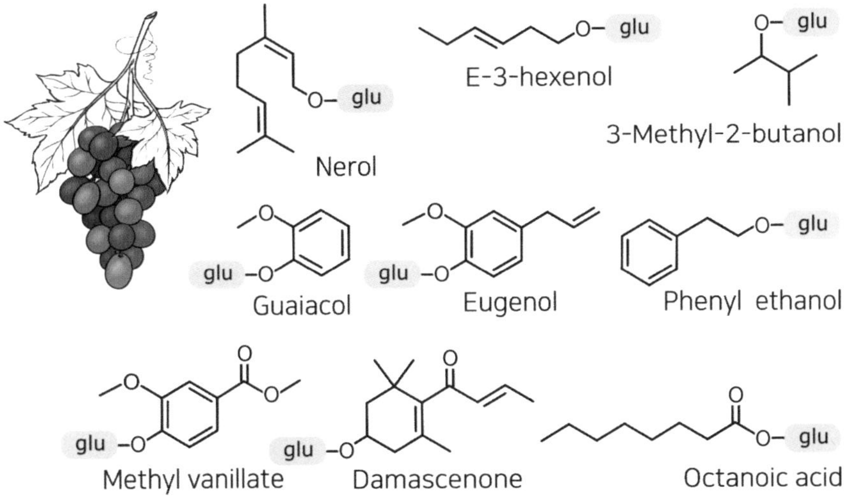
O- glu
Nerol
O- glu
E-3-hexenol
O- glu
3-Methyl-2-butanol
O
glu -O
Guaiacol
O
glu -O
Eugenol
O- glu
Phenyl ethanol
O
O
O
glu -O
Methyl vanillate
O
glu -O
Damascenone
O
O- glu
Octanoic acid

3. 향신식물의 계통 분류

▷ **외떡잎식물**

- 생강과: 생강, 카다몬, 강황.
- 백합과: 마늘, 양파, 샬롯, 부추, 파, 대파, 달래.
- 붓꽃과: 사프란.
- 벼과: (쌀, 보리, 밀, 옥수수, 사탕수수), 레몬그라스.

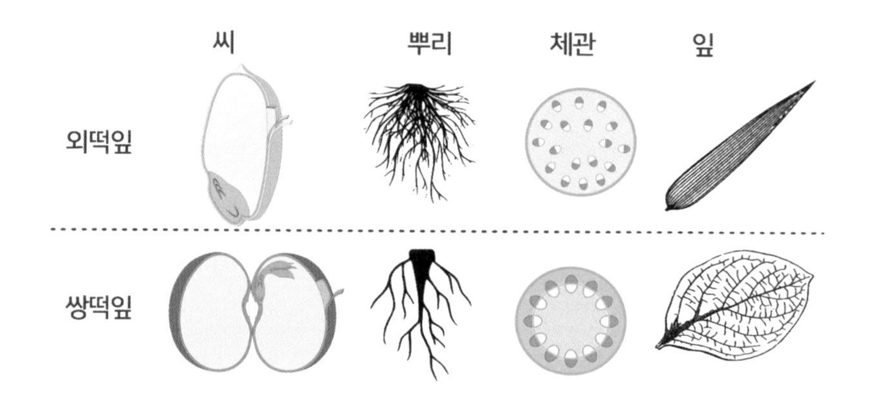

▷ **쌍떡잎 식물**

목련아강

목련목 → 목련과: 팔각.

목련목 → 육두구과: 육두구, 메이스.

녹나무목 → 녹나무과: 월계수, 계피, 육계.

후추목 → 후추과: 후추.

장미아강

- ○ 장미과: 사과, 배, 살구, 자두, 복숭아, 매실, 앵두, 딸기, 모과
- ○ 갈매나무과: 대추
- ○ 포도나무과: 포도
- 콩목 → 콩과: 페누그릭(호로파),
  타마린드(콩, 완두, 팥, 강낭콩, 녹두, 동부, 땅콩)
- 도금양목 → 도금양과: 올스파이스(피멘토), 정향, 유칼립투스.
- 미나리목 → 미나리과: 미나리, 당근, 아니스, 캐러웨이, 쿠민, 파슬리,
  셀러리, 고수, 딜, 회향
- 십자화목 → 십자화과: 겨자, 고추냉이, 서양고추냉이, 순무, 냉이
- 무환자나무목 → 운향과: 산초, 유자, 진파, 베르가못, 커리잎

국화아강

- 가지목→ 가지과: 고추, 파프리카
  쪽가지과(가지, 감자, 고추, 토마토)
- 꿀풀목 → 꿀풀과: 들깨, 박하, 바질, 라벤더, 마조람, 오레가노, 로즈마리, 세이지, 백리향(Thyme), 페퍼민트, 스피어민트
- 국화목→ 국화과: 쑥, 캐모마일, 시베리아쑥(Tarragon), 꽃상추, 스테비아. 상추, 쑥갓, 우엉, 야콘, 해바라기, 돼지감자
  - 메꽃과: 고구마
  - 초롱꽃과: 도라지, 더덕

향신료의 향기 물질 2

식물의 향을 가장 먼저 알아보는 이유는 식물에서 나오는 향이 효소에 의한 것이라 예측 가능성과 공통성이 가장 크기 때문이다(그래서 가장 쉽다). 식물의 향은 품종, 영양, 환경, 성숙도, 보관 등 여러 영향을 받고, 같은 식물도 부위마다 향이 다르지만 그렇다고 식물의 기본 대사가 완전히 다른 것은 아니다. 리모넨은 오렌지, 피넨은 소나무의 독특한 대사산물처럼 보이지만, 그것을 생산하는 식물은 아주 많다. 단지 그렇게 유난히 많은 양을 축적하는 식물이 드물 뿐이다. 기작은 공통적이고 축적의 패턴만 다른 것이다.

식물은 같은 품종이어도 환경의 영향을 많이 받는다. 토양의 황산염(SO_2) 농도에 따라 양파, 마늘, 양배추, 겨자 등의 향이 크게 변하는 것은 이들은 황을 함유한 향기 물질이 핵심이므로 당연한 일이다. 만약 황이 지나치게 부족한 환경에서 자라게 되면 특유의 향과 최루성이 부족하게 된다. 그렇다고 영양이 풍부하다고 향까지 풍부해지는 것은 아니다. 영양이 풍부하면 탄수화물, 단백질, 지방 같은 1차 대사산물이 많이 만들어지고 식물이 잘 자라지만, 향이나 색소 같은 것은 2차 대사산물이며, 이들은 매우 소량으로 작동하고 스트레스를 받을 때 오히려 강렬해지는 경우가 많다.

적절한 스트레스를 받은 과일이나 채소가 크기는 작아도 향이 강한 이유도 그 때문이다. 온도 또한 스트레스로 작용하기 쉽다. 일교차가 심하면 밤에 냉해를 극복하기 위해 분자량이 적은 물질을 많이 축적하고, 그러면 어는점이 낮아져 식물은 냉해를 적게 입고, 맛과 향의 원천이 되기도 한다.

여러 식물 중에서도 가장 먼저 설명해야 하는 것은 향신료이다. 향신료 중 잎을 주로 사용하는 것을 허브라고 하고, 꽃, 뿌리, 씨앗, 열매, 껍질 등을 주로 사용하는 것을 스파이스라고 한다. 허브는 말려서 가루로 만들어 쓰기도 하지만 신선한 것을 그대로 쓰는 것이 좋을 때가 많다. 스파이스는 날것 그대로는 거의 사용하지 않고, 통째로 말린(Whole) 상태나 분말(Powder) 등으로 사용한다. 홀(Whole)은 조리를 시작하는 과정에 넣어 향이 충분히 녹아나오게 할 때 사용하고, 분말은 향의 추출이 빠르므로 조리 마무리 과정에 첨가해 향의 손실을 줄이는 방향으로 사용한다.

향신료의 분류

분류	성분	대표적인 스파이스
허브	Cineole	월계수, 로스메리, 유칼립투스
	Thymol	타임, 오레가노/꽃박하, 세이지
	Estrogole	타라곤, 바질(Sweet basil), 마조람(marjoram)
	Menthol	페퍼민트, 스피아민트
	Thujone	세이지(Dalmatian, Greek, English)
스파이스	Eugenol	정향, 올스파이스
	Aromatic	육두구, 카다몬, 페누그릭(호로파)
	Cinnamaldehyde	실론시나몬, 육계(계피)
	Color	사프론, 홍화, 강황
	Pungent	고추, 생강, 흑후추, 흰후추, 겨자, 고추냉이

향신료 중에는 정향, 계피, 아니스, 타임처럼 특정 물질이 유난히 많아 그것이 주 향기 물질인 경우도 있지만, 주인공을 찾기 힘들 정도로 다양한 향기 물질이 조합되어 풍미를 나타내는 경우도 있다.

1 허브류

*** 시네올(1,8-Cineol) 함유: 월계수, 로즈메리, 유칼립투스**

월계수, 로즈메리, 유칼립투스는 각각 고유의 향취가 있지만, 기본적으로 시네올(1,8-Cineol,Eucalyptol)의 풍미를 가지고 있어서 가볍고 신선한 느낌을 준다. 일반적으로는 흰살고기와 생선처럼 원래 향이 적은 단백질 식품의 시즈닝에 유용하게 사용된다.

- 월계수(Sweet Laurel, Sweet Bay): 잎과 정유를 이용하며 조리용 허브로 널리 이용된다. 생잎은 건조된 잎보다 향이 강하다.
- 로즈메리: 자극적이며 약간 소나무, 민트, 달콤함, 생강 같은 후미를 가진다.
- 유칼립투스: 시네올(Eucalyptol, 1,8-Cineol)이라는 향기 물질이 많아 청량감이 있다.

월계수	1,8-Cineol(60%), α-pinene, phellandrene, eugenol
로즈메리	1,8-Cineol, pinene, borneol, camphor
유칼립투스	1,8-Cineol, pinene, cymene

* **티몰(Thymol/ Carvacrol) 함유: 타임, 오레가노, 마조람**

티몰은 터펜이지만 산화로 벤젠 구조를 형성하게 되어 방향족의 느낌을 내는 풍부한 달콤함과 스파이스함을 가지고 있다.

- 타임(Thyme, 백리향): 정유의 주성분은 티몰과 카바크롤(Carvacrol)이며, 부드럽고 은은한 정향의 후미를 가진다.
- 오레가노(Oregano, Wild Marjoram): 티몰, 카바크롤 등의 성분을 가지며 고추 느낌이 있다.

타임	Thymol, Pinene, cymene, linalool, Carvacrol
오레가노	Carvacrol+Thymol >80%, Caryophyllene, Cymene, Terpinene

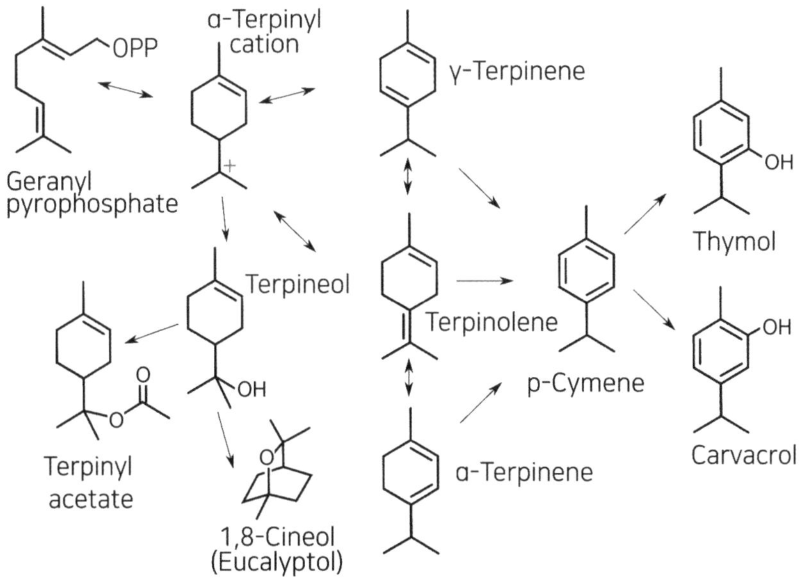

OPP
α-Terpinyl cation
γ-Terpinene
OH
Geranyl pyrophosphate
Thymol
Terpineol
Terpinolene
OH
Terpinyl acetate
OH
p-Cymene
Carvacrol
1,8-Cineol (Eucalyptol)
α-Terpinene

* **에스트라골(Estragole = Methyl chavicol) 함유: 바질, 마조람, 타라곤**

알코올, 에스터에 따라 특징이 달라지며, 건조 후보다는 막 채취했을 때 확실히 자극적인 향취가 난다. 이들 중 상당수는 초기에 그린, 허브 느낌을 바탕으로 청량감 있는 발사믹 플로랄 느낌이 나는데, 후미로 약간의 쓴맛이 있으나 불쾌하지는 않다.

- 바질(Sweet Basil): 은은한 민트, 정향 향에 풍부하고 스파이시한 느낌이 있다. 토마토소스와 페스토(Pesto)의 주원료이며, 다른 요리에도 많이 사용된다.
- 마조람(Marjoram): 약한 오레가노 노트와 발삼 노트를 가지며 잎과 꽃을 그대로 혹은 건조시켜 사용한다. 특히 독일에서는 소시지 시즈닝의 가장 중요한 원료로 쓰이고 있다.
- 타라곤(Tarragon): 과거에는 치통 치료에 쓰였으나 특유의 맛으로 인해 중요한 조리용 허브의 하나가 되었다. 아니스 느낌이고 여러 요리에서 풍미를 높여주지만, 장시간 조리할 경우 특유의 쓴맛이 강해지고, 생잎에는 에스트라골(Estragole)이 많아 주의해야 한다.

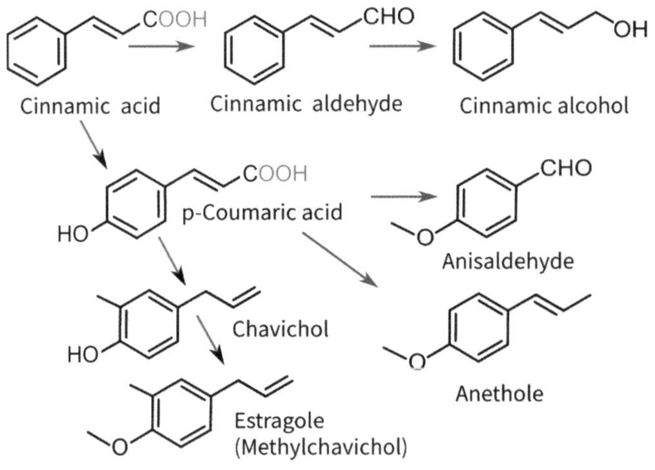

COOH
Cinnamic acid
CHO
Cinnamic aldehyde
OH
Cinnamic alcohol
COOH
HO
p-Coumaric acid
CHO
O
Anisaldehyde
HO
Chavichol
O
Anethole
O
Estragole
(Methylchavichol)

바질	Cineol Linalool, Methyl eugenol, Eugenol
마조람	Sabinene, Terpinene, Linalool, Camphor
타라곤	Estragole, Anethole, Methyl eugenol, Ocimene, Limonene

*** Thujone 함유: 세이지(Dalmatian Sage, Greek Sage, English Sage)**

처음은 청량감이 있고, 다음에는 따뜻한 향신료 느낌의 자극적인 향기를 갖는 강한 방향성 허브이다. 정유에 함유된 40~60%의 Thujone 중 15% 정도가 시네올로 변형되어 캠퍼 느낌을 주고 지역적인 선호도가 큰 특징이 있다.

세이지	Thujone, Borneol, Cineol, Pinene

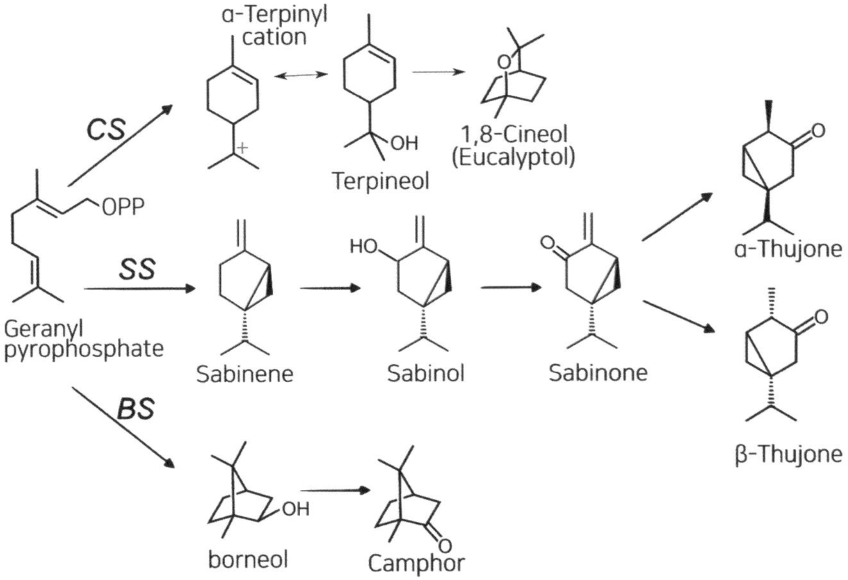

α-Terpinyl cation
CS
Terpineol
1,8-Cineol (Eucalyptol)
OPP
Geranyl pyrophosphate
SS
Sabinene
Sabinol
Sabinone
α-Thujone
β-Thujone
BS
borneol
Camphor

* 멘톨(Menthol) 함유: 페퍼민트, 스피어민트, Cornmint, Gardenmint

민트류는 멘톨의 청량감과 자극이 있다. 어떤 품종은 시간이 경과하면서 입안에 무거운 오일, 버터 또는 코코넛 느낌을 주기도 한다.

- 페퍼민트: 50~78%의 멘톨이 주성분이고 멘손 등을 함유하고 있다. 숙성된 잎이나 줄기는 쓴맛이 강하므로 주로 어린잎을 사용한다. 껌, 캔디 등의 제품에 주된 민트 느낌을 준다.

  Menthol, Menthone, Menthyl acetate, Menthofuran
- 스피어민트: L-카본(50~60%)이 주성분으로 멘톨이 적어 페퍼민트보다 부드럽고, 발사믹, 크리미한 향조를 가진다.

  Carvone, Dihydrocarvone, Cineol, Nonadienal, Damascenone

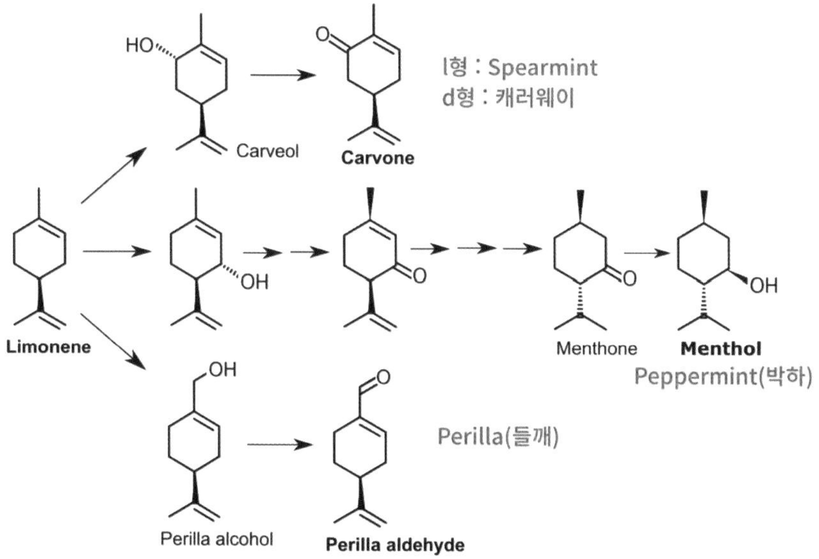

2 스파이스류

이들은 대부분이 2년생 또는 다년생 식물의 종자인데 이들 모두가 상당히 방향성 있고, 각각 매우 독자적이나 부드럽고 달콤하며, 치즈, 생선, 달걀과 같은 온화한 향이 있는 요리와 조화가 좋다.

아니스 Anise	Anethole(85-95%), Estragole(2-4%), γ-himachalene (2%), Anise alcohol(<1%), Pinene
스타아니스	Anethole(85~90%), Limonene(<8%), Anisaldehyde(<1%) Cineol, Phellandrene
회향 Fennel	Anethole(60-80%), Limonene(<9%), Fenchone(<7%), Pinene
캐러웨이 Caraway	Carvone 80%, Limonene 18%, Sabinene
고수 씨 Coriander	Linalool (58~80.3%), γ-Terpinene (0.3~11.2%), α-Pinene (0.2-10.9%), p-Cymene (0.1~8.1%), Camphor (3.0~5.1%), geranyl acetate (0.2~5.4%), Limonene
고수 잎	Decanal(19%), trans-2-Decenal(18%), 2-Decenol(12%), cyclodecanel(12%), cis-2-dodecenal(11%), Dodecanal(4%), dodecanol(3%)
쿠민 Cumin	Cuminaldehyde, Phellandrene, Pinene, Cymene
딜 Dill	d-Carvone, Phellandrene, Limonene, Myristicin

* **신남알데히드 함유: 시나몬, 육계**

계피는 요리(Savory)와 디저트(Sweet) 제품 모두에 적합해서 특별한 대접을 받는다. 인도, 스리랑카에서 생산되는 실론 시나몬은 부드럽고 쿠마린 함량이 적으며, 육계(Cassia)는 중국, 베트남, 인도네시아에서 생산되는데 약리작용이 있지만 과량 복용하면 쿠마린 함량이 높아 간에 독성으로 작용한다.

카시아 시나몬	Cinnamaldehyde, Methyoxy cinnamate, Coumarin, Cinnamyl acetate, Cineol
실론 시나몬	Cinnamaldehyde(65-80%). Cinnamyl acetate(5%), Eugenol (4%), linalool(2%), Coumarin(0.7%), Caryophyllene

Ceylon 실론 계피

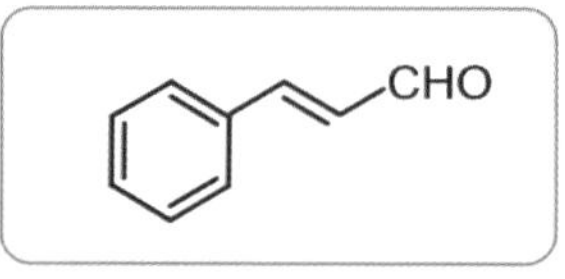

Cinnamaldehyde

Cassia 카시아 계피

쿠마린 : 카시아 > 실론
과잉 섭취시 간독성이 있음

* **유제놀 함유: 정향(줄기와 잎 포함), 올스파이스(Allspice)**

- 정향(Clove): 정향나무의 개화하지 않은 꽃봉오리를 건조한 것으로 주 향기 물질인 유제놀에 진통 작용이 있어서 치과에서 많이 사용한다. 과거에는 정말 귀한 대접을 받았는데 요즘은 치과 냄새로 기억하는 경우가 많다.
- 올스파이스(Allspice, Pimento): 건조한 열매에서 후추, 시나몬, 육두구, 정향을 섞어 놓은 것 같은 향이 난다고 해서 붙여진 이름인데, 현재는 주로 자메이카에서 생산되어 'Jamaican Pepper'로도 불린다.

올스파이스	Cineol, Caryophyllene Eugenol
정향	Eugenol, Caryophyllene, Eugenyl acetate, Menthol

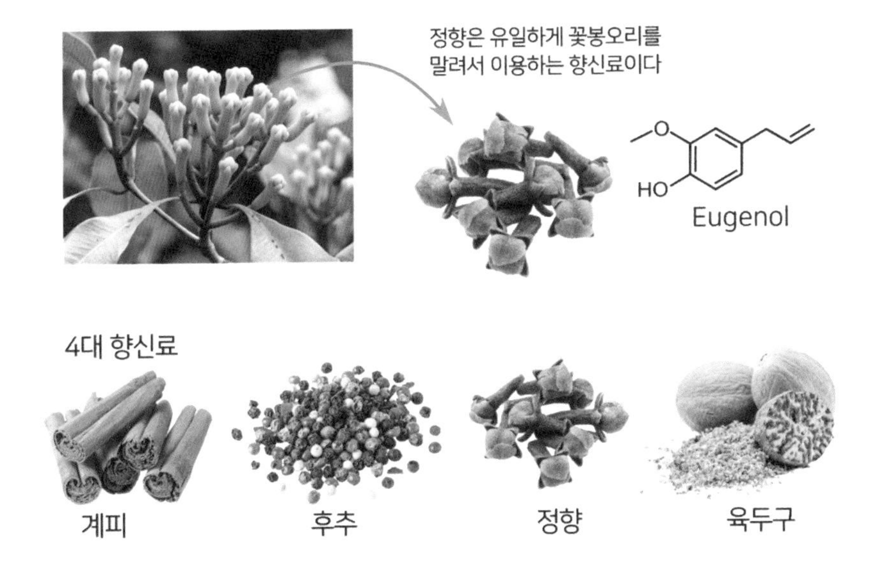

* **방향성 열매류: 육두구, 메이스, 카다몬, 페누그릭(호로파)**

육두구(Nutmeg)와 메이스(Mace)는 같은 열매로부터 얻어지는데, 내부의 핵을 말린 것이 육두구이고 그것을 감싼 껍질이 메이스다. 그래서 육두구와 메이스의 생산비율은 10:1 정도다. 소톨론은 호로파(Fenugreek)의 대표적인 향기 물질이지만, 다른 여러 식품에서도 흥미로운 물질이다.

육두구	Myristicin, Safrole, Sabinene, Pinene, Cineol, Eugenol
메이스	Sabinene, Pinene, Myristicin
카다몬	Cineol(30~40%), Limonene, Eugenol, Linalool
페누그릭	Sotolon, Caryophyllene,

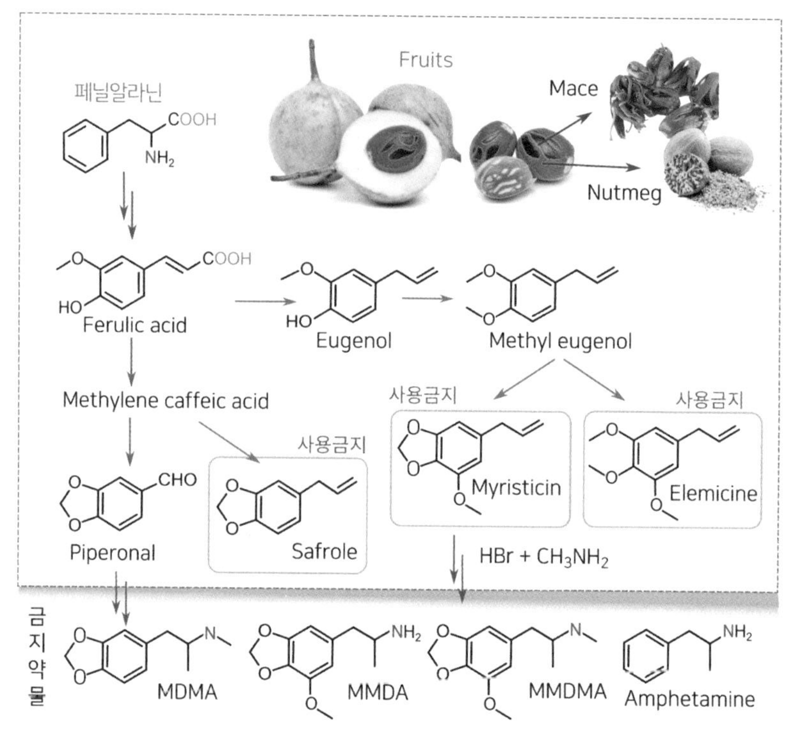

페닐알라닌에서 만들어지는 금지성분과 환각 물질의 합성 경로

* 매운맛의 스파이스: 고추, 생강, 흑후추, 흰후추, 겨자, 고추냉이

스파이스의 대표적인 특징 중 하나가 얼얼함이다. 향신료는 단순히 후각이 아니라 온도 수용체 등 다양한 감각을 자극하는데, 멘톨과 같은 시원한 자극도 있지만, 매운맛 같은 뜨거운(hot) 자극도 있다. 매운 효과는 누적이 되므로 포화 역치에 도달할 때까지 양이 증가할수록 자극이 증가하고 다른 맛을 압도하므로 구분이 쉽지 않다.

- 고추: 크기, 모양, 색상 그리고 매운 정도가 다른 수많은 종이 있다. 심지어 거의 맵지 않은 피망도 있고, 가장 매운 것은 순수한 캡사이신의 1/6에 해당 하는 것도 있다.
- 흑후추 및 흰후추: 흑후추는 익지 않은 상태에서 따서 햇빛에 건조한 열매이다. 말리는 동안에 갈-흑색으로 변하고, 표면이 쭈글쭈글해진다. 흰후추는 열매가 약간 노란색으로 변할 때 채취해서 껍질을 제거하고 핵을 말린 것이다. 그래서 알갱이 표면이 매끄럽다.

고추	Capsaicin, Limonene, Undecanol, Pyrazine
흑후추	Piperine, Caryophyllene, Pinene, Limonene, Myrcene
생강	Gingerol, Geraniol, Citral, Linalool, Zingiberene, Cineol
마라	Sanshool, Cineol, Pinene, Limonene, Linalool

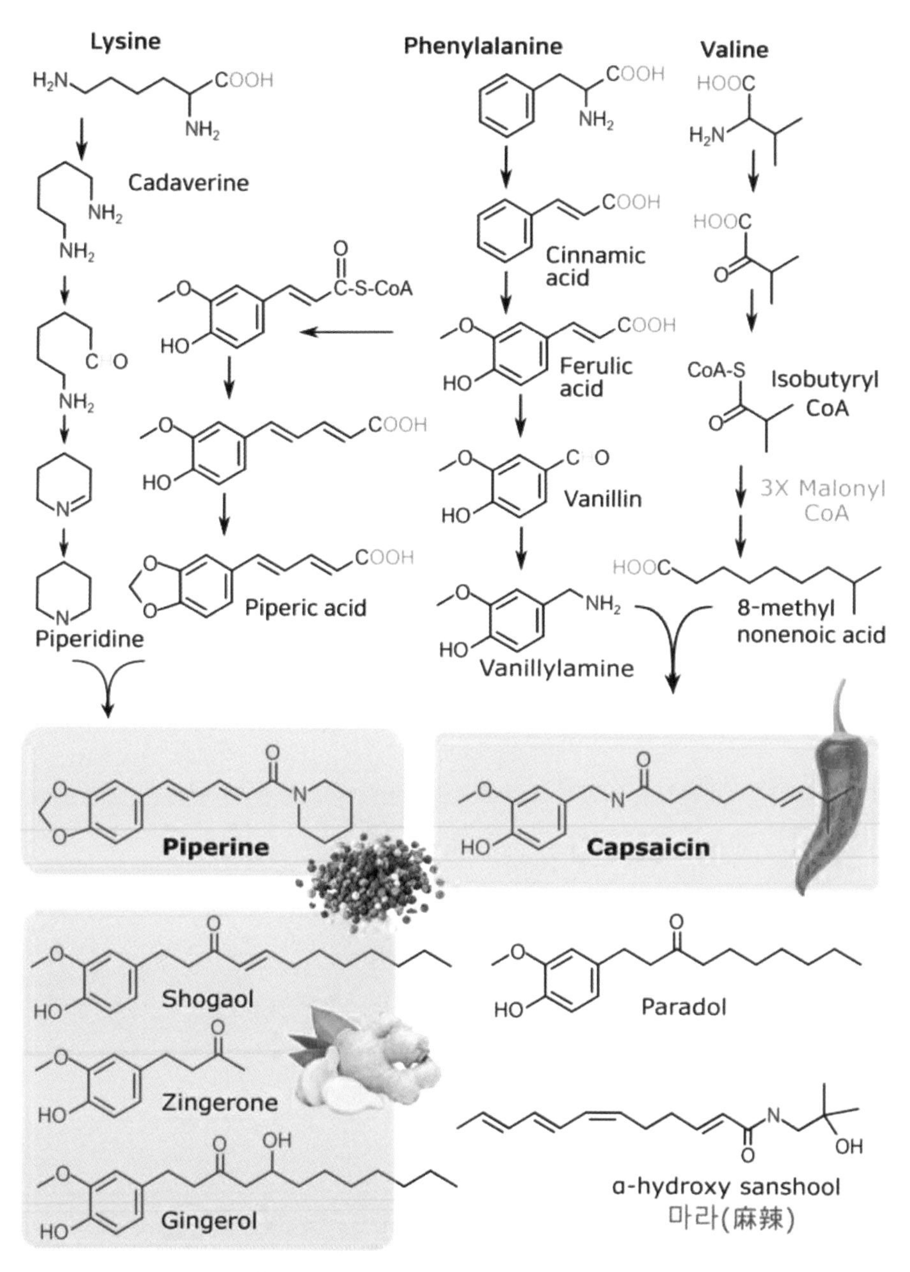

캡사이신과 피페린 합성 경로와 매운맛 성분

향신료의 매운맛 성분의 상대적 강도

매운맛 성분	강도	원료 출처
캡사이신	150 ~ 300	고추
캡사이신 변형체	85~90	고추
Shogaol	1.5	생강(gingerol)
Piperine	1	흑후추
Paradol	1	그레인 오브 파라다이스
Gingerol	0.8	생강
Zingerone	0.5	생강(가열한 것)

* **마라의 산쇼올**

쓰촨요리에서 특별한 매운맛의 주역은 쓰촨 산초인데 3% 정도의 '알파 산쇼올(Hydroxy α-sanshool)'이 포함되어 있다. 이것이 많이 들어간 음식을 먹어도 입술이나 혀, 입천장 등 여러 부위가 저리고 얼얼한 걸 느낄 수 있는데, 산쇼올이 4가지 촉각 수용체 중 가벼운 진동을 감각하는 수용체를 활성화하기 때문이다. 2013년 영국의 유니버시티 칼리지 연구팀은 산쇼올 성분을 입술에 발랐을 때 초당 50회 진동하는 것과 비슷한 자극이 일어나는 것을 확인했다.

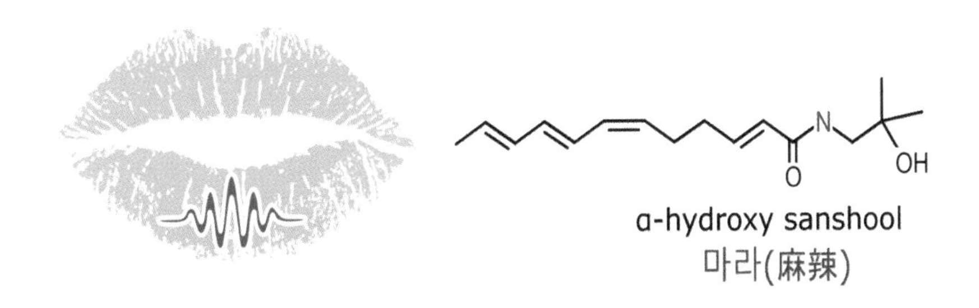

* **고추냉이, 와사비, 무, 갓**

무우는 전분을 분해하는 효소가 많아 소화에 좋다고 하는데, 글루코시놀레이트로부터 생성된 물질이 매운맛을 내기도 한다.

- 겨자(Mustard)
  - -흰겨자: 시날빈(Sinalbin)이 효소(Myrosin)의 작용으로 P-Hydroxy benzylisothiocyanate가 되면서 비휘발성 매운 맛과 발포성이 생긴다.
  - -흑겨자: 시니그린(Sinigrin)으로부터 AITC(Allylisothiocyanate)가 생성되어 대단히 자극적향기와 격렬한 매운맛과 발포성이 있다.
- 겨자무(서양고추냉이, Horseradish): AITC 등 매운맛 성분은 비슷하지만, 디아릴설파이드 등 다른 향기 성분으로 겨자와는 향이 다르다.
- 와사비(고추냉이 Wasabi): 일본이 전통적으로 키우던 품종, 서양에서 도입한 서양고추냉이와는 다른 품종이다.
- 갓, 자차이: 갓은 배추와 흑겨자의 자연 교잡종으로 갓김치는 겨자의 잎과 줄기를 활용하고, 중식의 자차이(zhàcài)는 줄기를 활용한다.
- 무: 매운 성분은 trans-4-methylthio-3-butenyl isothiocyanate가 90%.

서양고추냉이 horseradish	allyl isothiocyanate, phenethyl isothiocyanate
고추냉이 wasabi	allyl, pentenyl, & hexenyl isothiocyanates, octadienone, methyl butenethiol, methyl decalactone, vanillin
겨자	Alyl isothiocyanate, Pinene, Pyrazine

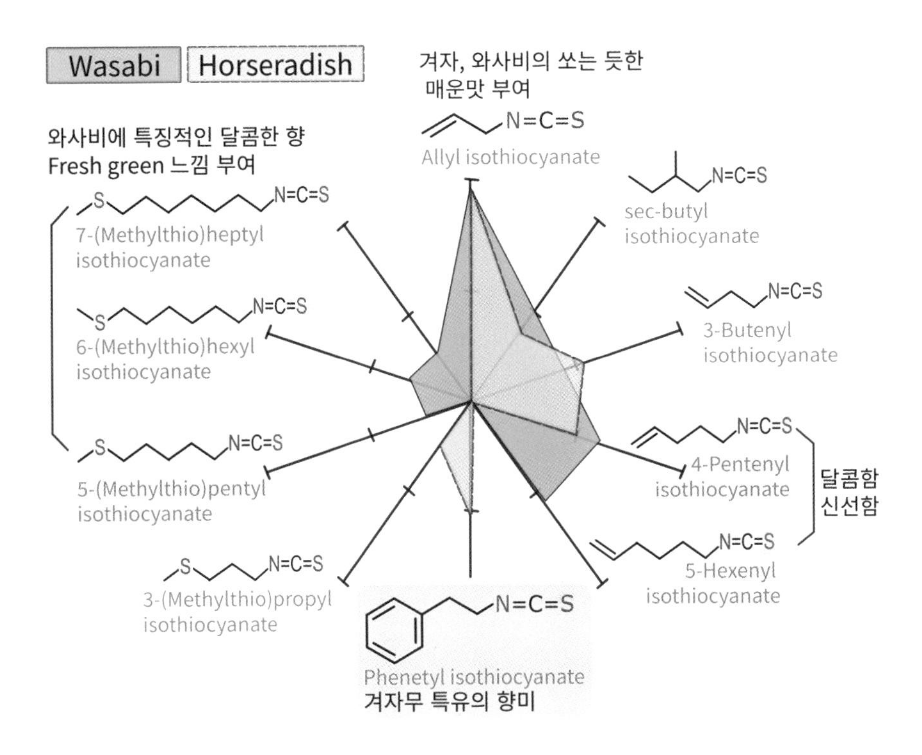

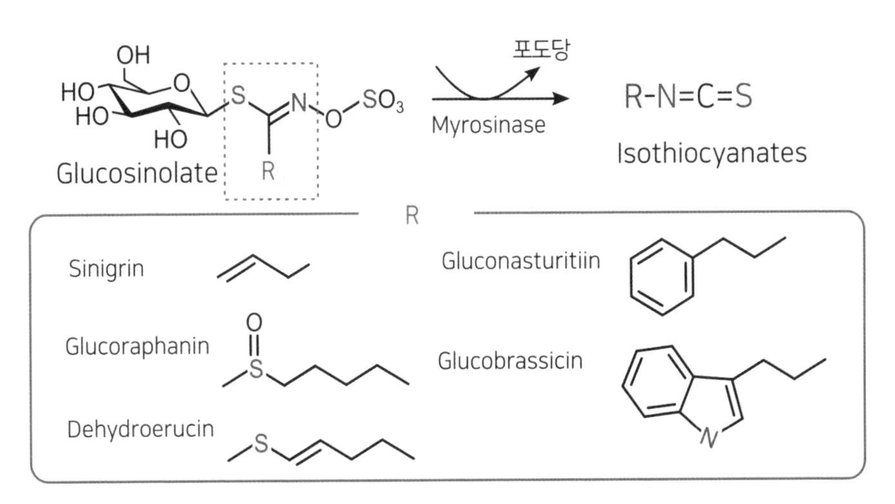

이소시아네이트에서 만들어지는 향미 성분

* 마늘(Allyl compounds)

마늘은 알릴디설파이드가 주 향기 물질(정유의 60%)이고, 싸이올, Higher sulphides(예: Trisulphide) 등이 기여한다. 알릴메틸디설파이드는 특히 자극적이고 숨을 쉴 때 마늘 향이 나게 한다.

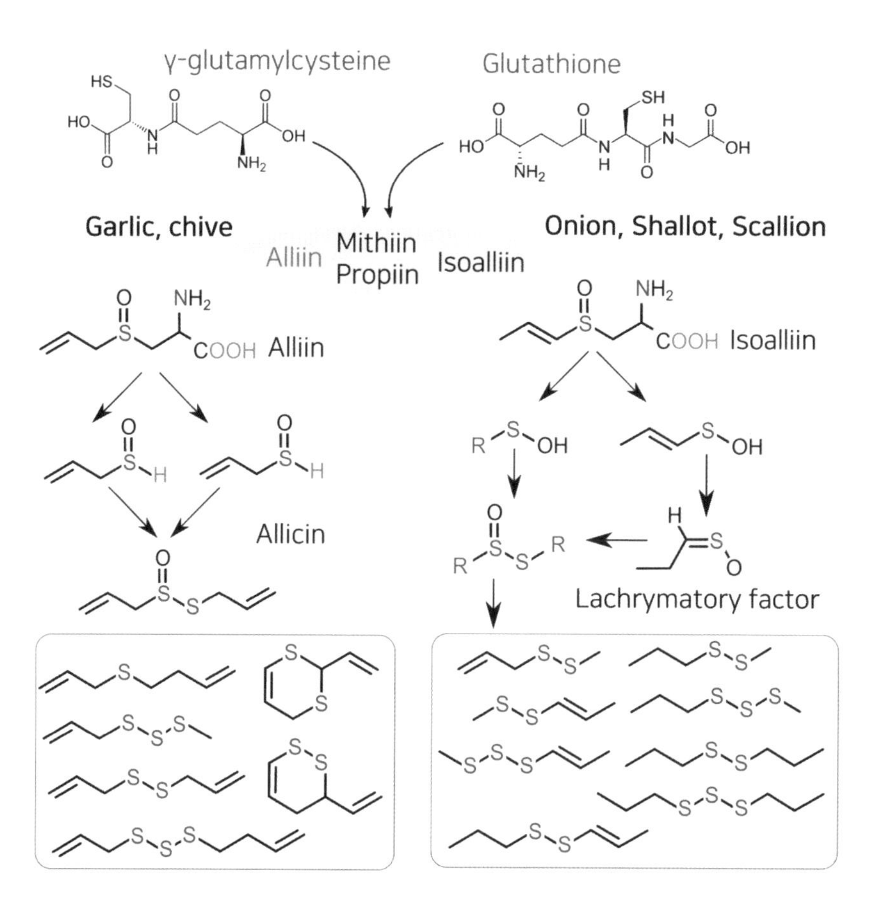

* 양파

양파도 마늘처럼 황화합물이 많다. 마늘은 불포화 사슬이 많은 데 비해, 양파는 주로 포화사슬이고 Methyl~Propyl sulphides가 핵심을 이룬다. 이것은 아릴기에 비해 덜 거칠고 다소의 달콤함을 준다. 프로필머캅탄은 설탕 50배의 감미가 있다. 양파에서는 강력한 향기물이 발견되는데 3-Mercapto-2-methyl-pentan-1-ol은 양파나 파의 향을 내는 물질이며 역치가 0.15ppb이다. 그리고 3-Mercapto-2-methylpentanal은 자극적이며 고기취를 내고 역치가 0.95ppb이다.

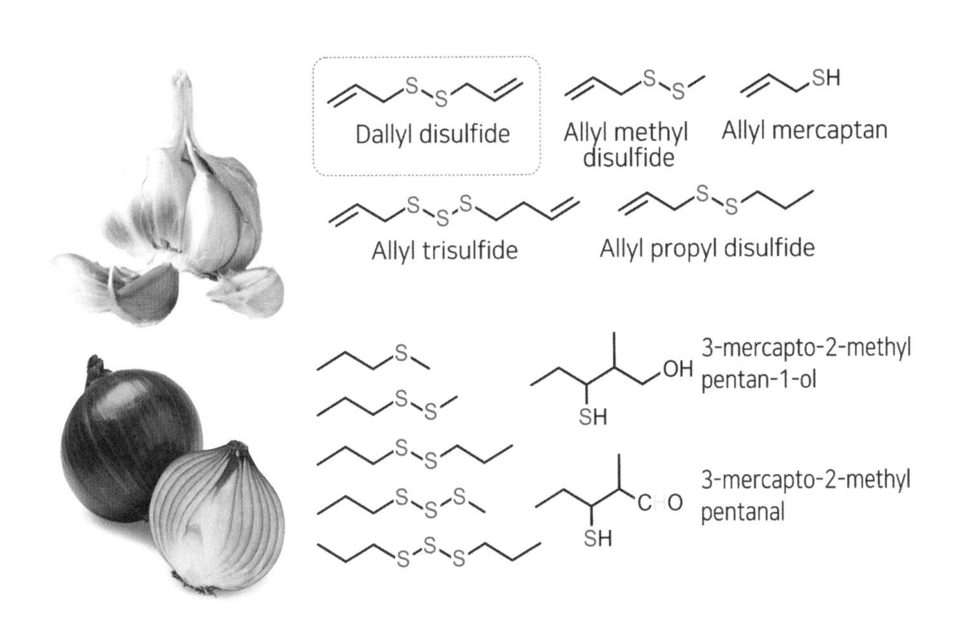

* **착색성의 스파이스류: 파프리카, 사프란, 홍화, 강황**

이들은 향보다는 착색의 목적으로 더 많이 사용한다.

- 파프리카(Paprika): 신선한 과육의 가장 외측 부위에 색소 함량이 가장 많고, 과육으로만 만들어진 것은 매운맛을 가지지 않으며, 아주 섬세한 향과 높은 색상 수준을 가지고 있다.
- 사프란(Saffron): 독초이기도 한 붓꽃(Iris)의 암술을 건조하여 만든 것이다. 꽃 하나에 3개의 암술밖에 없어 무려 500개의 암술대를 건조해야 1g을 얻을 정도라 향신료 중에 가장 비싸다. 특유의 색과 향 덕분에 비싼 대접을 받는다.
- 강황(Turmeric): 생강과 매우 가까운 품종이고 나름의 향이 있지만, 착색 용도로 더 많이 사용된다.
- 홍화(Safflower): 종자에서 기름을 얻거나 꽃에서 적색 염료를 채취할 목적으로 재배한다. 서양에서는 사프란을 대체하려는 목적으로 키우기도 했다.

파프리카	Bell pepper pyrazine, ethyl acetate, isovaleraldehyde, E−2−hexenol
홍화	Nonanal, Z-6-nonenal, 2,4-decadienal
사프란	Safranal, isophorone, Pinene, Cineol
강황	Curcumin, Cineol, Citral, Linalool, Turmerone, Eugenol, Zingiberene

과일과 채소 등의 향기 물질 3

1 과일의 종류

채소와 동물은 어린것이 연하고 맛이 섬세한 경우가 많다. 하지만 과일은 다 자라야 맛이 있다. 적절한 때가 되어야 맛있게 먹을 수 있을 정도의 당분과 향이 만들어지기 때문이다. 과일은 총 4단계를 거쳐 완성되는데, 그 첫 번째는 '수정', 두 번째는 씨방 벽 세포의 '증식'이다. 과육의 괄목할만한 성장은 세 번째 '팽창' 단계에서 일어나는데, 이때 저장 세포의 급속한 팽창으로 인해 과육이 급격하게 자란다. 이런 현상은 대개 세포 내 액포에 수액이 축적되면서 일어나며, 다 자란 과일의 저장 세포는 식물 세포 중 가장 큰 편이다. 수박의 경우에는 지름이 무려 1㎜(1,000㎛)에 이른다. 다만, 이 단계도 아직 동물이 먹기 좋은 상태는 아니다. 탄수화물이 당이나 전분 형태로 액포에 저장되지만, 동시에 방어물질로 독성 알칼로이드나 떫은맛을 내는 타닌 등이 만들어져 액포에 축적되기 때문이다.

과일의 맛과 향이 완성되는 것은 마지막 단계인 '익기'에서다. 이것은 어쩌면 과일의 자발적 죽음이라고 할 수 있는 극적인 변화다. 익기의 과정을 통해 무미의 전분과 신맛의 유기산이 감소하며, 달콤한 당이 증가한다. 물성이 말랑

말랑해지고, 방어를 위한 독성 화합물은 제거된다. 그리고 독특한 향이 발달하고 껍질 색깔이 초록색에서 노란색 또는 붉은색으로 변해 자신이 먹힐 준비가 되었다고 홍보한다.

많은 과일이 완전히 익기 전에 수확해서 후숙한다. 나무에서 완전히 익으면 맛이 좋겠지만, 보관과 수송 중 손상되기 쉽기 때문이다. 보통 덜 익은 과일은 보관 중에도 효소가 여전히 작동해 향이 갈수록 진해진다. 복숭아의 경우 락톤류가 특유의 달콤한 향을 주는데, 숙성이 진행될수록 함량이 증가한다. 하지만 나무에서 완전히 익히는 것에 비하면 20% 수준에 불과하다. 벤즈알데히드도 20%, 과일 향의 주성분인 총 에스터 양도 50%에 불과하다고 한다. 그러므로 확실히 나무에서 완전히 익은 후 수확하는 것이 향이 좋다. 예외적으로 캔털루프나 아보카도 등 몇 종류는 나무에서 완전히 익히면 오히려 맛이 나빠지므로

에스터 물질과 기여하는 과일

향기 성분	과일
ethyl acetate	다양한 과일
butyl acetate	사과
isoamyl acetate	바나나
methyl butyrate	딸기
ethyl butyrate	딸기, 시트러스, 망고
hexyl butyrate	패션프루츠
ethyl methylbutyrate	딸기, 시트러스, 망고, 파인애플
ethyl hexanoate	포도, 블랙베리
hexyl hexanoate	패션프루츠
methyl, ethyl decadienoate	배
methyl, benzyl benzoate	파파야
methyl anthranilate	포도, 딸기

익기 전에 수확해서 후숙하는 편이 좋다.

다만, 후숙은 많은 변수가 있으므로 신중하게 제어되어야 한다. 대표적인 경우가 바나나이다. 바나나는 5~25℃로 온도가 올라갈수록 급속하게 향을 많이 만든다. 반대로 10℃ 이하에서 오래 보관하면 60%까지도 향 생산이 줄어들고, 5℃ 이하에서 보관하면 적합한 향이 생성되지 않고 냉해를 받는다. 냉해가 일어나면 세포막의 지방에 비가역적인 변화가 일어나 정상적인 호흡이 이루어지지 못한다. 보관 온도가 27℃가 넘어도 향조가 이상해진다. 바나나만큼은 아니지만 다른 과일도 저장온도에 따라 향이 달라진다. 따라서 저장 시에는 각각 과일의 특성에 맞는 온도에 보관해야 한다. 그밖에 습도와 가스 등 여러 변수도 잘 제어해야 한다.

숙성의 정도는 향뿐 아니라 조직감에도 영향이 크다. 과일은 부드러워야 향의 릴리즈가 좋아 더 맛있게 느껴진다. 후숙이 일어나는 과일은 에틸렌에 의해 익기의 첫 단계가 촉발되며, 이후 더 많은 에틸렌을 생성해 스스로를 자극하고 이전보다 2~5배 더 빨리 익기 시작한다. 이에 반해 파인애플, 감귤류, 대부분

과일에 흔한 락톤 물질

Lactone	풍미	기여하는 과일
γ-hexalactone	코코넛, 건초	파파야
δ-octalactone	코코넛, 유제품	망고, 파인애플
γ-octalactone	코코넛, 과일, 그린	자두, 파파야
δ-decalactone	복숭아, 유제품, 코코넛	복숭아, 파인애플
γ-decalactone	복숭아, 크림	살구, 복숭아, 자두, 망고
γ-dodecalactone	과일, 유제품	살구, 자두
wine lactone	달콤함, 코코넛	사과, 만다린, 자몽, 유자
furaneol	캐러멜, 과일	딸기, 파인애플, 망고, 토마토, 메론
sotolon	페누그릭, 메이플	파인애플

의 장과와 멜론 등 '비전환성' 과일은 에틸렌에 반응하지 않는다. 과육에 전분 형태로 비축한 탄수화물이 없어서 모체와 연결되어 있을 때만 당도가 높아진다. 수확 후에 효소의 작용으로 세포벽이 물러지고 향 분자들이 생성되기도 하지만 당도가 높아지지는 않는다. 따라서 이런 과일의 품질은 모체에서 얼마나 잘 숙성되었는지에 따라 달라진다. 이때 가장 중요하게 작용하는 것이 에스터 물질이고, 과일의 종류에 따라 그 향기 물질과 양이 다르다.

락톤과 푸라논은 달콤하고 매력적인 향을 부여하는데, 과일의 종류에 따라 그 향기 물질과 양이 다르다. 황화합물은 역치가 매우 낮다. 그래서 많은 양이 존재하면 향이 너무 강해 이취로 작용하지만, 소량은 개성을 부여하고 끌리는 매력을 부여한다.

딸기	라스베리	블랙커런트	자몽	키위	망고	패션푸르츠	리치	두리안	구아바	쇼비뇽 블랑	
			●		●					●	4-Mercapto-4-methyl-2-pentanone
					●						4-Methylbut-2-ene-1-thiol
			●								p-1-Menthene-8-thiol
	●	●	○				●				Methional
		●			●						2-methyl-3-furanthiol
	●										DMS
				●		○					Ethyl 3-(methylthio)propanoate
			●			●			●	●	3-Mercaptohexanol
●						●			●		3-Mercaptohexyl acetate
						●					3-(Methylthio)hexanol
						●					3-Methyl-3-methylthio-butanol
●						●					3-Mercapto-methyl butyl acetate
							●				DMDS, DMTS
							●	●	●		Methane, Ethane, propanethiol
								●			2-(Ethylthio)-ethanethiol

2 과일별 주요 향기 물질

* 감귤류: 시트러스 오일과 리모넨

상업적으로 공급되는 대부분의 시트러스 오일은 가열하지 않고 기계적인 힘으로 압출해 만든 것이다. 그중에서도 오렌지 오일은 나머지 모든 시트러스 오일을 합한 것만큼 많이 만들어진다.

오렌지 오일의 대표적 성분은 리모넨이다. 많게는 97%까지 차지하며, 보통 70% 이상 함유해 모든 시트러스 향의 기반이 된다. 감귤류의 향은 껍질의 기름 분비샘과 소포에 들어 있는 기름방울에 의해 생성되는데, 일반적으로 소포의 오일에 과일 에스터가 더 많이 함유되어 있고, 껍질에는 알데히드와 터펜이 더 많이 들어 있다. 시트러스 종류에 따라 시트랄(Citral), 누트카톤(Nootkatone), 시넨살(Sinensal) 등이 들어 있다. 알데히드는 양에 비해 향이 강력하므로 미량만 있어도 향조에 많은 영향을 미친다.

네이블오렌지는 중국에서 기원한 것으로 추정되는데, 1870년에 브라질산 품종이 미국에 도입되면서 세계적으로 주요한 농업 생산물이 되었다. 이 과일의 배꼽이 인간의 배꼽과 비슷하게 생긴 것은 2차적 조각의 발달 때문이다. 네이블오렌지는 씨가 없고 쉽게 껍질이 벗겨지기 때문에 생으로 먹기 좋은 오렌지

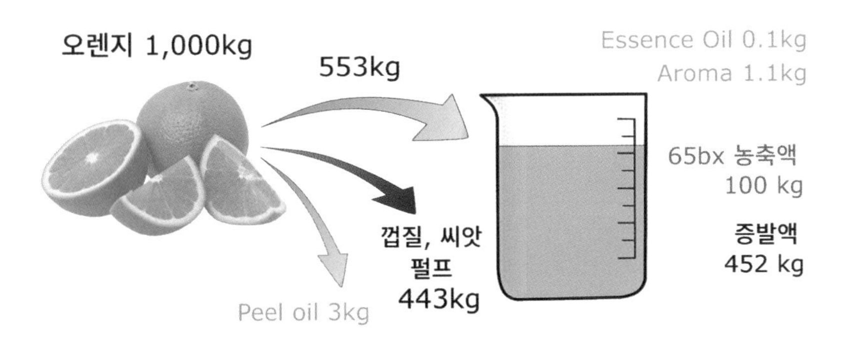

오렌지 1톤에서 얻을 수 있는 성분의 양

다. 하지만 나무의 성장 조건이 대단히 까다로우며, 과즙에 함유된 에스터의 양도 적다. 또 네이블오렌지로 만든 주스는 약 30분 정도가 지나면 확실히 쓴맛이 강해진다. 이것은 세포가 파괴되면서 효소가 활성화되어 강한 쓴맛이 나는 리모닌(Limonin)으로 전환되기 때문이다. 그래서 시중에 판매하는 오렌지 주스는 리모닌이 적은 품종으로 만들어진다. 그리고 껍질의 기름을 첨가해서

레몬 껍질	Limonene (65%), pinene (12%), terpinene (6%), sabinene, neral + geranial (2%), linalool
라임 껍질	Limonene (65%), terpinene (7%), pinene, sabinene, myrcene, terpinenol, terpineol, Citral, linalool
만다린 껍질	Limonene, linalool, clementine anthranilate, decadienal, wine lactone, pinene, myrcene, octanal
만다린 주스	hexanal, ethyl methylbutyrate, myrcene, terpinene, linalool
오렌지 껍질	Limonene, myrcene, pinene, terpinene, linalool, octanal, nonanal, decanal, decenal
오렌지 주스	Esters (ethyl butyrate & methylbutyrate), Limonene, hexenal, linalool, decenal
블러드오렌지 주스	Esters (methyl & ethyl butyrate, ethyl methylbutyrate), Limonene, linalool, myrcene, nootkatone
자몽 껍질	Nootkatone, p-menth-1-en-8-thiol, octanal, decenal, dodecanal, eucalypto,
자몽 주스	esters (ethyl methylpropanoate, butyrate, methylbutyrate), wine lactone, hexenal, decenal, nootkatone, ethenethiol, 4-Mercapto-4-methyl-2-pentanone
유자 껍질	linalool, undecatrienone, 4-Mercapto-4-methyl-2-pentanone, thymol, decadienal
유자 주스	linalool, wine lactone, undecatrienone, methyl jasmonate, thymol, hexenal, decadienal
베르가못 껍질	geraniol, pinene, linalool, Citral, linalyl acetate, Limonene oxide

주스의 향을 보강한다.

블러드오렌지는 18세기 이후부터 지중해 남부 지역에서 재배해 왔으며 이탈리아에서는 주된 오렌지 품종이다. 감귤류의 향과 산딸기와 유사한 독특한 향이 결합된 것이다.

자몽은 18세기에 카리브 지역에서 스위트오렌지와 포멜로 사이의 잡종으로 만들어져 주로 미주 지역에서 재배된다. 붉은색은 자몽의 리코펜(Lycopen) 때문이며, 특징적인 쓴맛을 내는 것은 나린진(Naringin)인데 과일이 익으면서 점차 농도가 낮아진다. 네이블오렌지와 마찬가지로 자몽 역시 리모닌 전구물질을 함유하고 있다. 따라서 즙을 내 가만히 두면 써진다. 자몽은 특히 복잡한 향을 가지고 있으며, 역치가 낮은 황을 함유한 멘텐싸이올(p-Menth-1-en-8-thiol)이 특징적이다. 라임은 감귤류 중에 산도가 가장 높아 구연산 비중이 8%에 달한다. 라임 특유의 향은 터펜의 미향에서 비롯된 것이다.

레몬은 시트론과 라임 사이의 교배를 다시 포멜로와 교배한 것으로 추정한다. 현재는 주로 아열대 지역에서 재배되고 있다. 레몬은 산의 함량이 높고 향이 산뜻해 수많은 음료의 기본 재료로 사용된다.

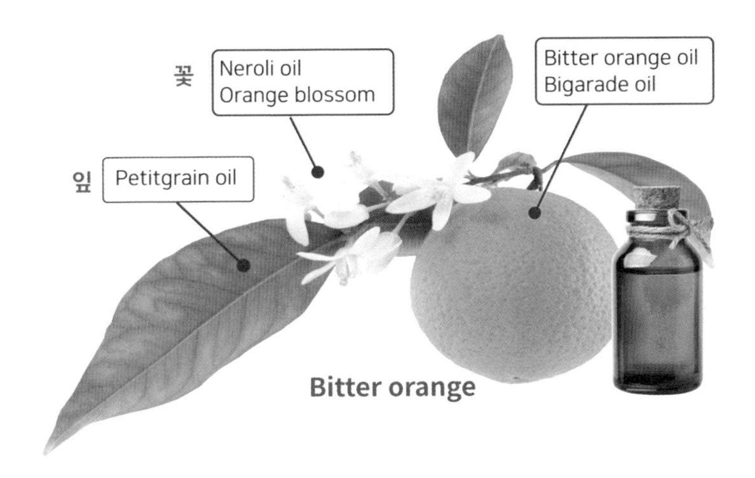

* 바나나와 파인애플

바나나는 전 세계 1인당 소비량이 14kg에 달할 정도로 많이 소비된다. 바나나가 익으면 당 비중이 20%에 이를 정도로 높아지는 반면, 플랜테인은 당의 비중이 6%에 불과하고, 전분 비중이 25%에 달한다. 둘 다 푸른 것을 따서 저장하는 동안 익히며, 대사활동이 활발해서 익은 것은 매우 잘 상한다. 식감은 매우 부드럽다. 바나나는 주 향기 물질은 이소아밀아세테이트이다.

파인애플은 향이 강하고 매우 달면서 매우 시다. 에스터와 황화합물, 바닐린, 유제놀 등이 어우러진 풍부한 향이 난다. 파인애플은 부위에 따라 다른 맛을 낸다. 아래쪽이 먼저 형성되므로 그 부분이 가장 달고, 과육의 산도도 핵에서 바깥으로 오면서 2배까지 증가한다. 그 두드러진 향과 단단하고 약간 섬유질인 과육 덕분에 파인애플은 덩어리로 잘라서 베이킹, 그릴링, 프라잉 등을 할 수 있다. 버터와 캐러멜 향과 잘 어울려 다양한 음료와 빙과뿐 아니라 오븐 구이를 한 음식에도 잘 어울린다.

바나나	Isoamyl acetate, Eugenol, Isoamyl valerate, esters (methylbutyl butyrate & acetate, ethyl methylpropionate, hexyl acetate), hexanal, eugenol, diacetyl
플랜테인	hexenal, hexanal, ethylbutyric acid, unusual benzenoids (elemicin, vinylmethoxyphenol)
파일애플	furaneol, esters (ethyl methylbutyrate & propionate), undecatriene, δ-octalactone δ-decalactones
망고	cis-3-hexenol, Terpinene, δ-3-Carene, esters (ethyl butyrate & methylbutyrate), undecatriene, furaneol, myrcene, ocimene, 4-Mercapto-4-methyl-2-pentanone, methyl butenethiol, γ-decalactone, δ-octalactones
리찌	rose oxide, citronellal, linalool, phenylethanol, ionone, nonenal, octanol, nonadienal, DEDS, DMTS, methyl thiazole
코코닛	γ-Nonalactone, δ-Octalactone, Ethyl laurate

* 사과

사과와 배의 기본적인 맛은 에스터(Hexyl acetate, Isoamyl acetate, Hexanal esters) 등에서 비롯된다. 배의 경우에는 꼭지보다 바닥 쪽이 훨씬 더 맛있다. 사과는 품종마다 맛이 독특하며, 이러한 맛은 나무에서 딴 뒤에도 계속 발달한다. 사과는 사과산 일부를 에너지원으로 소비하기 때문에 시간이 지나면서 원숙해진다. 사과 향의 상당 부분은 휘발성 물질을 만들어 내는 효소들이 몰려 있는 껍질에서 나온다. 조리한 사과 과육의 독특한 향은 대체로 꽃향기를 내는 카로티노이드의 분해물인 다마세논에서 나온다.

* 포도와 장과류

딸기는 우리에게 너무나 친숙해서 세계적으로 많이 생산될 거라 생각하지만 의외로 생산량은 많지 않다. 유독 한국 사람이 맛있는 딸기를 마음껏 먹을 수 있는 혜택을 누리고 있다. 딸기 향에는 에틸에스터, 몇 가지 황 화합물, 푸라네올 같은 물질이 들어 있다.

라즈베리는 라즈베리 케톤이라는 화합물에서 비롯된 독특한 맛을 지니며, 이오논 때문에 제비꽃 향이 난다. 블랙베리는 맛이 다양한데 유럽 품종들은 비교적 맛이 순하며, 미국 품종들은 터펜 함량이 높아 향과 맛이 강한 편이다. 블루베리는 몇 가지 터펜에서 비롯된 것이 분명한 독특한 자극적인 향을 가지고 있으며, 페놀계 향과 안토시아닌 색소가 풍부한데, 특히 껍질에 많다. 크랜베리의 향은 터펜과 방향족(계피산, 벤조산, 바닐린, 벤즈알데히드) 향의 조합에 의한 것이고, 페놀계 물질의 일부가 크랜베리의 떫은맛에 기여한다.

포도는 정말 다양하다. 씨 많은 것이 있는가 하면 씨 없는 것이 있고, 안토시아닌이 많은 짙은 자주색 포도가 있는가 하면 옅은 노란색인 것도 있다. 당비중 역시 14~25%로 다양하며, 산도 역시 0.4~1.2%까지 품종에 따라 큰 차이를 보인다. 상당히 중성적인 풋내가 나는 것이 있는가 하면 터펜으로 인해 꽃 향기와 감귤 향이 나는 것(머스캣)이 있고, 또 안트라닐산과 그 밖의 에스터로 인해 사향 냄새가 나는 것(콩코드를 비롯한 미국 품종들)도 있다.

블랙베리	furaneol, maple & other furanones, ethyl hexanoate, ionones, linalool, heptanone, heptanol, hexanal
라즈베리	raspberry ketone, ionones, damascenone, pinene, esters (ethyl acetate & heptanoate)
블루베리	sobutyl-2-butenoate, Ethyl isovalerate, Raspberry ketone
크랜베리	benzaldehyde, benzyl alcohol, benzyl benzoate, terpineol, ethyl methylbutyrate, ionone, heptenal
딸기	Furaneol, Hexanal, Methyl butyrate, ethyl butanoate, methyl thiobutyrate, benzyl acetate
블랙커런트	esters (ethyl butyrate, hexyl acetate, methyl benzoate), hexenal, terpinenol, cat ketone
키위	hexanal, hexenal, pentanone, esters (methyl & ethyl acetate & butyrate), pinene
골든키위	esters (ethyl & butyl butyrate), hexenal, heptanal, octanal, cineol, DMS
포도 테이블	esters (ethyl acetate & hexanoate), hexanal, octanal, nonanal, decanal, phenylethanol
포도 muscat	linalool, geraniol, citronellol, esters (linalyl, geranyl, citronellyl acetates)
포도 Concord	methyl anthranilate, aminoacetophenone, esters (ethyl & methyl hydroxybutyrate, ethyl decadienoate), damascenone, furaneol, mesifuran

* **참외, 멜론, 수박**

참외는 지극히 한국적인 과일이지만, 사람에 따라 호불호가 많이 갈린다. 멜론은 우유와 잘 어울리는 특성이 있다.

수박은 세계에서 두 번째로 많이 팔리는 과일이다. 세계적으로 수박 생산량은 다른 모든 멜론을 합한 것보다 2배 이상 많다. 수박은 무엇보다도 30kg 이상까지 자라는 그 자체의 크기와 맨눈으로도 볼 수 있을 정도의 어마어마한 세포 크기가 눈길을 사로잡는다.

- 여름 멜론은 칸달루프, 머스크멜론처럼 향이 강하고 상하기 쉬우며, 보통 껍질이 울퉁불퉁하다. 아미노산 전구물질들로부터 200여 가지의 다양한 에스터를 생성하는 효소를 함유하고 있어서 독특하고 풍부한 향이 만들어진다.
- 겨울 멜론은 허니듀, 카사바, 커네리처럼 향이 덜하고 덜 상하며, 보통 껍질이 매끈하거나 주름이 잡혀 있다. 겨울 멜론은 일반적으로 그 친척인 오이와 호박처럼 비전환성 과일이며, 에스터 효소 활성이 낮아서 맛이 비교적 순하다.

허니듀 멜론	Ethyl (methylthio)acetate, Ethyl Acetate, Octanol nonadienal & nonadienol, phenylethanol, phenylacetaldehyde, nonenal, guaiacol
칸달로프 멜론	esters (ethyl acetate & butyrate & hexanoate), octenal, octenol, benzyl acetate & alcohol, DMDS, DMTS, thio esters, furaneol
수박	hexanal, nonanol, nonanal, nonenol, nonenal, nonadienal, methyl heptenone, ethyl methylbutyrate, dihydroactinidiolide, geranyl acetone, ionone

* **핵과: 살구, 버찌, 복숭아, 자두**

핵과(Stone fruit)는 큰 씨앗을 돌처럼 딱딱한 껍데기가 싸고 있는 과일을 말한다. 장미과 프루누스(Prunus)속에 속하며 중요한 핵과 과일들은 대부분 아시아에서 기원한다. 이들은 전분을 비축하지 않기 때문에 수확 후에는 말랑말랑해지고 향이 발달하기는 하지만 당도가 향상되지는 않는다. 핵과 과일은 소르비톨을 축적하며, 항산화 작용을 하는 페놀 화합물을 풍부하게 함유하고 있다. 핵과의 속씨에는 시안화물이 들어 있는 경우가 많은데, 아몬드 등의 독특한 향이 여기서 만들어진다.

복숭아와 천도복숭아 품종은 단 몇 개의 범주로 나누어진다. 이들의 과육은 흰색과 노란색, 단단한 것과 물렁물렁한 것, 중앙의 핵에 강하게 달라붙어 있는 것과 쉽게 분리되는 것으로 구별된다. 과육이 단단하고 씨에서 잘 떨어지지 않는 품종은 주로 건조 가공, 통조림 가공, 취급의 용이성을 목적으로 개발되었다. 복숭아는 수확한 후에도 맛의 발달이 지속된다. 복숭아와 천도복숭아의 독특한 향은 주로 락톤계 향기 물질에 의한 것이다.

사우어 체리	Benzaldehyde, Benzyl alcohol, Phenylacetaldehyde, Eugenol, Vanillin
스위트 체리	benzyl alcohol & aldehyde, esters (ethyl acetate & hexanoate), hexenal, hexenol, hexanal, ionone,
자두	linalool, benzaldehyde, esters (butyl acetate & butyrate), γ-octalactone, γ-decalactone, γ-dodecalactones, nonanal, Hexenal
복숭아	γ-Decalactone, γ-Undecalactone, Ethyl acetate, cis-2-Hexenol, Hexenal, Hexanal, Benzaldehyde, esters (butyl, hexyl, hexenyl acetates), Linalool
살구	γ-Decalactone, Isobutyric acid, trans-2-Hexenol, Iononc, Linalool, Octadienone, Nonadienal

* 체리

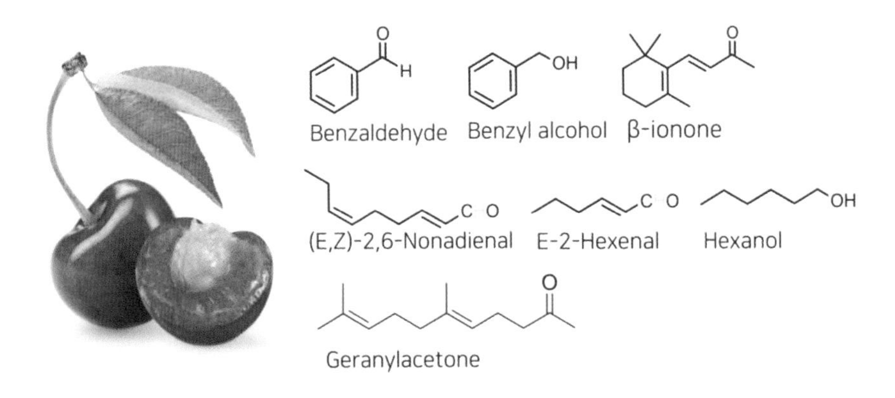

* 두리안

두리안은 그 특유의 향으로 유명한 과일이다. 여러 가지 향기 물질이 있지만 (2S)-2-Methylbutanoate와 1-(Ethylsulfanyl)Ethane-1-thiol 두 가지만 있어도 그 특징적인 향기를 재현할 수 있다고 한다.

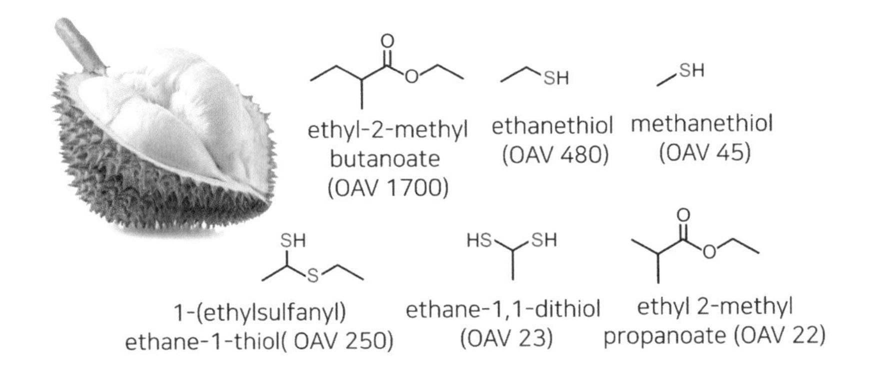

* 견과류의 성분

견과류(너트)는 단단한 껍데기 안에 보통 한 개의 씨가 들어 있는 나무 열매의 종류를 통틀어 이르는 말이지만 식물학적 분류는 아니다. 다양한 식물에서 유래하며 지방과 단백질이 많은 것이 특징이다.

Nut or Seed	수분	단백질	지방	탄수화물
Chestnut	52	3	2	42
Cashew	5	17	46	29
Pinenut	6	31	47	12
Sunflower	5	24	47	20
Peanut	6	26	48	19
Almond	5	19	54	20
Pistachio	5	20	54	19
Hazelnut	6	13	62	17
Walnut, black	3	21	59	15
Walnut, English	4	15	64	16
Brazil	5	14	67	11
Pecan	5	8	68	18
Macadamia	3	8	72	15

3 채소와 식물의 향

* 풀(Glass) 냄새

식물은 지속적으로 잎에서 휘발성 물질(GLV)을 방출하지만, 스트레스를 받으면 훨씬 많은 양을 방출한다. 식물이 공격을 받으면 공기를 통해 GLV를 주변에 방출하고 이웃 식물은 이것을 신호로 방어 메커니즘과 관련된 유전자를 활성화시킨다. 그래서 주변의 식물은 방어 시스템을 더 빠르고 더 강력하게 활성화할 수 있다. 그리고 식물의 조직 손상을 일으키는 초식 동물의 위치를 포식자에게 알리는 역할도 한다. 아이오와에서 재배되는 콩의 경우 진딧물에 심하게 감염되었을 때 방출되는 GLV의 양은 정상 수준보다 훨씬 많았고, 그 결과 진딧물의 천적인 더 많은 점박이 무당벌레가 나타났다. GLV는 항균제 역할을 해 식물이 박테리아 또는 곰팡이 감염에 더 잘 견디도록 하는 역할도 한다.

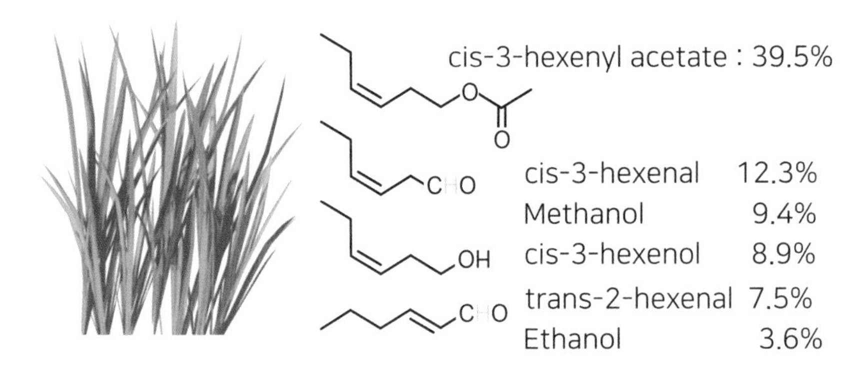

* 채소 vs 과일

채소는 과일처럼 익는 과정이 없기 때문에 향이 약한 편이고, 세포의 파괴로 인해 만들어지는 것이 많다. 세포가 파괴되면서 따로 존재하던 기질과 효소가 만나 향이 만들어지는 것이다. 풀을 베었을 때 나는 풀 비린내, 생콩을 갈았을 때 나는 콩 비린내가 그런 것이다. 그나마 채소에서 독특한 향기를 내는 것은 황을 포함한 전구물질로부터 만들어지는 것으로 양파가 대표적이다. 양파는 세포가 손상되기 전까지는 향기가 없다가 자르거나 씹는 등의 상처를 주면 향기가 가득해진다. 이처럼 순식간에 향 물질이 만들어지는 것이 양파, 마늘 같은 파속 식물의 특징이다. 모노, 디, 트리설파이드가 중요한 향기 물질이다.

채소는 대부분 십자화과(Cruciferae)에 속한다. 그래서 어느 정도의 글루코시놀레이트가 있다. 지금까지 약 50여 종이 발견되었는데 글루코시놀레이트 자체는 비휘발성이라 향이 없다. 그런데 세포가 파괴되면 효소에 의해 분해되어 향기 물질이 생성된다. 황 함유 아미노산에서 글루코시놀레이트가 만들어지고 계속되는 분해 과정을 통해 이소시아네이트와 니트릴 물질이 만들어진다.

채소는 황 함유 물질도 중요하지만, 지방 분해물도 나름 중요한 역할을 한다. 리폭시게네이스가 리놀레산과 리놀렌산을 분해해 향이 만들어지는 것이다. 그리고 알데히드와 알코올도 일부 만들어지는데 채소에는 에스터를 합성할 효소가 별로 없어서 에스터 향기 물질이 별로 만들어지지 않는다.

피망	methoxypyrazines, hexanal & hexenal, nonanal, ocimene, sulfur volatiles (DMDS, heptanethiol)
당근	nonenal, linden ether, ionone, damascenone, heptanal, terpinolene, myrcene
토마토	damascenone, linalool, methional, hexenal, furaneol, methylbutanal, octenone, DMTS, DMS
셀러리	Sedanolide, phthalides, sotolon, damascenone, ionone, methylbutyric acid
시금치	GLVs(hexenals & hexenols), cyclocitral, ionone, safranal, geosmin

* 오이

오이에 대한 호불호를 물어보면 보통 오이 향이 싫어서라는 대답이 많이 나온다. 하지만 정말 오이의 향이 원인인지, 쓴맛 때문에 향까지 싫어진 것인지는 불확실하다.

표 오이의 향기 성분(출처:Shuxia Chen, 2015)

성분	하한 ~	상한	역치	기여도	
E,Z-2,6-Nonadienal	93	1018	0.01	9,300	101,800
E-6-nonenal	33	122	0.02	1,650	6,100
E-2-nonenal	24	132	0.5	48	264
hexanal	74	670	4.5	16	149
propanal	147	2732	24	6	114
E,E-2,4-heptadienal	51	843	10	5	84
Z-2-heptanal	4	29	0.8	5	36
E-2-hexanal	24	468	17	1	28
Z-3,6-nonadienol	33	166	10	3	17

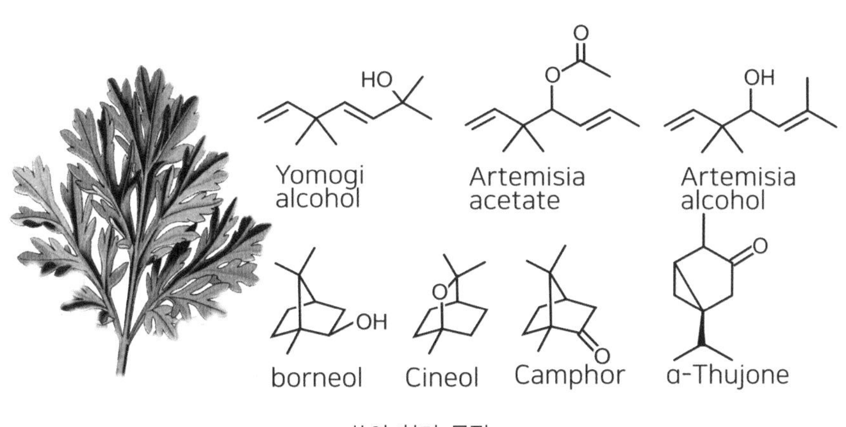

쑥의 향기 물질

* 버섯

버섯은 균류(곰팡이) 중에서 눈으로 식별할 수 있는 크기의 자실체를 형성하는 것의 총칭이다. 흔히 우산 모양으로 눈에 띄는 부분이 버섯이라고 생각하지만, 그것은 눈에 보이지 않게 가늘게 연결된 전체 버섯의 정말 극히 일부가 번식을 위해 형태를 만든 것이다. 그래서 세계에서 가장 큰 생물은 코끼리도, 고래도, 나무도 아닌 버섯이다. 뽕나무버섯속의 꿀버섯(Armillaria ostoyae)은 가로 500m, 세로 800m인 것도 있는데, 미국 오리건 주 맬휴어 국립산림지대에서는 하나의 버섯이 890ha(8,900,000㎡)에 걸쳐 펼쳐져 있는 것도 발견되었다. 그러니 버섯이 난 곳 주변은 이미 균사가 점령하고 있다는 것이라 언제 어디서든 자실체가 돋아날 수 있다.

버섯은 식물보다는 동물에 가깝고 분해자, 공생자, 기생자로 분류할 수 있다. 사찰에서는 육식을 금하기 때문에 버섯을 두부와 함께 고기 대체품으로 애용한다. 버섯에는 단백질이 부족하지만 식감이 고기와 비슷하다. 식물의 골격이 포도당으로 만들어진 셀룰로스라면 버섯의 세포벽에는 게나 새우 등의 껍질에 포

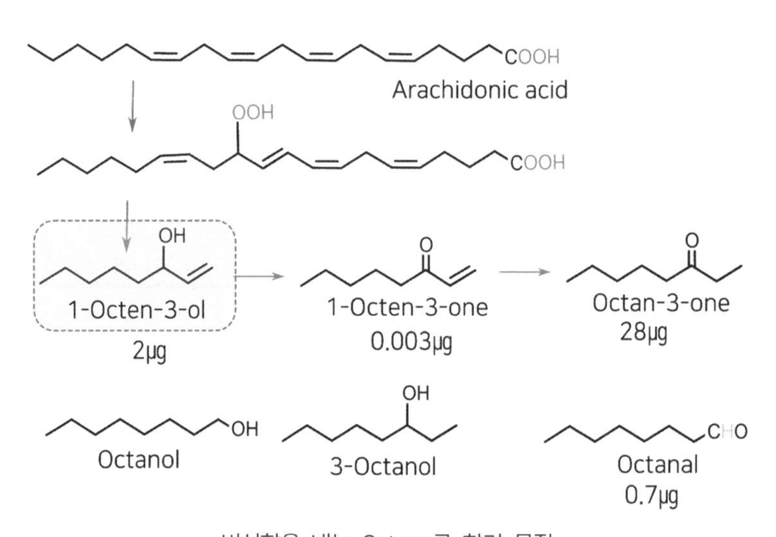

버섯향을 내는 Octene류 향기 물질

함되어 있는 키틴질로 되어 있다. 키틴은 물에 잘 녹지 않고 셀룰로스보다 안정적이다. 식재료를 가열하면 물성이 변하는데 채소는 물러지고 고기는 단단해진다. 그런데 버섯은 키틴질로 되어 있어 오랫동안 가열해도 식감이 변하지 않는다.

버섯에는 비타민D도 제법 있다. 비타민D는 콜레스테롤에서 유래한 것이고 식물은 콜레스테롤 대신 카로티노이드를 합성하기 때문에 거의 들어 있지 않은데, 버섯은 식물보다는 동물에 가까워서 비타민D의 전구물질인 에르고스테롤이 많이 존재하며, 자외선에 노출되면 비타민D로 전환된다. 그러니 햇빛에 건조한 버섯에 생 버섯보다 훨씬 많은 비타민D가 포함되어 있다.

버섯은 고유의 풍미가 있고, 포만감 대비 칼로리가 낮아 다이어트 식품으로 좋고 향신료로도 좋다. 반찬용으로는 양송이, 새송이, 표고, 목이 등이 유명하며, 향신료 목적으로는 송이, 트뤼프가 유명하다. 이런 버섯에는 옥텐올이 버섯향을 내는데 그중 특히 1-Octen-3-ol이 대표적으로 송이버섯의 향을 내는 물질이고, 황을 두 개 포함한 티오에스터(2,4-Dithiapentane)는 송로버섯의 특유의 향을 낸다.

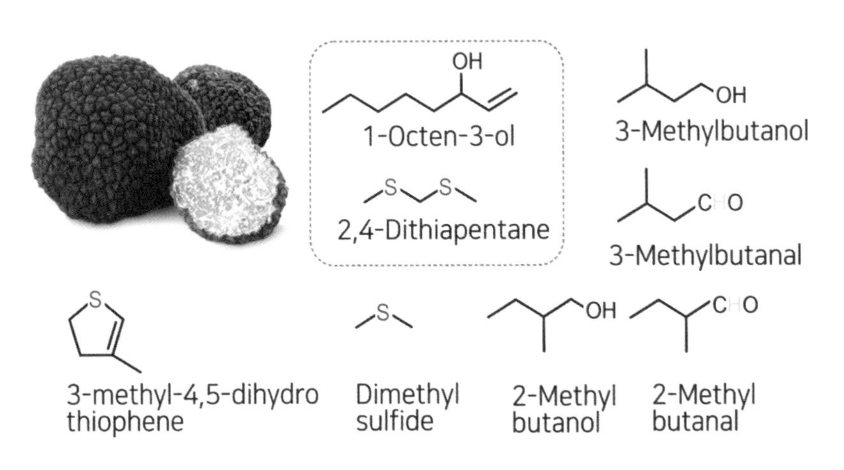

트뤼프 블랙	DMS, DMDS, diacetyl, ethyl butyrate, methyl butanol, ethyl methylphenol, ethylphenol, furaneol, octenol
트뤼프 화이트	dithiapentane, DMS, DMDS, methylbutanal, octenol
느타리버섯	octenol, octenone, octanal, octanone, nonanal, benzyl alcohol & aldehyde, phenylethanol, linalool
표고버섯	**lenthionine**(표고에 특징적 향 부여) octenol, octanone, lenthionine, DMDS, DMTS, trithiolane, tetrathiane
송이버섯	**1-octen-3-ol + methyl cinnamate**, octenone, ethyl methylbutyrate, linalool, methional, terpineol, bornyl acetate

Black truffle　　White truffle

* **인삼의 향**

향기 물질은 내열성이 떨어져 열에 의해 손실되는 경우가 많은 데, 피라진류 중에는 내열성이 있어서 로스팅 과정에서 생성되면서 계속 남아 있어 점점 축적되는 경우가 있다. 그래서 가열 식품의 향에서 피라진의 역할이 상대적으로 중요해진다. 대표적인 예가 감자취로 유명한 2-이소프로필-3-메톡시피라진(IPMP, Bean pyrazine)이다. 이 물질은 벌레의 공격을 받은 커피 체리에서 만들어지는데 강한 로스팅으로도 파괴되지 않고 남게 되어 과량으로 존재하면 커피에 중대한 품질 결점 요인이 된다. 그런데 이 물질은 한국인에게는 익숙한 '홍삼'의 핵심적인 향기 물질이다.

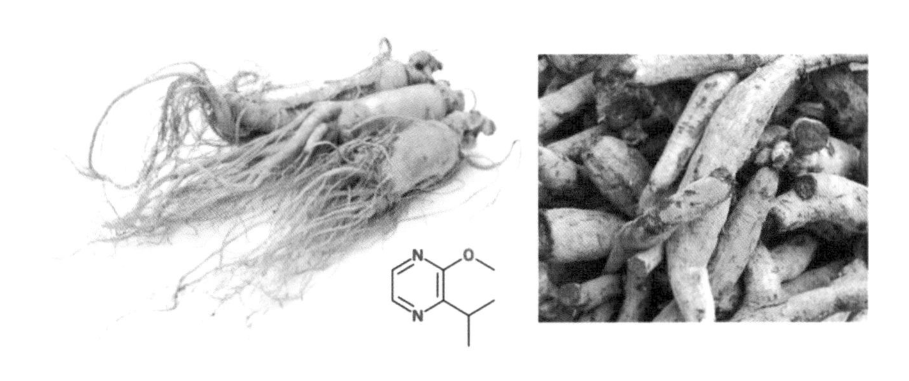

칡　　methoxypyrazines, nonadienal, carvacrol, thymol, linalool, anethole, estragole, eugenol

인삼　　methoxypyrazines, 2-pentylfuran, caryophyllene, humulene, hexanal

* **피톤치드와 꽃의 향**

피톤치드는 '식물(Phyton)'과 '죽이다(cide)'를 뜻하는 그리스어의 합성어로 수목이 자신을 보호하기 위해 발산하는 휘발성 물질(주요성분은 터펜)로 산림에서 나는 향이다. 활엽수보다는 침엽수(소나무, 잣나무, 편백나무 등)에서 많이 방출하고 국내 산림휴양지에서 주로 검출되는 피톤치드 성분은 α-피넨, 캠펜, β-피넨, 리모넨 등이다. 나무가 곤충이나 미생물 등의 공격에 관한 방어 수단으로 방출해 섭식저해 작용, 살충작용, 살균작용 등의 역할을 하는데, 인간에게는 신체적·정서적 안정감과 쾌적감을 주고, 스트레스를 낮추는 효과가 있다. 식물은 하루 종일 터펜을 방출하는데 지구 전체의 연간 방출량은 1.5억 톤 정도다.

꽃의 향기 성분은 곤충과 꽃의 특수한 관계를 결정짓는 요인으로, 80% 이상의 향기 성분이 식물과 곤충에 공통으로 있으며 모노터펜이 대표적이다. 꽃은 수분을 한 뒤에는 향기 성분을 합성하는 효소의 유전자 발현 수준이 줄어드는데, 향기 성분의 생성과 발산에 필요한 에너지 소비를 줄이고 그 에너지를 종자의 성숙에 돌린다. 불필요한 꽃잎을 버리는 것이다.

장미	Rose oxide, β−Damascenone, Ionone, Phenylethyl alcohol
재스민	cis−Jasmone, Methyl jasmonate, Indole
라일락	Ocimen, Lilac aldehyde, Lilac alcohol
카네이션	Eugenol, β−Caryophyllene, Methyl salicylate
제비꽃	α−Ionone, β−Ionone β−Dehydroionone
국화	α−Pinene, 1,8−Cineol, Chrysanthenone
히아신스	Ocimenol, Cinnamyl alcohol, Ethyl−2−methylbenzoate

차의 향기 물질

4

'차(Tea)'는 차나무(Camellia sinensis)잎을 가공하여 추출한 것으로 물 다음으로 많이 마시는 음료이다. 차가 기호식품이 될 수 있었던 것은 불교와 깊은 관련이 있다. 좌선을 통한 수련과 명상을 중요시했던 불교 수행자들에게 최적의 음료이기 때문이다. 지금은 커피의 각성작용이 더 유명하지만 당시에는 커피가 없었고, 차에는 커피보다는 적지만 상당량의 카페인이 함유되어 있으며, 테오브로민, 테오필린(Theophylline), 테아닌 같은 각성 성분도 있다. 요즘 에너지 음료가 큰 인기를 끄는 것처럼 과거에도 피로를 씻고 힘이 나게 하는 음료는 특별한 대접을 받았다. 그렇게 시작된 차는 수많은 변신을 거듭하면서 산지와 가공법에 따라서 3,000종 이상 유통되고 있다.

차는 여러 가지 방식으로 분류되는데, 제조 공정과 색에 따라 녹차, 황차, 흑차, 백차, 청차(포종차, 오룡차), 홍차로 분류하며 제조 공정 중 발효 과정의 유무에 따라 불발효차, 반발효차, 발효차로 분류하기도 한다. 하지만 여기서 발효는 미생물의 개입이 없고 찻잎에 다량 함유된 폴리페놀인 카테킨류를 산화시키는 과정인 경우가 많아 발효라는 용어가 정확하지는 않다.

차의 기본적인 제조 공정에는 생잎의 수분함량을 적당히 줄이는 위조(萎凋;

시들리기, Wilting, Withering), 위조된 잎을 비벼서 말리는 유념(捻; 비비기), 찻잎을 고르게 체에 놓은 뒤 진행되는 산화(Oxidation), 적당한 상태에서 산화를 중단시키기 위해 가열하고 말리는 건조 과정이 있고, 등급에 따라 분류하고 포장하는 마지막 작업이 있다.

차 제조의 시작은 위조(시들리기)인 경우가 많은데, 이것은 일종의 숨을 죽이는 단계로써 찻잎에 존재하는 수분을 70~80%에서 50~60% 정도가 되도록 말리는 과정이다. 이 과정에서 찻잎이 부드럽게 되고 이후의 가공과정에서 부서지지 않게 된다. 또한 카페인과 아미노산의 함유량이 증가하고 카로틴의 함유량은 줄어들면서 새로운 향이 발현되기 시작한다.

다음으로 찻잎의 세포벽을 파괴해 속에 든 산화효소가 배어 나오도록 하는 유념(비비기)과정에 들어간다. 유념 과정이 끝나고 나면 8~12시간 동안 산화 과정을 거친다. 산화 과정은 차의 향미를 결정하는 매우 중요한 작업으로써 일

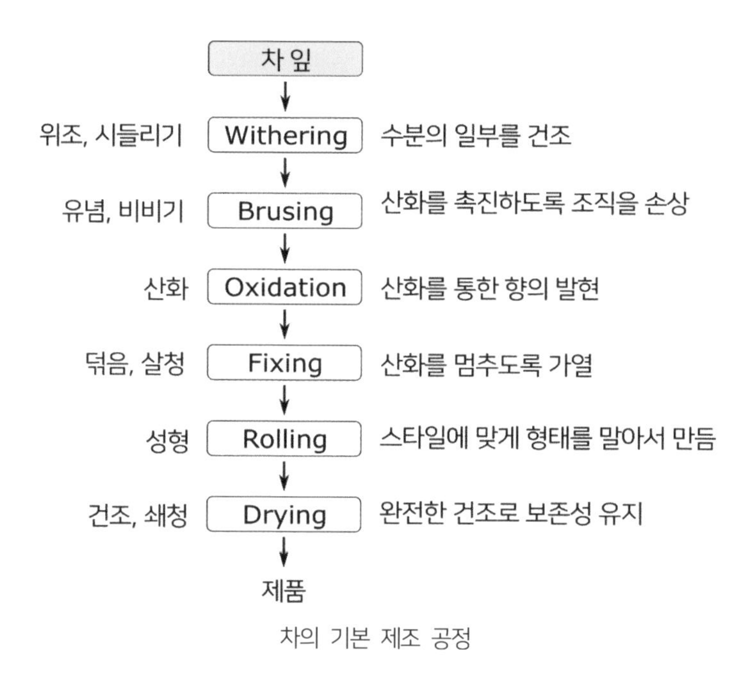

차의 기본 제조 공정

반적으로 숙련된 전문가들이 관리한다. 산화 과정을 마치면 건조 작업을 통해 찻잎에서는 잔여 수분이 제거되어 산화 과정이 중단되고 향미는 고착화된다. 이때 최고급 훈연 홍차를 만들기 위해 가문비나무, 소나무 등의 장작을 때서 말리기도 한다. 이렇게 긴 과정을 거쳐 제조된 차에는 수백 가지 향기 물질이 있다고 하지만, 기본을 이루는 것은 식물의 잎에 공통적인 그린노트, 터펜과 방향족 향기 물질이다. 그리고 가열로 만들어지는 로스팅 향이 있다.

차는 많은 연구를 통해 470종 이상의 향기 성분이 확인되었지만 그중 단독으로 차를 연상시키는 향은 거의 없고, 각 성분의 조화가 차의 향을 만든다. 생잎에는 그린 노트를 내는 알코올류(cis-2-Pentenol, cis-3-Hexenol, trans-2-Hexenol, Linalool)가 소량 있고, 그보다 훨씬 많은 향기 성분의 전

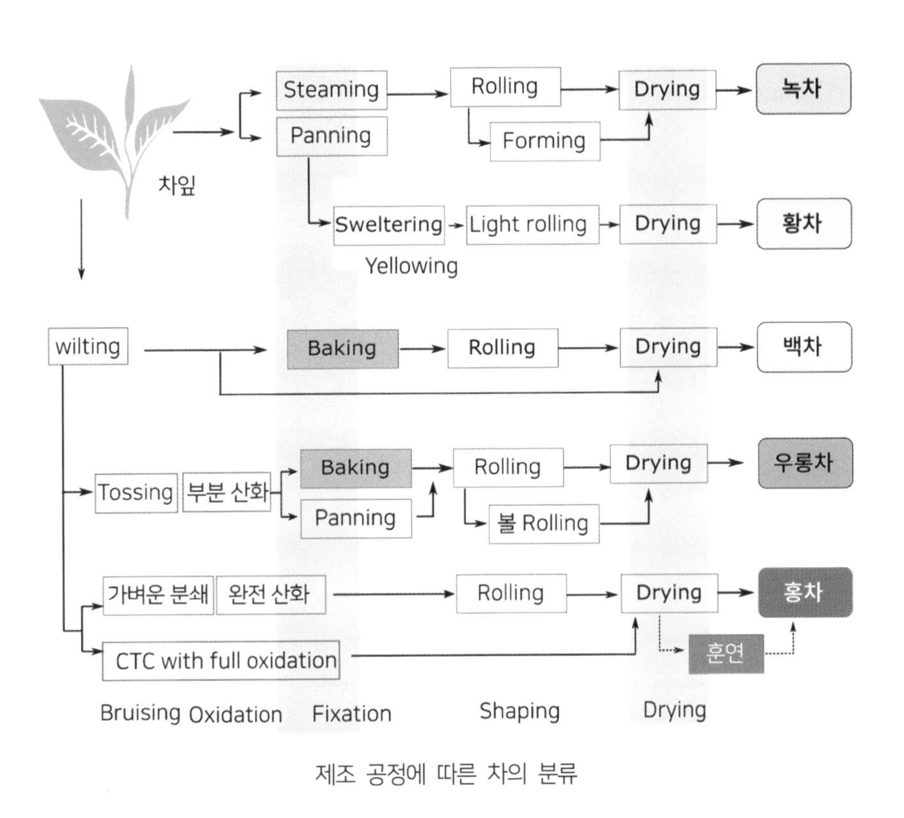

제조 공정에 따른 차의 분류

구 물질이 배당체로서 존재한다. 위조 과정을 통해 이들 배당체가 가수분해 되면서 여러 알코올(Geraniol, Benzyl Alcohol, 2-Phenyl ethyl alcohol) 등이 증가한다. 건조 공정에서는 열풍에 의해 기화온도가 낮은 향기 물질이 다량 소실됨과 동시에 카로티노이드의 분해로 만들어지는 향기 성분은 증가하고, 메일라드 반응에 의한 향기 물질도 증가한다.

1 생잎 및 재배 환경에 따른 향기 성분

차 생잎에 있는 향기 성분의 양은 0.005~0.03%에 불과하고, 다 자란 잎보다는 어린잎, 여름보다는 봄, 평지보다는 고산지역에서 수확한 것에 향기 성분이 많다. 이런 차에 가장 기본적인 향기 성분은 리나로올과 헥산올 같은 풀 또는 그린(Green)노트의 향기 물질이다. 식물의 잎이 상처받으면 생잎의 지방산 중 가장 함량이 높은 리놀렌산으로부터 헥센올(cis-3-Hexenol)과 같은 향기 물질을 만든다. 이들은 휘발 온도가 낮은 편이라 살청하는 과정에서 수증기와 함께

차의 향조와 향기 성분

향조	향기 성분
장미	Geraniol, Phenylethanol
꽃	Linalool, Linalool oxide, β−ionone, indole cis−jasmone, jasmine lactone
과일	Benzaldehyde, Nerolidol, Menthyl salicylate, benzyl alcohol
해조류	Dimethyl sulfide
로스팅	Alkyl pyrazine, 3−Methyl furfural, 2−acetyl Pyrrolc
그린	hexanol, cis−3−hexenol, trans−2−hexenol, cis−3−hexenyl hexanoate, trans−3−hexenyl hexanoate

상당량이 사라진다. 그리고 위조를 통해 배당체로 존재하던 향기 물질이 가수분해효소(β-Glucosidase)에 의해 분해되어 향기 물질이 증가한다. 차의 주요 향기 성분인 제라니올, 벤질알코올, 페닐에틸알코올 등이 배당체로 결합한 형태로 잠재되어 있다가 제조 과정 중 효소작용으로 발현되는 것이다.

차는 제조과정뿐 아니라 재배과정에서도 스트레스를 가하는 경우가 많다. 일본 차 중에서도 가장 고급에 속하는 옥로차는 차나무의 새싹이 올라오기 시작할 때부터 약 20일 정도 햇빛을 차단한다. 식물을 굶겨서 더 많은 햇빛을 갈망하게 하는 것이다. 그러면 엽록소가 증가하고 떫은맛을 내는 카테킨 생성이 억제되며, 단맛을 내는 아미노산인 테아닌의 함량이 증가해 찻잎에 감칠맛이 늘어난다. 찻잎에 인위적으로 스트레스를 가해 그런 효과를 얻는 것이다. 일본의 맛차(抹茶; 말차)는 녹색이 매우 진한데, 이 또한 햇볕을 차단해 엽록소가 많아진 찻잎을 이용하기 때문이다. 진한 녹색의 찻잎을 2~3미크론(㎛) 크기의 미세

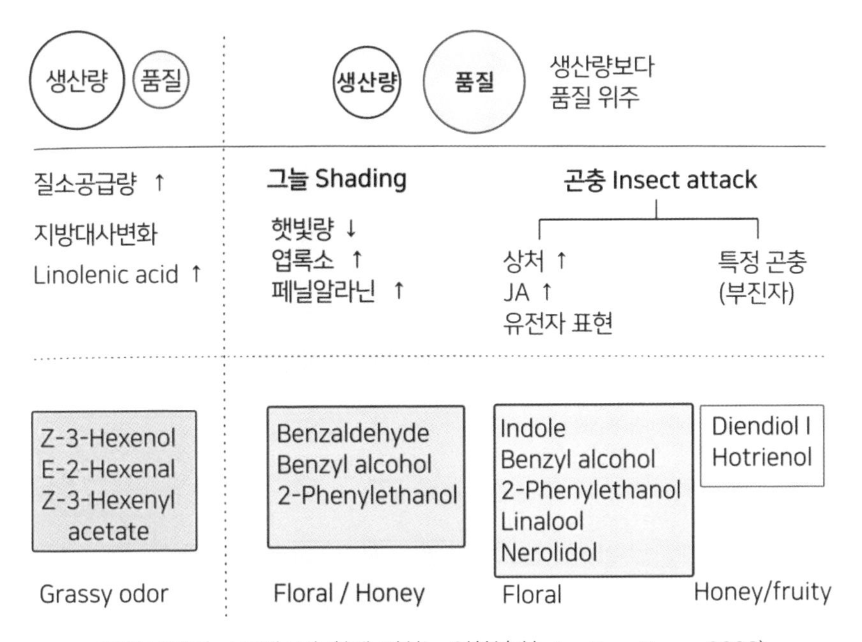

재배 과정의 스트레스가 향에 미치는 영향(출처: Lanting Zeng, 2020)

한 분말로 만들어 우려낼 필요 없이 통째로 사용한다.

대만에는 해발 1,000m 이상에서 재배되는 고산차가 있는데, 재배지의 해발고도가 높아질수록 가격이 비싸진다고 한다. 같은 종인데도 해발고도가 낮으면 과일 향이 나고, 해발고도가 높을수록 섬세한 꽃향기가 나는 편이다. 해발 1,000~1,600m의 차는 그래도 사계절 수확이 가능해 가격이 저렴하지만, 해발 2,000m 이상에서 나는 차는 단맛이 강하고 섬세한 꽃향기가 매우 풍부해 대만

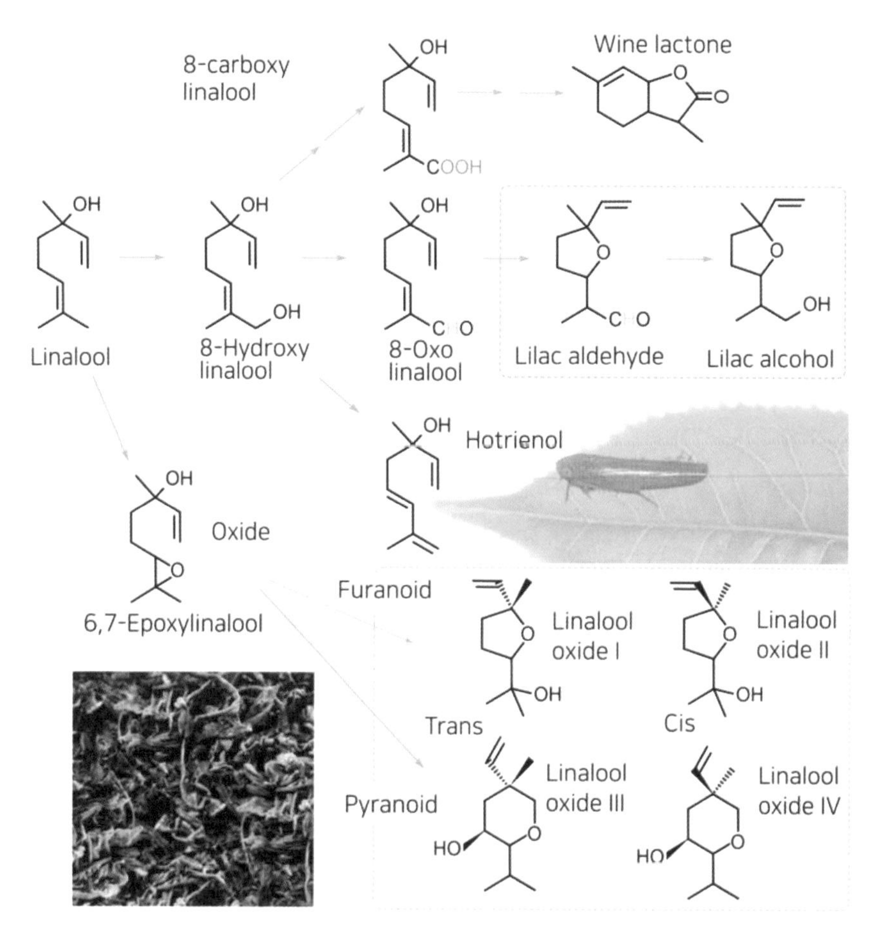

리나로올에서 만들어지는 향기 물질

우롱차 중에서도 최고급으로 치며 가격도 가장 비싸다.

동방미인차(백호오룡)는 대만의 대표적인 우롱차인데 일부러 차나무에 찻잎을 갉아 먹는 해충인 '부진자(Leafhopper; 초록애매미충)'를 기생하게 해서 갉아먹어 약간 시든 상태의 찻잎을 따서 만든다. 다른 차에 비해 장시간의 일광위조와 실내 위조를 거치는데, 이런 과정을 거치면 해충이 가해지지 않은 찻잎에 비해 리나로올, 제라니올, 벤질알코올, 페닐에탄올 등의 함량이 증가한다. 특이한 것은 리나로올에서 독특한 물질인 호트라이엔올(Hotrienol)이 만들어진다는 것이다. 이것은 다른 차에 없는 달콤한 꿀 향이 나게 되어 귀한 대접을 받는다. 찻잎에 이런 해충(?)이 자라게 하려면 농약을 사용할 수 없어 생산량이 줄어드는 데도 특별한 향기 물질 때문에 이런 재배법을 고수하는 것이다. 이런 곤충의 공격 말고도 비료(질소), 햇빛을 통제해 생산량보다는 풍미 위주의 제품을 만들어 낸다.

* 향기 물질의 주요 생성 기작

a. 지방산에서 만들어지는 향기 물질

차의 지방산에서 만들어지는 향기 물질은 지방의 불포화도에 따라 생성 속도가 다르며 지방분해효소가 있으면 빨리 생성된다. 지방분해효소의 활성은 여름철에 가장 높고 겨울철에 낮다. 리놀레산으로부터 버섯 향(1-Octen-3-ol)이 만들어지고 올레산과 팔미트산에서도 C9(Nonanal, Nonanol)과 C7(Heptanal, Heptanol)의 향기 물질도 만들어진다. 그리고 지질 분해로 자스민계 향기 물질(Methyl jasmonate, cis-Jasmone, Jasmine lactones)도 만들어진다.

차의 지방 성분에서 유래한 향기 물질(출처: Chi-TangHo, 2015)

성분	녹차	우롱차	홍차
Hexanal	O	O	O
E-2-Hexenal		O	O
Z-3-Hexenol	O		O
E,E-2,4-Hexadienal	O		O
Pentanal	O		
Jasmine	O		
cis-jasmone	O	O	O
Methyl jasmonate		O	O
Nonanal	O		

b. 배당체(Glycoside) 유래 향기 성분

홍차나 우롱차는 제조 과정에서 스트레스를 가하는데, 찻잎이 충격을 받아 세포벽에 존재하는 가수분해효소와 배당체가 만나 가수분해반응이 진행되어 향기 성분과 결합한 당이 분리되어 향으로 작용할 수 있게 된다. 배당체는 신선한 찻잎에 많이 존재하지만 향기가 없는 화합물이다. 그러다 제조과정 중 당이 분리되면 터펜계 알코올(Linalool, Linalool oxide, Geraniol), 방향족 알코올(Benzylalcohol, Phenylethanol) 같은 향기 성분이 된다. 효소의 활성은 계절별로 차이가 있는데 봄>여름>가을 순으로 높다.

차 향미에서 대표적인 배당체는 헥산올인데 위조 과정에서 배당체가 가수분해되어 만들어진다. 이 성분은 특히 녹차에 많고 홍차에는 리나로올, 제라니올, 벤질알코올, 페닐에탄올의 배당체가 많다. 리나로올 옥사이드와 푸라네올(Furaneol)도 배당체로 존재하고 벤즈알데히드, 쿠마린, 베타디미세논도 배당체 형태로 상당량 존재한다. 쿠마린은 녹차에서 달콤한 허브 및 벚꽃 향을 주는데 열처리 시간 및 건조 온도에 따라 달라진다.

c. 카로티노이드(Carotenoid) 유래 향기 물질

차에서도 카로티노이드로부터 β-이오논, β-다마세논 같이 중요한 향기 물질이 만들어진다. β-다마세논은 1970년에 장미 오일에서 처음으로 발견되었는데 많은 식물에 있고 홍차에서도 중요한 향기 성분이다. β-이오논도 녹차 및 홍차에 중요하다. 그것 말고도 여러 카로티노이드 유래 향기 물질이 있는데 우롱차가 녹차와 홍차보다 많은 종류를 가지고 있다.

카로티노이드에서 만들어지는 향기 물질(출처: Chi-TangHo, 2015)

성분	녹차	우롱차	홍차
β-Damascenone	O	O	O
α-Damascenone		O	
β-Ionone	O	O	O
6-Methyl-5-heptenone	O	O	O
β-Cyclocitral	O	O	O
Safranal	O	O	O
α-Farnesene		O	
5,6-epoxy-β-ionone	O	O	O
Nerolidol	O	O	O
Theaspirone	O	O	O

d. 아미노산에 의해 만들어지는 향기 물질

제다 과정에서 찻잎에 존재하던 일부 아미노산이 아미노기와 카복시기가 분해되어 제거되면서 카보닐화합물이 된다. 류신에서 만들어지는 이소아밀알데히드, 페닐알라닌에서 만들어지는 페닐아세트알데히드 등이 대표적인데 이런 과정은 차에 대량으로 함유된 카테킨에 의해 촉진되는 경향이 있다.

e. 가열에 의한 향기 물질

차에서도 메일라드 반응은 중요하다. 제조 과정에 상당한 가열 공정이 포함된 경우가 있기 때문이다. 메일라드 반응으로 피라진, 퓨란, 피롤 같은 향기 물질이 만들어지며, 피롤 유도체는 견과, 팝콘 같은 향기를 형성하는데 중요한 역할을 하고 특히 피라진은 우롱차와 홍차에서 중요한 성분이다. 아세틸티아졸린(2-Acetyl thiazoline)은 강한 볶은 향기를 제공하고 홍차에는 아세틸피롤린(2-Acetyl pyrroline)도 발생한다.

차에는 특징적으로 테아닌(Theanine)이란 아미노산이 많은데, 단백질을 구성하는 20가지 아미노산에 포함되지는 않지만 건조 무게의 3%, 전체 아미노산의 60%를 차지할 정도다. 글루탐산과 에틸아민이 결합한 테아닌은 차나무에서 질소를 저장하는 수단으로 추정된다. 녹차에서는 감칠맛을 부여하며, 포도당과

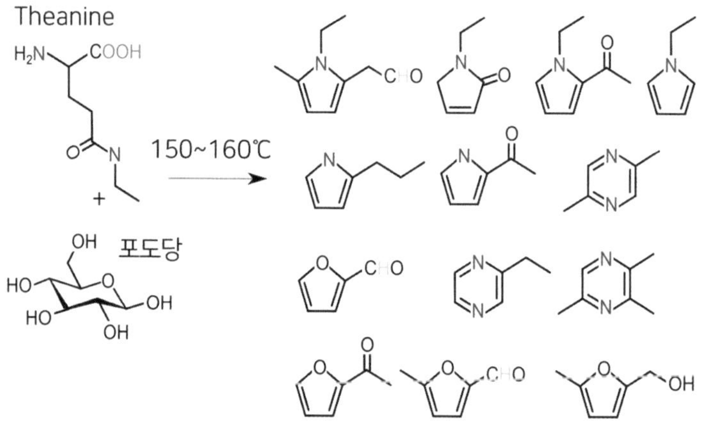

테아닌에서 향기 물질의 생성(출처: Chi-TangHo, 2015)

함께 150℃ 이상으로 가열하면 피롤과 피라진류의 향기 물질이 만들어진다.

f. 미생물에 의한 향기 물질

보이차 생산에는 고체발효를 포함한 복잡한 제조 공정이 포함되어 있는데, 이 과정에서 리나로올, 터피네올, 네롤, 제라니올 같은 터펜 물질은 구성비가 50%에서 15%로 감소하고, 미생물에 의한 메톡시화합물(1,2-Dimethoxy benzene, 3,4-Dimethoxytoluene, 1,2,3-Trimethoxy benzene)은 2%에서 15% 이상으로, 리나로올의 산화물인 리나로올 옥사이드류의 비율도 5%에서 15% 이상으로 증가한다고 알려져 있다.

* 차의 종류에 따른 향기 물질

한 종류의 차나무 잎도 가공방식에 따라 향이 크게 달라지고, 지역, 수확 시기, 재배방식의 차이 등에 따라 달라진다. 같은 품종, 같은 지역이라도 차광재배를 하거나 충해를 유도해도 향이 달라진다.

차를 가공법에 따라 크게 녹차, 황차, 백차, 우롱차, 홍차로 구분하는데 녹차는 찻잎을 채취한 즉시 효소를 불활성화시키므로 차의 향기 성분 변화가 가장 적다고 볼 수 있다. 그래서 찻잎 고유의 향기 물질인 헥센올과 헥센알의 역할이 크고 메일라드 반응에 의한 향이 큰 역할을 한다. 일본 녹차의 경우 베타다마세논, 메틸자스모네이트가 좀 더 잘 나타난 경우가 있다.

다즐링에는 꽃 향(Geraniol, 2-Phenyl ethyl alcohol), 청포도 향(3,7-Dimethyl-1,5,7-octatriene-3-ol, trans-2-Hexenoic Acid)의 균형이 좋고, 우바, 딤블라 등의 스리랑카산 홍차에서는 민트의 청량감을 내는 메틸살리실산, 꽃 향의 리나로올, 재스민 향의 일부이기도 한 인돌이 분석된다. 바디감이 있는 아삼에서는 향의 지속성이 있고, 우디한 β-이오논과 Dihydro actinidiolide가 상당량 함유되어 있다.

차의 황화합물도 중요한데 옥수수 또는 해산물의 향인 디메틸설파이드(DMS)는 녹차, 특히 스리랑카산에 많이 존재한다. 디메틸트리설파이드(DMTS)는 홍차 등에서 발견된다. 가볍고 확산력이 있는 부탄올(2-Methyl butanol, 3-Methyl butanol)은 인도산 다즐링, 아삼에 많다.

차 종류에 따른 대표적인 향기 물질

차 종류	대표적인 향기 물질
녹차, 용정차	geraniol, linalool, nerolidol, ionone, dihydroactinidiolide, methyl jasmonate, methyl ðyl pyrazines, isopropyl methoxypyrazine, vinylphenol, dimethyl sulfide
녹차, 센차	mercapto methylpentanone, methoxymethyl butanethiol, indole, methyl jasmonate, damascenone, decadienal, octadienone, nonadienal
녹차, 말차	dimethyl sulfide, methylbutanal, hexanal, heptenal, octenone, octadienone, nonadienal, ionone
우롱차	phenylethanol, methyl jasmonate, jasmolactone, furaneol, indole, linalool, ionone, nerolidol, δ-decalactone, hexanal, dimethyl sulfide
홍차	linalool, geraniol, ionone, phenylacetaldehyde, damascenone, hexenol, methylbutanal, methylpyrazines
보이차	메톡시 화합물(di-,-methoxybenzenes 등), ionone, linalool oxides, terpineol, syringol

* **차의 카테킨(폴리페놀)**

차의 생엽에는 20~25%의 고형분이 있는데, 고형분의 40%는 수용성 성분으로 그중에는 카테킨(Catechin)이 중요하다. 차나무가 카테킨을 많이 만드는 이유는 해충을 쫓고 미생물에 저항하기 위해서다. 차의 카테킨 함량이 높은 대엽종은 홍차, 아미노산 함량이 많은 소엽종은 녹차, 중엽종은 우롱차로 가공한다.

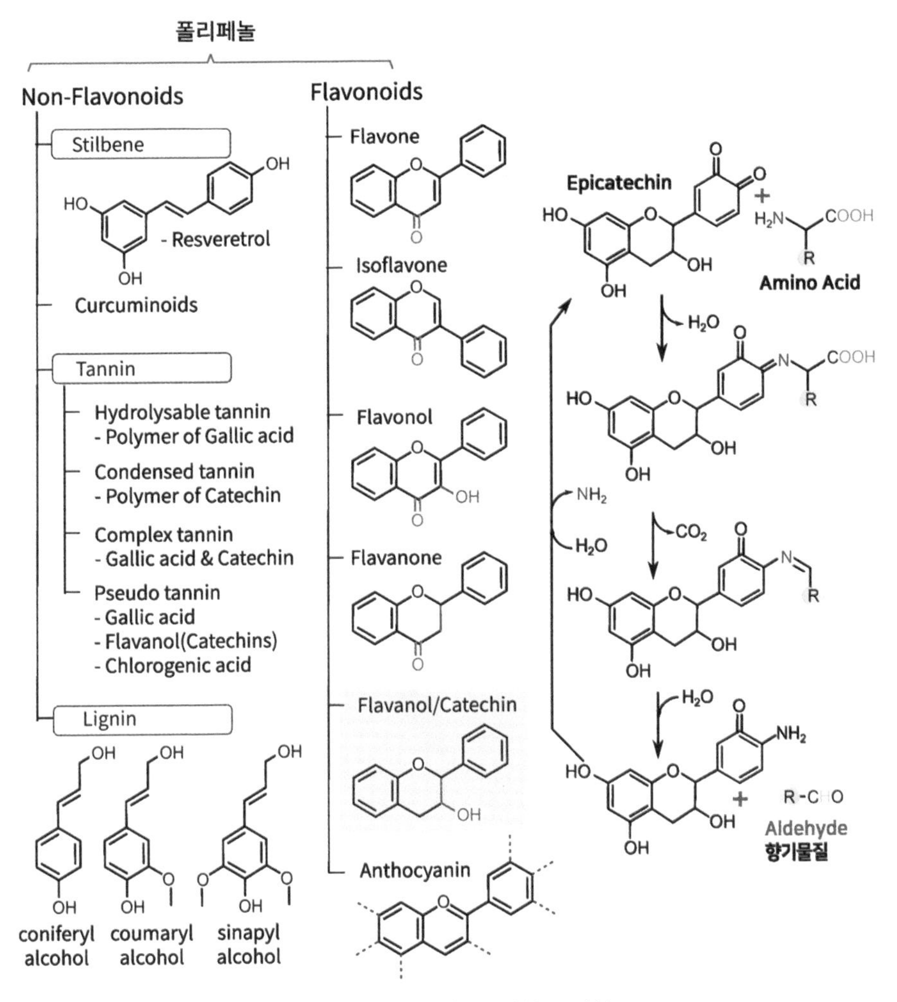

차의 폴리페놀과 향에 미치는 역할

카테킨은 쓰거나 떫은맛을 내지만 다른 물질과 상호작용으로 풍미에 긍정적인 효과도 주고, 카테킨이 없으면 차라고 부르기 힘들 정도로 차의 핵심 성분으로서 여러 기능을 한다. 페닐알라닌에서 유래한 물질이 향기 물질이 되기도 하지만 카테킨과 타닌 같은 맛 물질이 되기도 한다.

가공 중 카테킨류가 서로 축합하여 색소가 되고, 아미노산과 결합하여 향기 물질이 만들어지는 것을 촉진하고, 항산화 기능 등을 하는데 카테킨은 수용성이 있어서 지방으로 된 세포막을 잘 통과하지 못하지만, 이것을 지용성으로 바꾸어 세포막을 훨씬 쉽게 통과하여 기능성을 높이려는 연구도 있다.

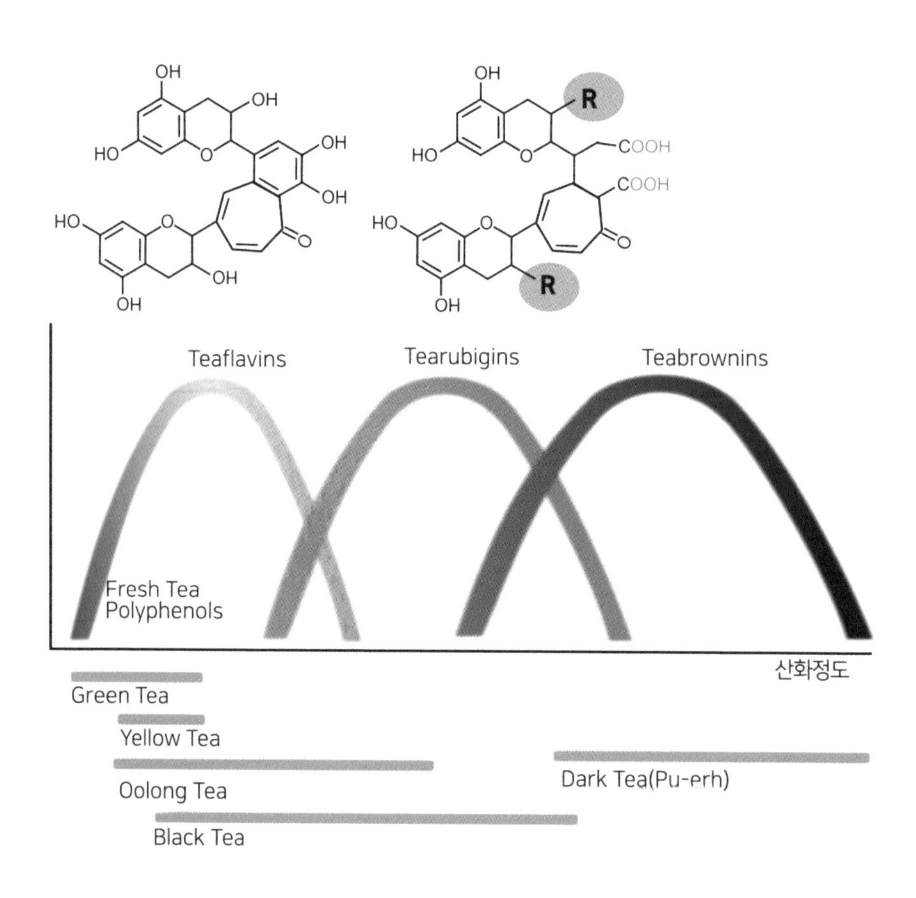

* 차의 향기 성분 분석 결과

홍차는 종류별로 다양한 향기 성분을 가지고 있으므로 차의 향을 공부하려면 홍차에 많이 등장하는 향기 성분부터 차례로 공부해보는 것도 방법일 것이다.

홍차 36종에서 발견된 향기 물질의 빈도(출처: 『홍차의 비밀』)

향기 물질	발견	분류	향기묘사
Linalool	36	터펜 알코올	은방울꽃, 감귤류 향
trans-2-Hexenal	32	지방족 알데히드	풋풋한 향, 사과 향
Methyl salicylate	30	페놀릭 화합물	민트 향
Geraniol	29	터펜 알코올	장미 향
Linalool oxide II	29	터펜 알코올	달콤한 향, 꽃 향
Phenylacetaldehyde	28	방향족 알데히드	히아신스
Hexanal	25	지방족 알데히드	풋풋한 향
β-Ionone	23	이오논 유도체	꽃 향
Linalool oxide I	19	터펜 알코올	달콤한 향, 꽃 향
cis-3-hexenol	16	지방족 알코올	풋풋한 향
Benzaldehyde	13	방향족 알데히드	아몬드 향
Nerolidol	12	터펜 알코올	백합꽃, 나무 향
trans-2-Hexenol	7	지방족 알코올	풋풋한 향
Linalool oxide IV	7	터펜 알코올	달콤한 향, 꽃 향
2-Phenyl ethanol	5	방향족 알코올	장미 향
cis-2-Hexenol	4	지방족 알코올	풋풋한 향
3-Methyl butanal	4	지방족 알데히드	달콤한 향

찻잎에서 물에 잘 녹는 성분을 추출하는 것은 쉽다. 적당한 온도에 우리면 되니 말이다. 그런데 향기 성분은 물에 잘 녹지 않는다. 온도를 높여야 그나마 잘 녹는데, 온도가 높으면 쓰고 떫은 성분도 같이 녹아 나올 가능성이 높아진다. 발효도(산화도)가 높을수록 높은 온도에서 우려도 쓴맛이 우러나지 않기 때문에 흑차와 같은 경우 끓이다시피 녹여내도 되지만, 녹차와 같이 산화를 적게 시킨 것은 낮은 온도에서 녹여야 한다. 녹차 75℃, 백차와 황차 80℃, 보이차와 우롱차 95℃, 홍차 100℃ 정도에서 녹차, 백차, 황차 5분, 우롱차 3분, 보이차와 흑차를 2분 정도 우려낸다.

홍차 추출액의 주요 향기 물질

향기 물질	농도(ppb)	역치	OAV
linalool	142	0.6	237
Geraniol	142	3.2	45
2,4,6-Nonatrienal	1.1	0.025	41
β-damascenone	0.15	0.004	38
Methylpropanal	69	1.9	37
3-methylbutanal	42	1.2	37
2-methylbutanal	82	4.4	37
3-methyl-2,4-nonandione	0.48	0.01	37
2,6-nonadienal	0.56	0.03	22
2,4-decadienal	2.9	0.2	18
3-hexenol	95	13	7
4-heptenal	0.66	0.03	11
phenylacetaldehyde	57	6.3	9
β-ionone	1.5	0.2	7
hexanal	55	10	5

녹차의 주요 향기 물질(출처: Kumazawa K & Masuda H)

향기 물질	FD factor
4−methoxy−2−methyl−2−butanethiol	5000
1−octene−3−one	500
1,5−octadien−3−one	1000
4−mercapto−4−methyl−2−pentanone	5000
methional	500
2,6−nonadienal	500
2,4−decadienal	1000
β−damascone	1000
β−damascenone	1000
methyl−jasmonate	1000
indole	5000

발효의 향

술의 향기 물질 1

1 알코올과 술의 기본 향기 물질

전분이나 당분 등을 발효시켜 만든 에탄올을 85도 이상으로 증류한 것을 주정(酒精, spirit)이라고 부른다. 에탄올은 희석해서 대량 섭취해도 큰 해가 없는 거의 유일한 유기용매이며, 이런 에탄올에 관한 인류의 애증은 실로 대단해서 개별 성분 중 포도당을 제외하고는 에탄올만큼 많이 섭취하는 유기물은 없다.

에탄올은 단맛 수용체와 감칠맛 수용체의 절반을 구성하는 T1R3과 쓴맛 수용체 중 38번인 T2R38 그리고 우리 몸에서 가장 고온을 감각하는 온도 수용체 TRPV1을 자극한다. 그래서 에탄올은 쓰고 뜨겁고 약간 단맛을 가진 작은 분자이다. 25종의 쓴맛 수용체 중에 38번(T2R38)이 고장이 난 사람은 다른 쓴맛은 잘 느껴도 에탄올이 전혀 쓰지 않게 느껴진다. 그래서 도수가 높은 술일수록 쓰지 않고 달게 느껴지는 것이다. 에탄올은 친수성과 친유성이 같이 있어서 빠른 속도로 흡수되는데, 뇌의 방어막(BBB)까지 쉽게 뚫고 들어가 쾌감회로를 자극해 이완의 즐거움을 제공한다. 그래서 중독성이 있다.

에탄올은 상온에서 78°C가 되면 끓는다. 이런 특성을 이용해 증류주를 만든다. 물과 어떠한 비율로 혼합해도 완벽히 섞이므로 용해도를 따질 필요도 없다.

알코올은 물에 잘 녹으면서(친수성) 극성이 적기(친유성) 때문에 유기 용매나 계면활성제로도 쓰인다. 향기 물질은 알코올에 잘 녹기 때문에 향을 물에 녹였을 때와 알코올에 녹였을 때 역치가 달라진다. 그리고 알코올의 농도와 배치에 따라 맛과 향 그리고 질감마저 달라진다. 결국 술에서 맛의 첫 번째 요인은 에탄올인 것이다.

맥주는 BC 4000년경, 오늘날 중동지역에 거주했던 수메르 민족이 최초로 빚었다는 설이 있다. 이들은 보리를 말려 가루로 만든 뒤 그 위에 물을 부어 자연적으로 발효시키는 방법으로 맥주를 만들었다. 이때까지는 품질과 성공률을 크게 기대하기 힘든 방식이었다. BC 3000년경, 이집트 나일강변에서 수확한 보리로 맥주를 빚기 시작했고, 그리스·로마 시대를 거쳐 중세에는 약초에 관한

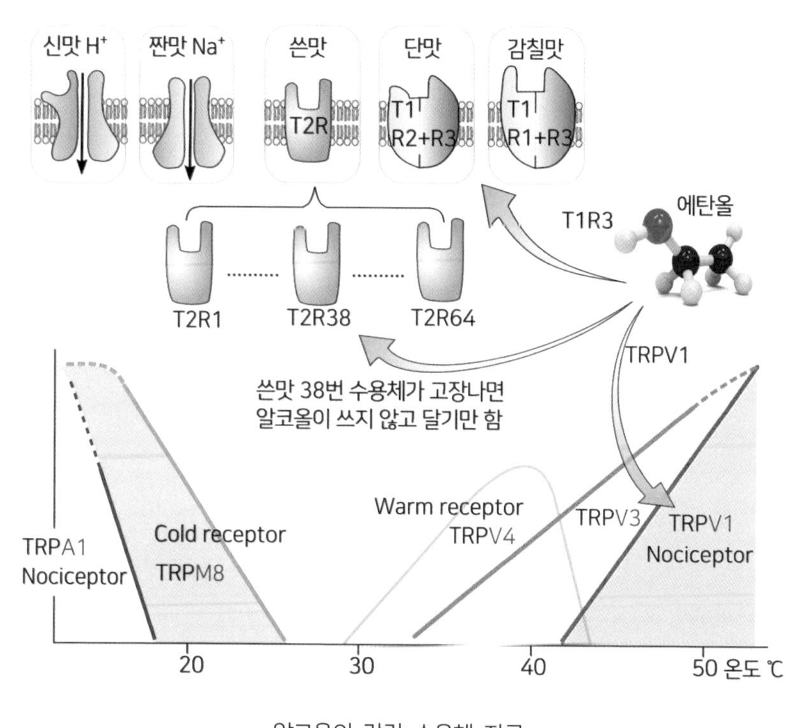

알코올의 감각 수용체 자극

지식이 풍부한 수도사들을 중심으로 품질이 우수한 맥주를 빚었다.

맥주보다 역사가 깊은 것이 포도주다. 인류가 언제부터 포도주를 마셨는지는 알 수 없지만, 포도를 저장하던 중 야생효모에 자연스럽게 발효된 것을 우연히 마시면서 시작되었을 것이다. 문헌상으로는 약 7,000년 전 페니키아인이 이집트, 유럽 등에 포도주를 알렸다고 한다. 메소포타미아 지역에서는 BC 4000년경에 제작된 포도주를 담는 항아리 뚜껑 등이 발견되었고, 고대 이집트 벽화와 아시리아 유적을 통해 BC 3500년경에 이미 포도주가 널리 보급된 것을 알 수 있다. 그리스는 BC 600년에 유럽 최초의 포도주 생산국이 되었고, 이 기술을 로마에 전해주었다. 로마는 유럽 전역을 지배하면서 프랑스, 독일 등 식민지 국가에서 포도를 재배해 포도주를 빚게 했다. 지역마다 과일과 곡류를 이용한 술이 만들어졌는데 증류의 기술로 또 한 차례 발전했다.

BC 2000년경 메소포타미아의 바빌로니아에서 초기 증류 장치가 사용되었다고 하지만, 온전한 증류의 기술은 8세기경의 중세 이슬람 화학자들에 의해 이

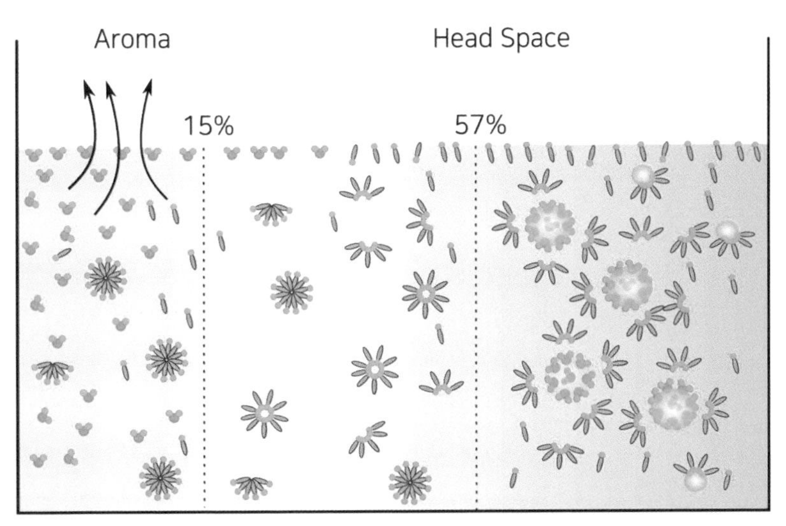

농도에 따른 알코올의 용해 상태

루어졌다. 그들은 순수한 알코올의 대량 생산을 위한 증류 기술을 개발했는데, 당시에 고안한 여러 실험 도구와 방법들은 오늘날에도 사용될 정도다. 12세기경 중세 유럽에 증류 기술이 전파되었고, 향수의 산업화에 가장 필수적인 에탄올을 얻게 되었다. 또한 증류 기술의 발전은 증류주의 생산을 촉진하여 스카치 위스키, 코냑, 데킬라, 보드카 등이 발전하게 되었다.

술에는 기본적으로 원료에서 유래한 향, 발효하면서 만들어지는 향 그리고 숙성하면서 만들어지는 향이 있다. 술이 되는 과정에서 에탄올과 퓨젤알코올이 만들어지고 이것은 유기산과 결합해 에스터가 된다. 다양한 에스터가 술의 기본 향기 물질이다. 오크통에서 숙성하면 페놀류의 스모키한 향이 추가되고, 미량의 황화합물은 특성을 부여한다.

퓨젤오일은 아미노산의 생성이나 분해 과정에서 유래한 것이 많다. 아미노산이 탈탄산, 탈아미노화되어 퓨젤오일이 되면 에탄올 생성량의 0.4% 정도 되는 퓨젤알코올이 생성되나 에탄올보다 향의 역치가 낮아 풍미에 영향을 준다. 퓨젤오일 중에 일반적인 것이 프로판올, 부탄올, 이소아밀알코올이다.

술의 대표적인 향기 성분

구분	향기 물질	특징
퓨젤알코올	이소아밀알코올, 프로판올, 이소프로판올, 페닐에탄올	주류에 기본생성물
알데히드, 케톤	아세트알데히드, 디아세틸, 펜텐-2,3-디온	주류에 기본생성물
에스터	에틸에스터 아소아밀아세테이트	모든 주류에 주요 향미성분
페놀류	과이어콜	보통은 부정적인 향미
황화합물	황화수소, 디메틸설파이드DMS	주류의 기본 향미, 미량이면 긍정적이지만 고농도면 이취

술의 향은 여러 향기 물질이 복합적으로 작용한 결과물이지만, 술에 따라 몇 가지 특정 향기 성분을 가지는 경우가 있다. 오크통(Oak)으로 숙성한 증류주, 특히 위스키에는 코코넛 향을 내는 위스키락톤, 귀부 와인에는 캐러멜 향을 내는 캐러멜푸라논(Caramel furanone), 코냑에는 과일 향을 나타내는 운데카논(2-undecanone) 등이 있다. 술에 존재하는 향기 물질은 공통적인 것이 많다. 이소아밀아세테이트(바나나)나 에틸헥사노에이트(익은 사과)는 수 ppm까지는 좋은 느낌을 주지만, 과량으로 존재하면 이취가 될 수 있다. 그런데 중국의 백주는 에틸헥사노에이트(Ethyl hexanoate)가 압도적인 역할을 한다. 에틸헥사노에이트가 없다면 백주의 특징이 완전히 사라진다고 할 정도다. 다른 술에도 어느 정도는 있지만 그 존재 자체를 모를 정도로 적고 다른 향에 가려진다. 디아세틸은 청주나 맥주에서는 미량 포함되어 있어도 이취로 여기지만 주정을 강화하여 만든 와인인 셰리(Sherry)나 위스키에서는 그보다 많은 양도 긍정적인 역할을 한다.

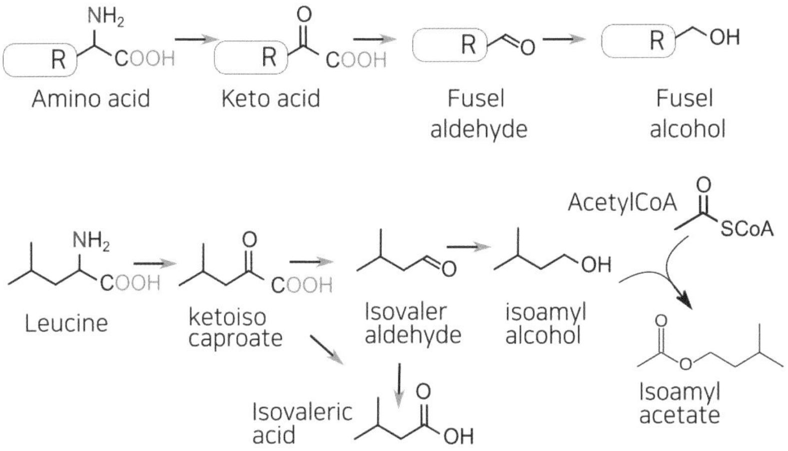

아미노산에서 퓨젤알코올의 생성기작

* 디아세틸과 아세토인

디아세틸은 모든 효모의 발효 과정에서 자연적으로 생성되는 물질로써 생성 뒤 효모에 의해 재흡수된다. 효모 밖의 디아세틸은 피루브산으로부터 발린(아미노산)을 합성하는 과정에서 만들어지는 아세토락테이트가 세포 밖으로 배출되어 만들어진다. 발린은 발효 초기 효모의 성장(단백질 합성)에 필요하지만 느리게 흡수되므로 효모가 자체적으로 합성하고 사용하며, 그 과정에 과잉의 아세토락테이트가 배출되어 디아세틸이 생성된다. 아세토락테이트에서 디아세틸이 되는 것은 효모 대사와는 관계없이 온도와 pH에 따라 자동으로 진행된다. 이렇게 생성된 디아세틸은 효모가 재흡수해 아세토인(Acetoin)을 거쳐 2,3-부탄디올로 전환되는데, 이 과정은 효소에 의해 빠르게 진행된다. 디아세틸은 낮은 pH와 높은 온도에서 많이 생성되지만 분해도 그만큼 빠르게 진행된다.

맥주에 디아세틸의 농도가 높으면 버터, 버터 스카치 또는 산패한 버터, 미끈한 질감이 나타난다. 영국 맥주 중 IPA(India pale ale)의 경우 낮은 농도의 디아세틸은 바람직한 향이지만 대부분 맥주에서는 원치 않는 향으로 작동된다.

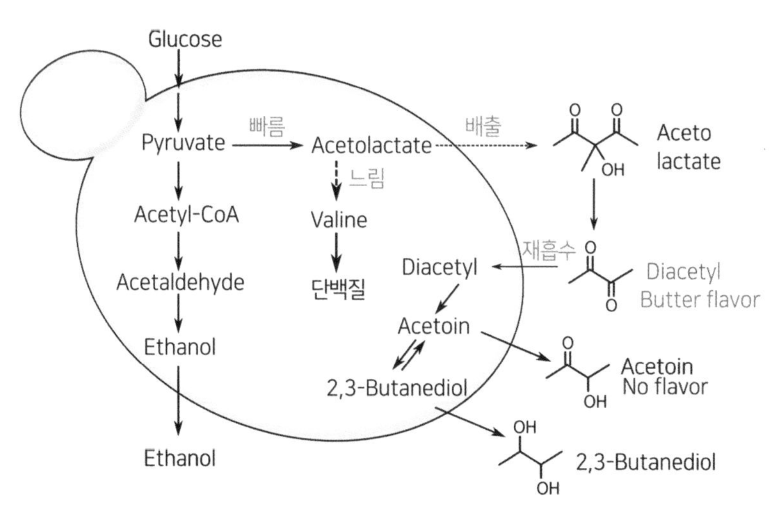

디아세틸의 생성 및 분해 경로

그래서 디아세틸은 맥주 숙성의 지표로 사용해 발효를 마치고 저장조로 이송하기 전에 그 농도(0.1mg/L 이하)를 체크한다. 디아세틸의 농도가 충분히 낮으면 다른 발효 부산물(아세트알데히드, SO_2 등)의 농도도 낮아진 것으로 판단한다.

* 효모의 향(Yeasts)

효모의 성격은 환경에 따라 달라진다. 효모는 주로 당을 먹지만 당이 없을 땐 자신이 만들어낸 아세트알데히드나 디아세틸을 먹거나 다른 죽은 효모를 분해해 먹기도 하며 산소가 주어지면 알코올마저 먹어 치우기도 한다. 그리고 만들어내는 물질 또한 환경(온도, 영양상태 등)과 균주에 따라 서로 다르다. 그래서 효모에 따라 다양한 향기 물질과 이취 물질을 만들어 낸다.

효모의 향기 성분(출처: 『Nose dive』 2020)

향조	향기 물질
알코올취	ethyl, propyl alcohols
아세톤취, 과일	ethyl acetate
코냑, 과일, 바나나	methylbutanol(isoamyl alcohol)
꽃, 장미	phenylethyl alcohol(phenylethanol)
과일, 사과, 풋내	ethyl hexanoate
과일, 복숭아	ethyl octanoate
단내, 바나나, 과일	methylbutyl acetate(isoamyl acetate)
꿀, 꽃	phenylethyl acetate
유제품, 크림, 버터	acetoin (hydroxy butanone)
삶은 달걀	hydrogen sulfide(H_2S)
양배추, 해산물	DMS(dimethyl sulfide)

2 맥주의 향기 성분

맥주는 곡류를 발아시켜 효소를 생성하는 제맥 단계와 생성된 효소가 전분을 당질로 분해해 맥즙(Wort)을 만드는 단계 그리고 당질을 발효시켜 알코올과 탄산가스를 생성하는 단계를 거쳐 만들어지는 술이다. 알코올 부피비(v/v%)에 따라 무알코올 맥주(0.5% 이하), 라이트 맥주(2.5~3%), 라거 맥주(4.7~5.3%), 헤비 맥주(5.9~7.5%)로 나뉜다. 공법에 따라서는 상면발효와 하면발효로 나누는데 하면발효가 대부분이고, 통상 퓨젤알코올(60~120mg/L), 초산(120~200mg/L), 개미산(20mg/L), 에스터(20~50mg/L), 알데히드(5~10mg/L) 정도가 들어 있다. 과하면 이취가 되는 디아세틸은 0.08mg/L, 아세토인은 3.0mg/L 이하여야 한다. 탄산가스 농도는 맥주의 풍미, 거품, 청량감에 매우 중요하며 0.35~0.55(w/w%) 정도 함유되어 있다. 공기와 맥주에 녹아있는 산소는 맥주에 나쁜 영향을 주기 때문에 산소를 0.35mg/L 이하로 관리해야 한다. 1.0mg/L 이상에서는 맥주의 산화가 빨리 진행된다.

맥주의 제조와 풍미에 매우 중요한 것이 홉이다. 홉에 관한 기록은 12세기 수도사의 저서에도 등장한다. 홉이 맥주의 주요 첨가물로 자리 잡기 이전에는 다른 다양한 약초와 향료를 사용했고, 그것을 그루트(Grute, Gruit)라 한다. 그루트 맥주는 벚꽃가루, 서양톱풀, 로즈메리, 생강, 노간주나무 열매, 캐러웨이, 호두나무 열매, 향숙, 감초, 꽃, 잎, 뿌리 등 다양한 약재를 첨가해 향이 풍부한 맥주였다. 심지어 독초를 첨가해 '지옥의 독'이라는 맥주를 만들기도 했고, 이런 독초가 든 그루트 맥주를 마시고 집단으로 사망하는 일이 종종 발생하자 맥주 제조에 관한 법령을 만들어 통제하기 시작했다. 1447년 독일 남부 뮌헨에서는 맥주를 오로지 보리와 홉 그리고 물만으로 빚어야 한다는 포고령(맥주순수령)이 내려졌다.

맥주는 역사를 통해 여러 가지 형태로 발전했다. 고대 영국은 자연에서 채취한 벌꿀로 만든 '미드'를 마셨다. 미드의 수요가 꾸준히 증가하는데 비해 벌꿀 채취에 한계가 있자 사람들은 벌꿀 대신 곡물을 당화시켜 여기에 아주 약간의 벌꿀을 첨가한 미드를 만들어 마셨다. 하지만 이런 술이 순수 벌꿀로 만든 미드의 품질은 따라갈 수 없었다. 그래서 진짜 미드와 곡물 술을 구분할 필요가 생겼고, 곡물로 빚은 술이란 뜻의 '에일(Ale)'이라는 단어가 탄생하게 된다.

영국은 오랫동안 에일에 그루트를 사용하고 홉의 사용을 배척했다. 지역 대주교, 영주가 그루트권을 독점하고, 양조가나 상인들에게 제공 대가로 세금을 받았기 때문이다. 그러다 15세기에 이르러서야 홉의 사용이 허가됐다. 당시에는 홉을 첨가한 것을 맥주, 그루트를 사용한 것을 에일이라고 구별했다. 이후 대중은 홉이 들어간 상큼한 맥주 맛을 환영했고, 양조업자들은 홉의 부패 방지 효과에 열광했다. 16세기 초 잉글랜드 켄트(Kent)주가 홉의 명산지로 자리 잡게 되면서 점차 에일은 자취를 감추게 된다.

영국을 대표하는 맥주는 페일에일(Pale ale)인데 오늘날처럼 담색은 아니고 전통적인 흑맥주에 비해 색이 밝았다. 1760년대 영국은 인도를 식민지로 만들었고 페일에일을 배에 실어 인도로 수출하게 되었다. 그러나 적도를 거치면서 대부분의 맥주가 부패해버렸고, 런던의 양조업자 호지슨은 방부 역할을 할 수 있도록 알코올 도수를 높이고 홉을 다량 첨가한 스트롱비어(Strong beer)를 제조해 인도로 수출하기 시작했다. 그것을 '인디아 페일에일(India pale ale)', 줄여서 IPA라 불렀다. 호지슨의 IPA는 1800년대 초반까지 아시아 시장을 독점했다.

19세기에 접어들면서 런던을 중심으로 '포터(Porter)'라는 색이 진한 맥주가 유행하면서 담색의 페일에일은 쇠퇴한다. 포터는 브라운 맥아를 사용해 진한 맥주를 만들었는데, 고온에서 건조시킨 맥아는 당화작용이 약해져 당도와 알코올 도수가 낮은 맥주가 제조되며 영양학적 가치가 높아 고된 노동 후에 마시기에 적합한 맥주였다. 게다가 자금력 있는 대기업이 참여한 산업 형태의 양조가 이루어지면서 포터는 런던 맥주 시장을 점령하게 된다. 1759년에는 기네스가 포터보다 더욱 강한 스타우트 포터를 개발했고, 19세기 말 기네스사는 세계 최대 규모의 양조장으로 성장한다.

이런 영국의 양조 기술은 19세기 초반까지만 해도 유럽 대륙의 양조가에게 동경의 대상이었다. 그러나 19세기 후반에 접어들면서 에일은 몰락에 길로 접어든다. 당시 에일은 양조 성공률이 80% 정도이고, 나머지 20% 정도는 산패되어 폐기해야 했다. 그런데 유럽 대륙에 하면발효법이 보급되면서 맥주의 생산 성공률이 100%에 가까워진 데다, 상큼하고 목 넘김이 부드러운 필젠 타입의 맥주가 새롭게 소비자의 입맛을 사로잡았기 때문이다.

* 하면발효 맥주의 탄생

12세기부터 15세기까지 독일에서는 영국풍의 상면발효 맥주가 제조되었다. 그런데 상온에서 발효시키는 상면발효 맥주는 유해균에 오염되어 부패하는 일이 종종 발생했다. 특히 여름철에 더욱 기승을 부려서 산패한 맥주를 모두 폐기 처분하고 도산하는 경우도 많았다. 그래서 맥즙의 농도를 높이고 홉을 다량 첨가해서 색이 짙고 쓴맛이 강한 맥주가 대세를 이루게 된다. 그러다 15세기 독일 남부 바이에른 양조업자들은 추운 겨울에 저온에서 장시간 발효·숙성시킨 맥주가 맛있다는 사실을 발견하고 실용화에 들어갔다. 산에 굴을 판 다음, 강에서 잘라 온 얼음을 채워 저장실을 만들어 맥주를 보관하면 여름을 넘기더라도 산패하지 않고 잘 보관되었다.

하면발효 맥주는 맛이 좋았을 뿐 아니라 상면발효 방식에서는 상상할 수 없는 높은 양조 성공률을 보였다. 그러다 양조장 자체를 저온 저장고로 설계해 운영하는 곳까지 등장했고, 하면발효 효모도 분리해 냈다. 덴마크의 야콥센은 1845년 뮌헨의 하면발효 효모를 얻어서 작은 병에 담은 뒤 고국으로 돌아가 양조장을 차렸다. 그렇게 탄생한 것이 칼스버그(Carlsberg) 맥주이다. 체코 보헤미아 중서부에 있는 필젠의 양조가들은 뮌헨에서 탄생한 하면발효 맥주의 우수성을 일찍이 깨닫고 뮌헨의 양조자를 초빙해 양조를 시도해 1842년 11월, 뮌헨의 진한 색이 아닌 밝고 옅은 색의 놀라운 맥주를 얻어냈다. 뮌헨 맥주의 중후한 맛과 달리 시원하고 상쾌함으로 사람들의 입맛을 사로잡았으며, 연수인 필젠의 물은 뮌헨의 물처럼 중탄산염의 농도가 높지 않아 상쾌한 담색 맥주가 탄생한 것이다. 필젠 맥주는 단숨에 인기가 치솟았고 유럽 대도시로 수출되기 시작했다. 그리고 빈에서는 안톤 드레어가 개발한 비엔나 맥아를 사용한 하면발효 맥주인 빈 맥주가 완성되었다. 그래서 뮌헨 맥주, 빈 맥주, 필젠 맥주가 경쟁하는 구도가 되었다. 그러다 점점 필젠 맥주가 압도하면서 빈 맥주는 완전히 자취를 감추고, 뮌헨 맥주는 바이에른 지역 맥주 정도로 머물게 된다.

20세기에 들어서면서 효모의 순수배양과 저온살균법, 냉동기의 개발 등으로 라거 맥주는 무서운 기세를 떨치며 전 세계로 전파된다. 특히 담색의 필젠 타입 라거 맥주가 최고의 맥주로 자리 잡게 된다. 제2차 대전 이후 스테인리스

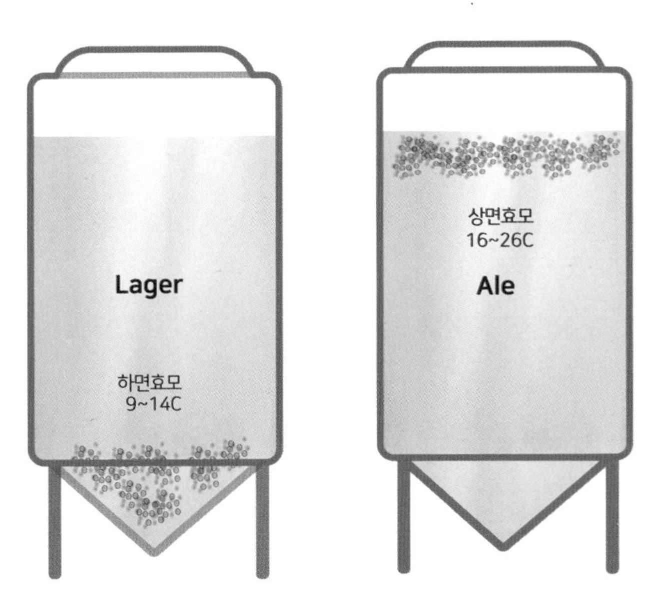

맥주의 상면효모와 하면효모

스틸이 등장하면서, 개방형 탱크에서 밀폐형 탱크로 바뀌게 되고, 위생관리가 진척되어 품질이 빠른 속도로 향상되었다. 그러다 숙성 시간마저 단축되었다. 원래 라거 맥주는 저온 장기 저장 공정으로 부드럽게 마시기 편한 맥주를 만드는 것이 성역처럼 여겨졌다. 0℃ 내외의 저온에서 약 3개월간의 저장 및 숙성 기간은 맥주 제조에 많은 비용이 들어갈 뿐 아니라 공정의 합리화를 저해하는 장애물이었다. 그런데 발효 종료 후 13℃ 내외로 며칠간 유지하면 나쁜 향미 성분이 역치 이하로 감소한다는 것을 알게 되면서 약 3개월이 걸리는 숙성 기간을 며칠 내로 단축하는 획기적인 기술이 개발된 것이다.

*** 맥주 효모의 특징**

효모 중에서도 맥주에 사용하는 것은 한정적이다. 맥주에 사용하는 효모는 크게 세 가지로 에일 효모와 라거 효모 그리고 기타 여러 야생 효모들이다. 에일 효모는 비교적 따뜻한 온도에서, 라거 효모는 낮은 온도에서 발효하는 데 이용한다. 그래서 에일 효모는 따뜻한 곳에서 잘 자라고, 라거 효모는 추운 곳에서 잘 자란다고 착각하는 경우도 있는데, 실제로는 라거 효모도 따뜻한 곳에서 더 잘 자란다. 다만 따뜻한 곳에서 발효하면 라거 맥주에서 기대되는 깔끔함이 떨어지고 맛이 달라지는 것이 문제일 뿐이다. 라거 효모는 상대적으로 추운 곳에 내성이 있다고 이해하면 된다. 에일 효모는 발효가 빠르게 진행되고, 라거 효모는 천천히 진행된다.

그리고 에일 효모는 라거 효모에 비해 상대적으로 에스터 등 여러 향미 물질을 생성하는 능력이 탁월하다. 반면 라거 효모는 에스터 생성 능력이 떨어지기에 상대적으로 다채로운 에일에 비해 깔끔한 맛을 지니고 있다. 추가로 라거 효모는 발효 과정에서 여러 황화물을 만들어 내는데, 대부분 효모가 다시 섭취하거나 장기간 숙성시키는 과정에서 날아가 버려 깔끔한 맛이 유지된다. 또 에일 효모는 효모 간에 달라붙는 성질(응집력)이 전반적으로 강한 반면, 라거 효모는 상대적으로 약하다. 하지만 바이젠 효모 등의 예외도 존재하므로 이 또한 크게 중요하지는 않다. 향에 있어 가장 큰 비중을 차지하는 것은 에스터와 페놀이다. 에스터는 주로 과일 맛을 내는 화합물이며 여러 종류가 존재하는데, 대표적으로 바이젠의 바나나 맛을 담당하는 이소아밀아세테이트라든가 사과, 배 등의 맛을 내는 카프릴산에틸(Ethyl octanoate)과 카프로산에틸(Ethyl hexanoate) 등이 있다.

반면 페놀은 향신료나 약 같은 향미를 주로 내는 화합물이다. 보통 일반적인 맥주에서의 강한 페놀 풍미는 이취로 여겨지기에 페놀 생산을 억제하지만, 벨지안 맥주를 비롯해 몇몇 맥주에서의 페놀 캐릭터는 맥주에 매력을 더해준다. 대표적인 것이 바이젠 맥주에 정향의 풍미를 주는 4-비닐과이어콜(4-Vinyl guaiacol)이다. 브렛균(Brettanomyces, Brett)이 오염된 맥주는 4-에틸페놀(4-Ethyl phenol)의 향이 강하다.

바이젠(Weizen)은 '밀'이라는 뜻이다. 이것을 바이스비어(Weissbier)라고도 하는데 이는 '흰 맥주'라는 뜻이고, 밀맥주 특유의 풍성한 거품 때문에 붙여진 이름이다. 헤페바이젠(Hefeweizen)에서 헤페(Hefe)는 효모라는 뜻으로 필터링하지 않아서 효모가 함께 들어있는 맥주를 말한다. 맥주순수령이 반포된 이후 맥주 양조에는 물, 몰트, 홉 이 세 가지만 사용해야 하는데, 그렇게 해서 맥주의 품질을 높이려는 목적도 있었지만, 밀을 맥주 양조에 금지함으로써 물가 안정에도 도움을 주려는 목적도 있었다. 그런데 밀은 맥주순수령에 위배되는 원료인데 어떻게 바이젠을 계속 만들 수 있었을까? 바로 왕가의 특권 때문이었다. 왕가는 자신들의 권한으로 바이젠을 독점 생산했는데 밀이 50% 이상 들어가 밀의 풍부한 단백질 때문에 맥주는 혼탁해졌지만, 거품이 풍성하고 치밀해졌고, 맛이 부드럽고 크리미하면서도 끝맛은 드라이했다. 그리고 바이젠의 효모는 다른 효모들과는 다르게 바나나와 정향의 향이 풍부하고, 홉의 쓴맛과 아로마는 약하다. 헤페바이젠(Hefeweizen) 효모는 일반 효모보다 바나나 향을 내는 에스터(Isoamyl acetate와 Isobutyl acetate) 그리고 정향 냄새를 내는 비닐과이어콜(4-vinyl guaiacol)을 더 많이 만들기 때문이다.

* 홉의 향기 성분

홉(Hop)은 장미목 삼과(Cannabaceae) 환삼덩굴속(Humulus) 식물로 유럽과 아시아의 온대산이며 길이 6~12m로 자란다. 맥주 제조에 사용되는 홉은 암꽃인데, 꼭 솔방울처럼 생겼다. 홉을 맥주의 원료로 재배하기 시작한 것은 8세기 후반부터이며, 14세기 후반에는 독일에서 널리 재배되었다. 현재는 세계 곳곳에서 생산되고 있으며 생산지와 품종 등에 따라 쓴맛의 정도와 아로마, 풍미가 다르다. 유럽 홉은 풀, 민트, 꽃 향의 특징이 강하고, 미국 홉은 시트러스, 열대과일, 솔의 향 그리고 호주, 뉴질랜드 홉은 멜론, 패션프루츠, 열대과일의

홉에 존재하는 주요 향기 물질

꽃	Geraniol, Citronellol, 2-Decanone, α-Ionone, α-Terpineol, Rose Oxide
시트러스	Limonene, Linalool, Myrcene, Ethyl-2-methylbutanoate, α-Pinene 3M4MP, 3M4MPA, 3MHA, 3MH, 4MMP
과일	β-Damascenone, 2-Methylbutyl 2-methylpropanoate, 3MH, 3MOal, 4-MMP, ethyl 3-(methylthio)-propionate
베리	4MMP, α-Ionone, β-Damascenone
크림	Lactones, Vanillin
우디	Myrcene, 8-Acetoxylinalool, α-Cadinene, α-Calacorene, α-Ionone, α-Terpineol, Benzaldehyde, Farnesene
허브	Humulene, Humulenol epoxides, Rose Oxide, α-Cadinene
스파이스	Oxygenated sesquiterpenoids, β-Caryophyllene, Caryophyllene epoxide
풀냄새	2-Dodecanonc, Myrcene, E,Z-2,6-Nonadienal, Cis-3-Hexenol
채소	Polyfunctional thiols, 1-Octen-3-ol, DMS, 3MBT

향이 강하다.

홉은 맥주에 쓴맛과 향기를 부여하고, 맥즙을 끓일 때 단백질 침전을 유도해 맥즙의 청징 효과를 내고, 맥주 거품 유지에 중요한 성분이며, 맥주의 천연 보존제로도 작용한다. 홉의 풍미 성분은 주로 경수지 부분에서 생성된다. 알파산(Humulone, α acid)은 잘 녹지 않지만, 맥즙을 끓이면 이소알파산(Isohumulone, iso-α acid)으로 이성화되면서 용해도가 증가해 맥즙에 녹으면서 맥주 특유의 쓴맛을 부여한다.

홉에서 오일(Hop oil)은 전체 중량의 0.2~3%를 차지하는데, 그 안에는 1,000여 가지의 향기 성분이 있다. 터펜계 물질이 가장 많은데 이들은 지용성이라 맥즙에 잘 녹지 않고 맥즙의 고형물이나 효모에 의해 흡착되는 경우가 있

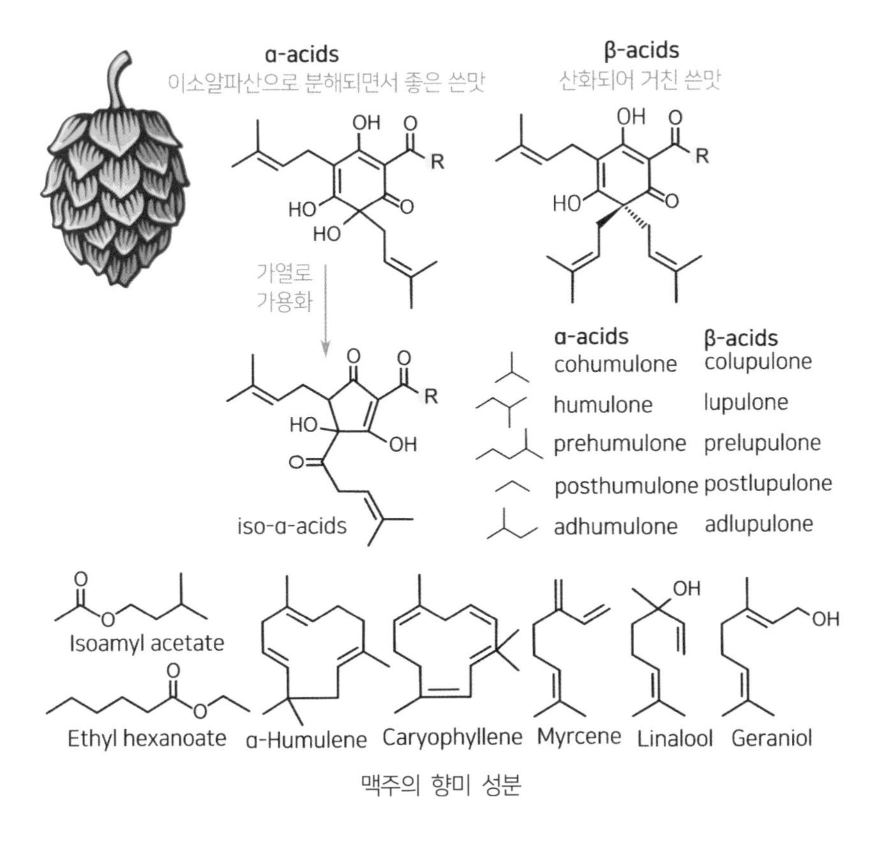

맥주의 향미 성분

다. 그러다 맥즙을 끓일 때 대부분 손실되어 최종 맥주에는 미량만이 남아 홉이 원래 가지고 있던 아로마는 느끼기 힘들다. 그런데 맥주의 발효가 끝난 후에 홉을 첨가하는 드라이 호핑(Dry hopping)을 하면 기존 맥주에서 느낄 수 없는 강한 홉의 향이 풍부한 맥주를 만들 수 있다. 맥즙(Wort)를 끓이면 홉의 알파산을 이성화시켜 특유의 쓴맛을 끓여낼 수 있지만, 홉이 가지고 있는 향기 성분은 휘발해 버리기 때문에 이를 보완하기 위해 따로 홉을 넣어주는 드라이 호핑 방법이 사용되는 것이다.

발효가 끝난 후 숙성 중인 맥주에 홉을 투여해 3~5일 동안 맥주와 접촉하도록 놔둔다. 시간이 너무 지나면 홉에서 풀맛, 떫은맛이 이행되므로 정해진 기간이 지나면 제거하는 것이다. 차가운 맥주에 투여된 홉은 쓴맛이 생성되지는 않고 홉의 풍부한 아로마가 알코올에 녹아 나오게 된다. 뉴잉글랜드 IPA의 경우 드라이 호핑할 때 엄청난 양의 홉을 투여하기 때문에 홉의 특성이 매우 강하다.

홉에서 일부 터펜(Myrcene, Humulene, β-Caryophyllene, Linalool, Geraniol)계 향기 물질이 맥주로 전이되며 고미 성분(α-Acid, Polyphenol 등)도 맥주로 진이된다. 홉 아로마 중에는 유물렌과 베타-캐리오필렌이 영향을 주는 것으로 알려졌는데, 리나룰도 맥주의 홉 아로마에서 가장 중요한 성분으로 알려졌다. 그밖에 제라니올, 시트로넬롤, 싸이올 성분이 영향을 미치는 것으로 나타났다. 발효 공정도 맥주의 홉 아로마 농도에 직접적인 영향이 있는데, 효모는 발효 중에 제라니올을 시트로네올(Citronellol), 네롤(Nerol)과 제라니올을 리나로올 그리고 리나룰을 터피네올(α-Terpineol)로 전환한다.

홉의 싸이올 물질로 4MMP(4-Mercapto-4-methyl-2-pentanone), 3MH(3-Mercaptohexanol), 3MHA(3-Mercaptohexylacetate)가 중요하다. 4MMP는 고양이 오줌 냄새(고양이 페로몬)라고도 하지만, 3MH와 3MHA는 기분 좋은 패션프루츠와 베리 느낌이다. 홉에는 1,000배나 많은 싸이올 전구체가 있어서 이를 분해하면 상당량의 싸이올이 만들어진다. 이를 위해서는 몇 종의 효소가 필요하다.

* 발효로 만들어지는 향기 물질

a. 퓨젤알코올

퓨젤알코올(Higher alcohol, Fusel alcohol)은 분해와 합성 과정 모두를 통해 만들어진다. 분해대사의 대표적인 진행으로는 아미노산이 탈아미노반응과 탈카복실반응을 통해 알데히드를 거쳐 퓨젤알코올이 되는 것이 있다. 합성대사로는 α-케토산을 거쳐 아미노산을 합성하는 과정에서 중간대사물로 퓨젤알코올을 생성한다.

퓨젤알코올은 분해보다는 합성대사를 통해 많이 생성된다. 상면효모가 하면효모 맥주에서보다 훨씬 많은 퓨젤알코올을 만드는데 일반적으로 아미노산의 조성이 정상적이면 퓨젤알코올은 적게 만들고, 단백질이 결핍된 맥즙이나 용해도 좋지 않은 맥아 또는 부원료를 많이 사용한 맥주에는 퓨젤알코올의 농도가 높게 나타난다. 맥즙에 아미노산이 과다하게 함유되어도 퓨젤알코올이 높게 나타나는데, 이는 아미노산이 단백질 합성에 모두 사용되지 못하고 여분이 남아 퓨젤알코올로 전환되기 때문이다.

b. 알데히드/ 케톤

알데히드(Aldehyde)는 발효의 부산물로써 피루브산의 탈탄산화를 통해 발효 시작 48시간 내에 생성된다. 그러나 발효와 숙성을 거치면 그 농도가 감소하면서 영(young)비어 맛이 점차 사라지게 된다. 알데히드의 대표적인 성분인 아세트알데히드의 함량은 맥주에서 3~20mg/L(역치: 25~25mg/L)정도다. 과량의 효모 첨가, 산소 공급 결핍, 고온 발효 등이 알데히드의 생성을 증가시키는 요인이 된다. 하지만 고온 발효를 통해 대량으로 생성된 알데히드는 발효 중 그만큼 빠르게 농도가 감소한다.

디아세틸은 역치(0.10~0.12mg/L)가 낮아서 과량이면 쉽게 맥주 맛에 부정적인 영향을 준다. 반면 펜탄디온-2,3은 역치(0.6~0.9mg/L)가 높아 상대적으로 맥주 맛에 영향을 주지 못한다.

c. 에스터(Ester)

고온 발효에서는 에스터 생성이 많이 되고, 아미노산 함량이 많고 맥즙 농도가 높을수록 에스터가 더 많이 생성되는데, 이는 고농도의 맥즙에서는 산소 용해가 어려워 효모가 증식보다는 에스터 생성에 사용되기 때문이다. 한편, 발효조의 높이가 높으면 에스터가 증가하게 되는데 이는 압력과 이산화탄소의 농도가 증가하기 때문이다. 알코올 농도가 높은 맥주 등은 장기간 저장 시 에스터 향이 증가할 수 있다.

초산에스터류는 하면발효 맥주에서는 농도가 10~30mg/L, 상면효모 맥주에서는 그 농도가 더 높게 나타난다(40~80mg/L). 초산에스터류 중에는 에틸아세테이트가 가장 많은 농도(12~35mg/L)를 나타내며 메틸아세테이트(Methyl acetate)는 1~8mg/L, 이소아밀아세테이트(Isoamyl acetate)는 1~5mg/L 정도를 나타낸다. 이소아밀아세테이트의 농도가 5mg/L 이상이면 꽃 향이 두드러지게 나타난다. 페닐에틸아세테이트(Phenyl ethylacetate, 장미 향)의 농도는 0.3~0.8mg/L 정도다. 한편, 지방산 에틸에스터는 맥주에 사과 향을 부여한다. 특히 에틸헥사노에이트는 가압탱크에서 고온 발효 시 장기간의 저장을 통해 함량을 높일 수 있다.

모든 에스터 성분은 맥주 아로마에 기여하지만, 과도한 에스터 농도는 맥주에 에스터취를 부여하므로 피하는 것이 좋다. 만들어진 에스터는 숙성, 저장 공정 중에 변화가 거의 없이 최종 단계로 이전되므로 에스터 농도에 미치는 요인의 관리가 필요하다.

d. 황화합물

효모는 생존을 위해 황산염 등을 흡수해 메티오닌이나 시스테인 같은 아미노산을 만드는데 그 과정에서 디메틸설파이드(DMS) 같은 향기 물질이 만들어진다. DMS는 맥주에 70~150μg/L 함유하게 되는데, 고온에서 장시간 맥아를 건조하거나 끓이면 농도를 낮출 수 있다. DMS는 곡물의 맥아화 과정에서 생성되어 맥주에 삶은 옥수수 같은 향기를 더한다. 최종 맥주에서 이와 같은 맛이 남는다면 맥즙을 끓이는 과정이 불충분했거나 끓인 후 냉각시간이 지연되었기 때문이다. DMS가 남지 않게 하려면 맥즙을 1시간 정도는 끓여서 DMS가 충분히 휘발되도록 하는 것이 중요하다. 이때는 뚜껑을 열어두는 것이 좋다.

황화수소(H_2S)는 효모로 만드는 가장 일반적인 황화합물이다. 삶은 달걀과 같은 향을 가지고 있는데, 주로 발효 초기 단계에서 만들어져 발효되는 과정에서 이산화탄소와 함께 가스로 제거된다. 맥주 제조 중에 발생하는 대부분의 황화합물은 공정 중 침전물과 함께 침전되어 제거되거나 이산화탄소와 함께 휘발되기도 한다. 황화수소는 휘발성이 커서 맥주에 잔존량(0.5μg/L)이 매우 적다.

이산화황은 발효 말기에 농도가 최고조에 달하고 숙성과 저장과정을 통해 약간 감소한다. 맥즙 조성이 우수하고 지방 성분이 많고 산소 공급이 잘된 맥즙일 때 이산화황의 생성이 적다. 효모 종류도 이산화황의 생성에 많은 영향을 미친다. 고농도의 맥즙을 이용해 맥주 제조 시 이산화황의 농도가 증가한다. 한편, 하면효모는 이산화황을 서서히 만들지만, 상면효모보다 많은 양을 만들게 된다. 하면발효 중 이산화황의 생성 변화를 보면 처음 1, 2단계는 황이 효모 증식에 이용되는 단계로써 이산화황의 배출은 별로 없다. 3단계에서 도달하면 산소와 영양분이 결핍되어 효모 증식과 아미노산 합성이 줄어들지만, 황산염의 흡수는 계속되어 이산화황의 형태로 배출이 증가한다. 마지막 단계에서는 발효가 종료되어 이산화황의 생성은 중단되고 맥주에 그대로 남게 된다.

메티오놀(Methionol)은 13~30μg/L 정도 맥주에 함유되는데 DMS의 농도가 낮으면 메티오놀의 농도는 반대로 높게 나타난다. 메틸싸이올과 에틸싸이올은 발효 시 각각 1~1.4μg/L, 0.4μg/L 정도 생성되었다가 숙성 과정을 통해 감소되어 맥주에는 0.6~1.0μg/L, 0.2~0.3μg/L 함유된다. 싸이올류는 적은 농도로도 맥주에 황 냄새를 나게 해 맥주 맛과 향에 영향을 주게 된다. 그리고 일광취에도 관여한다. 푸르푸릴싸이올(FFT)은 미량일 때는 커피 향이지만 많으면 불쾌취가 된다.

싸이올 물질 중 가장 중요한 세 가지는 4MMP(4-Mercapto-4-methyl- 2-pentanone), 3MH(3-Mercaptohexanol), 3MHA(3-Mercapto hexylacetate)이다. 4MMP는 고양이 오줌 냄새(고양이 페로몬)라고도 하지만 3MH와 3MHA는 기분 좋은 패션프루츠와 베리 느낌이다. 특정 효모(Saccharomyces bayanus)는 훨씬 더 많은 4MMP를 생산하는 것으로 알려져 있고, 효모는 3MH를 3MHA로 전환해 향을 강하게 한다. 특히 향기 물질 중에는 배당체의 형태로 향을 간직하는 경우가 있는데 효소(Glucosidase)를 통해 당을 분해하면 휘발성 향기 물질의 양이 증가한다.

맥주의 향미 요인

구분	풍미 요인	이취 요인
1차 아로마	에탄올, CO_2, 이소휴물론 홉 성분, 에스터, 퓨젤알코올	E-2-nonenal, Diacetyl, H_2S, DMS, Acetic acid, 2-methyl-2-butentiol
2차 아로마	Isoamyl acetate, Ethyl hexanoate, Isoamyl alcohol, Ethyl acetate, isovaleric acid, Phenylacetic acid, butyric acid	
3차 아로마	Phenylacetate, aminoacetophenone, isovaleraldehyde, methional, acetoin, 4-ethylguaiacol	

맥주의 이취 물질과 원인(출처: Siebel Institute)

향기 물질	특징	원인/ 영향 요소(농도, 역치:mg/L)	농도	역치
Acetaldehyde	과일	발효, 미숙성, 미생물 오염	45	10~20
Acetic acid	식초	오염	360	60~120
Benzaldehyde	아몬드	숙성, 효모, 원료	3.0	1.0
Isolone	호프, 쓴맛	홉에서 유래	24	7~15
Butyric acid	토사물	맥즙 미생물 오염, , 효모 자가분해	7.5	3.0
Caprylic acid	비누, 지방취	오염, 효모 분해	31.5	5~10
Diacetyl	버터	오염, 미숙성	0.6	0.1~0.2
Ethyl acetate	용매취	양조, 맥즙 조성	120	20~40
Ethyl hexanoate	아니스, 사과	효모 대사, 맥즙 조성, 효모 상태	0.6	0.2
Isobutyraldehyde	곡류	맥아 품질, 맥즙 끓일 때 휘발 불충분	3.75	1.0~2.5
Isoamyl acetate	바나나취	효모 대사, 맥즙 조성, 효모 상태	4.5	1.0~1.5
Isovaleric acid	치즈, 땀내	오래된 홉사용	6.0	1.0
Lactic acid	신우유	세균 오염	400	140
E-2-nonenal	마분지, 산화취	산화, 묵은 취 발생	2 μg/L	0.5
Geraniol	꽃	홉 유래	0.45	0.1~0.2
Eugenol	정향	미생물 발효, 숙성	0.12	0.044
Vanillin	바닐라	특정 스타일, 배럴 숙성	0.15	0.04
r-Nonalactone	이국적향	숙성 맥주, Thermal load indicator	0.06	
Caryophyllene	우디	홉 유래, 배럴 숙성	12.0	
Damascenone	담배	특정 홉 또는 배럴 숙성	0.5	
Ethanethiol	하수구취	효모 발효, 효모 자가분해	3.7μg	1.0μg
DMS	옥수수, 해조	DMS 전구체 과다, 미생물 오염	0.4	0.04
H_2S	삶은 달걀	효모 대사, 미생물 오염	72μg/L	4μg
3-Methyl-2-butenethiol	일광취 Skunky	재래식 홉 사용(병 색깔 중요)	0.6 μg/L	5~30ng
Syringol	훈연취	특정 스타일, 배럴 숙성	97.1	1.8
Guaiacol	피트Peat	배럴 숙성 맥주	1.35	
4-vinyl guaiacol	정향	효모/야생효모, 밀맥주에서는 긍정적		
2-Ethyl fenchol	흙	포장, 용수오염	15μg/L	5.0μg
Ferrous sulfate	금속취	용수나 용기 오염	3.75	1.0
Indole	분뇨취	세균 오염	0.55	0.01

* **맥주의 이취**

맥주는 향이 약한 제품이 많다. 향보다는 이산화탄소와 홉에서 추출된 쌉쌀한 맛이 매력인 경우가 대부분이다. 향이 약할수록 섬세한 조화가 필요하며, 이취의 통제가 중요한 과제가 될 수 있다. 어떤 음식에서 바람직하지 못한 맛이나 향을 이취(Off Flavor)라고 한다. 보통은 식품 성분의 화학적 변화나 오염에 의해 발생한 페놀취, 산화취, 부패취, 금속성 맛 등이 작용하지만 맥락에 맞지 않는 향, 과도한 향도 이취로 작용하는 경우가 많다. 사람들은 음식에 가장 보수적이다. 아무리 좋은 향도 맥락에 맞지 않거나 과하면 이취로 느끼는 것이다.

예를 들어 미국식 IPA의 경우에는 미국이나 신대륙 홉이 가지는 시트러스나 열대과일 향에 더해 쓴맛이 있고, 효모의 캐릭터는 거의 드러나지 않는다. 그러므로 미국식 IPA라고 해놓고 홉의 특성이 드러나지 않으면서 효모의 특성은 강하다면 미국식 IPA라고 할 수 없다. 사워 맥주에서 바람직한 신맛은 다른 맥주에서는 이취로 취급된다. 디아세틸은 라거 맥주에서 느껴지지 않아야 하지만, 어떤 맥주에서는 디아세틸이 그 맥주의 특성이 된다. 이처럼 이취는 맥락에 따라 달라지는 것이 많다. 그리고 양에 절대적으로 의존한다. 그래서 이취로 알려진 물질도 적절하게 존재하면 향의 풍성함에 기여하는 긍정적인 기능을 한다.

빛에 의해 홉에서 유래한 이소알파산의 분해반응이 일어날 수 있으며, 그 결과 이른바 맥주에 일광취(Lightstruck flavor)를 유발하는 프레닐싸이올이라는 물질이 만들어질 수 있다. 맥주에 리보플라빈(Vitamin B2)이 있는 상태에서 자외선 또는 가시광선(350~500㎚)에 노출되면 이소알파산으로부터 라디칼이 분해되어 나오고, 이것이 황 함유 아미노산(Cysteine)과 반응해 프레닐싸이올이 만들어진다. 스컹크 냄새, 곰팡내, 태운 고무를 연상시키는 냄새라고 알려졌는데, 이것은 다른 황 함유 향기 물질처럼 매우 적은 농도(10ng/L)에서도 감지되어 이취의 원인이 된다. 그런데 맥주 향을 조향할 때는 프레닐싸이올이 맥주의 특징을 부여하는 핵심 물질이라 일부러 사용한다. 갈색 병의 경우에는 약 95% 정도의 직사광선을 차단하는 반면, 초록색 병은 약 20~40% 정도밖에 차단하지 못하고 투명한 병의 경우에는 거의 차단하지 못한다. 맥주의 품질 유지를 위해서는 빛을 차단하는 포장이 필요한 것이다.

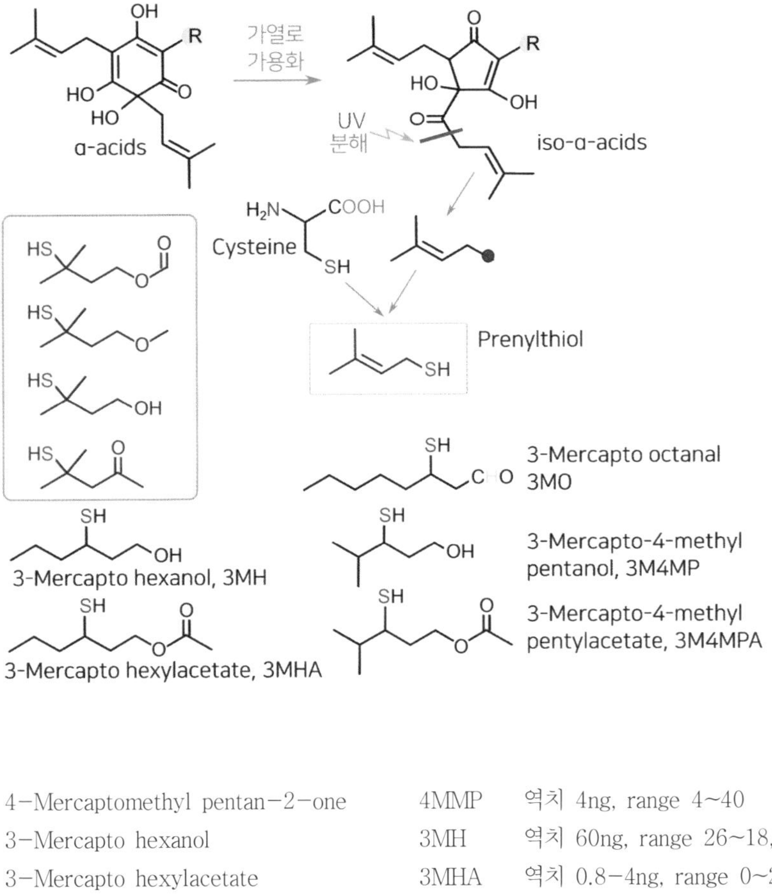

4-Mercaptomethyl pentan-2-one	4MMP	역치 4ng, range 4~40
3-Mercapto hexanol	3MH	역치 60ng, range 26~18,000
3-Mercapto hexylacetate	3MHA	역치 0.8-4ng, range 0~2500
3-Mercapto octanal	3MO	
3-Mercapto-4-methylpentan-1-ol	3M4MP	역치 70ng

3 쌀을 이용한 발효주

탁·약주로 대표되는 전통주는 찹쌀이나 멥쌀을 주원료로 한다. 여기에 누룩을 발효제로 넣고 부원료로 약재류, 과실류 등을 첨가해 각기 독특한 방법으로 양조한다. 누룩 제조가 전통주 제조의 핵심이라 할 수 있는데 원료는 주로 밀(소맥)이고 그밖에 보리, 옥수수, 콩, 팥, 귀리 등을 섞어 만들기도 한다. 지역 풍토와 기후에 따라 누룩의 형상, 크기, 품질 등이 각기 다른데, 누룩의 지름이 너무 작거나 두께가 얇으면 수분이 쉽게 발산되어 숙성이 제대로 안 되고, 반대로 너무 두꺼우면 습도가 지나치게 높아지거나 통기가 어려워 미생물이 잘 생육하지 않아 역가(발효력)가 낮고, 향미도 좋지 않게 된다. 결국 누룩의 독특한 형태에는 주위 환경에 따라 미생물이 잘 생육할 수 있는 최적의 조건을 찾으려는 노력이 들어 있는 것이다.

탁주와 소주 양조에는 밀을 거칠게 빻아서 만든 조곡, 약주 양조에는 밀을 곱게 빻아 만든 분곡 또는 밀기울이 포함되지 않은 백곡을 사용한다. 이러한 누룩이 일본의 코지와 다른 점은 곡류를 조분쇄한 뒤 살균하지 않은 생 전분을 그대로 자연 발효 상태에서 제조하기 때문에 곰팡이, 효모, 세균류 등 다양한 미생물이 존재하고, 그로 인해 곰팡이에 의한 전분의 당화력과 효모에 의한 알코올 발효 능력을 동시에 지녀 누룩 단독으로 전통주를 제조할 수 있다.

술을 빚으려면 먼저 곡물에 함유된 전분을 당으로 분해해야 하는데, 누룩에는 당화효소가 듬뿍 들어 있어 술밥을 당화한다. 그렇게 누룩은 꼬들꼬들한 밥을 흐물흐물하게 죽처럼 만들고 마침내 액체 상태로까지 변화시킨다. 요즘이야 당 분해효소가 많이 개발되었고, 기술도 꾸준히 발전해 곡물을 당화하기가 쉽지만, 예전에는 정말 쉽지 않은 기술이었다. 누룩은 당화와 발효를 동시에 일으킬 수 있는 일종의 미생물 군집체여서 예로부터 주모나 술꾼들이 애지중지한 신비의 물건이었다. 술이 익으면 액체(술)와 고체(술지게미, 酒粕)로 나뉘게 되는데 여기서 액체를 분리하기 위해 일종의 체에 해당하는 용수를 박는다. 이 용수에는 맑은 술이 고이는데 이것이 약주다. 하지만 특권층이나 특별한 날을 제외하고는 양반을 비롯한 모든 백성이 막걸리를 주로 마셨다.

탁주의 향기 성분

성분	역치(ppb)	농도(ppb)	기여도
2,4-decadienal	0.07	30.6	437.1
2-nonenal	0.08	28	350.0
Hexanal	5	1507	301.4
1-octen-3-ol	1	57.5	57.5
Noananl	1	41.9	41.9
octanal	0.7	29	41.4
2-decanal	0.4	15.3	38.3
2-octanal	3	94.4	31.5
4-vinylguaiacol	3	42.4	14.1
Heptanal	3	25.8	8.6
2-heptanal	13	80.2	6.2
2-hexanal	17	15.2	0.9
4-vinylphenol	10	4.5	0.5
2-Heptanone	140	39.5	0.3
Bezaldehyde	350	48.5	0.1
indole	140	16.9	0.1
6-methyl-5-hepten-2-one	50	3.3	0.1
1-pentanol	4000	103.7	0.0
1-hexanol	2500	58.9	0.0
Butanol	500	9.4	0.0
2-pentylfuran		77.9	-
2-ethyl hexanol		44.4	-

국(麴; koji)은 일본에서 원료를 살균하고 순수 균(Asp. oryzae)을 접종한 것이고, 국(麯)은 한국이나 중국에서 전통 방식의 자연 균(Rhizopus)을 증식한 것으로 둘 다 국이지만 麴을 국, 麯을 곡이라 말하는 경우가 많다.

막걸리에는 전체적으로 에스터류가 많은데 대부분 사케나 정종에서 주로 볼 수 있는 성분이다. 여기에 주류 발효취에 기여하는 이소아밀알코올이 더해지고, 유제품 발효취를 내는 젖산과 아세토인도 살짝 추가된다. 황화합물로는 고농도에서 감자 향이 나는 메치오날과 설퍼릴아세테이트가 미량 들어간다. 메치오날은 낮은 농도에서 곡물 발효취를 내는 역할을 하고, 설퍼릴아세테이트는 두류의 고소한 풍미를 부여한다. 과일 향을 내는 물질(Phenyl ethanol, Phenyl ethyl acetate, Isoamyl alcohol, Isoamyl acetate)과 지방산의 에스터(Ethyl octanoate, Ethyl decanoate, Ethyl laurate, Ethyl myristate, Ethyl palmitate, Ethyl oleate)가 역할을 한다.

비살균 막걸리의 향미성분 변화(출처: Molecules 2013, 18, 5317-5325)

분류	성분	0일	5일	10일	30일
케톤	2,3-butanediol	38.1	82.1	221.1	259.3
알코올	isoamyl alcohol	25.1	52.4	115.2	183.0
	active amyl alcohol	0.4	0.8	2.7	26.9.7
	3-methylthio-1-propanol	3.3	8.2	17.8	21.5
	2-phenylethanol	32.3	73.4	168.5	280.3
지방산	butyric acid	0.01	0.03	0.16	0.09
	isovaleric acid	0.3	0.8	1.9	2.6
	2-methylbutanoic acid	0.4	1.0	2.2	3.1
에스터	ethyl caprate	2.4	5.6	12.8	20.4
	ethyl dodecanoate	1.9	4.2	10.1	10.6
	ethyl tetradecanoate	17.2	27.4	51.9	84.7

*** 청주/ 사케**

사케는 쌀의 전분을 당화하는 동시에 효모로 알코올 발효시킨 후 여과하여 만든 일본식 청주(淸酒)를 말한다. 사케는 원래 술이라는 뜻이라 일본에서는 니혼슈(日本酒, 일본주) 혹은 청주(淸酒)라고 하지만 통상 '사케'라고 한다.

청주의 바닐린과 바닐산은 헤미셀룰로스에 결합한 페룰산이 종국균 효소에 의해 분해되어 비닐과이어콜을 거쳐 생성된 것이다. 페닐초산에틸, 바닐산에틸, 페룰산에틸, p-옥시안식향산에틸, 쿠마린산, 페닐아세테이트, 바닐산, 벤즈알데히드, 계피산알데히드, p-옥시벤즈알데히드, 페닐아세트알데히드, 소톨론, 바닐린이 주요 향이고, 아세트산, 프로피온산, 이소발레르산, 메테인싸이올, DMS, DMDS 등의 휘발성 황화합물, 아민, 아세톤 성분이 증가한다.

청주를 숙성하면 점점 에스터(이소아밀아세테이트), 지방산(뷰티르산, 카프로산, 카프릴산), 알데히드(아세트알데히드, 이소발레르알데히드, 카프로알데히드) 등이 감소한다. 청주가 숙성되면서 새 술의 향이 없어지고 묵은 향이 생기는데 이것은 몇 가지 향기 성분이 합쳐진 것이며 HDMF와 바닐린이 대표적이다. 이들의 농도가 높아지면 당밀 냄새가 난다.

일본의 사케는 도정 시 깔끔한 향을 위해 단백질과 지방이 많은 현미 부분을 제거하는 것이 특징이다.

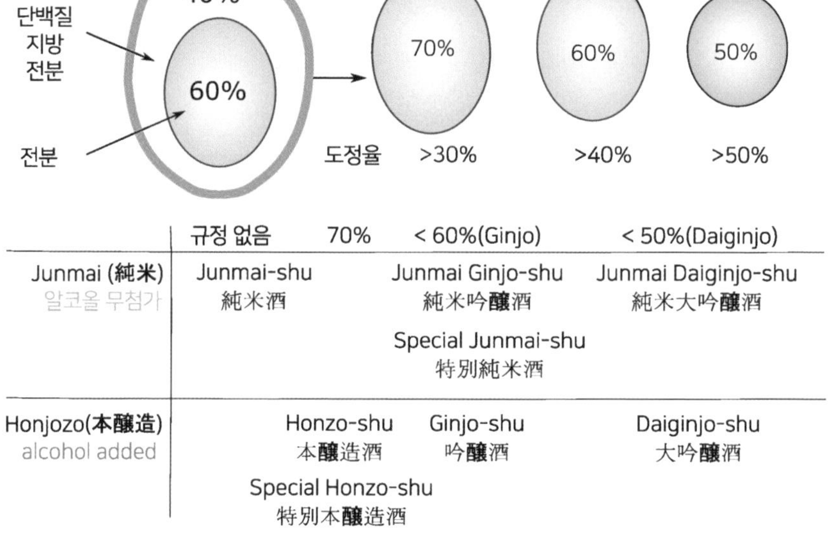

	규정 없음	70%	< 60%(Ginjo)	< 50%(Daiginjo)
Junmai (純米) 알코올 무첨가	Junmai-shu 純米酒		Junmai Ginjo-shu 純米吟醸酒	Junmai Daiginjo-shu 純米大吟醸酒
			Special Junmai-shu 特別純米酒	
Honjozo(本醸造) alcohol added		Honzo-shu 本醸造酒	Ginjo-shu 吟醸酒	Daiginjo-shu 大吟醸酒
		Special Honzo-shu 特別本醸造酒		

일본 사케의 도정률에 따른 분류

4 와인

와인(Wine; 포도주)은 포도즙을 발효시켜 만든 술로써 알코올 함유량은 13~15% 정도다. 크게 레드와인(적포도주), 화이트와인(백포도주), 로제와인으로 나뉘고, 발효 과정에서 탄산가스를 모으지 않은 스틸와인(Still wine)과 탄산을 포함한 발포와인이 있는데, 발포와인 중 가장 유명한 것이 프랑스의 샹파뉴 지방에서 생산되는 '샴페인(Champagne)'이다. 그리고 브랜디를 첨가해 도수를 높인 주정강화와인도 있다.

와인은 정말 오래전부터 만들어졌지만, 1950년대에 '와인양조학(Enology)과'가 생겨나면서 와인을 전문적이고 과학적으로 연구하고 이를 제품에 적용하는 인력이 배출되었고, 이후 품질이 뛰어난 와인이 대량으로 나오기 시작했다. 그래서 1960년대를 와인이 양에서 질로 전환되는 시기라고 한다. 스테인리스 탱크의 도입, 작은 오크통에서 숙성, 발효 온도의 정교한 조절, 아황산 사용 등 과학적인 품질 관리로 와인의 품질이 안정되고 높아진 것이다. 우리나라에는 1960~70년대에 수입되어 서울 시내 특급 호텔에서만 팔다가 조금씩 대중화되기 시작했고, 2000년대의 급격한 성장기를 거쳐 지금은 성숙기로 접어들었다.

와인의 풍미에는 무엇보다 포도 품종이 중요한데, 레드와인용으로 카베르네 소비뇽(Cabernet Sauvignon), 메를로(Merlot), 피노 누아르(Pinot Noir), 쉬라즈(Shiraz), 진판델(Zinfandel) 등이 있고, 화이트와인용으로는 샤르도네(Chardonnay), 소비뇽 블랑(Sauvignon Blanc), 세미용(Semillon), 슈냉 블랑(Chenin Blanc), 리슬링(Riesling) 등이 있다.

세상에는 여러 과일이 있지만 포도로 만든 와인의 인기가 압도적인 것은 포도에 충분한 당도와 풍미의 전구물질이 있기 때문이다. 포도는 처음에는 타르타르산, 탄닌 등이 많다가 익으면서 말산이 줄어드는 동시에 포도당과 과당 같은 당이 많아지고 향과 안토시안 계통의 색소도 많아진다. 그렇게 만들어진 색과 풍미 물질이 와인으로 전달되거나 포도에 숨겨진 향기 전구물질이 발효를 통해 발현되기도 한다.

* 와인에서의 젖산 발효

포도의 주석산(Tartaric acid)은 와인 제조에서 안정성과 맛과 색에 중요한 역할을 한다. 품종에 따라 그 함량이 다르고 개화기와 미숙성기에는 함량이 높은 편이다. 주석산은 익어가는 과정에서도 함량이 유지되고 절반 정도는 칼슘과 결합한 염 형태로 존재한다. 문제는 과량으로 존재하는 주석산의 결정화가 쉽다는 것이다. 그래서 적절한 처리를 하지 않은 생포도즙이나 포도주를 마시다 보면 미세한 유리 조각처럼 생긴 찌꺼기가 남는 경우가 있는데 이것이 바로 주석(酒石) 즉, 주석산이 결정화해 가라앉은 것이다.

주석산은 유독 포도에 풍부하게 함유되어 있다. 포도에는 원래 주석산보다 사과산이 많지만, 포도가 익어감에 따라 사과산의 함량이 원래의 1/4 이하로 감소하는데 이때 주석산은 줄지 않고 그대로 유지된다. 적당한 산미는 단지 신맛을 주는 것 외에도 향을 풍부하게 하여 와인에 생동감과 입체감을 불어넣으며 맛의 균형을 잡아준다. 하지만 주석산은 과다한 편이라 맛에 부정적이고 한번 결정화되면 좀처럼 녹지 않는 문제가 있다. 이런 결정은 색소 물질과 결합할 수 있다, 그래서 화이트와인에는 흰색의 주석 결정체가 발견되고, 레드와인에서는 붉은색 주석 결정체가 발견된다. 이 문제를 해결하기 위해 와인 생산자들은 병입 직전에 와인 안에 있는 주석산의 양을 줄이는 작업을 한다. 바로 저온에서 미리 결정화시키는 것이다. 대부분의 유기물은 저온에서 용해도가 떨어지기 때문에 포도 주스나 와인을 보관한 탱크 온도를 영하 5℃ 정도로 낮추어 1주일 정도 방치한다. 그러면 많은 양의 주석산이 결정화되고, 이것을 필터로 제거하는 것이다. 물론 이것도 완전한 방법은 아니어서 와인을 병에 담은 후 찬 온도에서 오래 보관하면 결정화하지 않았던 주석산이 나중에 결정화될 수 있다. 그리고 용액에 다른 성분이 많을수록 결정화가 천천히 이루어지기 때문에 확률적으로는 오랜 시간 숙성된 빈티지 와인에서 주석이 발견될 확률이 더 높다.

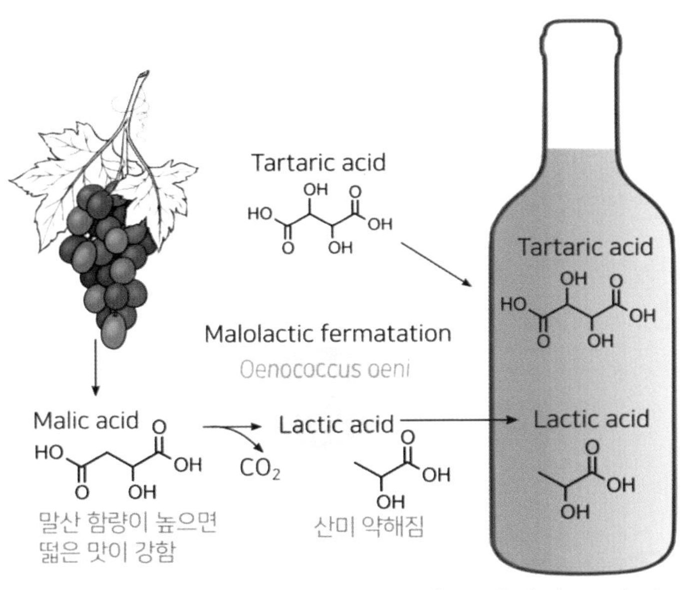

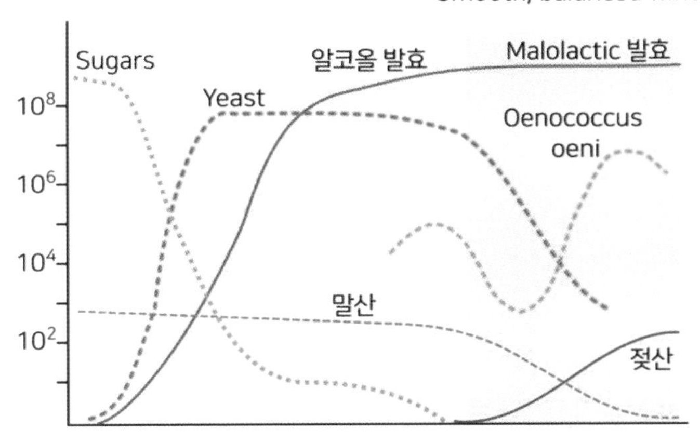

말로락틱 발효(출처: Vladlimir Jiranek, 2010)

말산(Malic acid, 사과산)은 주석산과 함께 포도의 주요 산미료이다. 풋사과에 많아서 라틴어의 사과(Malum)에서 유래한 단어이다. 함량은 숙성 직전에 최고조에 도달해 2%에 달하기도 한다. 이후 익어감에 따라 0.9~0.1%로 감소한다. 말산은 와인의 제조과정에서 MLF(Malolactic fermentation) 과정에 의해 더욱 감소하는데, 내알코올성 젖산균(Oenococcus oeni)이 말산을 젖산으로 바꾸어 신맛을 감소시킨다. 말산은 2개의 수소이온(H^+)을 내놓을 수 있지만 젖산은 1개만 내놓을 수 있어서 신맛과 pH의 영향이 절반으로 줄어든다. 이런 말산에서 젖산으로의 전환은 과도한 말산에 의한 자극적이고 떫은맛을 줄여 부드럽고 조화로운 와인의 맛을 만드는 데 기여하지만, 특정한 와인(Chenin blanc, Riesling)에서는 디아세틸 같은 물질을 만들어 이취를 발생시키기도 한다. 주로 레드와인에서 MLF를 실시하기 때문에 말산의 함량은 내추럴 와인과 화이트와인에서 높은 경우가 많다.

구연산은 맛있고 과일에 매우 흔한 유기산인데 포도에서는 주석산의 1/20 정도만 들어 있다.

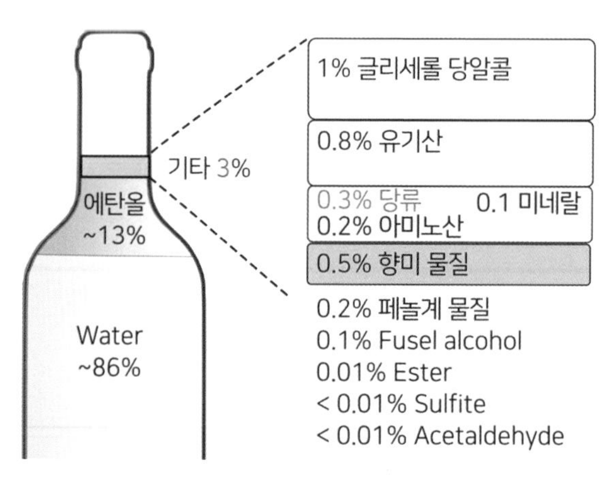

와인의 주요 성분 및 향미 물질

* 와인의 향기 성분은 0.5% 정도

와인의 향은 다양한 경로로 만들어진다. 포도 품종의 특성에서 기인한 향이 있고, 발효에 의해 만들어지는 향 그리고 오크통에서 숙성하는 과정에서 만들어지는 향이 있다. 와인은 식품 중에서도 풍미가 가장 잘 연구된 분야이다. 따라서 굳이 와인에 관심이 없다고 해도 풍미에 관심이 있다면 와인에 관해 연구한 결과를 음미해볼 필요가 있다.

누구는 와인에 1,000가지 향기 물질이 있다고 하고, 또 누구는 한 개의 와인에서 수백 가지 향기 물질이 발견된다고 하지만 대부분은 적은 양이며, 실제 하나의 와인에서 향기에 어느 정도 기여하는 것은 20~40개에 불과하다. 아무리 여러 와인을 합해도 의미 있는 향기 물질의 종류는 70개 정도다. 그것들이 와인의 종류에 따라 양만 달라진다. 그중에는 와인의 종류와 관계없이 대부분의 와인에 존재하는 것도 있다.

와인에 보편적으로 존재하는 향기 물질은 다음 표와 같다. 여기에 β-다마세논도 포함할 수 있는데, 발효와 무관하게 거의 모든 와인에서 역치 이상으로

와인에 흔히 존재하는 향기 물질

알코올 등	유기산	에스터
Ethanol	Acetic acid	Ethyl acetate
Diacetyl	Butyric acid	Ethyl butyrate
Acetaldehyde	Hexanoic acid	Ethyl hexanoate
	Octanoic acid	Ethyl octanoate
Isobutanol	Decanoic acid	Ethyl decanoate
Isoamyl alchohol		Isobutyl acetate
Hexanol	Isobutylric acid	Isoamyl acetate
Phenylethanol	Isovaleric acid	Phenylethyl acetate
Methionol	2-Methylbutyric acid	Ethyl isobutyrate
		Ethyl 2-methyl butyrate
		Ethyl isovalerate

발견된다. 화이트와인과 로제와인은 지방산과 에틸에스터가 더 풍부한 편이고 알코올과 이소산은 적은 편이다. 퓨젤알코올, 퓨젤알코올아세테이트, 에틸에스터가 효모의 아미노산 대사와 관련이 있는데, 퓨젤알코올과 이소산이 적으면 향이 부드럽고 섬세해지는 경향이 있다.

* **와인에 대표적인 향기 물질 16가지**

- 리나로올(Linalool): 대표적인 터펜 물질로 꽃과 시트러스 느낌을 준다.
- 로즈옥사이드(cis-Rose oxide): 기분 좋은 꽃 향이고, 와인에서 특징적인 향미를 부여한 향기 물질로써 첫 번째로 발견된 향이다.
- 다마세논(β-Damascenone): 거의 모든 와인에서 1~4μg/L 정도는 발견된다. 과일 향을 부스팅하는 역할을 하며, 햇볕에 말린 포도와 과도하게 익은 포도로 만든 와인에 훨씬 높은 농도로 존재할 수 있다. 그래서 특정 와인에서는 핵심 향기 물질이 되기도 한다.
- 4-Mercapto-4-methylpentan-2-one: 소비뇽 블랑 등의 와인에 특징을 부여 하고 저농도에서는 신선한 과일 향을 부여한다.
- 3-Mercaptohexan-1-ol: 향기가 매우 복잡하며 농도와 다른 물질에 따라서도 영향이 달라진다. 소비뇽 블랑, 카베르네 소비뇽, 메를로에서 처음 확인되었고, 이후 다른 와인에서도 발견되었다. 일부 화이트와인에서는 핵심 향의 역할을 한다.
- 3-Mercaptohexyl acetate: 소비뇽 블랑에서 처음 발견되었고, 이후 다른 많은 와인에서도 발견되었다. 와인에 특유의 열대과일 향을 부여한다.
- 로툰돈(Rotundone): 흑후추의 매운향을 내는 세스퀴터펜이며 쉬라즈 품종 포도에 10~600ng/L까지 다양하게 존재한다.

--- 발효 단계에서 추가되는 향기 물질 ---

- 디아세틸: 이것은 다른 술과 마찬가지로 와인에서도 복잡한 역할을 한다.

효과는 와인의 종류에 따라 크게 달라지며, 고농도로 존재할 때는 보통은 이취가 된다. 하지만 샤르도네 와인에서는 높이 평가되는 버터 향을 담당하며 일부 포트와인에서는 달콤함도 부여한다.

- 이소아밀아세테이트: 이것은 와인에 그 특유의 향을 명확하게 부여할 수 있는 유일한 에스터이다. 피노타지(Pinotage) 또는 템프라니요(Tempranillo) 품종으로 만든 와인에서 볼 수 있다.

--- 숙성 단계에서 추가되는 향기 물질 ---

- 위스키락톤(Whiskylactone): 참나무에서 숙성된 와인의 특징향이다. 고농도는 불쾌한 우디 특성을 만들 수 있다.
- 소톨론(Sotolon): 귀부(Botrytized) 포도로 만든 와인과 숙성된 와인 등에서 나타날 수 있으며 산화에 따라 증가한다.
- 푸르푸릴싸이올(FFT, 2-Furfurylthiol): 매우 강한 커피 향을 띠는 이 물질은 오크통에서 나온 푸르푸랄과 발효과정에서 만들어진 황(Sulphuricacid)이 결합해서 만들어진다.
- 벤질싸이올(Benzenemethanethiol): FFT처럼 강한 로스팅 향이며 일부 숙성된 와인 등에서 스모키한 풍미를 부여한다.
- 디메틸설파이드(DMS): 매우 흔한 황화합물로 와인에서는 모호한 역할을 한다. 황냄새, 과일 향을 강화하는 강력한 효과를 보이기도 한다. 미네랄 노트와 관련이 있을 수도 있다.
- 메티오날(Methional): 흔히 삶은 감자 향이라고 하는데 이것도 모호한 역할을 한다. 일부 미숙성 백포도주에서는 불쾌한 냄새를 유발하지만 일부 샤르도네와 복잡한 풍미의 와인에서는 풍부함에 기여한다.
- 페닐아세트알데히드(Phenylacetaldehyde): 꿀과 꽃 향이지만 이 또한 모호한 역할을 한다. 매우 높은 농도가 발견되는 소테른(Sauternes) 또는 페드로 히메네스(Pedro Ximе́nez)와인에서 핵심 향의 역할을 한다.

와인 OAV 예

	향기 물질	농도(low~high)		역치	기여도(l~h)	
터펜	β-Damascenone	0.3	25	0.05	6.0	500.0
	Z-Rose oxide	0	21	0.2	0.0	105.0
	linalool	1.7	1500	15	0.1	100.0
	Geraniol	0.9	1059	30	0.0	35.3
	β-Ionone	0.03	0.24	0.09	0.3	2.7
	α-Terpineol	0.6	145	250	0.0	0.6
	Rotundone	0	0.14	0.016	0.0	8.8
지방산	Isovaleric acid	300	1150	33.4	9.0	34.4
	Butyric acid	434	4720	173	2.5	27.3
	Octanoic acid	40	7900	500	0.1	15.8
	Hexanoic acid	200	6200	420	0.5	14.8
	Decanoic acid	62	3400	1000	0.1	3.4
	Acetic acid	69000	400000	200000	0.3	2.0
	Isoburyric acid	430	4160	2300	0.2	1.8
알코올	β-Phenylethanol	18000	162000	14000	1.3	11.6
	Isoamyl alcohol	72000	318000	30000	2.4	10.6
	E-2-Nonenal	0.1	3.7	0.6	0.2	6.2
	isobutanol	25700	108900	40000	0.6	2.7
	Z-3-Hexenol	7.2	850	400	0.0	2.1
	1-Hexanol	1000	13200	8000	0.1	1.7
알데히드	Acetaldehyde	1000	160000	500	2.0	320.0
	Phenylacetaldehyde	2.4	130	1	2.4	130.0
	Diacetyl	200	2722	100	2.0	27.2
	Methylpropanal	0.9	132	6	0.2	22.0
	3-Methylbutanal	1	49	4.6	0.2	10.7
	2-Methylbutanal	3.3	105	16	0.2	6.6
	Aacetone	600	159000	150000	0.0	1.1
에스터	Ethyl octanoate	138	2636	2	69.0	1318.0
	Isoamy acetate	118	7354	30	3.9	245.1
	Ethyl hexanoate	153	2731	62	2.5	44.0
	Ethyl isoburyrate	30	480	15	2.0	32.0
	Ethyl 2-methylbutyrate	1	30	1	1.0	30.0
	Ethyl acetate	2000	150000	7500	0.3	20.0
	Ethyl butyrate	69	2194	125	0.6	17.6

	향기 물질	농도(low~high)		역치	기여도(l~h)	
에스터	Ethyl isovalerate	2	36	3	0.7	12.0
	Ethyl decanoate	14	821	200	0.1	4.1
	Phenylethyl acetate	0.5	744	250	0.0	3.0
	Ethyl lactate	200	382000	150000	0.0	2.5
	Ethyl 4-methylpentanoate	0	1.43	0.75	0.0	1.9
	Ethyl dihydrocinnamate	0.21	3	1.6	0.1	1.9
	Ethyl cinnamates	0.11	8.9	5.1	0.0	1.7
락톤	c-6-Dodeceno-γ-lactone	0	3	0.1	0.0	30.0
	Wine lactone	0	0.1	0.01	0.0	10.0
	Whiskylactone	46	520	67	0.7	7.8
	γ-nonalactone	3	41	30	0.1	1.4
퓨란	furaneol	0	623	5	0.0	124.6
	sotolon	2	207	5	0.4	41.4
	Furfural	0.002	8.8	14.1	0.0	0.6
방향족	4-Ethylphenol	0	6480	440	0.0	14.7
	4-Ethylguaiacol	0	400	33	0.0	12.1
	4-Vinylphenol	3	1241	180	0.0	6.9
	Eugenol	0.5	30	6	0.1	5.0
	Guaiacol	1.1	15	10	0.1	1.5
	4-Vinylguaiacol	0.2	710	1100	0.0	0.6
피라진	2-Methoxy-3-isobutylpyrazine	0	0.04	0.002	0.0	20.0
	3-sec-butyl-2-methoxypyrazine	0	0.01	0.001	0.0	10.0
	2-Methoxy-3-isopropylpirazine	0	0.002	0.002	0.0	1.0
황화합물	4-Mercapto-4-methyl-2-pentanone	0	0.4	0.0006	0.0	666.7
	2-Furfurylthiol	0	0.14	0.0004	0.0	350.0
	methional	0	140	0.5	0.0	280.0
	3-Mercaptohexanol	0	12.8	0.06	0.0	213.3
	3-Mercaptohexyl acetate	0	0.8	0.004	0.0	200.0
	Benzenemethanethiol	0	0.04	0.0003	0.0	133.3
	2-Methyl-3-furanthiol	0	0.15	0.004	0.0	37.5
	DMS(Dimethyl sulfide)	7	53	10	0.7	5.3
	Methionol	166	2400	500	0.3	4.8
	3-Mercapto-2-methyl-propanol	0	10	3	0.0	3.3
	4-Mercapto-4-methyl-2-pentanol	0	0.11	0.055	0.0	2.0
	DMTS(Dimethyl trisulfide)	0.009	0.25	0.2	0.0	1.3

* **와인 향기 물질의 유형**

- 지방산의 에틸에스터: 화이트 와인 등에 사과 같은 과일 풍미 부여.
- γ-락톤: 복숭아 향과 달콤함 부여.
- 페놀화합물(Guaiacol, Eugenol, 2,6-Dimethoxyphenol, Iso-eugenol): 로스팅, 스모키 향 부여.
- 바닐라(바닐린, 메틸 바닐린, 에틸바닐린, 아세토바닐린): 많은 와인에서 달콤한 꽃 향 부여.
- 캐러멜 반응물(furaneol, homofuraneol, maltol): 레드와인에서 과일 풍미를 높이고 달콤함 부여.
- 퓨젤알코올의 에스터: 화이트 와인에 꽃과 과일 느낌 부여.
- C8~C10의 지방족 알데히드: 시트러스 풍미 부여.
- 분지형 알데히드: 레드와인에 숙성의 풍미 부여.
- 에스터류: 레드와인에 과즙감 부여.
- 신남산(Ethyl cinnamate, Ethyl dihydrocinnamate): 샤르도네 같은 특정 와인에서 달콤한 꽃 향을 부여.

* **와인에서 중요한 황화합물**

와인의 향기 성분은 전구체의 형태로 보관되어 있다가 효소에 의해 발현되는 경우도 많다. 배당체도 있지만 황에 의해 붙잡힌 물질도 있다. 효모에 의해 그런 물질이 분리되어 향으로 나타나기도 하고, 3MH가 3MHA로 전환되어 역치가 80ppb에서 4ppb로 낮아짐으로 풍미가 수십 배 높아지는 효과가 있다.

* **와인 향의 복잡도**

- **한 가지 향이 주도적인 역할을 하는 와인:** 와인에는 한 가지 강력한 향기 물질에 의해 풍미가 크게 달라지는 경우가 있다. 잘 알려진 예가 무스카트

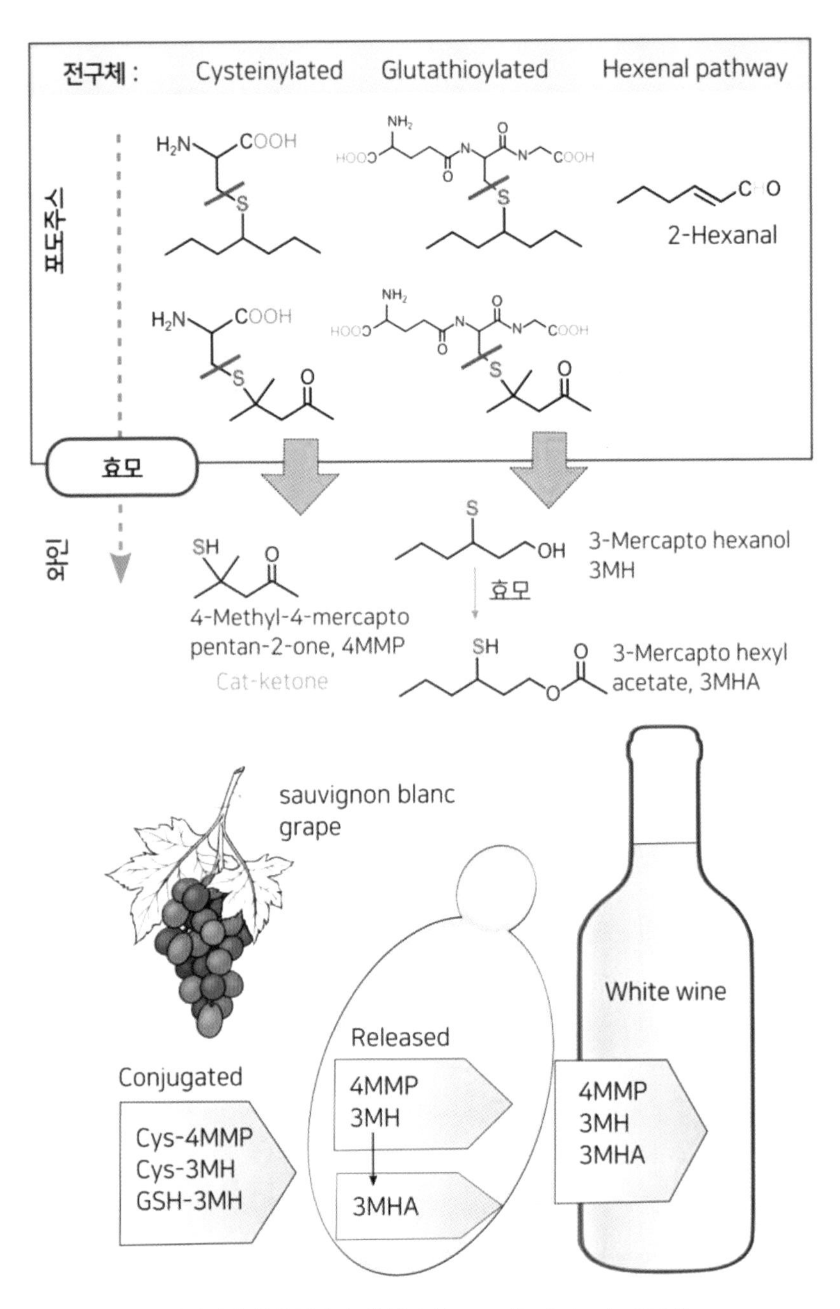

와인에서 황화합물의 생성(출처: Aurelie Roland, 2011)

(Muscat)와 로제와인 등이다. 로제와인은 3-Mercaptohexan-1-ol, 소비뇽 블랑은 4-Mercapto-4-methylpentan-2-one이 특징을 좌우하는 경우가 있고, 스페인 베르데호(Verdejo) 포도, 뉴질랜드 또는 프랑스 지역에서 제조된 일부 카베르네 소비뇽 또는 카베르네 프랑 같은 레드와인에서 고농도의 3-mercaptohexylacetate 때문에 강한 카시스(블랙커런트) 향이 난다. 여기에 다른 에스터, 리나로올, 이소아밀아세테이트 등이 추가되면 향은 더 풍성해질 것이다. 이소아밀아세테이트가 많은 화이트와인은 강한 바나나 향이 나고, 고농도의 지방산 에틸에스터가 풍부해 단순한 과일 향이 나는 화이트와인이 있지만 이들은 높은 평가를 받지 못한다.

- **주도적인 역할을 하는 향이 없는 와인**: 반대로 주도적인 향기 물질이 없이도 매우 흥미로운 맛을 가지는 와인이 있다. 메카베오(Maccabeo)나 샤르도네 같은 화이트와인의 풍미는 적당한 농도로 어우러진 많은 향기 물질로 이루어진다. 꽃향기를 내는 리나로올, γ-락톤, 바닐린, 에틸신남산, 다마세논 등과 과일 향을 내는 지방산의 에틸에스터, 퓨젤알코올아세테이트, 약간의 황화합물 간의 복잡한 상호 작용에 의한 것이다.
- **강한 몇 가지 향기 물질의 상호작용**: 배럴에서 발효, 숙성된 일부 샤르도네의 경우 일부 발효 향의 농도가 낮아지고, 몇 가지 물질의 향이 강한 경우가 있다. 위스키락톤, 디아세틸, 메티오날, 푸르푸릴싸이올(FFT) 같은 것이다. 기본 향이 있지만 디아세틸의 크리미한 버터의 풍미, 메티오날의 풍미 그리고 FFT에 의한 풍미도 따로 느껴지는 것이다. 셰리에서도 아세트알데히드, 디아세틸, 이소알데히드(이소부틸알데히드, 이소발레르알데히드, 2-메틸부틸알데히드)와 소톨론의 풍미가 따로 느껴질 정도로 강할 때가 있다.
- **아주 복잡한 풍미의 와인**: 레드와인은 본질적으로 가장 복잡한 풍미를 가진다. 그 이유는 과일 향을 억제하는 효과를 가진 많은 양의 페놀계 물질이 포함되어 있기 때문이다. 오크통에서 숙성될 때 많은 페놀계 물질이 와인으로 옮겨지는데 이들과 위스키락톤이 과일 향에 관한 인식을 복잡하게 한다.

* **내추럴 와인 & 와인의 결점 요인**

요즘 들어 내추럴 와인에 관한 관심이 꾸준히 증가하는 추세다. 내추럴와인이 무엇인지에 관한 명확한 정의는 아직 없지만 간단히 설명하자면 '포도의 재배 과정에서 살충제나 제초제를 사용하지 않고, 포도를 손으로 직접 수확하고, 아황산을 첨가하지 않거나 조금만 넣고, 배양한 효모나 청징제를 사용하지 않는 와인'을 말한다. 물론 내추럴 와인이라고 생산자의 개입 없이 저절로 와인이 만들어지는 것은 아니다. 오히려 제대로 된 내추럴 와인을 만들려면 세심한 관찰 및 관리 등 몇 배의 노력이 필요하다. 내추럴 와인은 몇 가지 요인으로 호불호가 나뉘는 편이다. 산도가 높아 식초를 마신 듯한 짜릿함을 주거나 '브렛'(Brett)이라는 불리는 쿰쿰한 향 또는 역한 냄새(환원취) 같이 처음 접하는 사람에게 거부감을 줄 수 있는 향이 많이 나타나는 경우가 있기 때문이다. 다음에 나오는 내추럴 와인의 향미 특징에 관한 설명은 『내추럴 와인: 취향의 발견』의 저자 정구현님의 자료를 바탕으로 정리하였다. 여기서는 몇 가지 이론적 배경을 설명할 뿐이고, 실물과 함께 직접 설명을 듣는 것이 내추럴 와인을 이해하는데 도움이 될 것이다.

a. 휘발성 산미 (Volatile Acidity)

통상의 와인은 알코올 발효 후 거친 사과산을 부드러운 젖산으로 바꾸는 후발효(말로-락틱 발효)를 거치는 경우가 많은데, 내추럴 와인은 이런 후발효를 하지 않아 산도가 높고, 이 산도가 아황산을 사용하지 않은 상태에서의 보존성에 도움을 준다. 산미는 맛에서 양날의 검처럼 작용하는데, 그중에서도 특히 휘발성 산이 그렇다. 산미료는 물에 잘 녹아 주로 맛 성분으로 작용하지만, 그중에 분자량이 적은 것은 휘발성이 있어서 향으로도 작동한다. 이것을 '휘발성 산(Volatile acid)'이라고 하는데 이들은 신맛으로 작용하고, 찌르는 듯한 냄새로도 작용할 수 있다. 이런 휘발성 산은 내추럴 와인에서는 와인 깊숙이 숨겨

있던 다른 향기 성분을 끌어내 강렬하고 생동적인 경험을 만들어 줄 때는 좋은 역할을 한다. 식초의 초산, 발효유의 젖산, 버터의 부티르산(Butyric acid), 치즈의 프로피온산(Propionic acid)이 이런 휘발성 산이다. 와인의 휘발성 산은 90% 이상이 초산이다. 초산은 역치가 높고 딱히 불쾌한 향은 아니지만 리터당 0.7g 이상이 되면 식초 느낌을 주기 시작하고, 브렛 향이 있는 경우 그 결점이 강화하는 역할도 한다.

한편 초산 말고 다른 산은 함량이 적어 휘발성 산미를 주기 힘든데, 산보다는 에틸아세테이트가 그런 느낌을 강화할 가능성이 있다. 에틸아세테이트는 에탄올과 초산 또는 아세틸CoA가 결합하여 만들어지는 물질로써, 술에서 가장 많이 만들어지는 향기 물질이다. 다행히 역치가 높아 양에 비해 향이 약해서 그렇지 만약에 이 물질의 역치가 다른 향기 물질만큼 낮다면 와인을 포함한 대부분 술은 이 에틸아세테이트 향이 압도할 것이다. 통상의 양은 풍미를 강화하는 역할을 하지만 리터당 0.15~0.2g 정도가 생기면 용매취가 강해져 결점으로 작용한다.

결국 휘발성 산이 유쾌하게 작용할 때는 에틸아세테이트가 적당하고, 초산이나 젖산 외의 불쾌한 향이 강한 휘발성 산의 양이 적으며, 와인에 과일 향 등이 풍부하여 이들과 새콤한 산미가 같이 휘발하며 코에 전달해 줄 때다. 반대로 불쾌할 때는 에틸아세테이트나 휘발성 산이 과도할 때, 그리고 이들이 브렛이나 마우스취와 결합할 때 등이다. 결국 향이란 맥락과 균형에 의해 의미가 완전히 달라지는 것이다.

b. 브렛(Brett)

내추럴 와인의 가장 큰 특징은 원하는 특성을 가진 배양된 효모를 첨가하는 대신, 포도 껍질에 붙어있는 그 지역에 존재하는 효모와 세균을 이용한다는 것이다. 그러니 브레타노마이세스(Brettanomyces)균이 만든 향기 물질 때문에 브렛 향(헛간 냄새, 젖은 안장 냄새)이 느껴지기도 한다. 브렛은 와인뿐 아니라 맥주 등에도 매우 흔해서 과거에는 와인에 항상 어느 정도의 브렛이 들어갈 수밖에 없었고, 90년대 중반 이후에 들어서야 브렛의 영향을 완전하게 제거하는 양조법이 개발되었다.

브렛균을 완벽하게 죽이기 위해서는 자연의 다른 효모도 죽여야 하는데, 내추럴와인은 야생의 효모를 그대로 사용하기 때문에 브렛을 피하기 힘들다. 브렛이 만든 향기 물질 중에서 문제가 되는 것은 4-에틸페놀(4-EP, 반창고/병원/소독약 냄새), 4-에틸과이어콜(4-EG, 간장/베이컨/정향/훈제 향), 이소발레르산(발/땀/숙성된 치즈 향), 4-에틸카테콜(4-EC 고농도에서 상한 가죽, 분뇨 냄새)이다. 4-EG, 4-EC, 이소발레르산은 소량의 경우 긍정적인 느낌을 주지만, 4-EP는 소량만 존재해도 불쾌한 약품취를 낸다. 결국 브렛 향은 와인의 위생이나 품질의 문제가 아니라 4-에틸페놀이 얼마만큼 많이 생성되어 불쾌한 느낌을 주는가 하는 현상이다. 4-EP는 단독으로도 불쾌하지만, 4-EG 등과 결합하면 불쾌취가 강화되고 휘발성 산 등과 결합해도 그 느낌이 더욱 강화된다.

피노 누아르나 가메 품종에서는 4-EP와 4-EG가 3:1 정도로 생성된다고 한다. 이런 비율이면서 양이 적으면 가죽이나 묵직한 향신료의 뉘앙스를 주고, 약간의 마우스(Mousy)와 함께 매력적인 향이 될 수도 있다. 하지만 시라 종에서는 4-EP와 4-EG가 23:1의 비율로 에틸페놀 향이 압도하게 되고, 이때는 심각한 소독약 냄새나 일회용 반창고 냄새가 나게 된다. 브렛도 양이 적으면 문

브렛 향의 특징을 내는 향기 성분의 비율

품종	4-EP:4-EG	브렛 효과
Pinot Noir	3:1	가죽, 마구간 냄새, 스파이스
Cabernet Sauvignon	9:1	4-EP와 비슷하지만 자극적인 스파이스
Shiraz	23:1	4-EP와 비슷하지만 반창고 소독약

제가 되지 않거나 오히려 복합적이고 섹시한 향기로 느껴지고, 농도가 진해지거나 비율이 달라지면 문제가 된다. 농도가 높으면 4-EG와 이소발레르산과 결합하여 더욱 강한 이취로 느껴지고, 와인의 과일 향이나 발효 향을 덮어버린다. 브레타노마이세스는 리터당 0.2mg 정도의 적은 양의 당분에서도 활성화될 수 있다고 하는데 만약에 브렛균이 살아 있는 상태로 병입되면 더 심각한 문제가 생길 수 있다.

c. 환원취, 리덕티브(Reductive wine)

산화와 환원은 여러 의미가 있지만 와인에서 환원취는 황화합물로 인한 것이다. 양조 중에 공기가 전혀 통하지 않는 스테인리스 스틸이나 밀폐 양조통에서 발효하면 효모가 아미노산 대사를 하기 힘들어지면서 이산화황(SO_2) 대신 황화수소(H_2S)를 생성한다. 황화수소는 이산화황의 산소가 수소로 환원된 형태다. 이런 황화수소는 산소가 있으면 다시 이산화황으로 산화되어 사라지지만, 때로는 메틸알코올이나 아세트알데히드 같은 중간 발효 물질과 반응하여 싸이올, DMS 같은 향기 물질로 변환된다.

황화수소는 우주의 탄생부터 존재했을 법한 근원적인 분자로서 숙성된 치즈, 살라미, 홍어, 소변 등에 많은 향기 물질이다. 소량일 때는 삶은 달걀 향기인데 고농도는 유독하고 썩은 달걀의 불쾌취로 작용한다. 이 황화수소는 산소와 빠르게 반응하기 때문에 디캔팅이나 에어레이션으로 쉽게 날려버릴 수 있다. 그런데 황화수소가 싸이올로 변하면 쉽게 제거하기 힘들게 된다. 와인에서는 황산구리를 약간 넣어서 금속염 착화물을 만들어 제거하거나 내추럴 와인에서는 깨끗한 구리 조각을 넣고 흔들어 제거할 수 있다.

황화수소나 싸이올 단계를 지나 이황화물로 변하면 이때부터 제거도 힘들어진다. 이황화물 중에서 대표적인 것이 디메틸설파이드(DMS)인데, 사실 디메틸설파이드는 황을 포함한 아미노산에서 가장 흔하게 만들어지는 향기 물질이기도 하다. 플랑크톤, 산호 등은 바닷물의 삼투압을 견디기 위해 체내에 다량의 DMSP를 축적하는데, 이것이 분해되어 만들어지는 DMS가 워낙 많아서 대기 중에 방출되는 황화합물 중에 가장 많은 양을 차지하고, 황화수소와 함께 바다 향기의 주성분이 되고, 바다에서 비가 만들어질 때 씨앗 역할도 한다. DMS는 옥수수 통조림을 따면 나는 향기인 동시에 김 같은 해산물의 주된 향기 물질이다. 토마토, 채소와 황의 뉘앙스도 있는데 와인에 소량으로 있을 때는 과일 향처럼 작용하기도 한다. 와인이 숙성될수록 에스터가 감소하여 과일의 향이 약화되는데, 분명히 잘 익은 와인임에도 블랙커런트 향이나 열대과일 향이 잘 느껴진다면 이 물질 덕분일 가능성이 높다.

황을 포함한 향기 물질은 인간이 가장 예민하게 느끼는 향이다. 같은 형태의 향기 분자에서 산소 하나가 황으로 바뀌면 향기가 수천 배 이상 강해지는 경우가 많다. 그래서 와인뿐 아니라 다른 술이나 커피 등에서 핵심적인 매력을 부여하기도 한다. 워낙 강력해서 극미량으로 다른 향기와 조화를 이루면 입체적이고 매력적인 풍성한 향을 만들고, 지나치면 이취가 된다. 그리고 이런 황화합물의 향기가 와인의 산미와 함께 와인의 미네랄리티에도 상당한 기여를 할 가능성이 높다. 커피에서 단맛이나 짠맛을 느끼는 경우와 유사한 기작이다.

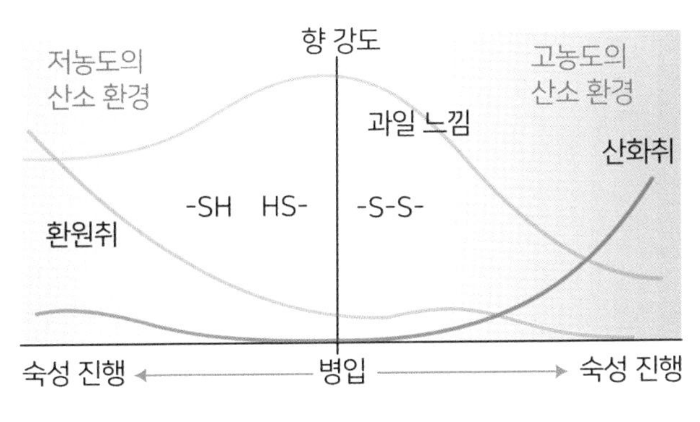

와인의 환원취와 디켄팅 효과

d. 짠맛 또는 미네랄리티

와인에는 미네랄 또는 미네랄리티(Minerality)라는 표현이 많이 등장한다. 와인은 떼루아(Terroir)를 강조하기 때문에 토양을 이루는 암석의 이미지인 미네랄이라는 표현이 잘 받아들여지기 때문이다. 하지만 그것의 실체가 무엇인지는 사실 모호하다. 무엇보다 포도를 키우는 토양의 암석이 그대로 식물에 흡수되어 와인에 구현될 가능성은 없다. 암석은 칼륨, 칼슘 같은 원자 단위로 분해되어야 흡수될 수 있고, 더구나 흙에 있다고 그 비율대로 흡수되는 것도 아니다. 식물이 필요에 따라 선택적으로 흡수하기 때문이다. 그래서 흙에는 나트륨과 칼륨이 비슷한 비율로 존재하지만, 칼륨을 나트륨보다 보통 10배 이상 많이 흡수한다. 더구나 포도는 칼륨을 나트륨보다 100배나 많이 흡수한다. 그런 포도로 만든 와인에서 미네랄 또는 짠맛이 느껴진다고 하는 것은 흔히 생각하는 미네랄과는 분명한 차이가 있다. 그리고 와인에서 미네랄은 긍정적인 표현인데 미네랄 중에 나트륨을 제외하면 실제 맛은 쓰거나 떫은 부정적인 맛이다.

와인의 짠맛이 염분이나 미네랄에 의해 나타나기에는 포도의 미네랄 함량이 너무 적다. 요즘은 와인을 워낙 과학적으로 관리를 잘하기 때문에 발효 중 이스트 영양제나 아황산나트륨을 과도하게 첨가해서 느껴질 가능성도 없다고 한다. 더구나 내추럴 와인에서는 그런 물질을 쓰지 않는데도 미네랄 또는 짠맛이 느껴지는 경우가 있다는 점에서 와인의 미네랄 또는 짠맛은 염의 맛이 아닐 가능성이 높다. 와인에 실제 미네랄을 첨가한다고 미네랄리티가 증가하지도 않는다.

짠맛 또는 미네랄이 느껴지는 와인은 대체로 산미가 높고, 과일이나 오크 숙성취가 강하지 않은 섬세한 화이트와인인 경우가 많다고 한다. 고대에 바다였던 아주 척박하고 거친 토양이나 바닷바람을 맞으며 키운 포도로 만든 와인에서 짠맛이 느껴진다고 해도 그것은 포도가 자신을 보호하기 위해 산도를 강하게 유지하는 특성이 있기 때문이지, 특별히 나트륨 농도가 높아서 그럴 가능성이 별로 없는 것이다.

결과적으로 내추럴 와인은 나트륨이 아니라 산도가 높아 짠맛이 느껴질 가능성이 높다. 적당한 신맛은 시원함이나 상큼함을 주지만, 과한 신맛은 차갑거나 금속의 느낌이 강해지는 경향이 있다. 여기에 특정 향이 가세하면 미네랄리티가 강화될 가능성이 높다. 그래서 상당수의 와인 전문가들은 산소가 부족한 환경에서 생성된 황화합물을 꼽기도 한다. 메테인싸이올(Methanethiol), 벤질메테인싸이올(Benzenemethanethiol) 같은 황화합물의 도움으로 미네랄리티가 느껴진다는 것이다. 짠맛 또는 미네랄의 느낌이 이런 향에 의한 것이라면, 그런 와인을 마실 때 잠시 코를 막아보는 것도 후각에 의한 짠맛인지 미각에 의한 짠맛인지를 구분하는 데 도움이 될 것이다.

그런데 짠맛이 향에 의해 더 잘 발현될 수도 있지만 반대로 억제될 수도 있다. 풍부한 과일 맛이나 오크 숙성취는 미네랄리티를 주는 성분의 효과를 가려버릴 수 있다. 짠맛이 나는 와인에 신맛을 중화시키거나 과일 향이나 오크 향을 보완할 때 짠맛이 사라진다면 그것은 감각과 지각의 상호작용에 의해 나타나는 복합적인 느낌인 것이다.

이런 짠맛 문제는 와인만의 문제가 아니다. 위스키와 커피 등에서도 똑같이 생기는 이슈다. 둘 다 짠맛을 낼 정도의 미네랄은 없지만 짠맛이라고 여겨지는 느낌이 들 때가 있다. 짠맛보다 훨씬 자주 등장하는 것이 단맛이다. 커피에 단맛 물질이 없어도 단맛이 좋다는 표현이 정말 자주 등장한다. 심지어 미네랄뿐인 소금도 달다고 하고, 맛도 향도 없는 물이 달다고도 한다. 맛은 입으로 느끼는 것도 있지만 코(향)로 느끼는 것과 뇌(예측)로 느끼는 것도 있다.

e. 마우스(Mousy taint, Mousiness)

브렛도 상황에 따라 불쾌한 향과 유쾌한 향으로 바뀌지만, '마우스(Mousy, 쥐 냄새)'는 더 흥미로운 예인 것 같다. 와인에서 쥐 오줌 또는 쥐 사육장 냄새가 나는 것은 2-Acetyl-3,4,5,6-tetrahydropyridine, 2-Acetyl-1,4,5,6-tetra hydropyridine, 2-Ethyltetrahydro pyridine, 2-Acetyl pyrroline 때문이다. 이들은 시리얼, 갓 구운 빵의 크러스트, 쌀 등에서 느껴지는 고소하고 유쾌한 향이다. 그런데 와인에서는 농도에 따라 참을 수 없는 불쾌한 냄새로 작용한다. 이들 향기 물질은 과일 향이나 꽃 향과 조화가 좋지 않아서 이들 향이 많아지면 뒤섞여 쥐 오줌 냄새가 되는 것이다. 아주 소량이라면 고소하고 흥미로우면서 매력적인 향이 농도가 짙어지거나 다른 향과의 조합에 따라 완전히 의미가 달라지는 예이다.

재미있는 것은 이들은 pH에 따라 휘발성이 달라지는데, 코로만 향기를 맡을 때는 와인에서는 산도가 높고 휘발성이 낮아 향기로 잘 느낄 수 없는데, 마실 때는 입 속에서 약알칼리성인 타액과 섞이면서 pH가 높아져 휘발성이 증가하면서 불쾌한 향이 증가한다는 것이다.

f. 코르크 취(부쇼네; Bouchonne)

와인의 코르크에서 미생물에 의해 발생하는 2,4,6-트리클로로아니솔(2,4,6-Trichloroanisol; TCA)은 마분지나 곰팡이 냄새 같은 기분 나쁜 냄새

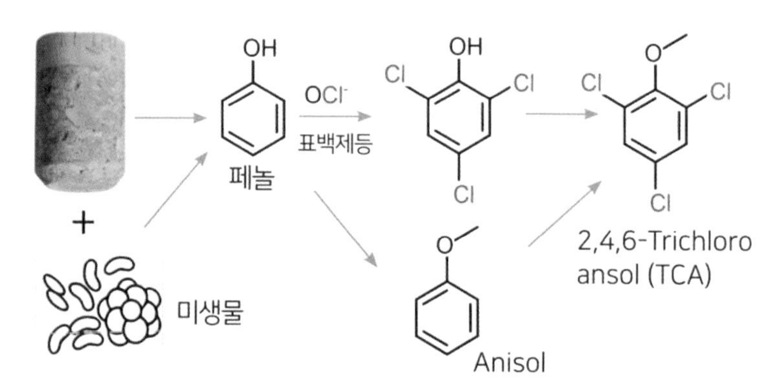

페놀에서 2,4,6-TCA 생성 과정

를 유발하여 와인의 풍미를 심하게 훼손시킨다.

* TDN(1,1,5-Trimethyl-1,2-dihydronaphtalene)

리슬링 와인은 장기 숙성 시 이오논 같은 카로티노이드 분해물로부터 강력한 이취(휘발유 냄새)인 TDN이 생길 수 있다. 역치가 낮아 2μg/L만 있어도 이취의 원인이 되는데, 안정적인 구조라 한 번 만들어지면 계속 남아 있게 된다. 보통은 몇 년에 걸쳐 만들어지지만, 일부러 75℃, pH 1.7의 조건에 보관하면 불과 1시간 만에 생성되기도 한다. 보관하는 온도, pH 등에 따라 와인의 품질이 완전히 달라지는 것이다.

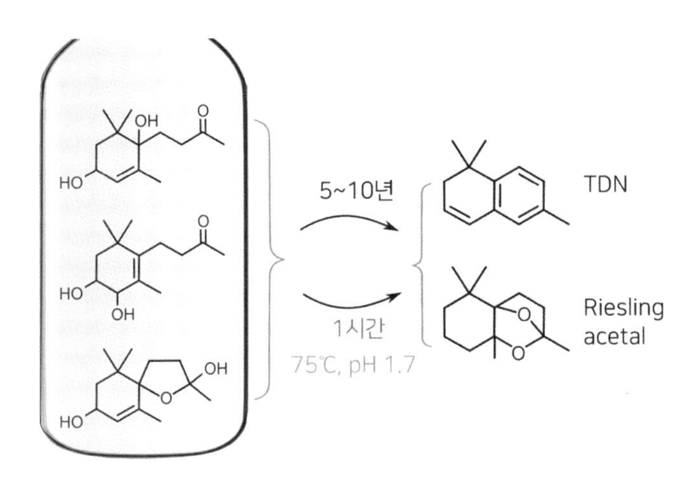

숙성 과정 중 생성되는 TDN(출처: Yevgeniya Grebneva, 2019)

5 증류주

증류주(蒸溜酒; Distilled beverage)는 발효된 술을 다시 증류해서 만든 술이다. 알코올의 끓는점이 약 78.3℃로 물보다 20℃ 이상 낮다는 점을 이용해 만들어진다. 술을 가열하면 알코올이 먼저 증발하게 되는데 증발한 것을 다시 액체로 응축해 원래 술보다 높은 도수의 술을 만든다. 증류주는 그대로 마시거나 오크통 등에서 숙성시킨 후에 마시는데, 위스키, 보드카, 백주, 증류식 소주, 브랜디, 데킬라, 럼 등이 있다.

위스키에 물을 약간 떨어뜨리면 향이 좋아지는 이유는 무엇일까? 향기 성분은 에탄올에 잘 녹는다. 그런데 에탄올을 물에 희석하면 향의 용해성이 점점 떨어지기 마련이다. 위스키의 고농도 에탄올에는 많은 향기 성분이 붙잡혀 있는데, 거기에 소량의 물을 떨어뜨리면 겨우 녹아 있던 향기 성분이 더 이상 버티지 못하고 휘발하려 한다. 코로 느낄 수 있는 향이 더 많아지는 것이다. 사실 술의 주인공은 에탄올이고 풍미에 가장 영향을 주는 것도 에탄올이다. 향기 성분들은 각각 에탄올과 결합하는 정도가 달라서 향을 그냥 맹물에 넣은 것과

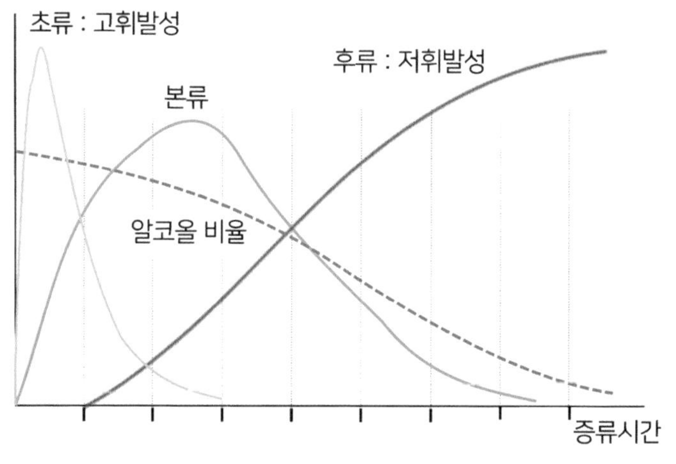

술의 증류 시간에 따른 휘발성 물질의 유형 변화

에탄올에 넣은 것은 느낌이 다르고 향기 물질에 따라 역치가 물이나 공기에서 와는 완전히 달라지는 경우가 많다.

증류 시 온도에 따른 휘발 성분

분획	끓는 온도	유출 성분	분자량
초류 head foreshot	21	Acetaldehyde	44
	52	Acrolein	56
	64	Methanol	32
	66	Ethyl acetate	88
본류 body	78	Ethanol	46
	82	Isoproyl alcohol	60
	97	propanol	60
	108	Isobutyl alcohol	74
후류 Tail	131	Isoamyl alcohol	88
	137.5	Isoamly acetate	130
	162	Furfural	96
	166.5	Ethyl hexanoate	144
	208	Ethyl octanoate	172
	244	Ethyl decanoate	200
	269	Ethyl laurate	228

* **증류식 소주**

쌀로 만든 증류 소주에 함유된 향 중에서 역치 이상으로 함유된 것은 에스터(Ethyl acetate, Ethyl hexanoate, Ethyl nonanoate, Ethyl decanoate, Isoamyl acetate)이고, 술덧에 함유된 성분 중 낮은 온도에서 휘발되는 것(Ethyl acetate, Isobutyl acetate, Ethyl hexanoate)이 술을 마시기 전에 느

껴지는 향을 지배하며, 휘발온도가 높은 에스터(Phenethyl acetate, Ethyl octanoate, Ethyl laurate, Ethyl 4-hydroxy butyrate)는 마시면서 느껴지는 향으로 작용한다. 에틸바닐린은 술덧이 과도하게 숙성되었을 때 나타나는 특징적인 향이다. 증류식 소주에는 상압 증류 시 가열에 의한 가열취가 생성된다. 메일라드 반응으로 아세트알데히드, 푸르푸랄 등과 피라진류, 퓨란류, 피롤류, 피롤알데히드류도 생성된다.

*** 위스키의 향기 성분**

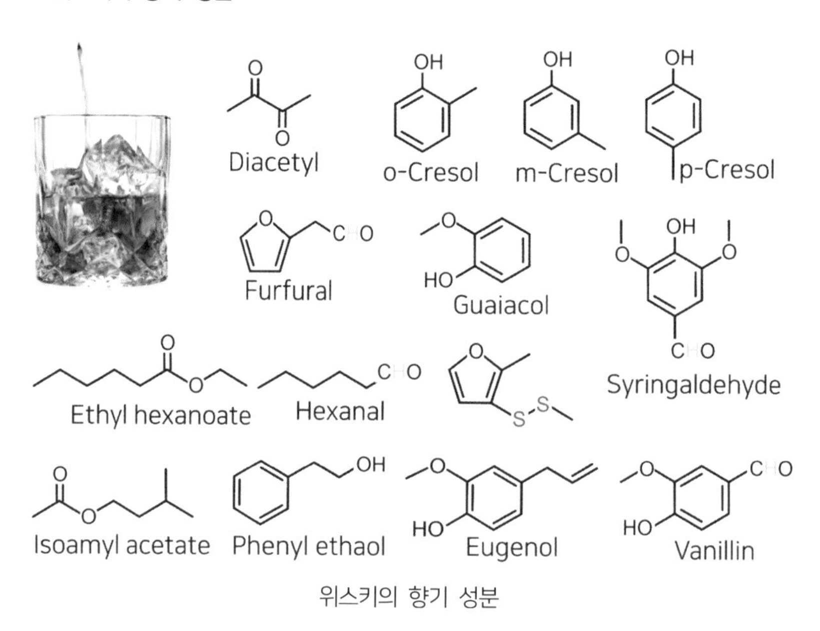

위스키의 향기 성분

* 오크통과 피트의 향

오크통 토스팅 정도와 향기 물질(출처: The Australian Wine Research Institute)

휘발성 페놀(양: μg/L)	Non	Light	중간	Heavy	역치
Guaiacol	1	5.2	27.7	30.3	0.075
4-Methyl guaiacol	2	10	38.7	24.7	0.065
4-Ethyl guaiacol	0	0	0	7.7	0.15
4-Propyl guaiacol	0	0	0	6.3	
Eugenol	20	17.7	71.7	44.3	0.5
Phenol	5	12	11.7	20	25
o-Cresol	0	0	0	1.7	0.8
m-Cresol	0	0	0	1.3	0.18
p-Cresol	0	0	0	2	
Syringol	0	78.3	310.7	313.3	
4-Methyl syringol	0	17.3	80.7	193.3	
4-Allyl syringol	0	60.3	298.7	204.3	

* 피트(Peat; 이탄, 토탄) 향

Eugenol Guaiacol

o-Cresol m-Cresol p-Cresol

* 중국 백주의 향기 분류

- 장향(Sauce flavor; 醬香): 고유의 장향과 발효지에서 스며든 토양의 향, 그리고 단맛이 도는 알코올 향 등이 잘 조화된 특이한 풍미를 가진 술이다. 술의 색깔이 맑고 투명하며 강하지만 섬세하고 부드러운 특징이 있다. 누룩은 초고온에서 띄운 것을 쓰며 마오타이가 대표적인 장향형 백주이다. 그밖에 낭주와 무릉주도 있다. 페놀계 향과 테트라메틸피라진이 주 향기 물질이다.(Syringic acid, Ethyl hexanoate, Hexanoic acid, 3-Methyl butanoic acid, 3-Methylbutanol, pyrazines, Ethyl 2-Phenylacetate, Ethyl 3-phenylpropanoate, 4-Methylguaiacol)
- 농향(Strong; 濃香): 대부분 고량을 사용해 만들고 오래된 발효지를 사용하지만, 일부는 인공 구덩이를 쓰기도 한다. 향은 에틸에스터가 절대적으로 우세하다. 발효지 자체에서 만들어지는 향이 특별하며 입안에 향미가 많이 남는다. 쓰촨성과 장쑤성에서 생산되는 명주는 대부분 농향형이다. 이것이 전체 백주의 70%를 차지한다. 에틸헥사노에이트가 대표적이다. Ethyl lactate, Ethyl acetate, Ethyl butanoate, Furfural, Ethyl valerate, Phenylethyl alcohol, Ethyl heptanoate 등이 보조한다.
- 청향(Light; 淸香): 산시성의 분주(汾酒)가 대표적이고, 전체 백주의 약 15%를 차지한다. 향은 초산에틸과 젖산에틸이 주도적인 역할을 한다. β-다마세논 등이 보조한다.
- 겸향(Miscellaneous; 兼香): 장향과 농향의 중간 수준 향이다.
- 봉향(Feng; 凤香): 서봉주와 같은 향, Ethyl acetate, Ethyl hexanoate 등이 많다.
- 쌀 향(Rice flavor; 米香): 쌀을 원료로 만들며 향과 맛이 약한 편이다. β-Phenethyl alcohol, Ethyl acetate, Ethyl lactate 등이 많다.
- 약 향(Medicine; 药香): 산, 알코올, Ethyl butanoate 함량이 높고, 에틸락

테이트는 적다.

- 참깨 향 (Sesame; 芝麻香): 볶은 참깨 향이 있다.
- 특향(Teflavor; 特香): 에틸카프로에이트. 다른 백주보다 Ethyl valerate, Ethyl heptanoate, Ethyl nonanoate가 많다.
- 시향(Chi flavor; 豉香): Phenethyl alcohol과 그것의 에스터 함량이 높다.
- 노백간(Laobaiganflavor; 老白干): Ethyl acetate, Ethyl lactate가 많고 적은 양의 Ethyl hexyl acetate, Ethyl butyrate 등이 있다.
- 복울(Fuyu; 馥郁香): Ethyl hexanoate, Ethyl lactate, Ethyl acetate 등이 많다.

중국 백주의 향기 성분

향기 물질	역치 (ug/L)	함량 (ug/L)	아로마가 (AV)
Ethyl caproate	55	4,471	**81.29**
Ethyl caprylate	13	143	**11.01**
Ethyl butyrate	82	285	3.48
Ethyl valerate	27	67	2.49
Caproic acid	**2,520**	1,613	0.64
Butanoic acid	964	337	0.35
Pentanoic acid	389	62	0.16
Ethyl 3-phenylpropanoate	125	11	0.09
Ethyl acetate	**32,600**	1,630	0.05
1-butanol	2730	137	0.05

초산 발효: 식초(Vinegar)의 향기 물질

2

1 식초는 술만큼 오랜 역사를 가졌다

음료, 과자, 아이스크림 등 가공식품에 많이 사용되는 산미료가 구연산이라면, 요리에는 식초가 많이 쓰인다. 식초는 초산이 4~20%(주로 4~6%) 들어 있는 제품으로 식초의 역사는 술의 역사와 궤를 같이한다. 효모에 의해 포도당이 분해되면 알코올이 되는데, 알코올이 한 번 더 발효되면 식초가 된다. 술이 만들어지면 식초가 될 가능성이 늘 존재하는 것이다. 서양에서 식초는 포도주를 만들다 우연히 얻은 부산물이기도 해서 프랑스어인 Vin(와인)과 aigre(시다)를 합성해 'Vinegar'라 불렀다. 그래서 식초는 술만큼 오랜 역사가 있고, 바빌로니아인들은 BC 5000년에 이미 식초를 제조해 조미료와 식품의 보존성을 높이는 목적으로 사용했다.

식초는 거의 전 세계 모든 문화권에서 조미료로 사용하며 요리에 신맛과 생동감을 줄 뿐 아니라 보존성을 높이는 역할을 한다. 식초가 포함된 식품은 부패균 증식이 억제되어 피클처럼 식초에 절이면 오랫동안 상하지 않게 보관할 수 있다. 초밥처럼 음식에 식초를 넣어도 좀 더 오랫동안 안심하고 먹을 수 있다.

초산은 식품에서 사용하는 유기산 중 가장 작은 분자라 휘발성이 있고, 작고 극성이 있어서 물에 잘 녹지만 초산의 함량이 매우 높으면 서로 결합해 고체가 되고, 물에 적은 양이 녹아 있어도 휘발성이 있어서 특유의 자극적인 냄새가 있다. 그래서 오래 익히는 고기에 처음부터 식초를 쓰면 산미는 휘발되고 감칠맛만 남게 된다. 발효로 만든 식초는 주성분이 초산이기는 하지만 이외에도 다양한 유기산과 아미노산, 당, 알코올, 에스터 등이 들어 있다. 식초의 종류에 따라 이런 성분의 함유량이 달라서 각기 다른 풍미가 있다.

* 아세틸-CoA에서 초산(아세트산)이 만들어진다

초산균이 알코올로부터 초산을 생성하기 위해서는 2개의 세포막 결합 효소가 필수적인데, 알코올탈수소효소(ADH)와 알데히드탈수소효소(ALDH)가 그것이다. 이 두 효소는 세포질막에 위치해 작용한다. 사실 알코올도 세균이 살아가기 힘든 조건이고 초산도 세균이 살아가기 힘든 조건이다. 그리고 알코올에서 초산으로 전환하는 과정에서 에너지가 많이 생성되는 것도 아니다. 나름 고

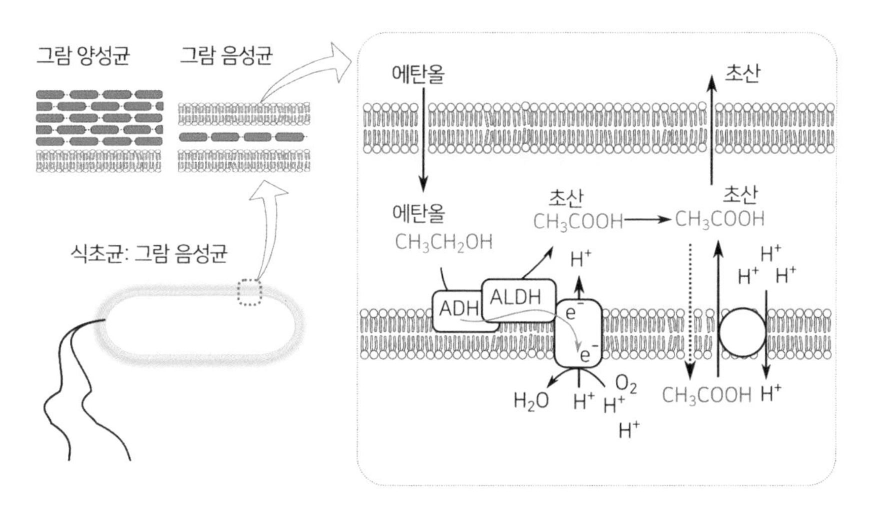

초산균의 에탄올에서 생성 기작

단한 삶인 것이다.

초산균의 생존에는 초산에 관한 내성이 필수적인데, 여기에는 알코올 탈수소 효소(ADH)와 양성자의 동력으로 아세트산을 배출하는 펌프가 핵심적인 역할을 한다. 초산균은 에탄올이 밥이라고 할 정도로 세상에서 에탄올을 가장 좋아하는 생명체이지만, 또 너무 높은 에탄올 함량은 견디지 못한다. 에탄올이 10%만 되어도 효율이 크게 떨어져 6~8% 정도를 좋아한다. 에탄올 5%에서 초산 5%를 생산할 정도로 초산 생산의 효율성이 높다. 이론상 에탄올 1분자(C_2H_5OH, 분자량 46)에서 초산 1분자($C_2H_4O_2$, 분자량 60)가 만들어지므로 1kg의 에탄올에서 1.3kg의 초산이 만들어질 수 있는데, 일부는 다른 생존의 목적에 사용되므로 1kg 정도의 초산이 만들어진다. 이 과정에서 다량의 산소가 필요하기에 초산 발효는 충분한 산소 공급이 필수적이다. 에탄올 1분자에 산소 1분자(O2, 분자량 32)가 필요하므로 1kg의 에탄올을 산화시키기 위해서는 700g의 산소가 필요하다. 산소는 1L가 1.43g이므로 부피로는 487L, 산소 함량이 20%인 공기로는 2,434L가 필요하다. 초산 중량의 2,400배에 달하는 공기가 필요한 것이다. 그래서 밀폐를 통해 공기를 차단하면 초산 발효가 멈추게 된다.

* 원료에 따라 향이 달라진다

초산 발효의 과정은 정말 독특하지만 그 과정에서 만들어지는 향은 생각보다 단순하고, 발효의 과정보다는 사용하는 원료나 숙성 과정에서 만들어지는 향이 그 특징을 좌우하는 것이 많다. 일본은 쌀식초, 영국은 보리 식초(Malt vinegar), 프랑스나 이탈리아는 와인식초, 미국은 사과식초(Cidre vinegar) 등이 유명하다. 11세기 이탈리아의 모데나 지방에서 탄생한 발사믹식초는 10년 이상 오래 숙성한 것이 특징이다. 동남아시아에는 야자수액을 원료로 한 야자식초가 유명하고, 그밖에 베리류, 파인애플, 코코넛, 피치 등이 주요 재료인 식초도 있다. 그리고 벌꿀을 원료로 한 꿀식초, 사탕수수로부터 만드는 사탕수수

식초, 치즈를 만들고 남은 유청으로 만든 유청식초도 있다. 술이 있는 곳에 반드시 식초가 있다고 할 만큼 어떤 술이라도 적절히 발효하면 식초가 되니, 세상에는 술의 종류만큼 다양한 식초가 있다고 보면 된다.

- **사과식초:** 사과로 만드는 식초로써 미국에서 가장 일반적인 식초다. 벌꿀과 섞으면 버몬트 드링크가 되는데 사과의 원산지인 미국 버몬트주에서 처음 만들어졌다.
- **와인식초:** 와인 식초는 포도를 원료로 만든 프랑스와 이탈리아의 대표적인 식초이다. 먼저 포도과즙으로 와인을 만들고 초산 발효를 시켜 식초로 만든다. 와인 특유의 향이 있고, 일반 곡물 식초보다 산도가 높고, 쌀식초보다도 당질이 적기 때문에 상쾌한 느낌이 있다.
- **발사믹식초:** 와인식초를 떡갈나무, 밤나무, 벚나무 등의 재질이 다른 나무통에 옮겨가면서 5~7년간 숙성을 시킨다. 통을 교체할 때 나무통에서 나오는 풍미가 더해지는데, 통 안에서 최소 12년 이상 숙성시켜야 '베키오 등급(Traditional vecchio)'을 받을 수 있고, 25년 이상 숙성한 것은 '엑스트라 베키오'로 불리며 매우 고가이다. 이탈리아에서 법률로 정한 최저 숙성기간은 12년이다.
- **코코넛식초:** 코코넛에 당류 등을 가해서 알코올 발효를 시켜 술을 만들고, 거기에 초산균을 가해서 발효시키면 1개월 정도 후에 코코넛식초가 완성된다. 쌀식초보다 산미가 강하지 않고, 상쾌한 감귤계의 향이 난다. 필리핀에서는 식초하면 보통 코코넛식초를 말할 정도로 가정에서 많이 쓰이고, 동남아시아에서 흔히 쓰이는 식초이다.
- **향초(香酢):** 찹쌀로 만드는 중국의 전통 식초다. 이름처럼 향이 풍부하고, 부드러운 산미가 특징이다. 가열 조리를 하더라도 그 향은 없어지지 않으며, 요리에 뿌려도 맛있게 먹을 수 있다.

- **기타 과실초:** 필리핀의 파인애플식초, 레몬 과즙에 알코올과 물을 가해서 초산 발효시킨 레몬식초처럼 각 지역마다 기후나 풍토에 맞는 과실식초가 있다. 과실식초는 과실에 있는 사과산, 구연산, 주석산 등이 산미에 더해지기 때문에 곡물식초와는 또 다른 산미를 느끼게 한다.

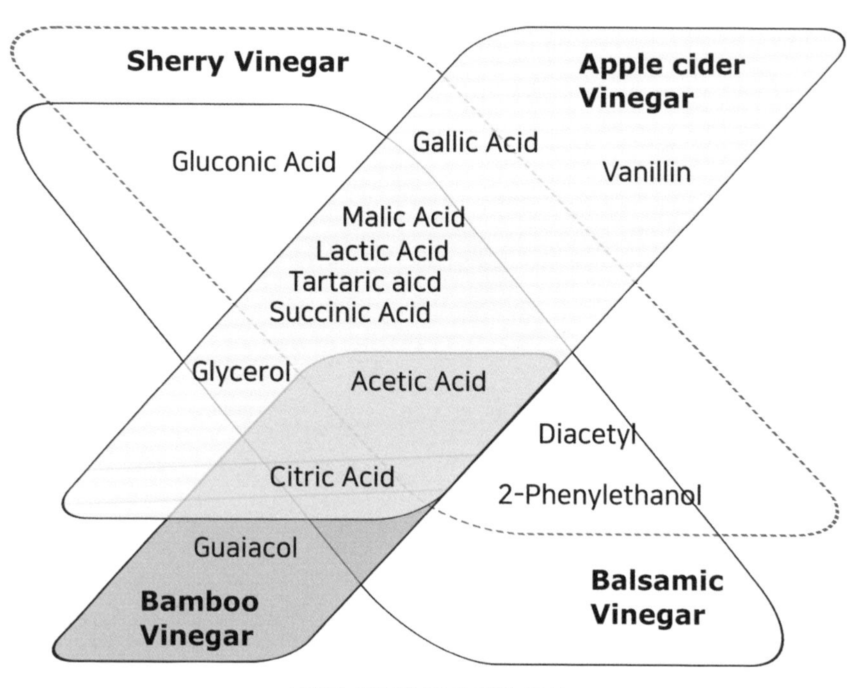

식초의 종류별 향미 물질 특성

단백질 발효(분해): 치즈, 장류의 향기 물질

3

1 단백질 분해

발효 중에서도 우유와 콩의 발효는 단백질이 포함되어 있어서 술이나 젖산 발효와는 그 성격이 매우 다르다. 보통 발효는 탄수화물(당류)을 이용해 알코올이나 젖산, 초산 등을 만드는 것이다. 그런데 우리가 좋아하는 장류는 탄수화물이 아니라 콩의 단백질이 주원료이다. 단백질의 발효는 쉽지 않다. 분해의 과정도 어렵고, 단백질에서 유래한 향은 탄수화물과 달리 향기가 강렬하고 호불호도 갈리기 때문이다. 그래서 일본 술(사케)은 쌀의 도정율이 높은 것을 고급으로 취급한다. 쌀의 겉면에 있는 단백질과 지방을 완전히 제거해야 향이 깨끗하기 때문이다. 사람들은 발효하면 무조건 좋은 성분과 향이 만들어질 것이라 기대하지만, 단백질을 발효한 향은 조금만 잘못되어도 부패한 것으로 느낄 만큼 거칠어 다루기가 까다롭다.

단백질은 향이 어려울 뿐 아니라 그것이 발효인지 아닌지의 구분조차 어렵다. 발효는 '띄우기'에 적합한 것과 '삭히기' 또는 '숙성하기'에 적합한 것이 있다. 먼저, 발효는 미생물을 이용해 사람에게 유용한 산물을 만드는 과정이라고 할 수 있다. 효모균을 이용한 '알코올 발효'와 젖산균을 이용한 '젖산 발효'가 대표적이다. 사실 대부분의 미생물은 인간이 의도하는 대로 자라지 않고 마구 증식해 부패한다. 여름에 음식을 냉장고에 보관하지 않고 밖에 두면 절반은 발효가 되고, 절반은 부패하는 것이 아니라 거의 대부분 부패하는 것을 잘 알고 있을 것이다. 그러니 부패가 일반적이고 발효는 적절한 통제가 있어야 가능한 예외적인 현상인 것이다.

탄수화물 발효는 기작이 단순하다. 탄수화물(전분)을 분해하면 포도당이 되고, 포도당을 분해하면 피루브산이 된다. 여기까지는 모든 생명에 공통적이다. 산소가 없으면 피루브산이 젖산으로 바뀌면서 끝나고, 산소가 있으면 크렙스 회로를 통해 물과 이산화탄소로 완전히 연소되면서 많은 ATP가 합성된다. 이런 관점에서 보면 발효는 너무나 단순하다. 포도당에서 피루브산까지의 대사는 모든 생명체의 공통회로고, 젖산을 만드는 것도 공통적인 대사다. 젖산은 유산균만이 아니라 인간을 포함한 대부분 생명체가 만들 수 있다. 유산균은 단지 주로 젖산을 만들고 우리는 산소가 부족할 때만 젖산을 만든다는 차이만 있다. 그런데 체내에 젖산이 쌓이는 것은 우리만 괴로운 것이 아니라 세균을 포함한 다른 생명체도 괴롭게 된다. 그래서 젖산 발효를 식품의 보존 수단으로 사용하는 것이다.

세상에는 셀 수 없이 많은 종류의 세균이 있다. 세균은 20분마다 2배로 증식할 정도로 증식속도가 빠르다. 따라서 어떠한 음식이든 세균이 마음껏 자라면 하루 안에 완전히 쓸모없는 것이 되고 만다. 그런데 젖산과 같은 산성 물질이 많으면 세균이 억제된다. 김치와 요구르트, 치즈 등이 젖산을 통해 보존성을 높인 식품이다. 지금은 냉장고와 같이 식품을 보존하는 수단이 많지만 과거에 식초나 젖산은 식품 보존에 매우 중요한 수단이었다. 유산균이 우리 몸의 장내 미생물의 성장을 조정하는 정균작용을 하는 것도 같은 원리다.

젖산 발효보다 역사가 깊은 것이 술(에탄올) 발효이다. 효모는 진핵세포인데, 특이하게 산소를 이용한 대사보다 무산소 발효를 좋아한다. 산소를 이용하면

15배의 에너지를 만들 수 있는 회로를 가지고 있는데도 굳이 그 경로를 수행하지 않고 고작 2ATP만을 생산하는 알코올 발효에서 멈추는 것은 언뜻 이해하기 힘들지만, 먹이경쟁이라는 측면에서 이해할 수 있다. 포도당이 충분히 있으면 효모는 알코올 내성이 있으므로 알코올을 만들어 다른 세균의 증식을 억제하고 먹이를 독점하는 것이다. 사실 포도당에서 피루브산으로 분해하는 과정은 에너지 생산량은 적지만 쉽고 빠르다. 반대로 피루브산을 TCA 회로를 이용해 완전히 연소하는 것은 에너지 생산량이 훨씬 많지만 힘들고 복잡한 과정을 거쳐야 한다. 포도당만 많다면 굳이 힘들게 완전연소를 고집할 필요가 없는 것이다. 그래서인지 암세포도 산소를 이용한 완전한 연소보다는 젖산 발효를 통해 에너지를 얻기에 대량의 포도당을 소비한다.

이처럼 일부 미생물의 식량을 독점하려는 나름 이기적인 행동이 인간에게는 유용한 발효가 된다. 미생물에게 식량의 일부를 내어주는 대신 보존성과 맛과 향을 얻는 것이다.

* 단백질을 분해한다는 것

간장, 된장, 고추장 같은 장류는 탄수화물 발효와 무슨 차이가 있을까? 바로 단백질의 분해이다. 콩에는 탄수화물이 별로 없고 단백질이 많다. 적당한 미생물을 증식시키고 그 미생물이 내놓은 분해효소로 단백질을 분해해 감칠맛을 높이는 것이 장류 발효의 목표인 것이다. 단백질은 아미노산이 수백 개 결합한 것이라 맛으로 감각할 수 없지만, 다시 아미노산으로 분해되면 맛으로 느낄 수 있다. 치즈가 인기인 것은 우유에 비해 감칠맛의 핵심 성분인 유리글루탐산의 함량이 600배나 증가했기 때문이다.

그렇지만 단백질 분해가 그렇게 쉬운 것은 아니다. 모든 생명체는 20가지 아미노산을 이용해 단백질을 만든다. 만약 단백질 합성 능력이 없으면 어떤 생명체도 살아갈 수 없다. 그래서 우리가 생물학을 배우면 DNA에서 어떻게 단백질이 합성되는지를 가장 핵심적으로 배운다. 그 때문인지 우리는 단백질의 합성이 당연하니 분해는 아주 쉬운 것이라고 착각한다. 하지만 알코올이나 젖산 발효는 단 한 가지 물질을 분해하는 것이고, 단백질은 20종의 아미노산을 분해하는 것이다.

메주에는 온갖 종류의 미생물이 살아가게 되는데 미생물마다 만드는 효소가 다르다. 단백질 분해효소는 크게 펩티드 사슬의 말단에만 작용해 아미노산 혹은 디펩티드로 차례로 분해하는 엑소펩티데이스와 단백질 사슬 중간에 작용해 여러 가지 크기의 펩티드를 분해하는 엔도펩티데이스로 나눈다. 미생물에 따라 분비하는 효소가 다른 것이다. 그래서 전통 한식 간장은 아미노산 분해율이 15~70%로 제품마다 천차만별이고, 오랜 시간이 지나야 분해율이 높아진다. 최적화된 미생물을 찾아 최적화된 환경에서 분해한 양조간장도 순식간에 단백질이 분해되는 것도 아니고 완전히 분해되는 것도 아니다. 단백질 분해효소를 따로 분리해 만든 효소분해 간장도 분해율이 60~80% 정도로 100% 분해되지는 않는다.

단백질의 합성은 정말 힘들어서 느리게 일어나기에 동물의 세포에는 단백질 합성효소가 가득하다. 그래봐야 효소의 합성속도가 다른 효소의 작동에 비해 워낙 느려서 그 양은 기대보다 적다. 단백질의 합성은 정말 어려운 것이고, 20종의 서로 다른 아미노산으로 구성된 단백질을 분해하는 것은 알코올 발효 같은 탄수화물의 분해에 비해 정말 더 어려운 것이다.

2 유제품의 발효

* 발효유의 등장

성인이 우유를 먹게 된 것은 5천 년도 채 되지 않는다. 농업이 시작되면서 잉여 농산물로 가축을 키웠고, 가축을 그냥 잡아먹는 것보다는 낙농이 유리해 낙농이 발전했다. 하지만 갓난아이를 제외하고는 아무도 생우유를 직접 먹을 수 없었다. 먹으면 유당이 소화 흡수가 되지 않고 대장으로 넘어가 온갖 잡균이 이상증식을 한 뒤 가스와 유해 물질이 만들어져 속이 부글거리고 설사를 하는 징벌을 받았다. 그래서 처음에는 생우유를 전혀 먹지 못하고 자연 발효로 유당이 분해된 발효유, 시간이 지나 표면에 떠오른 지방을 모은 것, 카세인과 지방이 응집된 치즈 같은 형태의 제품만 먹을 수 있었다.

하지만 시간이 지나 생우유(유당)를 소화시킬 수 있는 능력이 생존에 결정적인 장점이 되면서, 점차 성인이 되어도 우유를 소화할 수 있는 유전자를 유지하는 쪽으로 진화가 일어났다. 목축이 발달한 지역에서는 빠른 속도로 이런 유전적 변이가 퍼져나가 어른이 되고도 우유를 먹을 수 있는 유일한 포유류가 되었다. 하지만 모든 인간에 그런 유전자가 있는 것은 아니다. 중국이나 우리나라와 같이 낙농이 발달하지 못했던 지역 사람들은 여전히 유당의 소화력이 부족해 고통 받는다. 발효유는 유산균이 유당을 젖산 등으로 분해한 것이라 유당불내증의 고통이 없고, 치즈는 단백질과 지방을 응고시키고 나머지를 제거하는 식으로 유당을 제거하므로 유당불내증과 무관하게 먹을 수 있다. 치즈는 수분을 제거해 보관성마저 좋다. 치즈를 보관하다가 자연스럽게 발효가 일어나 단백질의 분해율이 높아져 유리 글루탐산이 생우유보다 수백 배나 증가하기도 했다. 그래서 치즈는 최고의 감칠맛 재료였고, 서양의 치즈 종류는 우리의 김치 종류보다 많기도 하다. 우유라는 단순한 원료에서 출발하지만, 제조 방법과 과정에 따라 모두 풍미가 달라진다.

사실 요구르트는 서유럽과 미국에서도 익숙하지 않은 식품이다. 원래는 동유럽과 북아프리카, 중앙아시아의 것으로 20세기 초까지도 그저 호기심 있는 이국적인 제품에 불과했다. 그러다가 메치니코프가 장수의 비결로 발효유를 소개하면서 많이 일반화되었다. 요구르트의 향도 발효에 의한 분해물에 의해 만들어진 산류와 향기 성분으로 구성된다. 향기 물질은 알데히드류가 특징적이다.

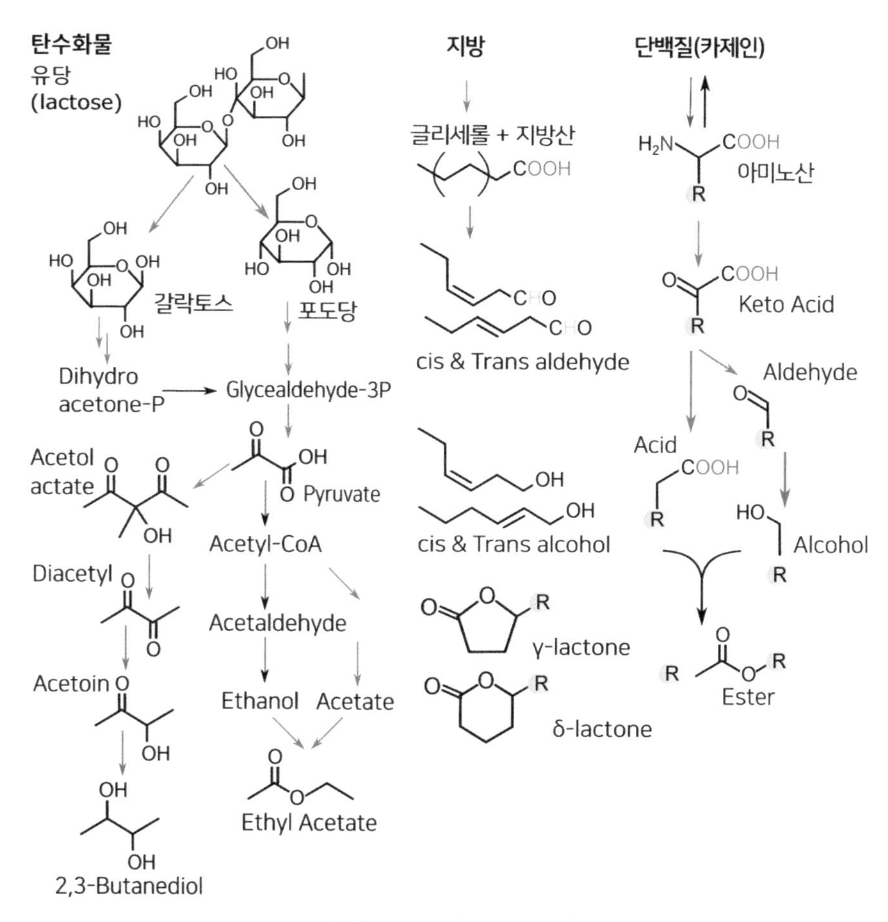

유제품에서 만들어지는 향기 물질

* **버터의 향**

버터 향은 스위트 크림으로 제조한 버터처럼 거의 향기가 없는 것에서부터 숙성된 크림으로 제조한 것까지 상당히 넓은 범위가 있다. 버터의 향은 미생물의 발효에 의해 생성된다. 자연 발효도 가능하지만 보통 순수배양액, 소위 'Starter'를 선정해 사용한다. 이러한 미생물을 살균된 크림에 투입해 발효시킨다. 여기에서 수많은 향 성분이 생성되는데 그중 가장 다량인 것은 디아세틸, 아세토인, 아세트알데히드이다.

버터(유지방 80%) 대신 버터오일(유지방 100%)을 이용할 수도 있다. 버터오일에 미생물이나 효소를 처리하면 아주 강력한 향을 갖는 효소처리 버터 오일이 된다.

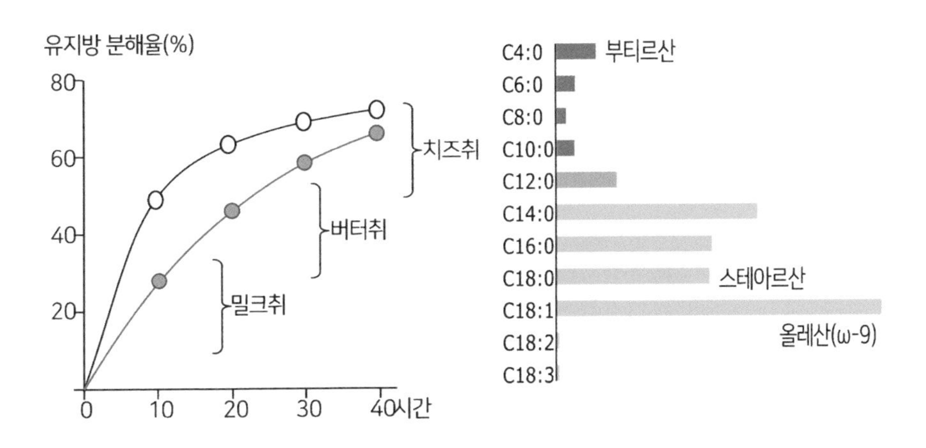

* **치즈의 향**

치즈의 풍미 형성은 당, 단백질, 지방이 유산균이나 기타 미생물에 의해 분해되어 각각 젖산, 아미노산, 지방산이 생성되면서 시작된다. 주요 향기 성분인 부탄산, 옥탄산, 데칸산 등의 지방산은 지방의 분해로 생긴다. 발효의 중간 산물인 피루브산으로부터 디아세틸, 아세토인 등의 가벼운 향기 성분이나 젖산, 프로피온산 등이 생성된다. 또한 아미노산으로부터 탈탄산, 탈아미노 반응, 분해반응 등으로 아민, 지방산, 유황화합물, 알데히드, 케톤류가 생성되며, 이들로부터 또다시 메틸케톤류, 2차 알코올, 락톤 등의 특징적인 향기 성분이 생성된다. 유지방이 적게 분해되면 밀크취가 나고, 상당히 분해되면 버터취, 많이 분해되면 치즈취가 생긴다.

각각의 치즈는 그들이 가지고 있는 물리적인 특성 외에도 원료우유, 가공조건, 숙성의 정도와 저장조건에 따라 결정되는 독특한 향에 의해서도 구별이 가능하다. 전형적인 치즈의 향은 어떤 한 가지의 핵심적인 성분에 의해 나타나는 것이 아니고, 우유에 함유된 단백질, 지질, 탄수화물 부분에 존재하는 여러 가지의 성분의 상호작용에 의한 것이다.

향이 강한 치즈 중 일부에서는 특수한 성분이 향조에 현저한 영향을 미치는 수가 있는데, 예를 들면 블루치즈의 페니실리움 로크포르티(Penicillium Roqueforti)에서 유래한 페닐케톤류, 스위스의 에멘탈에서의 알코올류와 프로피온산류, 체다에서의 2-부타논과 2-부탄올과 같은 물질이다. 체다치즈 향은 담백하며 약간 너트 특성을 띤 향을 가지는데, 이것은 숙성 과정에서만 생긴다.

* **효소처리 치즈(Enzyme Modified Cheese, EMC)**

치즈 향은 수많은 조미식품과 스낵 식품에 아주 중요하다. 대부분의 경우에 있어서는 천연치즈를 잘 선정해 사용하거나, 필요하다면 분말 형태의 치즈를 사용함으로써 적절한 향 수준을 얻어낼 수 있지만, 어떤 경우에는 필요한 향을 얻기 위해 많은 양의 치즈를 첨가하기가 기술적으로 적합하지 않거나 비경제적일 경우가 많다. 이러한 제품에서는 농축시킨 치즈 향이 필요하게 되므로 산업계에서는 효소를 사용하는 방법으로 지방분해를 조절해 제품을 생산해 왔다. 효소처리 치즈는 미숙성 체다, 스위스, 로마노치즈를 Streptococcus 유래의 복합효소시스템을 선정해 숙성 과정을 가속시키고 향상시켜 생산하는 방법이 있다. 에멘탈, 고다, 모짜렐라치즈를 바탕으로 한 것도 있다.

향의 강도와 품질의 균일성을 유지하기 위해서는 조건을 세심하게 주의할 필요가 있다. 최종제품은 가열처리를 해 사용한 효소시스템을 완전하게 불활성화 시킨다. 향의 강도는 사용된 치즈의 종류와 정확한 가공조건에 따라 달라지지만, 대개 숙성치즈의 10~30배 정도 되는 향을 갖는 제품을 제조한다. 이들은 지방을 25~30%, 단백질을 22~27% 정도 함유한다.

종류	주요 향기 물질
생우유	ethyl hexanoate & butyrate, dimethyl sulfone, nonanal, octenol, indole, butyric acid
살균우유	dimethyl sulfone, hexanal, nonanal, octenol, indole, butyric acid, δ-decalactone
생크림	decalactones, dodecalactones, dodecenolactones, skatole, butyric acid, DMS
살균크림	C8~12 lactones, heptenal, acetyl pyrroline & thiazoline, vanillin
가당연유	decalactones, dodecalactones, dodecenolactones, furanmethanol, heptanone, trimethylbenzene
전지분유	furaneol, sotolon, butyric acid, methional, aminoacetophenone, δ-decalactone, vanillin, acetyl pyrroline & thiazoline
염소우유	phenylacetic acid, ethyloctanoic acid, skatole, γ-dodecenolactone, γ-undecalactone, δ-decalactone, DMS

3 장류의 향

간장은 콩의 단백질을 아미노산 단위로 분해한 것이다. 메주를 소금물에 넣고 항아리에서 몇 달 숙성시키면 콩 속의 단백질 분자들이 쪼개져 수많은 아미노산과 펩타이드가 되기 때문에 우리는 간장을 "소금물에 아미노산과 펩타이드가 많이 들어있는 것"이라고도 말할 수 있다. 음식에 존재하는 대부분의 아미노산은 단백질 형태로 결합한 상태라 맛으로 감각하지 못하고 극히 일부 아미노산의 형태로 남아 있는 것만 감각한다. 우리는 콩을 먹어도 별다른 맛을 느끼지 못하지만, 단백질을 분해해 간장으로 만들면 유리 아미노산, 저분자 펩타이드의 물질이 폭발적으로 늘고 향기 물질 등이 많이 만들어져 그토록 강렬한 맛을 느낄 수 있다.

* 간장의 향미 성분

간장은 단백질 발효로 인한 어려움뿐 아니라 지방의 과산화물 생성으로 인한 어려움도 있다. 시간이 지나면서 간장에 과산화물이 생기고 충분한 시간을 더 숙성해야 분해되어 감소한다. 전통간장은 분해율도 낮다. 숙성 시간에는 미생물의 도움이 없으므로 분해가 아주 더디게 일어난다. 그래서 1년 이상 숙성하기도 한다. 시간을 두고 기다린 만큼 분해가 더 일어나고 맛도 깊어진다. 산분해간장은 처음부터 분해율이 높고 지방도 없어서 그렇게 긴 숙성시간이 필요없다. 그렇다고 다른 발효에 비해 숙성시간이 짧은 것은 아니다.

양조간장은 6개월 정도 발효할 경우 휘발성 향기 성분인 캐러멜 향 또는 달콤한 향인 푸라논(Furanone), HDMF, HEMF와 과실 향 등 달콤한 성분이 높아져 신선한 요리에 잘 어울린다. 그런데 산분해간장에는 훨씬 다양하고 풍부한 향미 물질들이 만들어진다. 아미노산 분해율이 80~90%로 높고, 메일라드 반응이 강력하게 일어나 피라진류 등이 많고, 색상도 진해서 조선 시대의 '진장' 같은 맛을 낸다.

당과 아미노산이 만나 메일라드 반응이 일어나면 수백 가지 향기 물질이 만들어지고, 색도 진해진다. 구운 고기, 볶은 커피, 군고구마, 군밤, 호떡, 부침개, 튀김 등의 고소한 향이 바로 이 메일라드 반응으로 만들어진다. 이 반응은 저온에서는 수일~수년에 걸쳐 느리게 일어나고 온도가 150℃ 이상이 되면 제대로 발생하기 시작하는데, 165℃를 넘기면 메일라드 반응이 억제되기 시작하고 캐러멜 반응이 활발하게 일어나기 시작한다.

그렇다고 저온에서 전혀 메일라드 반응이 일어나지 않는 것은 아니다. 캐러멜 반응은 고온에서만 일어나지만, 메일라드 반응은 고온이라면 불과 몇 분이

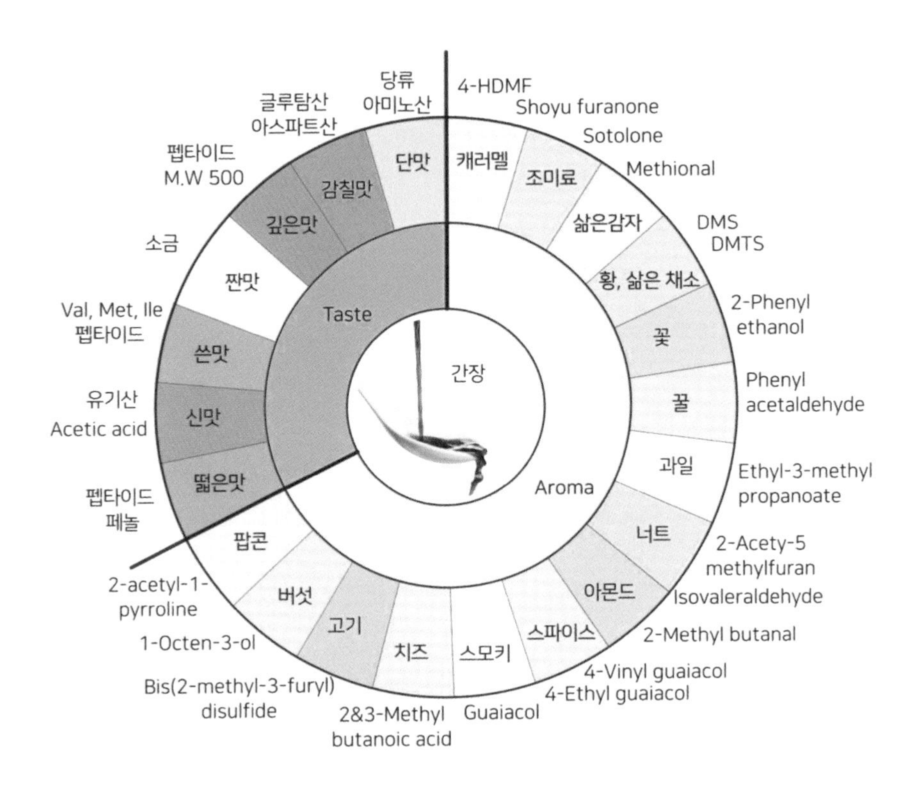

간장의 향미 성분

면 일어날 반응과 같은 것이 일 년 또는 몇 년이라는 긴 시간을 통해서도 조금씩 꾸준히 일어난다. 그러니 간장 중에 가장 빠른 속도로 만들어진 산분해간장에 100℃에서 며칠을 끓이는 과정이 포함되어 있어 5년 이상 숙성을 거쳐 만들어진 진장과 맛이 가장 비슷한 것은 전혀 놀라운 현상이 아니다.

캐러멜 반응을 통해 푸르푸랄(Furfural) 같은 달콤한 캐러멜 향과 5-메틸푸르푸랄 같은 약간 아몬드 향이 나는 물질이 만들어지고 동시에 레불린산도 만들어진다. 그리고 레불린산은 알코올과 결합해 레불린산에틸이 되기도 한다.

* 간장의 향기 성분

산분해간장은 염산을 사용하지만, 그것만으로는 아미노산의 결합을 충분히 끊지 못한다. 100℃ 전후의 온도에서 3일 이상 계속 끓여서 만든 것이다. 상온

간장의 향기 성분과 아로마휠(출처: Carmen Diez-Simon, 2020)

향기 성분	농도	역치	OAV
3-methylbutanal (isovaleraldehyde)	2,300	1.2	1920
Sotolone	1,080	1.1	982
4-HEMF	14,500	20	725
2-methyl butanal	2,150	4.4	489
Methional	343	1.4	245
Ethanol	21,700,000	100,000	217
Ethyl-2-methyl propanoate	20	0.1	200
4-HDF	1,980	25	79
Phenylacetaldehyde	201	4	50
Acetic acid	1,050,000	22,000	48
3-methyl butanoic acid	23,900	1,200	20
2-Phenyethanol	5,880	390	15
2-Acetyl-1-pyrroline	1.3	0.1	11

이라면 몇 년, 200℃의 고온이라면 몇 분 안에 일어날 반응이 100℃에서 며칠 만에 일어나는 것이다. 산분해간장은 콩 단백질이 아미노산으로 90% 이상 분해되었기 때문에 같은 함량의 콩을 사용했을 때 감칠맛이 가장 높다. 다른 간장의 분해율이 60% 전후인 것에 비하면 그만큼 감칠맛을 내는 아미노산은 풍부하고, 쓴맛을 내는 펩타이드의 함량은 적다. 더구나 한국인이 좋아하는 진간장과 풍미가 가장 비슷하다. 간장의 향기 성분을 분석하면 초콜릿이나 커피의 향기 물질과도 닮았다. 단지 그 비율이 다를 뿐이다.

간장 종류별 향기 성분

분류	향기 물질
전통간장	alcohols와 에스터 함량이 높다. furfuryl alcohol, 4-HEMF, 2-phenylethanol, methionol, 1-octen-3-ol, 4-ethylguaiacol, ethanol, 3-methylbutanal, methional, DMDS, 5-methyl-2-furan carboxaldehyde
양조간장	esters와 페놀(guaiacol and 4-ethylguaiacol)의 함량이 상대적으로 높다. ethanol, 2-phenylethanol, 4-ethylguaiacol, ethyl acetate, phenylacetaldehyde, isovaleraldehyde, methional, sotolon, shoyu furanone, ethanol, ethyl thiopropionate, ethyl guaiacol, methyl furanthiol, furanethanethiol
산분해 간장	pyrazines, furans, acids 함량이 높다 guaiacol, 2,5-dimethylpyrazine, 2,6-dimethylpyrazine, maltol, 2,6-dimethoxyphenol, 2,5-dimethyl-3-ethylpyrazine, 2-acetyl-5-methylfuran, isovaleraldehyde, methional, phenylacetaldehyde, sulfides, guaiacol
된장	shoyu furanone, sotolon, methional, furfural, hexanol, phenylethanol, ethyl methylpropionate & butyrate, phenylethyl acetate, other esters, guaiacol, furanmethanethiol

* 단백질로부터 만들어지는 향

단백질을 분해하는 것은 어렵고, 시간도 많이 걸리지만 발효 과정에서 만들어진 향도 워낙 강력해서 호불호가 심하게 나뉘는 편이다. 발효의 향은 순수한 탄수화물이 가장 깔끔하다. 단백질과 지방은 부패취와 유사한 향이 많이 만들어진다. 향기는 별로지만 워낙 감칠맛이 매력적이라 적응하는 것이다. 세계 5대 악취식품으로 알려진 것도 전부 단백질 분해 식품이다. 1위가 스웨덴의 청어통조림인 '수르스트뢰밍', 2위는 우리나라의 '홍어', 3위는 뉴질랜드의 '에피큐어치즈', 4위는 '키비악', 5위가 생선에 소금을 쳐서 삭힌 일본의 '쿠사야'다. 그리고 취두부 또한 단백질 발효 식품이다. 심지어 된장마저 악취로 느끼는 나라가 많다. 단지 이들은 감칠맛이 풍부해 문화를 통해 악취를 극복한 것이다.

우리는 무작정 발효하면 좋을 것이라고 기대하고, 그래서 발효라는 말을 오남용한다. 하지만 미생물의 관여가 적으면 발효라 말하기조차 애매하다. 젓갈이 그렇다. 젓갈에는 소금이 20~30% 들어간다. 이런 조건에서는 극단적인 호염균을 제외하고는 미생물이 자라지 못한다. 단백질의 분해는 미생물에 의한 것이 아니라 내장 등에 있던 단백질 분해효소의 자가소화와 세월에 의한 것이다. 그러니 젓갈은 발효보다는 삭힌다는 표현이 훨씬 적합하다. 미생물에 의한 발효는 보통 1주일, 길어도 1달 정도면 끝난다. 그러니 시간이 1달 이상 걸려서 만들어진 제품은 다른 기작이 추가된 것이라고 봐야 한다. 가자미식해, 오징어식해 같은 것도 미생물이 관여하지 않기 때문에 발효라고 보기 힘들고, 식혜(단술, 감주)도 미생물이 아니라 엿기름효소를 이용하므로 발효라고 보기 힘들다. 과일의 후숙을 발효라고 하지 않는 것처럼 말이다.

숙성 또한 발효가 아니다. 포도주나 위스키를 참나무통에 넣어 후숙(後熟)시키는 것은 미생물과는 관계가 없으니 발효라 하지 않는다. 누룩과 메주, 청국장, 비시를 띄우는 것은 발효에 해당하지만, 이를 소금물에 담가서 오랜 기간 콩으로부터 단백질을 아미노산으로 분해하는 과정도 발효라 말하기 애매하다.

사실 간장 속 메주를 걸러내고 액만 끓여 오래 저장하는 것은 숙성 또는 삭힘으로 보는 게 맞을 것이다. 매실청은 당절임이고, 흑마늘은 생마늘을 70℃ 이상의 온도에서 갈변시켜 만든 것이다. 이런 온도에서는 미생물이 자랄 수 없어 발효하고는 아무런 관계가 없다.

발효가 어려운 이유는 우리가 원하는 것이 젖산이나 알코올이 아니라 맛있는 음식이기 때문이다. 원료와 미생물의 종류, 생육조건 등에 따라 만들어지는 향기 물질과 맛 물질은 완전히 달라진다. 향은 0.1%도 안 되는 미량이고 개별적 성분을 따지면 ppm 단위의 초미량이지만 우리의 코는 ppb~ppt 단위의 미량에도 반응하는 예민한 것이라 향에 따라 제품의 평가가 완전히 달라진다. 향만큼 다양한 제품이 있고, 향만큼 다양한 어려움이 있다.

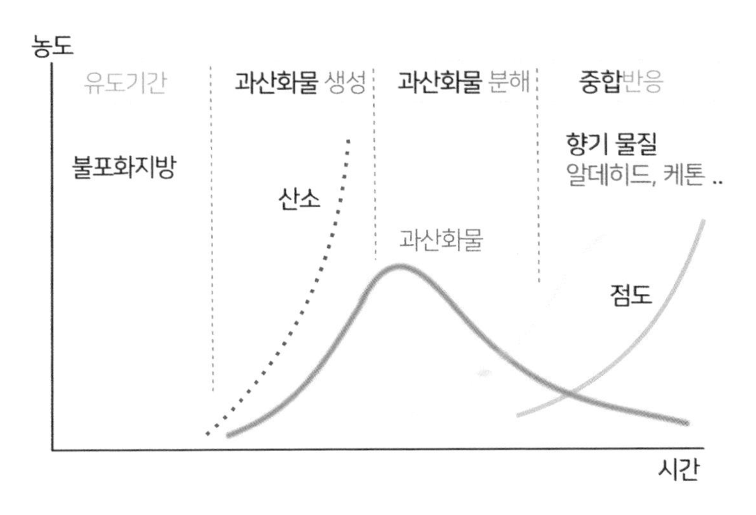

숙성 시 지방의 경시변화
(출처: 『이해하기 쉬운 식품학』 이경애 외, 2019)

가열의 향

밥과 빵의 향기 물질

1

빵은 밀을 주요 작물로 삼는 유럽, 중동, 서구권, 인도, 이집트에서 시작되어 그 근처 지역에서 수천 년 동안 주식으로 활용되었다. 껍질을 벗겨 쌀로 만들면 바로 밥을 지어 먹을 수 있는 벼와 달리, 밀은 일반적인 방법으로 껍질을 벗길 수 없기 때문에 빻아서 가루를 내야 먹을 수 있었으므로, 빵이란 음식이 등장한 것은 필연이었다.

빵을 만들 때도 효모의 발효를 이용하므로 발효 중에 만들어지는 향기 물질이 많이 있다. 그래도 핵심은 빵을 굽는 과정에서 일어나는 메일라드 반응이다.

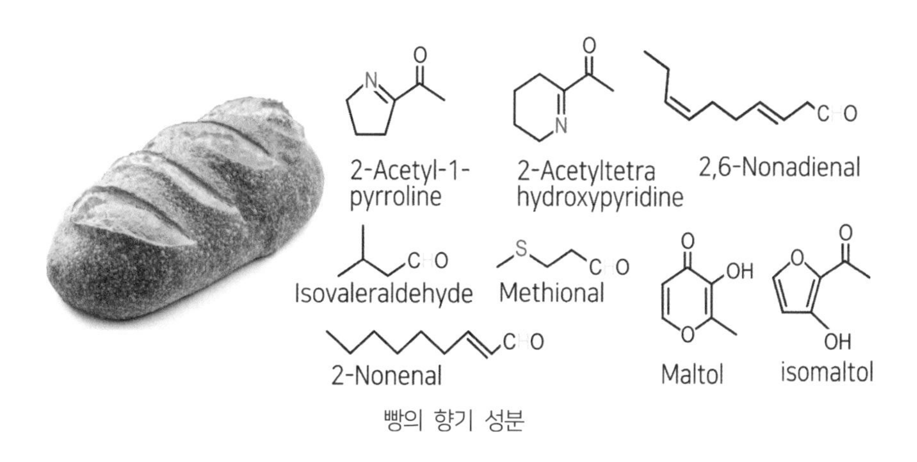

빵의 향기 성분

빵을 구우면 메일라드 반응의 전구체인 프롤린, 오르니틴, 시트룰린에서 빵의 주 향기 물질인 2-아세틸피롤린 등이 만들어진다. 그러니 글리신, 발린, 글루타민 같은 아미노산을 첨가하는 것도 빵의 풍미에 도움이 될 수 있다.

* 쌀의 향

쌀의 향기 성분을 분석하면 470가지가 있다고 하지만 쌀의 향은 2-Acetyl pyrroline 하나로 대부분 설명이 된다.

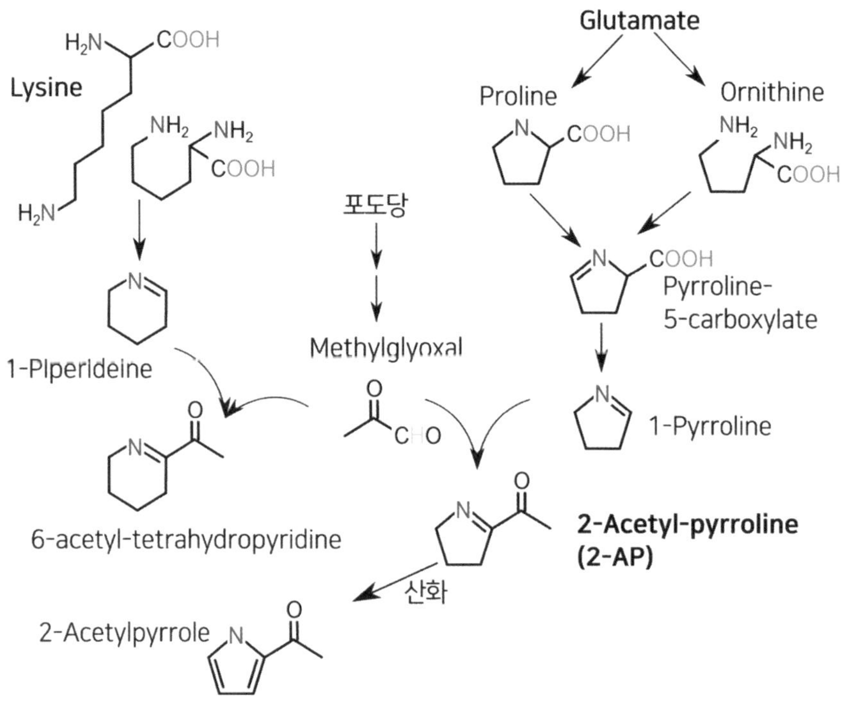

쌀의 주 향기 물질인 2-Acetyl pyrroline의 생성 경로

* **캐러멜의 향**

캐러멜의 주요 향기 성분은 캐러멜 반응에 의해 만들어지는 향이 중요한 역할을 한다. 2-Acetyl furan, 5-Methyl-2-furanone, Cycloten, Diacetyl, Maltol, Furfural, γ-Butyrolactone.

당밀의 향기 성분

분류	향기 물질
알코올	Furfuryl alcohol, Melissyl alcohol, Pheylethyl alcohol, Ethanol, Propanol, 2−Methyl−1−propanol, 2−Methyl−2−butanol, 3−Methyl−1−butanol
카보닐	Furfural, 5−Methylfurfural, Furfuryl methyl Ketone, δ−Valerolactone, Decano−5−lactone, Acetaldehyde. Acetyl benzaldehyde, o−Methoxybenzaldehyde
에스터	Ethyl formate, Ethyl acetate, Isoamyl acetate, Methyl benzoate, Ethyl benzoate, Benzyl formate, Phenethyl acetate
페놀	Phenol, m−Cresol, Guaiacol, Vainillic acid, Syringic acid p−coumaric acid, Vainillin
기타	Anisole, Benzyl ethyl ether, Furfuryl ethyl ether, 2−Acetylfuran, 4−Methyl−2−propyl furan

초콜릿과 바닐라의 향기 물질 2

1 초콜릿(Chocolate)

초콜릿은 코코아나무(Theobroma Cacao) 열매에서 얻은 속씨로 만들어진다. Theo는 신, broma는 음식을 의미하는데 이는 마야인이 초콜릿의 맛과 효용을 좋아했지만 구하기가 너무 힘들다는 의미를 담아 '신의 음식'이라 부른 데서 유래한다. 마야인은 실제로 초콜릿을 화폐로도 활용했다. 1502년 콜럼버스가 아메리카에서 유럽으로 처음 가져왔지만, 당시에는 쓸모없는 것으로 제쳐두었다가 1519년 스페인의 에르난 코르테스(Hernando Cortez)가 멕시코 원정을 하고서야 그 가치와 사용법을 알게 되었다고 한다. 당시 스페인 황제에게 보고했던 내용을 보면 '카카오빈은 귀중해서 화폐로 통용되었으며 피로회복 음료, 강장영양제 등으로 이용하는데 그 효과가 다른 것과 비교할 만한 물건이 없다'라고 기록되어 있다.

1660년 프랑스는 서인도제도의 마루디닉 섬에서 카카오를 재배했고, 1679년엔 남아메리카 지역에서도 재배하여 유럽으로 수입하기 시작했다. 19세기 산업화 시대에 이르러 물에 타먹는 것이 아닌 지금의 고형 초콜릿이 발명되었다. 초콜릿은 카카오 원두의 품질이 중요하다. 나무에서 딴 열매 자체는 향이 풍부하지 않다. 이것을 발효시키고 볶는 과정을 거쳐야만 우리가 원하는 향을 가진 원두가 된다. 카카오 원두의 함량이 높을수록 초콜릿의 맛은 쓰다. 그래서 여러 재료가 추가되는데 이때 가장 사랑받는 향신료는 바닐라이다. 여기에서 기원한 코코아와 바닐라가 정말 다양한 제품이 활용되고 있다.

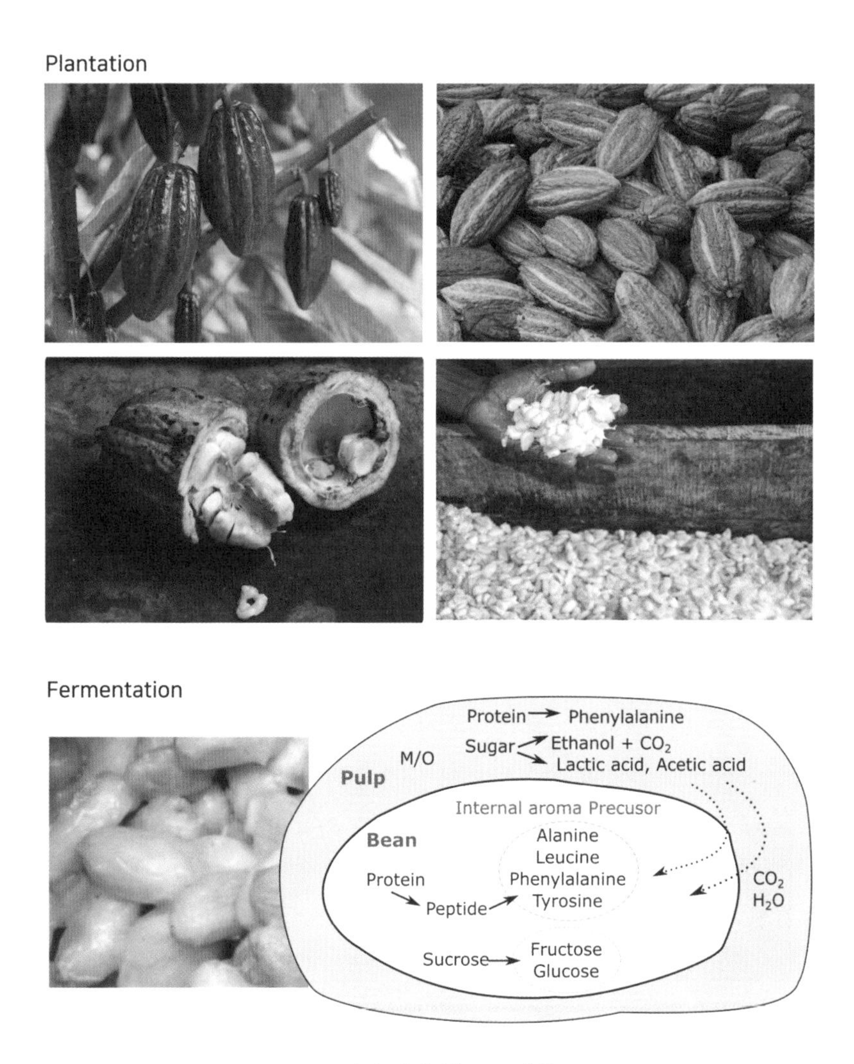

코코아의 재배 및 프로세싱

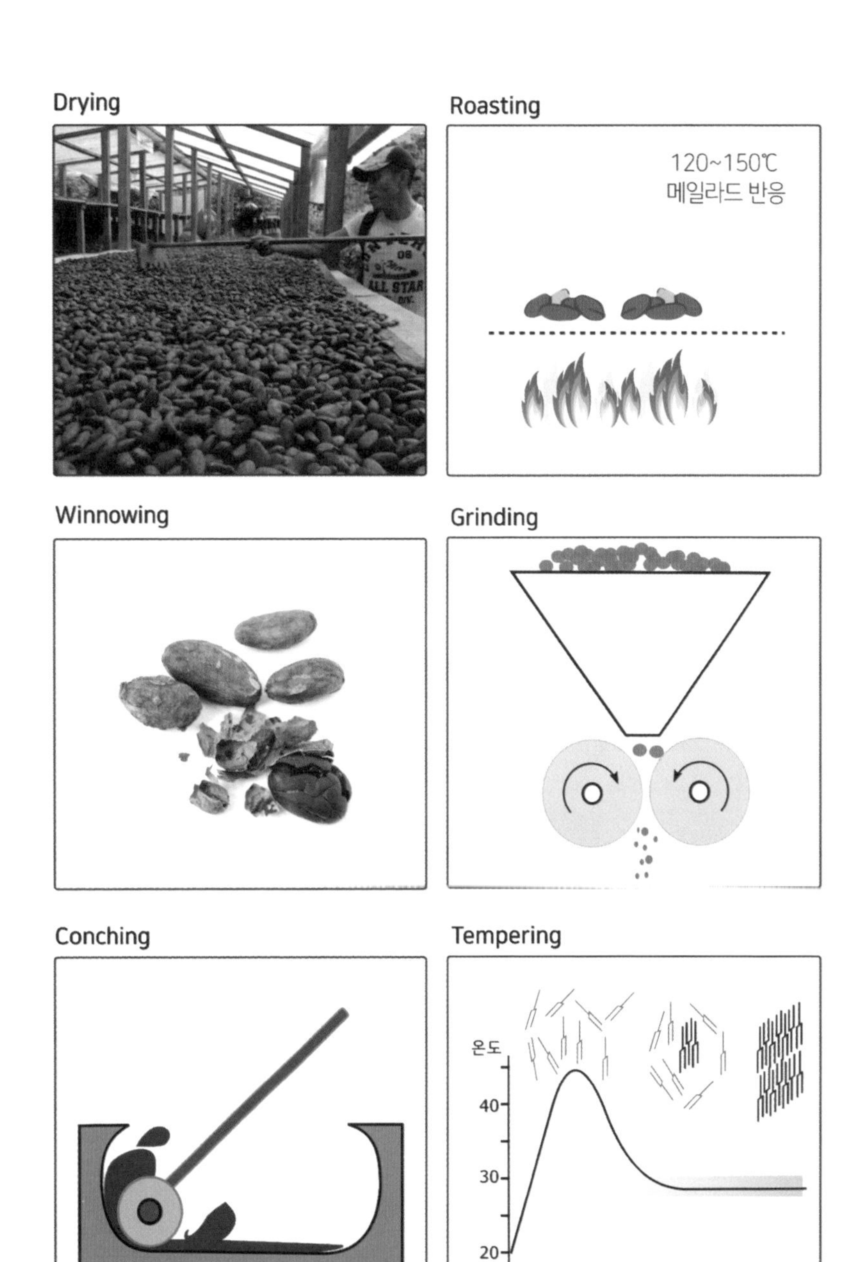
Drying
Roasting
120~150℃
메일라드 반응
Winnowing
Grinding
Conching
Tempering
온도
40
30
20

초콜릿 제조 공정

코코아의 향은 이소발레르알데히드 등 BCAA에서 유래한 향미성분이 특징적이며 피라진류가 향을 보조한다. 초콜릿은 물에 여러 성분을 녹인 것이 아니라 코코아지방에 설탕 등의 원료를 분산시킨 것이다. 코코아 특유의 쓴맛 성분은 지방에 덜 추출되고, 향기 물질은 상대적으로 많이 추출되어서 물에 녹일 때보다 많은 코코아분말을 사용해도 맛이 좋다. 초콜릿은 향 못지않게 입에서 녹는 느낌이 중요하기 때문에 초콜릿을 만들 때 설탕을 20um이하로 분쇄하고 정교하게 템퍼링 하는 과정 등을 중요시 한다.

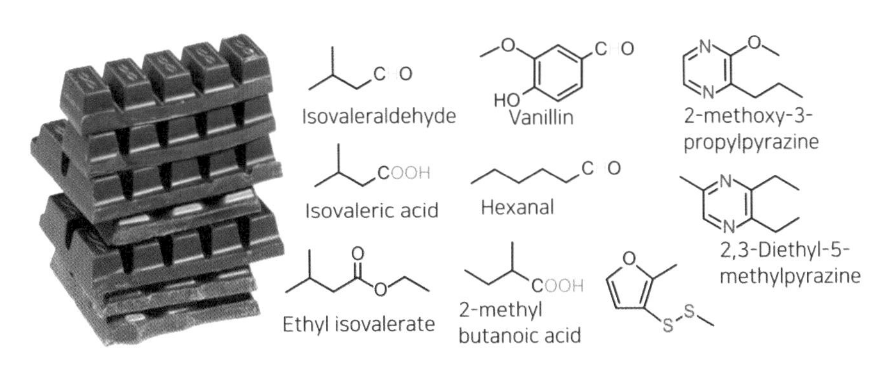

초콜릿의 대표적인 향기 성분

* 카페인 이야기: 커피, 차, 초콜릿

사람들이 커피를 마시는 이유를 조사했더니 60%는 맛과 향 때문에, 20%는 피로를 풀어주고 활력을 주는 기능 때문에, 나머지 20%는 만남과 대화를 위해서라는 결과를 보였다. 많은 사람이 커피의 향 때문에 마신다고 대답했지만, 사실 커피의 역사를 보면 맛과 향보다는 카페인의 역할이 크다는 것을 알 수 있다.

커피 열매 원산지는 에티오피아의 고원지대이다. 커피의 시작에 대해서는 여러 설이 있지만, 대표적인 것이 에티오피아 고원에서 양을 치던 젊은 목동 '칼디'가 양들을 데리고 좋은 목초지로 가던 중 양 몇 마리가 이상한 열매를 먹고 잠도 안 자고 밤새 뛰어노는 것을 보고 신기해서 먹어보고는 각성효과가 있음을 알고 재배하기 시작했다는 설이다. 생두를 볶게 된 것도 이런 보고를 받은 수도자들이 커피가 악마의 열매일지도 모른다는 두려움 때문에 불 속에 던져버렸고, 커피콩의 탄 향기에 모두 빠져서 그때부터 커피를 볶아 먹게 되었다고 한다.

그 시작이야 어찌 되었든 커피가 본격적으로 알려지게 된 것은 이슬람 세력의 확장 시기를 함께한다. 예멘에서 14~15세기 무렵 수피들이 수행 시 졸음 방지 목적으로 도입했다. 당시에 수피들은 커피뿐 아니라 대마와 아편 등 여러 가지를 이용해 잠을 쫓았는데, 커피보다 먼저 인기를 끈 것이 '카트(Khat)'라는 식물의 잎으로 만든 차였다. 카트는 각성작용이 있어 지금은 차로 마시기보다는 생잎을 씹는 방식으로 애용하는데, 카트의 카치논(Cathinone, β-Keto-amphetamine) 성분이 암페타민 효과를 보이고 행복감과 흥분을 불러일으키기 때문에 인기가 더 높았다. 그렇지만 카드는 고지대에서만 재배할 수 있고 선선하지 않으면 효능이 떨어지기 때문에 재배지에서 멀어지면 구하기 어려운 단점이 있었다. 그러다 커피에도 각성효과가 있음이 알려졌고, 15세기 말 이슬람 성지 메카로 전파된 커피는 예배를 드릴 때 졸음을 벗어나기 위한 목적으로 사용되기 시작했다. 그리고 술탄은 술이 금지된 이슬람 세계에서 유용한 대체 음료가 될 수 있고, 각성 작용이 경건함을 일깨운다며 오히려 커피를 장려했다.

커피 향을 대체할 제품도 많이 개발되었다. 18세기 후반 프로이센 왕은 국고의 유출을 걱정해 치커리 등으로 대용커피를 만들게 했고, 1806년 나폴레옹의 대륙봉쇄령 이후 커피 부족으로 대용커피가 활발히 개발되었다. 그런데도 커피

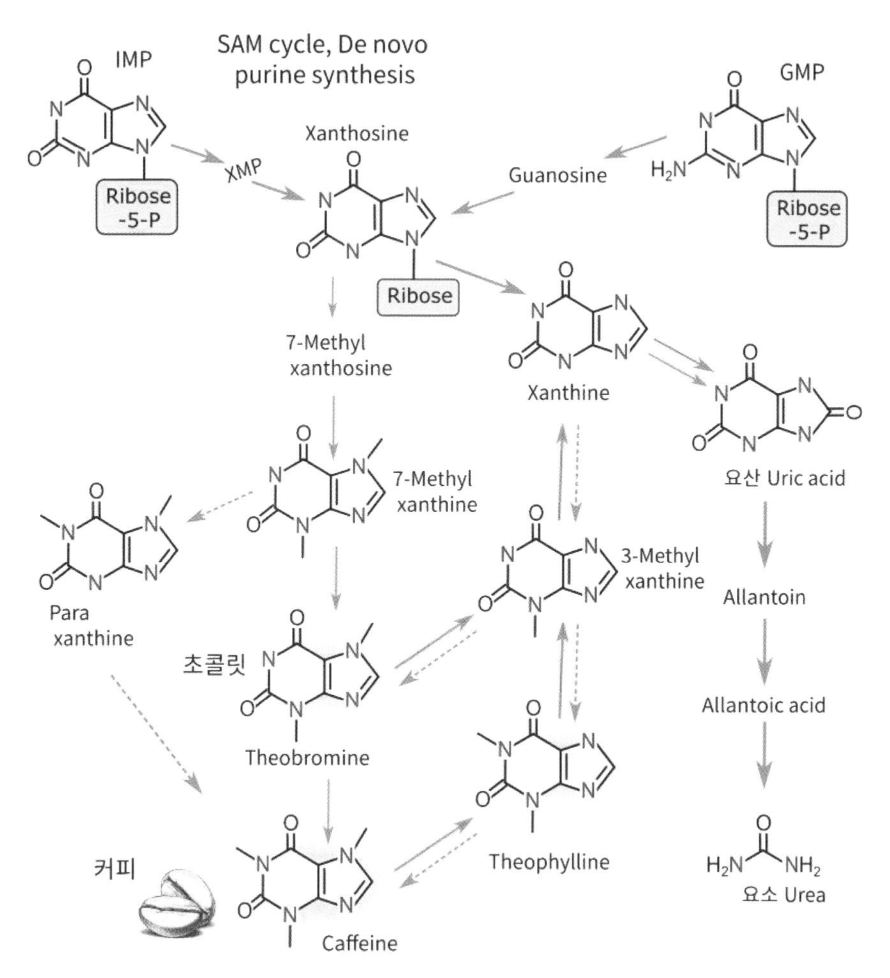

카페인(커피), 테오필린(차), 코코아(테오브로민)의 합성 경로

의 향미는 어느 정도 비슷하게 흉내 낼 수 있지만, 커피와 같은 각성 기능을 지닌 음료 소재는 어디에서 찾을 수 없었다. 1819년 카페인 성분이 발견되었고, 그 후 온갖 카페인의 해악설이 등장했지만, 커피의 인기는 전혀 줄어들지 않았다. 커피에서 카페인만 줄이는 방법도 많이 고안되었다. 처음에는 유기용매를 이용하는 방법이 사용되었지만, 지금은 물이나 초임계 이산화탄소를 이용해 안전하고 깨끗하게 카페인만 줄일 수 있다. 육종을 통해서 저카페인 커피나무를 만들 수도 있다. 하지만 카페인을 줄인 커피가 역사적으로 크게 인기를 끈 적은 없다.

카페인을 생산하는 식물은 100종이 넘고, 커피에 1~2% 정도 함유되어 있는데 열매와 잎에 존재하고 뿌리 등에는 없다. 카페인은 잎의 액포에서 생산되어 클로로젠산 복합체 형태로 이동된다. 카페인의 합성 기작은 여러 경로를 통해 잔토신이 만들어지고, 보통은 잔틴(Xanthine)을 거쳐 요산과 최종적으로 암모니아와 이산화탄소로 배출되는 것인데 몇 가지 식물은 특별한 효소에 의해 잔틴에서 초콜릿에 많이 함유된 테오브로민을 거쳐 카페인이 만들어진다. 그리고 이것은 차의 테오필린이 되기도 하니 결국 커피, 초콜릿, 차의 가성 성분 측면에서는 한 형제인 셈이다.

2 바닐라(Vanilla)

바닐라는 우리에게 매우 낯설면서 익숙한 향이다. 바닐라는 아이스크림에서 가장 인기 있는 향이고 초콜릿, 커피, 코코아 음료, 과자 등 많은 식품에 쓰이지만 그것이 어떻게 생산되고, 왜 좋아하는지 잘 모른다.

바닐라는 수많은 난초류 중에 식용하는 부위가 있는 유일한 작물이다. 오늘날에는 마다가스카르, 인도네시아, 멕시코, 타히티 등 여러 곳에서 재배되지만 1800년대 중반까지는 오직 멕시코에서만 재배할 수 있었다. 마야문명 때부터 아즈텍인이 초콜릿 음료를 만들 때 바닐라를 함께 사용했는데 그것이 계속 이어진 것이다. 그런 바닐라가 1520년에 스페인을 통해 유럽에 소개되었고,

바닐라의 생산 과정(출처: Sambavanilla)

1602년, 엘리자베스 여왕의 약종상인 휴 모건이 초콜릿 음료에만 사용되던 바닐라를 따로 단독으로 사용해도 맛이 좋을 것이라는 아이디어를 낸 이후로 엘리자베스 여왕은 바닐라 맛에 완전히 사로잡혀 남은 통치 기간 동안 그녀가 먹거나 마신 모든 것에 바닐라를 첨가했다고 한다. 바닐라의 인기는 점점 높아져 1700년대가 되자 주류, 담배, 향수 등에도 사용되었다.

1800년대에는 아예 바닐라 나무를 유럽으로 가져왔고, 다시 인도양의 섬들로 옮겨 키웠다. 그런데 나무는 잘 자라고 꽃도 피었지만 아무리 노력해도 열매가 맺지 않았다. 사실 바닐라는 1년에 딱 하루, 겨우 몇 시간 동안만 꽃이 피는데, 그때 바닐라 꽃 안쪽에 숨겨진 암술과 수술을 만나게 해 줄 특별한 곤충(벌)이 멕시코에만 있었던 것이다. 그래서 19세기까지 멕시코는 바닐라 무역을 독점할 수 있었다. 그러다 1841년 바닐라를 효과적으로 인공수분 시킬 수 있는 방법을 찾아내어 다른 지역에서도 생산 가능해졌고, 현재는 아프리카의 마다가스카르에서 가장 많은 바닐라를 생산하며 품질도 최고로 대접받는다.

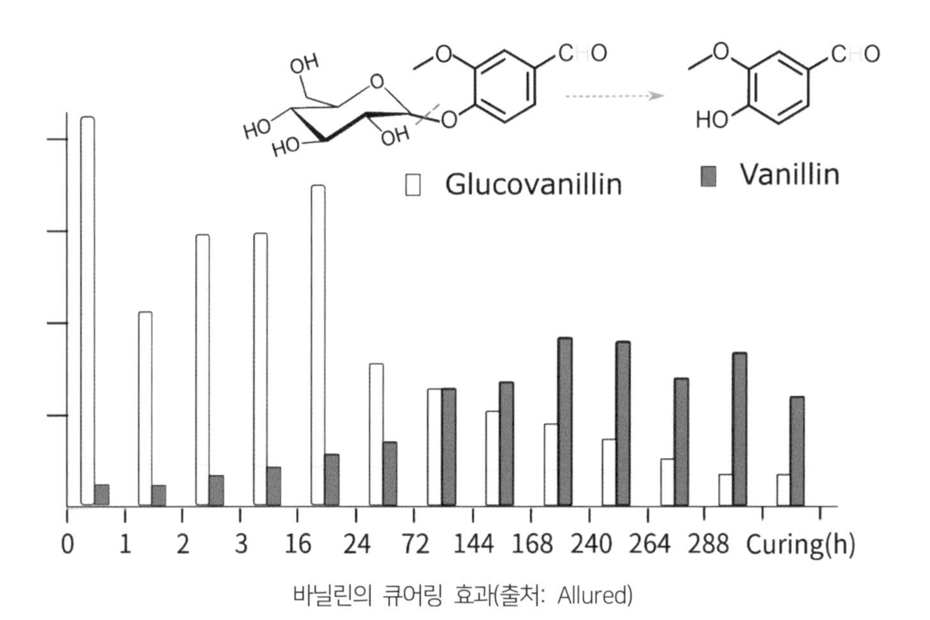

바닐린의 큐어링 효과(출처: Allured)

하지만 바닐라 열매 그대로는 아무런 맛도 향도 없다. 인간이 많은 노력을 들여 적절하게 가공해야 제대로 향이 만들어진다. 녹색의 생 바닐라 빈을 흑갈색의 바닐라 빈이 될 때까지 품온을 높여 효소를 활성화하고, 수분을 발산시키고 식히는 과정을 4개월 정도 반복해야 우리가 원하는 달콤하고 향기로운 바닐라가 된다. 생 바닐라에는 향의 원료가 될 수 있는 물질은 많지만, 당과 결합한 상태라 향으로 느낄 수 없는데, 세포를 손상하고 온도를 높여 효소를 활성화해야 우리가 원하는 향이 점점 만들어지는 것이다.

이런 점은 홍차의 제조 원리와 많이 닮았다. 홍차도 생잎을 말리고 비비는 등의 복잡한 과정을 통해 효소를 활성화해야 맛과 향이 풍부해진다. 천연 그대로는 아무런 매력이 없는 난초의 속씨가 인간의 노력으로 많은 사람이 좋아하는 세계에서 2번째로 비싼(1위는 사프란) 향신료가 된 것이다. 바닐라는 원래도 가격이 저렴하지 않은데 가끔 태풍으로 마다가스카르의 바닐라 나무가 손상되면 전 세계에서 가격이 폭등한다. 바닐라 향의 주성분인 바닐린을 합성하는 방법은 엄청난 연구로 인해 여러 가지 합성법이 개발되어 저렴하게 구할 수 있지만, 바닐라 향은 몇 가지 향기 성분이 아닌 수십 가지 향기 성분의 미묘한 조

바닐라의 향기 성분

성분	농도(mg/kg)
vanillin	3,170
Anisyl alcohol	3,150
Acetic acid	738
Anisaldehyde	132
Cuaiacol	25.1
Iso vanillin	19.8
Methyl cinnamate	5.8
p-Cresol	2.5

화에 의해 특징을 달리하므로 천연향의 미묘하고 조화로운 특징을 재현하기 힘들다. 그래서 여전히 생산량이 달라지면 가격이 급변한다.

* 가격의 변동

마다가스카르는 전 세계 바닐라 공급량의 절대 다수를 차지한다. 2001년 태풍으로 생산량이 1,100톤으로 절반 이하로 줄자 가격이 폭등했다. 2017년에도 태풍으로 인해 큰 피해를 입었다. 조합향이 많이 개발되었지만 사람들은 여전히 천연 바닐라 향을 좋아한다. 아직 천연물의 매력을 재현하지 못하는 것이다. 우리는 왜 이처럼 비싼 바닐라를 좋아할까?

바닐라를 생산하는 나라는 드물고, 사실 향도 우리와 친숙하지는 않다. 사람은 낯선 향을 경계하고, 사람에 따라 호불호가 나뉠 수밖에 없는데, 유독 바닐라 아이스크림만큼은 누구나 처음 먹는 순간부터 좋아한다. 향을 연구하는 사람들은 모두 그 이유를 궁금해 했는데, 가장 그럴듯한 이론으로 나온 것이 우유에 바닐라 향을 첨가하면 모유의 향이 되고, 그것을 우리의 무의식이 기억하고 있기 때문이라는 주장이었다. 그것이 사실인지는 확실치 않지만 어쨌거나

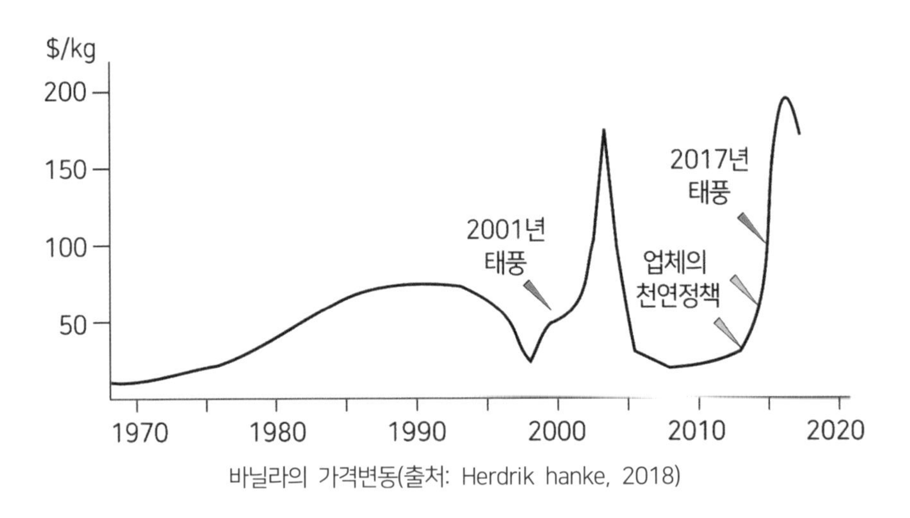

바닐라의 가격변동(출처: Herdrik hanke, 2018)

바닐라가 우리와 꽤나 친숙한 향인 것은 분명하다.

바닐라의 핵심 향기 성분은 바닐린(Vanillin)인데, 바닐린은 나무가 타거나 분해될 때도 소량씩 만들어진다. 나무의 목질에는 다량의 리그닌이 포함되어 있는데 그것이 불에 타면 여러 가지 향기 물질이 만들어지고, 그중에는 상당량의 바닐린이 포함되어 있다. 도서관의 오래된 책이 많은 곳에서도 종이의 리그닌이 천천히 분해되면서 여러 향기 물질이 만들어지는데 그중에도 바닐린이 상당량 있다. 우리의 주변에 바닐라 빈처럼 바닐린이 압도적으로 많이 들어 있는 작물은 없지만, 알고 보면 우리에게 조금씩 바닐라를 느끼게 해준 물건들은 항상 곁에 있었던 것이다.

커피의 향기 물질 3

1. 커피의 향은 아주 높은 온도에서 만들어진다

우리가 마시는 커피는 커피 열매의 과육이 아닌 속씨다. 나무에 열린 익은 커피 열매는 체리를 닮아 '커피 체리'라고 하는데, 농부는 수확하면 가장 먼저 과육과 점액층을 제거한다. 그렇게 말린 것이 생두이고, 그것을 잘 로스팅해야 원두가 된다. 그런 원두에는 30% 정도의 가용성 물질이 있는데, 전부를 추출하면 맛이 없어서 20% 정도만 추출하여 마신다. 그러니 우리는 커피 열매의

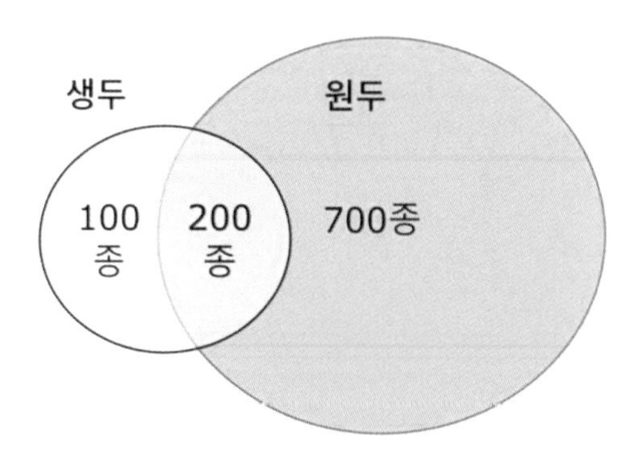

로스팅에 의한 향기 물질 종류의 변화

대부분은 버리고, 소량의 풍미 성분만 추출해 먹는 셈이다. 정말 적은 양의 풍미 물질을 위해 그토록 많은 수고를 아끼지 않는다.

생두를 로스팅하면 10~12% 정도 남아 있던 수분이 2.5% 정도로 더욱 줄고, 탄수화물도 16% 정도 줄어들면서 캐러멜 반응과 메일라드 반응 등으로 새로운 향기 성분, 색소 성분, 쓴맛 성분 등이 만들어진다. 클로로젠산도 상당량이 퀸산과 방향족 향기 물질로 분해된다. 그렇게 만들어진 원두에는 생두보다 훨씬 다양한 향기 물질이 만들어지지만, 총량은 0.1% 정도에 불과하다. 결국 우리는 이 0.1%의 향기 성분 때문에 울고 웃는 것이라 할 수 있다.

로스팅은 향기 물질을 생성하는 과정이자 동시에 파괴하는 과정이다. 생두에 향기 성분은 내열성이 있으면 버티지만, 열에 약하면 사라진다. 가열로 만들어진 향기 물질도 내열성이 있다면 소량이 만들어지더라도 점점 축적되어 양이 증가할 것이고, 아무리 다량으로 만들어지더라도 내열성이 없고 휘발성이 크다면 손실이 되어 최종 제품에는 많이 남아 있지 못하게 된다.

로스팅한 원두를 보관하는 과정에서도 향미의 손실이 일어난다. 산화안정성

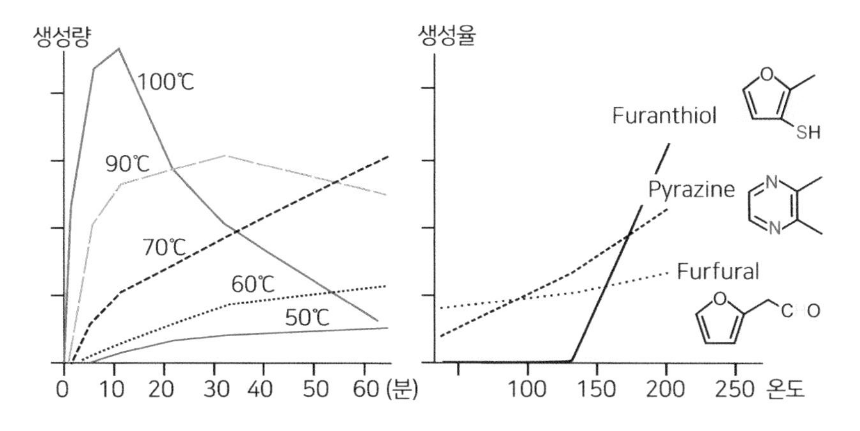

온도와 시간에 따른 향기 물질의 생성량 변화(Flavor chemistry & tech)

이 높으면 오랜 기간 유지가 되지만, 가열로 만들어진 향기 물질 중에는 안정성이 떨어지는 것이 많다. 그나마 커피의 경우 원두의 세포막에 이산화탄소가 남아 있어 산소를 차단하고 있어서 가열로 만들어지는 향 치고는 오래 유지되는 편이다.

추출 단계에서도 또 한 번 변한다. 향기 물질은 기본적으로 지용성이라 자체로는 물에 잘 녹지 않는다. 그나마 소량이라 다른 물질의 도움으로 녹는다. 향기 물질 별로 극성이 달라 어떤 것은 물에 약간 더 잘 녹고, 어떤 것은 덜 녹는다. 그러니 원두를 분쇄하여 직접 맡는 향과 추출하여 마시는 향이 다를 수밖에 없다.

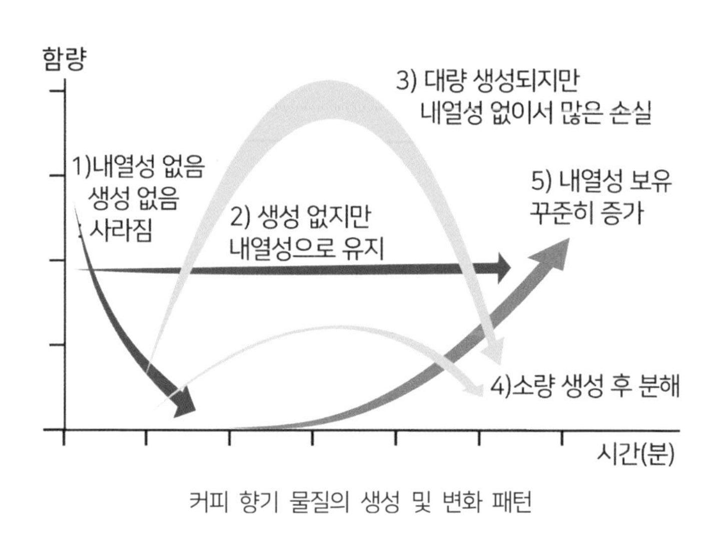

커피 향기 물질의 생성 및 변화 패턴

A. 터펜류, 이소프레노이드 물질은 분해되어 감소한다

커피의 향기 물질은 다양한데, 먼저 식물이 가장 많이 만드는 터펜류부터 알아보고자 한다. 터펜은 식물이 만드는 향기 물질의 절반을 차지할 정도로 많지만 열에 약하기 때문에 속 씨에 일정량 존재한다고 해도 로스팅 중에 손실되기 쉽다. 게이샤 커피 정도에 터펜류가 일정 역할을 한다고 한다. 게이샤(Geisha) 커피는 1930년 에티오피아 서남부 게샤라는 마을에서 발견된 품종이다. 그래서 게이샤 대신 게샤로 표시하기도 한다. 이후 파나마에서 육종되고 1,600m 이상의 고지대에 키워 약~중배전을 하면 꽃향기, 상큼한 맛, 깨끗한 뒷맛 그리고 적당한 중후함을 가지게 된다. 이런 게이샤 커피에 함유된 것은 홍차류에도 많

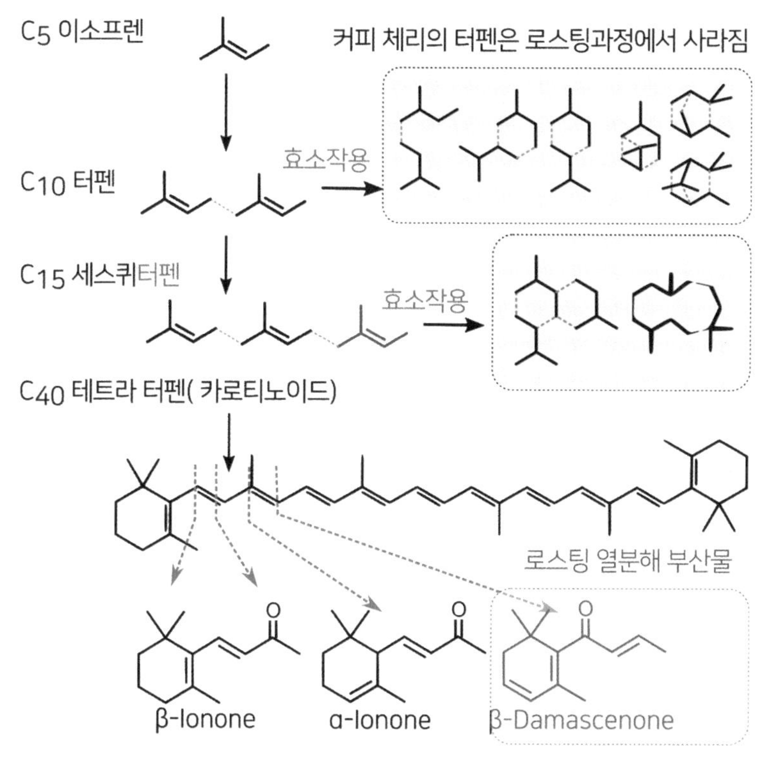

로스팅 과정에서 원래의 터펜은 사라지고, 카로티노이드의 분해 산물 생성

은 리나로올이고 그 외에 리모넨, 미르센 같은 터펜류가 있다.

터펜류는 가지구조와 이중결합이 있는 특이한 형태로 식물이 광합성의 보조 색소로 카로티노이드를 합성하는 경로를 활용한다. 구조가 특이하여 식물이 효소를 통해 의도적으로 생산하지, 열에 의해 우연히 만들어질 확률은 낮다. 그러니 생두의 터펜류는 로스팅 중 점점 감소하게 된다. 그런데 베타-다마세논은 만들어지는 경로가 다르다. 식물에 다량으로 존재하는 카로티노이드계 색소가 열에 의해 분해되면서 생성된다. 식물은 광합성을 보조하기 위해 카로티노이드 물질이 있어서 분해되며 소량의 다마세논이 흔히 만들어진다. 이 물질의 향취는 나무, 꽃, 장미, 허브, 과일, 스파이스, 담배 등으로 표현되는데, 실제로 사람들에게 향을 맡게 하면 사람마다 다른 것을 연상할 정도로 다양한 향조를 가지고 있다. 만들어진 다마세논의 양은 많지 않아도 역치가 대단히 낮은 편이라 아주 소량으로도 작용하여 다양한 식품에서 중요한 향기 물질로 작용한다. 그래서 커피에서도 가장 중요한 향기 물질의 하나로 작용한다.

B. 방향족 향기 물질이 리그닌의 열분해로 생성된다

식물에서 터펜류 다음으로 일반적인 향기 물질은 방향족 물질이다. 페닐알라닌(방향족 아미노산)에서 유래한 향기 물질은 벤젠환을 가지고 있어서 독특한 향을 가지는 경우가 많다. 식물은 단백질을 만들기 위한 아미노산을 많이 만들지 않지만, 리그닌의 합성에 필요한 페닐알라닌만큼은 대량으로 만들어야 한다. 세포벽에 필수 성분이기 때문이다. 식물이 리그닌을 합성하는 중간 과정이 여러 향료 물질의 생성 기작과 연결되어 있다.

생두에는 두드러지는 방향족 향기 물질은 없지만, 향미 물질의 원료가 될 수 있는 클로로겐산은 모든 식물을 통틀어 가장 많이 함유하고 있다. 클로로겐산도 페닐알라닌에서 만들어지기 때문에 벤젠환을 가지고 있다. 로스팅 과정에서 이런 CGA와 리그닌이 열분해 되면서 다양한 향기 물질이 만들어지고, 커피의 향에 큰 역할을 한다. 리그닌이 분해되어 만들어지는 향은 헌책방에서 나는 냄새나 나무를 태웠을 때 나는 냄새의 주성분이기도 하다. 커피에서 열분해로 만들어지는 중요한 방향족 향기 물질로는 과이어콜, 4-비닐과이어콜, 4-에틸과이어콜, 바닐린 등이 있다. 강하게 로스팅할수록 페놀(페놀, 크레졸, 과이어콜, 시린골(Syringol) 등) 계통의 향이 강해진다.

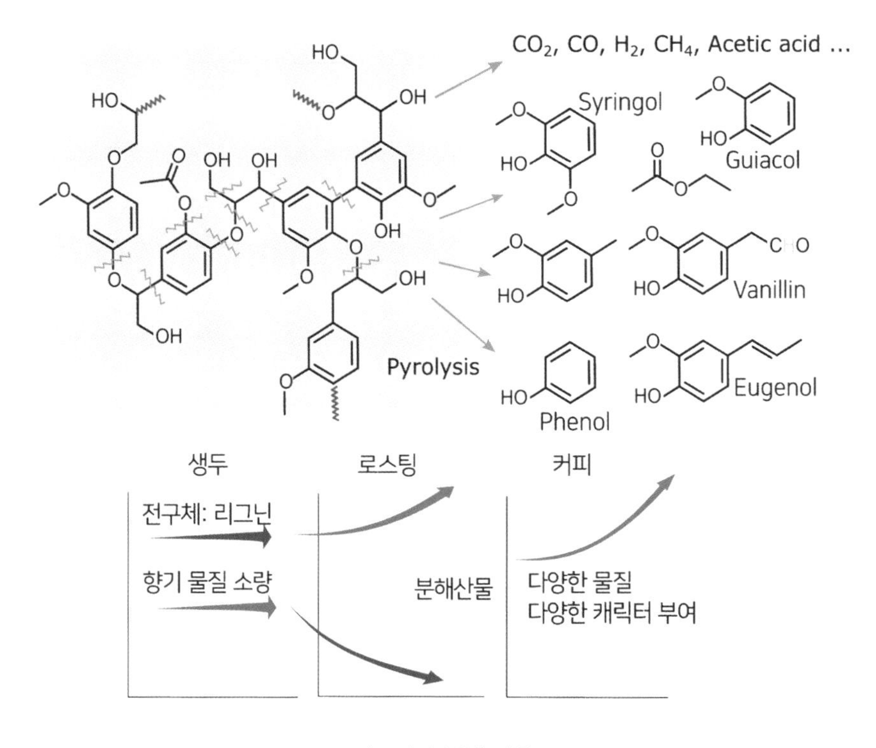

리그닌의 분해 산물

C. 캐러멜 반응과 메일라드 반응의 중간 산물들

생두를 로스터에서 고온으로 가열하면 분자의 운동은 점점 활발해지고, 많은 분자가 분해되고, 휘발되고, 재결합하는 현상이 일어난다. 당류끼리 반응하는 캐러멜 반응과 당류와 아미노산이 같이 반응하는 메일라드 반응, 지방산의 분해 등이 마구 일어나는 것이다. 그 결과로 크기가 작은 알데히드, 케톤류의 향기 분자들이 많이 만들어지고, 이들은 쉽게 휘발이 되거나 다른 향기 물질의 원료가 된다.

이런 반응으로 퓨란류가 많이 만들어지는데, 퓨란류는 산소가 포함되어 역치가 낮은 경우가 많아 중요한 향기 물질이 된다. 2-아세틸퓨란은 코코아, 캐러멜, 커피 등의 향이고, 푸라네올도 역치가 낮고 딸기와 달콤한 캐러멜 향을 제공한다. 커피에서 단맛이 난다면 실제 당류가 남아 있어서 그런 맛이 느껴지는 것이 아니라 캐러멜 반응으로 만들어진 향기 성분의 역할이 크다. 미각으로 느껴지는 단맛이라면 코를 막는다고 그 강도가 낮아지지 않는데, 향에 의한 단맛이면 코를 막으면 그 강도가 약해진다. 퓨란에 황 함유 물질이 결합하면 더 커피 특성이 강한 물질이 되기도 한다.

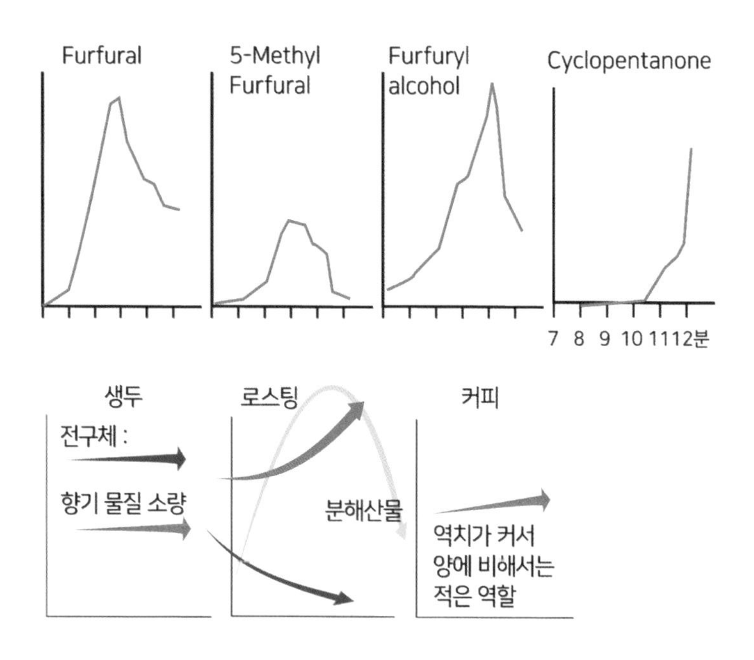

D. 질소 화합물: 내열성이 있는 피라진류 등

메일라드 반응은 단백질(아미노산)이 개입하는데, 아미노산에서 유래한 질소나 황이 포함되어 소량이면서 강력한 향이 된다. 이런 대표적인 물질이 피라진류이다. 지금까지 100여 종 이상의 피라진 물질이 발견되었는데, 대부분 100℃ 이상 열처리 과정에서 만들어진다. 물질의 종류에 따라 캐러멜, 너트, 초콜릿, 풋내(Green), 커피, 감자, 고기 등의 향을 가진다.

대부분의 향기 물질은 내열성이 떨어져 열에 의해 생성도 되지만, 손실이 많은 데, 피라진류 중에는 내열성이 있어서 로스팅 과정에서 생성되면 계속 남아 있고, 축적되는 경우가 있다. 그래서 가열 식품의 향에서 피라진의 역할이 상대적으로 중요해지는 것이다. 그 대표적인 예가 감자취로 유명한 2-이소프로필

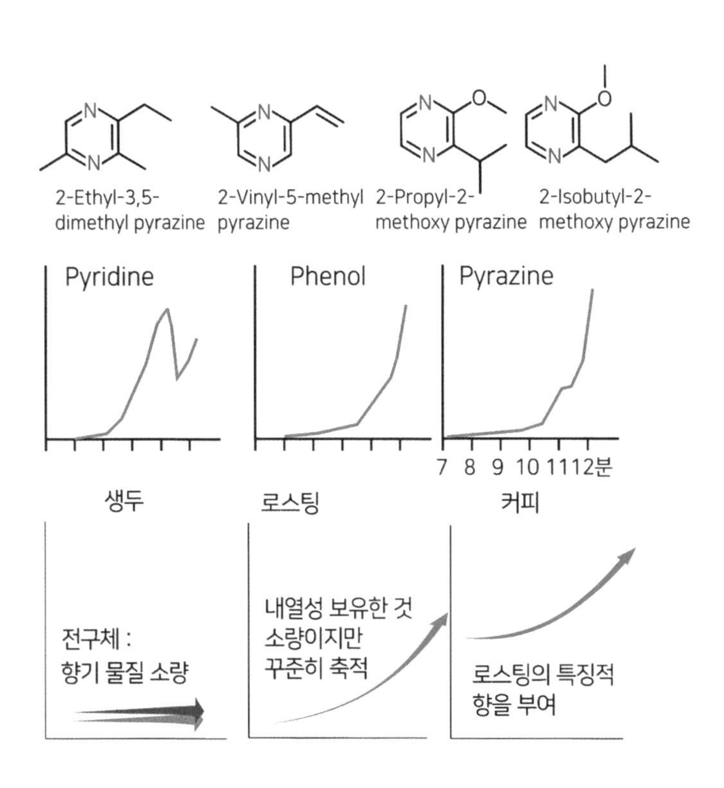

-3-메톡시피라진(IPMP, Bean pyrazine)이다. 이 물질은 벌레의 공격을 받은 체리로 만든 생두를 60°C에서 200°C 사이로 가열하면 형성된다. 만약에 이 물질이 내열성이 약하면 로스팅 중 사라질 텐데, 일단 만들어지면 쉽게 사라지지 않아 과량으로 존재하면 중대한 품질 결점 요인이 되기도 한다.

피라진에는 크게 알킬피라진과 메톡시피라진(methoxypyrazine)이 있는데 메톡시피라진은 녹색 또는 피망 향을 가진다고도 한다. 실제로 피망의 향은 거의 2-이소부틸-3-메톡시피라진에 의한 것이다. 감자취로 유명한 2-이소프로필-3-메톡시피라진(IPMP, Bean pyrazine)은 완두콩(르네 드 키트 3번), 생감자 껍질, 흙냄새, 초콜릿, 너트 느낌으로 묘사하는데, 익은 감자(Methional, 르네 드 키트 2번)의 냄새와 다른 것이다. 그런데 IPMP는 한국인이라면 누구나 알고 있는 '인삼 향'이기도 하다. 인삼의 냄새를 왜 커피에서는 감자취라고 하면서 싫어하는지 이해가 쉽지 않지만, IPMP는 풋내(Green)의 특징이 강해 로스팅의 풍미와는 어울리지 않는다. 흔히 풋내로 생각하는 물질은 핵산알 계통의 물질인데, 피라진류도 풋내를 내는 것이 상당히 있다.

풋내를 내는 물질은 흔히 지방산의 분해로 만들어지는데, 탄소 길이가 18개인 리놀렌산과 리놀레산은 쉽게 12개와 6개짜리 조각으로 분해하며 탄소 6개짜리 지방산이 풀냄새의 주인공이다. 먼저 cis-3-헥센알이 되는데 역치가 낮아 소량으로도 풀냄새가 난다. 이 화합물은 불안정하여 쉽게 trans-2-헥센알(leaf aldehyde)로 재배열되거나 cis-3-헥센올(leaf alcohol)로 전환된다. 이들은 청사과 같은 과일에서 잘 어울릴 때는 신선한 느낌으로 작용하지만, 어떤 조합에는 풀 비린내처럼 작용한다. 로스팅한 원두에 그런 노트는 잘 어울리지 않아 부정적으로 작용하기 쉽다. 어떤 향기 물질이 이취로 작용할 때는 그 물질이 가지고 있는 고유의 향조 특성보다는 어떤 제품에 존재하느냐와 같은 맥락이 중요한 경우가 대부분이다.

2-에틸-3,6-디메틸피라진은 감자, 나무, 흙냄새를 가지며, 2-에틸-3,5-디메

틸피라진은 달콤하고 초콜릿 향을 가지며 역치가 낮다. 2,3-디에틸-5-메틸피라진은 구운 감자 향이다. 이들은 코코아 향에 중요하지만, 육류에도 중요하다. 아세틸 피라진은 너트 향을 가진 경향이 있지만, 더 복잡한 피라진은 조리한 고기에 로스팅 취를 부여하기도 한다.

E. 황을 포함한 향기 물질

황은 희소하면서 독특한 향미 물질로 작용하는 경우가 많다. 탄수화물과 지방에는 없고, 단백질을 구성하는 20가지 아미노산 중에 시스테인과 메티오닌만 황(S)을 포함한 분자다. 그러니 향기 물질에서 그 양이 적을 수밖에 없다. 하지만 유난히 향이 강력한 것이 많아 마늘, 양파, 양배추 등에 강한 정체성을 부여하고, 구운 고기와 커피에 향기로운 매력을 부여한다. 심지어 악취에도 결정적인 역할을 한다. 모두가 최악의 악취로 꼽는 것이 스컹크 냄새인데, 2-부텐싸이올, 3-메틸부탄싸이올 같은 황(싸이올)을 포함한 분자다. 오죽하면 일부러 악취 물질로 활용하기도 한다. 연료용 가스 자체에는 냄새가 없는데 황 함유 물질을 소량 첨가하여 가스 누출이 일어났을 때 사람들이 빨리 알아채도록 일부러 첨가한다.

황화합물은 인간이 가장 좋아하는 향이기도 하다. 요즘은 서양송로버섯인 트러플이 매우 고급 식재료로 인기를 끄는데, 트러플의 특징적인 향도 황화합물(2,4-Dithiapentane)이다. 채소와 고기의 독특한 향기 물질 중에는 황을 포함한 분자가 많다. 결정적으로 우리가 커피를 볶거나 고기를 굽거나 빵을 구울 때 나는 고소한 향에 이 황화합물의 역할이 크다. 그래서 일부 식품 제조 시 풍미를 높이려고 일부러 시스테인을 따로 첨가하기도 한다. 그래서 메일라드 반응이 강해지면서 풍미도 강해진다.

싸이오펜은 고기 향 등에 기여한다. 티아졸도 양은 적지만, 향에 영향을 준다. 황화합물 중에 3-mercapto-3-methylbutyl formate도 흥미로운데, 이것은 맥주에서 고양이 오줌 냄새(Catty note)라고 알려진 물질로 케냐 고지대의 아라비카종에서 가끔 발견되며 프레닐알데히드에서 프레닐싸이올 등과 함께 만들어진다. 케냐산 생두가 다른 것보다 1.5배 정도 황 함유 아미노산이 많은 것과 관련 있어 보인다.

커피의 향기 성분 중 가장 특징적인 것이 FFT(2-Furfurylthiol)이다. coffee mercaptan, Furan-2-yl methanethiol, 2-Furfuryl mercaptan, 2-Furyl methanethiol로도 불리는 데, 커피의 여러 향기 성분 중에서 개별적으로 향을 맡을 때 가장 커피 같은 느낌을 준다.

물론 이것은 충분히 희석했을 때의 느낌으로 워낙 강력한 향기 물질이라 아주 소량일 때는 기분 좋은 고소한 향을 주지만, 과량이면 불쾌한 석유 같은 냄새가 된다. 연기의 매캐함이나 유황 같은 냄새도 난다. 그래서 커피의 향기 물

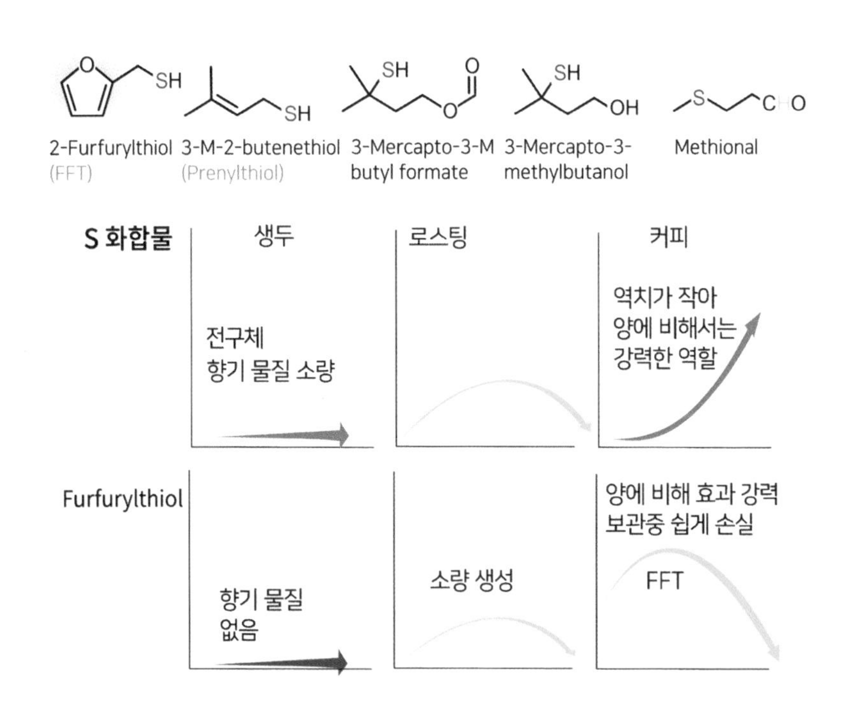

질 중에서 유일하게 다른 식품에서 느끼기 힘든 커피의 독특한 향을 준다고 여겨지지만 실제로는 다른 식품에 없는 향은 아니다. 가열한 식품에 아주 소량씩은 만들어진다.

캐러멜 반응이나 메일라드 반응을 통해 많은 퍼퓨랄이 만들어지는데 그중에 일부가 FFT가 된다. 그러니 고온으로 가열하는 모든 식품에서 FFT가 생긴다고 추정할 수 있다. 그래서 고기 등 다양한 가열 식품에 매력을 부여한다. 다른 식품에서 FFT의 역할이 커피보다 훨씬 적은 것은 쉽게 사라지기 때문이다. 커피는 단단한 세포벽 덕분에 상대적으로 많이 만들어지고, 또한 세포벽에 보호되어 오래 남는 것이라고 해석할 수 있다. 커피에서도 이 향기 물질은 결국에는 사라지는데, CGA가 분해되어 만들어진 카페산과 퀸산은 저분자 싸이올과 결합하는 특성이 있어서 FFT를 줄이는 역할도 하고 멜라노이딘도 FFT와 결합하여 줄이는 역할을 한다.

커피의 주요 향기 물질

향조	기여 성분
꽃, 과일	acetaldehyde, propanal, linalool, damascenone, raspberry ketone, octanal
몰트, 코코아	methylbutanal, methylpropanal
달콤함, 빵, 버터	furans, furanones (furaneol, sotolon), maltol, diacetyl
커피, 황	furfurylthiol, methanethiol, methyl furanthiol, mercaptomethylbutyl formate, methylbutenethiol
너트, 로스팅	pyrazines, methoxypyrazine
정향, 스모키	ethyl guaiacol, vinyl guaiacol, guaiacol, phenol, pyridine

커피 추출액의 향기 성분(Mayer et al, 2000)

구분	성분 (농도, 역치 PPM)	농도	역치	기여도
달콤함 캐러멜	3-Methylbutanal	0.57	0.4	1,425
	Methylpropanal	0.76	0.7	1,086
	Furaneol	7.2	10	720
	Homofuraneol	0.8	1.15	696
	2-Methylbutanal	0.87	1.9	458
	Diacetyl	2.1	15	140
	2,3-Pentanedione	1.6	30	53
	Vanillin	0.21	25	8
	Caramel furanone	0.08	20	4
흙냄새 너트	3-Isobutyl-2-methoxypyrazine	0.0015	0.005	300
	2-Ethyl-3,5-dimethylpyrazine	0.017	0.16	106
	2,3-diehtyl-5-methylpyrazine	0.0036	0.09	40
	2-Ethenyl-3,5-dimethylpyrazine	0.001		
	2-Ethenyl-3-ethyl-5-methylpyrazine	0.002		
황 로스팅	3-Methyl-2-butan-1-thiol	0.0006	0.0003	2,000
	FFT(2-Furfurylthiol)	0.017	0.01	1,700
	3-Mercapto-3-methylbutyl formate	0.0057	0.0035	1,629
	methanethiol	0.17	0.2	850
	2-Methyl-3-furanthiol	0.0011	0.007	157
	Methional	0.01	0.2	50
스모키	4-Vinylguaiacol	0.74	20	37
	Guaiacol	0.12	25	5
	4-Ethylguaiacol	0.048	50	1
과일	Damascenone	0.0016	0.00075	2,133
	Acetaldehyde	4.7	10	470

커피 향의 추출 수율

향기 물질	농도 ppm	추출 %	역치 ppm	기여도
Sweet /caramel group				
Methylpropanal	0.76	59	0.7	1090
2-Methylbutanal	0.87	62	1.9	460
3-Methylbutanal	0.57	62	0.4	1430
Diacetyl	2.10	79	15	140
2,3-Pentanedione	1.60	85	30	50
4-Hydroxy-2,5-dimethyl-3(2H)-furanone	7.2	95	10	720
2-Ethyl-4-hydroxy-5-methyl-3(2H)-furanone	0.8	93	1.15	700
Vanillin	0.210	95	25	8
Earthy Group				
2-Ethyl-3,5-dimethylpyrazine	0.017	79	0.16	110
2-Vinyl-3,5-dimethylpyrazine	0.001	35	ND	
2,3-Diethy-5-methylpyrazine	0.0036	67	0.09	40
2-Vinyl-3-ethyl-5-methylpyrazine	0.002	25	ND	
3-Isobutyl-2-methoxypyrazine	0.0015	23	0.005	300
Sulphurous/roasty group				
FFT(2-Furfurylthiol)	0.017	19	0.01	1700
2-Methyl-3-furanthiol	0.0011	34	0.007	160
Methional	0.010	74	0.2	50
3-Mercapto-3-methylbutyl formate	0.0057	81	0.0035	1630
3-Methyl-2-buten-1-thiol	0.0006	85	0.0003	2000
Methanethiol	0.170	72	0.2	850
Smoky/phenolic group				
Guaiacol	0.120	65	25	50
4-Ethylguaiacol	0.048	49	50	1
4-Vinylguaiacol	0.740	30	20	40
Fruity group				
Acetaldehyde	4.7	73	10	470
β-Damascenone	0.0016	11	0.00075	2130
Spicy group				
3-Hydroxy-4,5-dimethyl-2(5H)-furanone	0.08	78	20	4

2 커피 향의 저장 중 변화

커피의 생두는 최대 3년 정도 보관이 가능하다. 로스팅된 원두는 고온에서 로스팅하면서 살균이 되고 수분도 적어서 효소와 미생물에 의한 부패(손상)는 없지만 향의 변화가 상당하다. 보관 기간 중에 향기 성분이 휘발하여 사라지고, 향기 물질이 커피의 다른 성분과 반응하여 향미가 줄어들며, 산화에 의한 품질의 열화가 일어난다. 하지만 보관 초기에는 로스팅에서 만들어진 일부 거친 향의 안정화도 일어나므로 긍정적으로 작용할 수 있다. 시간이 더 지나면 긍정적인 변화는 없이 산패만 일어나므로 품질이 점점 나빠진다. 이런 변화는 산소, 습도, 제품 상태, 포장 상태 등에 따라 달라진다.

커피 원두의 많은 물질은 대부분 안정적이어서 저장 중 변화가 적지만 향기 물질은 전혀 그렇지 않다. 가열로 만들어진 향은 불안정하고 산화되기 쉬운 물질이기 때문이다. 특히 싸이올(Thiol)류가 문제다 이들은 로스팅 이후 휘발에 의해 상실될 수도 있고 멜라노이딘 같은 물질과 결합에 의해서도 사라지기 쉽

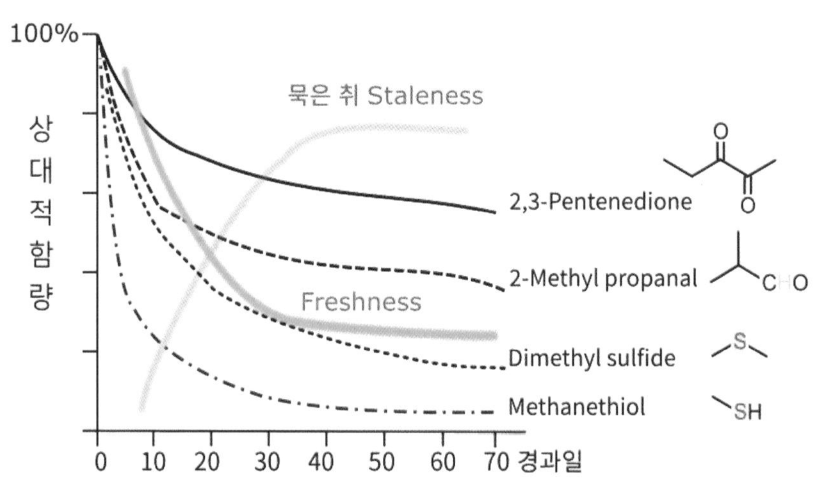

원두 보관 중 향기 성분의 손실과 신선도의 관계(Espresso coffee, illy, 2005)

다. 황화합물 중에 메탄싸이올이 커피의 신선도 지표로 자주 이용되는데, 향의 열화는 알데히드와 디케톤류(Hexanal, Methylpropanal, 3-Methylbutanal, 2-Methylbutanal, 2,3-Butanedione, 2,3-Pentandione)와 황화합물(메탄싸이올, 2-푸르푸릴싸이올, DMS) 등이 주요 원인으로 알려졌다. 알데히드와 디케톤류는 분쇄 직후 15분 만에 50%까지 감소하기도 하고, 황화합물은 산화나 다른 분자와 결합으로 소실된다. 그리고 끓는점이 낮은 물질이 중요한 역할을 한다는 것이 밝혀졌다.

메테인싸이올(MeSH, Methanethiol)은 메티오닌에서 로스팅 중에 스트렉커 분해로 메티오날을 거쳐 형성되는데, 여기에 2분자가 산화 반응으로 결합하면 디메틸디설파이드(DMDS)가 된다. 보관 조건에 따라 DMDS/MeSH의 비율이 달라지는데, 이것이 커피 신선도의 변화 패턴과 유사하여 신선도의 지표로 사용하기도 한다.

* CO2 가스방출 및 산화

커피로부터 휘발성 물질의 상실은 자체의 휘발성뿐 아니라 그들이 커피의 세포 속에 갇혀있는 방식 및 커피 속 성분과도 관련이 있다. 세포벽, 다당류, 지방, 멜라노이딘이 향기 물질의 방출을 억제하는 것이다. 향 물질이 증발하기 위해서는 먼저 커피콩 세포구조에서 빠져나와야 하는데, 원두에서 중심에 있던 향이 외부로 나오려면 어마어마한 숫자의 세포벽을 거쳐 나와야 한다. 분쇄한 커피의 경우 그만큼 빠져나오기가 쉬워 향기 손실이 많이 일어난다. 입자의 크기와 반비례하여 빨리 일어나는 것이다. 아주 잘게 분쇄한 커피는 제대로 포장하여 보관하지 않으면 노출된 지 몇 시간 만에 향기를 잃어버리고 산화작용 때문에 상한 냄새가 나기 시작한다. 포장된 상태에서도 어느 정도 산소가 침투할 수 있어 커피 향이 빨리 손상된다.

로스팅으로 생성된 이산화탄소는 도중에 많이 손실되지만 그래도 상당량이

세포의 격자 구조 안에 갇혀 있으며, 커피 향을 유지하는 데 도움이 된다. 산소의 침투를 막아 산화를 억제하는 역할을 하는 것이다. 이산화탄소는 커피 속에 녹아 있을 때는 부피가 작지만, 기화하면 부피가 1,000배 이상 늘어난다. 이런 이산화탄소는 로스팅 이후 몇 주간에 걸쳐 빠져나가게 되는데, 이 결과 1.5~ 1.7%의 무게가 줄어든다. 부피로 환산하면 커피콩 kg당 6~10L나 되는 양이다. 가스 방출량은 처음에는 많지만 차츰 감소한다.

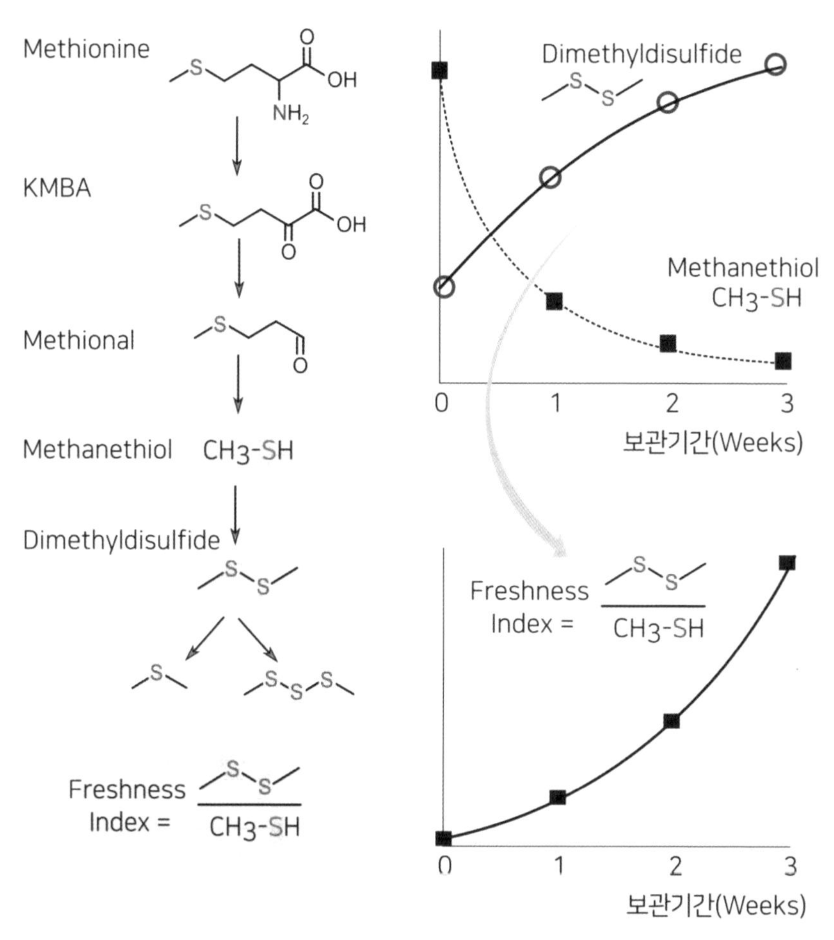

신선도 지수의 원리(Chahan Yeretzian, et al, 2017)

원두를 분쇄하면 이산화탄소의 손실이 빨라지고, 향 성분의 손실도 빨라진다. 온도가 높아질수록 더 빨라진다. 실험을 통해 10℃ 증가에 따라 휘발성 물질의 방출율은 1.5배나 증가하는 것이 밝혀졌고, 분쇄한 커피는 이보다 2배 높게 방출되었다.

로스팅 과정 도중 생성되는 이산화탄소는 효과적인 방어막을 형성하며, 산소가 세포 안으로 들어오는 것을 막아 산화를 늦춘다. 시간이 지나 이산화탄소가 적어질수록 산소의 침입이 쉬워져 산패가 빨라진다. 빛도 많은 화학작용에서 촉매 역할을 한다. 특히 아라비카종처럼 불포화지방산이 많은 경우 빛에 의한 자동산화로 생겨나는 산패를 조심해야 한다.

* 포장의 영향

커피콩 상품의 질이 떨어질 가능성을 고려했을 때, 포장의 중요성은 커진다. 로스팅된 커피는 불안정해서 바로 소비되거나 물과 산소가 투과되지 않는 용기에 포장되어야 한다. 따라서 특수한 포장 재료 및 기술이 요구된다.

포장과 커피의 신선도 유지기간(출처: 『Espresso coffee』)

포장 방법	잔존산소(%)	유효기간	포장 재질
공기 포장(밀봉)	16~19%	1개월	금속
공기 포장(밸브)	10~12%	3개월	복합필름
진공 포장	4~6%	4~6개월	복합필름
질소 포장	1~2%	6~18개월	복합필름
가압 포장	<1%	18개월 이상	금속

고기의 향기 물질

4

1 고기 향(Meaty note)

2023년 육류 소비량이 1인당 60㎏을 넘었다고 한다. 이는 쌀 소비량보다 많은 것으로 이제는 한국인이 밥심이 아니라 고기 힘으로 사는 셈이다. 과거부터 고기는 구하기가 힘들어서 인류가 자연에서 얻을 수 있는 먹을거리 중 가장 높은 대접을 받아 왔다. 고기가 귀한 것은 사육 효율로도 알 수 있다. 닭이나 어류는 먹인 사료의 50% 정도가 고기로 전환되는데, 돼지는 25%, 소는 고작 14% 정도만 고기로 전환된다. 먹는 것에 비해 고기로 전환되는 양이 적으니 비쌀 수밖에 없다. 가격이 비싸도 고기를 좋아하는 이유는 우리에게 질 좋은 단백질을 제공하기 때문이다. 고기에는 감칠맛을 내는 아미노산과 핵산이 있고, 여기에 소금을 뿌리고 잘 구우면 최고로 맛있는 음식이 된다.

우리가 고기 향이라고 좋아하는 것은 고기 자체의 향이 아니라 요리(가열)로 만들어진 향이다. 날고기는 약하고 피와 같은 냄새를 가지고 있는데, 가열하면 특유의 맛있는 고기 향이 난다. 쇠고기의 당류와 아미노산 그리고 지방에서 메일라드 반응을 통해 우리가 좋아하는 향이 만들어지기 때문이다. 이런 불을 이용한 요리는 인간만의 독특한 현상이고, 불을 이용한 요리의 발명이야말로 인간이 인간답게 살 수 있게 된 최소한의 기반이라고 생각하는 학자도 있다.

고기의 향에는 황화합물과 지방산이 중요한 역할을 한다. 예를 들어 설퍼롤(Sulfurol)은 티아졸이 분해되어 생성되는데, 그 자체는 향이 약하고 거기에서 만들어지는 불순물이 그 특징을 좌우한다. 불순물에 의해 같은 배치에서 생산된 것도 고기 향이 되거나 우유 향이 된다.

고기는 MFT(2-Methylfuran-3-thiol)와 그것의 파생물이 중요하다. 미량일 때 고기다운 느낌이 난다. MFT가 2개 결합한 bis(2-Methyl-3-furyl)disulfide는 역치가 매우 낮고, 풍부한 숙성 쇠고기, 프라임 갈비 느낌을 더 쉽게 준다. 싸이오에테르는 더 구운 특성이 있고 다른 싸이올도 쇠고기 특성이 있다.

고기취에서 12-메틸트라이데카날(12-Methyltridecanal)도 중요하다. 이것은 특정 동물의 페로몬으로도 작용하는데, 소의 반추위에 있는 미생물에서 유래한 것으로 보인다. 이 물질은 장에 흡수되어 쇠고기를 스튜처럼 장시간 가열할 때만 방출된다. 고기를 살짝 구워서는 방출되지 않는다. 따라서 이 물질이 굽거나 튀긴 쇠고기와 삶거나 조린 쇠고기 맛의 차이를 만든다고 할 수 있다.

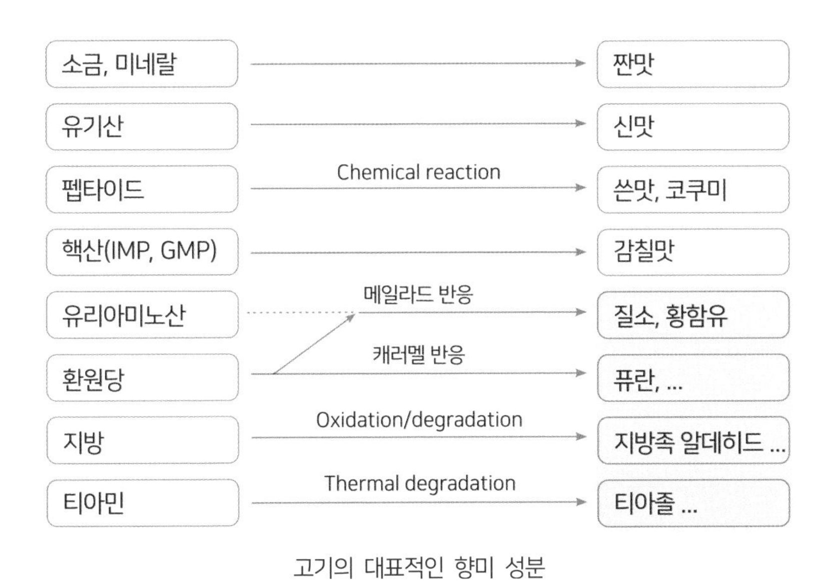

고기의 대표적인 향미 성분

* 쇠고기 향(Beefy note)

쇠고기 향에서 가장 중요한 것은 MFT(2-Methyl-3-furanthiol)이다. 이것은 다른 메일라드 반응물에서도 중요한데, 쇠고기를 구울 때 28mg/kg이 생성된다. 이는 돼지고기(96mg)보다 적고, 양고기 4.56mg, 치킨 6mg보다는 많은 양이다. 이 두 분자가 결합한 이황화물(bis(2-Methyl-3-furyl)disulfide)도 역시 중요한데, 강한 고기 향과 로스팅 향을 낸다. 2-Methyltetrahydrofuran-3-thiol(THMFT)은 세이버리, 육수 느낌을 주고, 2-Methyl-3-methyl thiofuran도 부드러운 쇠고기 느낌을 준다.

커피의 핵심적인 향기 물질의 하나인 푸르푸릴싸이올(FFT)과 그것으로부터 파생된 향기 물질도 쇠고기에서 중요하다. 구운 쇠고기에서 42mg/kg, 돼지고기 10mg, 양고기 14mg, 삶은 닭고기에서는 2.4mg 정도 만들어진다. 3-Mercapto-2-pentanone도 중요하며 73mg/kg이 생기지만, 돼지고기(117mg)나 닭고기(100mg)에 비해서는 적다.

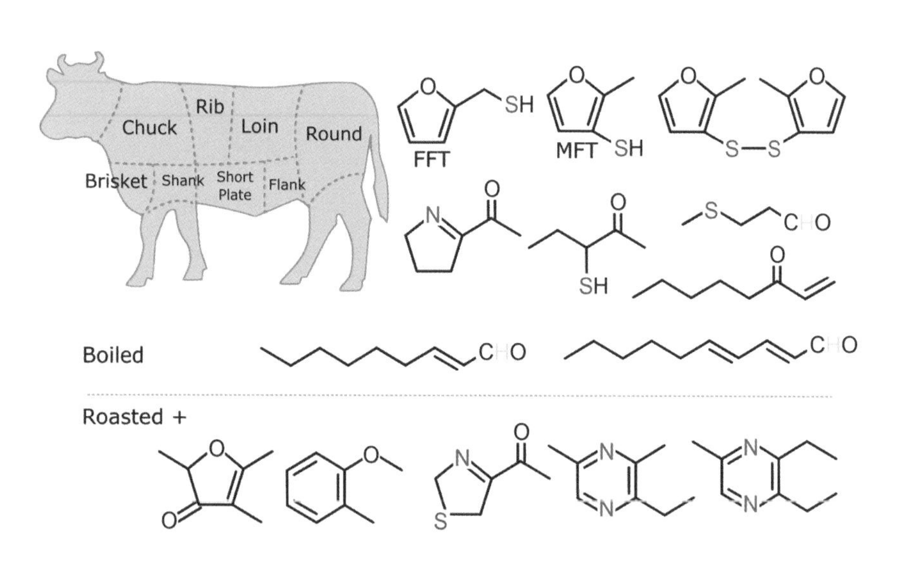

* 닭고기 향

Meaty dithiane(Mercapto propanone dimer)은 닭국물 느낌이 강하고, E,E-2,4-Decadienal은 닭 지방을 연상시킨다. MFT도 닭고기에서 발견되지만, 이것의 이황화물(bis(2-Methyl-3-furyl)disulfide)은 쇠고기에 비해 매우 낮은 수준으로 발견된다. 이 반응을 촉진할 산화제가 닭고기에 풍부한 불포화 알데히드에 의해 제거되어 축합반응이 억제되기 때문으로 추정한다.

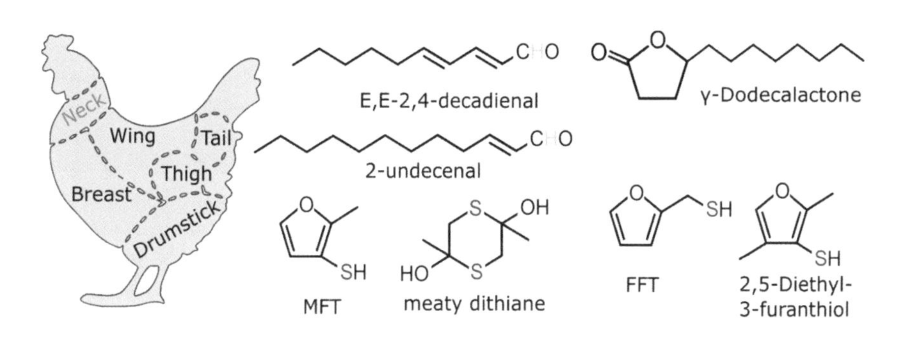

성분	기여도		향취
	닭고기	쇠고기	
MFT	1,024	512	Meat-like, sweet
bis(2-methyl-3-furyl) disulphide	<16	2,048	Meat-like
2-furfurylthiol	512	512	Roasty
2,5-dimethyl-3-furanthiol	256	<16	Meaty
3-mercapto-2-pentanone	128	32	Sulphurous
Methionol	128	512	Cooked potato
2,4,5-trimethylthiazole	128	<16	Earthy
2-formyl-5-methylthiophene	64	64	Sulphurous
2-trans-4-trans-decadienal	2,048	<16	Fatty
2-trans-4-cis-decadienal	128	<16	Fatty, tallowy
2-undecenal	256	<16	Tallowy, sweet
γ-dodecalactone	512	<16	Tallowy, fruity

* **돼지고기 향**

MFT(2-Methyl-3-furanthiol)는 돼지고기에서 특히 중요하다. 피라진에텐싸이올이란 물질은 돼지고기 느낌이 강하지만, 아직 천연에서는 발견되지 않았다. 비닐 피라진은 여러 고기에서 발견되는데 돼지고기도 여러 황화물질과 지방산이 그 특징을 부여한다.

안드로스테논(Androstenone)은 포유류에서 확인된 최초의 스테로이드 호르몬이다. 돼지 수컷의 불쾌한 냄새인 웅취(Avoid boar)는 주로 스카톨(Skatole)과 안드로스테논 두 가지가 관여하는데, 스카톨은 돼지 장내세균총에 의해 트립토판으로부터 생성되며 안드로스테논은 수퇘지 고환에서 생산된다. 사람들은 스카톨을 99% 불쾌한 냄새로 인식하는데, 안드로스테논은 사람에 따라 완전히 다르게 느낀다. 안드로스테논은 트뤼프와 샐러리에도 있는데, 향기 수용체 OR7D4의 발현에 따라 어떤 사람(RT/WM형)은 기분 좋은 바닐라나 꽃향기로 인식하고, 어떤 사람(RT/RT형)은 불쾌한 땀내나 오줌 냄새로 인식한다. 안드로스테논은 극소량(0.2ppb)으로도 감지가 되는데 훈련하면 더 잘 맡을 수 있게 된다. 그것을 불쾌취로 인식한 사람은 점점 더 민감해질 수 있는 것이다. 스카톨은 사료의 선택과 배설물에 의한 오염을 방지해 막을 수 있고, 안드로스테논은 거세를 통해 피할 수 있다.

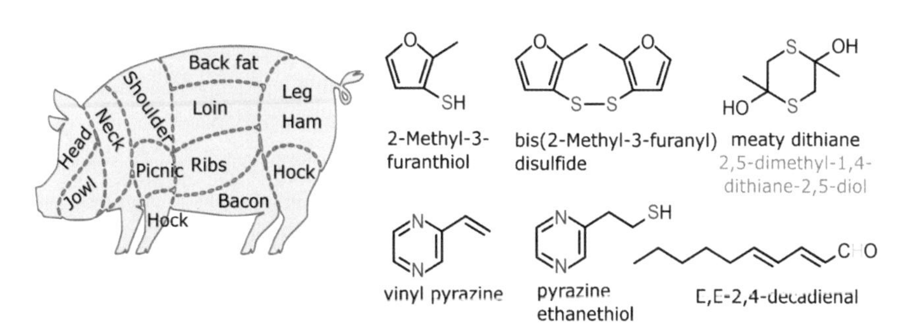

돼지고기의 향기 성분

* 양고기(Lamb) 향

양고기를 'Lamb' 또는 'Mutton'이라 하는데 일반적으로 Lamb은 12개월 미만의 어린 양을 의미하며, Mutton은 1년 6개월 정도의 나이 든 양을 뜻한다. 양은 나이가 들수록 지방에 카프릴산, 펠라르곤산이 축적되면서 누린내가 나는데 늙은 양고기에 익숙한 유목민들은 이 특유의 누린내에서 오히려 구수함을 느낀다고 한다. 이런 양고기의 특징적인 향은 4-Methyloctanoic acid, 4-Methylnonanoic acid와 관련이 깊다고 밝혀졌다.

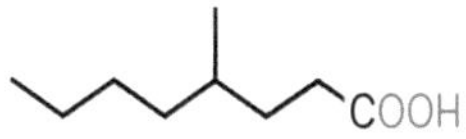

COOH

4-Methyl octanoic acid
sheep meat

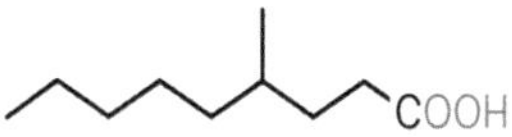

COOH

4-Methyl nonanoic acid
sheep meat

* 생선 향

신선한 생선 및 해산물은 향과 풍미가 매우 섬세해 뚜렷한 향기 물질은 없다. 장쇄의 다가불포화지방산이 효소에 의해 분해되면서 식물성, 그린, 메론 향조를 내는 알코올과 알데히드 등 카르보닐 화합물을 생성하는 정도이다.

- **생선에서 많이 검출되는 향:** E-2-Dodecenal, E-2-Decenal, E-E-2,4-Decadienal, 1-Hydroxy-2-propanone, Dodecanol, E-Z-2,4-Decadienal, Alkylpyridine, Undecanal, 2,3,5-Trimethylpyrazine, Furfuryl alcohol, Benzaldehyde, 2-Acetylthiazole.
- **생선의 비린내:** 생선은 신선도가 떨어질수록 강한 비린내가 난다. 비린내 성분은 트리메틸아민(Trimethylamine, TMA), 피페리딘(Piperidine), δ-아미노발레르산(δ-Aminovaleric acid), δ-아미노발레르알데히드(δ-Aminovaleric aldehyde)이 있고, 황화합물로 황화수소, DMS가 있다.

이취와 악취

5

1 이취는 농도와 맥락에 따라 달라진다

사람들의 맛에 관한 심리는 정말 복잡다단하다. 어떤 때는 사소한 이취에 불쾌감을 느끼기도 하고, 어떤 때는 다른 사람은 심한 악취가 난다고 외면하는 음식을 좋아하기도 한다. 사람들은 고기 맛(향)을 좋아한다지만, 그것은 고기를 구웠을 때 나는 향이지 고기 자체의 향이 아니다. 실제로는 돼지고기에서 돼지 냄새가 나는 것을 아주 싫어한다. 지금 우리가 주로 먹는 것은 쇠고기, 돼지고기, 양고기, 닭고기 정도이며, 그것도 냄새가 없도록 품종을 개량하고 사료를 통제해 키운 것들이다. 고기의 향도 사료 등의 영향으로 달라질 수 있다. 만약 향이 달라지면 소비자는 대부분 이취로 생각하는 경우가 많다. 고기에 대해서는 아주 보수적이기 때문이다. 향이 강한 것도 싫어하며 익숙하지 않은 향이 나면 더욱더 싫어한다.

다음 페이지의 표는 맥주에 과량 발생하면 이취로 취급되는 향기 물질들이다. 다른 과일이나 식품에서는 훨씬 양이 많아도 좋은 향으로 취급되고 또 어떤 술에서는 조금이라도 더 많이 생기도록 하는 향기 물질이 조금이라도 과하면 향이 약한 맥주에 어울리지 않는 이취로 취급한다.

예전에는 청국장은 좋지만, 치즈는 대단히 불쾌하다는 사람이 많았는데, 요즘은 거꾸로 블루치즈를 좋아하면서 청국장을 싫어하는 사람이 늘고 있다. 과거에 뷰티르산(Butyric acid)은 상한 음식에서 많이 생성되는 물질이라 부패취의 대명사였는데, 최근 뷰티르산의 향기를 맡게 하면서 연상되는 것을 묻자 토사물보다는 치즈를 연상하는 사람이 많아서 변화를 실감한다. 데카날(Decanal)은 기름취이기도 하면서, 과거 중국 여행을 할 때 음식에서 이 냄새가 나면 그토록 싫어하는 고수의 대표적인 향기 물질이다. 비누 향이 난다고 싫어하지만, 지금은 데카날 향에서 쌀국수를 먼저 떠올리는 사람들이 놀라울 정도로 많다.

이처럼 향기에 관한 선호도는 다분히 학습에 의한 것이다. 향기는 자극일 뿐 가치중립적인데, 경험과 학습으로 좋은 쪽인지 나쁜 쪽인지 취향을 확립해간다. 향은 결국 맥락에 좌우된다. 향기는 음식을 기억하는 수단이지 음식의 가치에 관한 평가가 아니며, 그 음식을 통한 이득이 충분하다면 얼마든지 향기에 관한 취향을 바꿀 수 있다.

과량이면 맥주에서 이취로 취급 받는 물질

향기 물질	특징	농도 mg/L	역치 mg/L
Benzaldehyde	아몬드	3.0	1.0
Ethyl acetate	용매취	120	20~40
Ethyl hexanoate	Aniseed, 익은 사과	0.6	0.2
Geraniol	Floral	0.45	0.1~0.2
Isoamyl acetate	바나나	4.5	1.0~1.5
Eugenol	정향	0.12	0.044
Vanillin	바닐라	0.15	0.04
r-Nonalactone	크림	0.06	
Damascenone	꽃, 과일	0.5	

2 오염에 의한 이취의 발생

* 이취는 관리하기 힘들다

좋은 향을 만드는 것보다 나쁜 향을 관리하는 것이 더 중요할 때가 많다. 악취는 매우 다양한 원인으로 발생한다. 어떤 경우는 구체적 원인이 밝혀지지 않은 것도 있다. 분석 장비가 정말 많이 발전했지만 나쁜 향에서 특정 악취 물질을 밝혀내는 것은 덤불에서 바늘 찾기와 비슷하다. 보통 향기에는 수십~수백 가지의 물질이 들어 있고, 악취 물질은 역치가 매우 낮아 분석치에 거의 나타나지 않는 경우도 많기 때문이다. 더구나 향은 맥락에 따라 달라지고 혼합된 상태와 개별적인 향기가 다를 때도 많다.

이취는 식품 지방의 산화, 비효소적 갈변반응, 효소작용 등으로 성분 자체에서 발생하는 경우도 있다. 그리고 원래 향에서 일부 성분이 변하거나 소실되어 나타나기도 한다. 향기 성분이 모두 일정한 비율로 소실되거나 변하면 향조는 변하지 않고 향이 약해진 것에서 끝날 텐데, 향은 휘발의 정도나 안정성이 성분별로 다르다. 저장 중에 이들 개별 성분의 변화로 향기가 나쁜 쪽으로 달라질 수 있으며, 이취는 식재료 자체 외에도 공기, 물, 포장 등에서 오염되는 경우가 많아 이를 사전에 알고 대비할 필요가 있다.

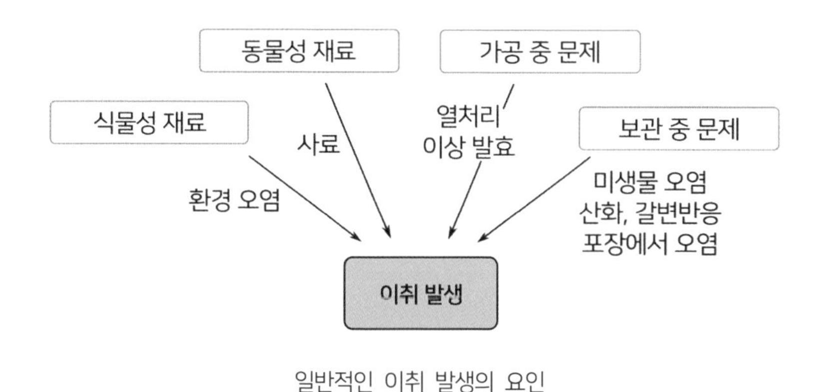

일반적인 이취 발생의 요인

* 공기로부터의 이취

공기를 통해서도 많은 향기가 오염될 수 있다. 따라서 포장 전의 제조 공정에서부터 공기 오염에 주의해야 한다. 비교적 포장 후에는 오염이 억제되지만, 포장재 자체가 오염원일 수도 있고, 완벽하게 차단되는 재질이 아닌 경우도 있다. 공기를 통한 오염은 그 원인을 찾기 힘들다. 지방산화의 경우 실험실에서 보존 실험을 하면서 체계적인 연구가 가능하지만, 공기 중 오염은 워낙 주변의 환경에 따라 랜덤하게 발생하기 때문이다.

우유의 향은 먹는 사료에 따라 달라지는데 생풀처럼 향기가 있는 사료를 먹이면 불과 4~5시간 안에 그 향기가 짜낸 우유로 전달된다. 사육 환경에 따라 향기가 달라질 수도 있는 것이다. 나쁜 악취가 많은 환경에서는 그 물질이 젖소의 폐를 통해 흡수되어 우유에 이행되기도 한다. 가금류의 오염 정도는 달걀이나 닭고기에서 2,4,6-트리클로로아니솔(이하 TCA) 함량을 측정해 판단하기도 한다. TCA는 외부 오염 말고 미생물에 의해 클로로페놀(Chlorophenol)로부터 합성되었을 수도 있다. TCA와 클로로페놀은 퀴퀴한 냄새와 약품취의 주범이다. 재생지로 만든 종이 포장이 미생물에 오염되어 제품으로 흡수된 경우

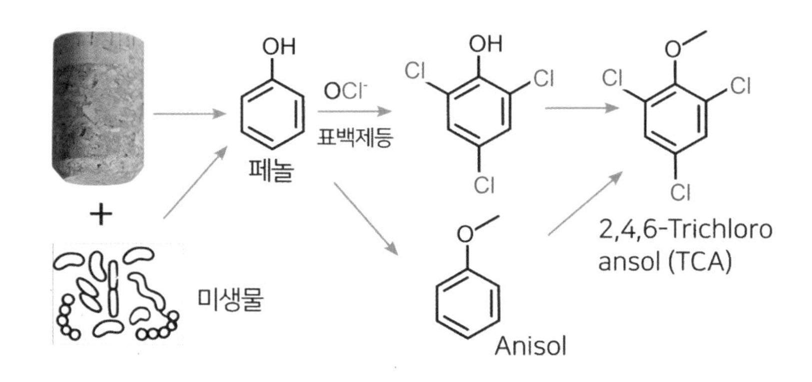

페놀에서 2,4,6-TCA 생성 과정

도 있다. 염소 처리는 리그닌과 반응해 TCA가 만들어질 수 있다. 이 TCA는 사과, 건포도, 닭고기, 새우, 땅콩, 사케, 녹차, 커피, 맥주, 위스키 등에서도 문제를 일으킬 수 있다. 이 중 유명한 것이 와인의 코르크취이다. 코르크는 무취이지만 미생물에 의해 코르크에 있던 페놀성 물질이 TCA로 바뀌어 일어난다.

TCA가 오염된 와인에서 곰팡이 냄새가 느껴지는 것은 자체의 향이 아니라 TCA가 후각세포의 일부를 차단해 향기를 맡는 능력이 왜곡된 탓이다. TCA는 동시에 여러 개 후각 수용체의 부분적인 마비를 통해 냄새를 왜곡하는 것이다.

* 물로부터의 이취

식품에서 가장 많이 쓰이는 원료가 물이다. 물이 오염되었다면 만들어진 식품의 운명은 뻔하다. 물에 녹는 성분은 쉽게 세척되는 성분이라 실제로 문제를 일으킨 경우는 많지 않지만, 생선의 경우는 향기 물질이 잘 스며들기 때문에 오염된 물에서 자란 생선은 품질이 떨어질 수밖에 없다. 물고기는 화학 물질의 오염보다 미생물이나 조류의 증식에 의한 악취가 빈번하다. 지오스민이나 2-Methylisoborneol을 만드는 조류가 오염된 곳에 메기를 이틀만 자라게 해도 메기에서 흙냄새가 난다. 이 물질들은 역치가 매우 낮아 지오스민은 물에 0.05ppb, 생선에는 6ppb 정도면 감지가 되고 2-Methylisoborneol은 물에 0.03ppb만 있어도 품질을 떨어뜨린다. 어떤 생선은 고작 5ppb의 지오스민이 함유된 물에 2시간 정도만 넣어두어도 흙냄새가 느껴질 정도라고 한다.

* 소독제, 세제로부터의 이취

세제 중에는 페놀이나 염화페놀 성분이 포함된 것이 있다. 이들의 역치는 매우 낮아서 소량이라도 남게 되면 이취의 원인이 된다. 또 o-Cresol은 차아염소산과 만나서 6-Chloro-o-cresol이 될 수 있고(역치가 0.05ppb), 페놀이 염소와 만나 상당량의 2-클로로페놀(역치 2ppb)이 될 수 있다. 물에 미량이라도 페놀이 있으면 캔 제조 공정에서 염화페놀로 바뀔 수 있다. 나일론 관이나 커피 자판기도 사용하는 세제에 따라 이취가 발생할 수 있다.

* 포장으로부터의 오염

유리를 제외한 모든 포장재는 잠정적으로 이취의 원인이 될 수 있다. 심지어 유리 제품마저 다른 재질로 된 뚜껑에서 약간의 이취가 발생할 수 있다. 포장재의 이취는 대단히 큰 분자(폴리머)로 만들어진 주성분이 아니라 용매나 분해물 등 미량의 아주 작은 크기의 분자 문제이다. 플라스틱에서는 에틸벤젠, 재생지는 잔류 잉크, 잉크의 용매, 접착제의 용매 등이 문제가 된다. 이취뿐 아니라 환경호르몬 문제도 이들 분자의 문제이지 주성분인 폴리머의 문제가 아니다. 제조 공정에 사용된 이런 물질은 완성품에서 완전히 제거되어야 하는데 빨리 생산하다 보면 미처 빠져나가지 못해 문제를 일으키기도 한다.

인쇄는 추가적인 이취의 원인이 될 수 있다. 최근에는 유기용매를 많이 줄이는 중이지만, 대신 사용하는 물질이 새로운 오염원이 되기도 한다. 종이 포장은 단독으로 쓰기보다는 다른 재질로 코팅한 종이를 많이 쓰는데, 종이, 코팅제, 증착 과정에서 쓰이는 접착제, 인쇄 등이 오염의 원인이 되기도 한다.

플라스틱류에서 폴리올레핀 수지는 구성하는 모노머가 잔류해 발생할 수 있다. 저밀도 폴리에틸렌(LDPE)을 가열하면 2-Nonenal과 1-Heptene-3-one이 생성되어 이취로 감지되기 쉽다. 폴리스타이렌도 스타이렌이 완전히 폴리머로 결합하지 않고 남게 되면 이취가 발생한다. 캔 용기는 코팅한 물질에 잔류 용매 등이 남아서 이취의 원인이 되기도 한다. 결국 포장 용기는 포장의 주 물질이 아니라 코팅이나 증착 등에 사용된 용매 또는 폴리머화되지 못하고 남는 소량의 모노머가 문제를 일으키는 경우가 대부분이다. 원래 모든 폴리머는 무미, 무취, 무색하고 무독하다.

이취는 아니지만 용기는 다른 측면에서 향에 강력한 영향을 미친다. 용기가 흡수하는 향과 투과되어 소실되는 향이 품질 저하의 원인이 되는 것이다. 포장은 단단해 보이고 빈틈없어 보이지만 사실은 아주 눈에 보이지 않는 구멍이 많다. 물은 극성을 가져서 빠져나가지 못해도 이산화탄소는 조금씩 빠져나간다. 그래서 PET병에 담긴 콜라는 시간이 많이 지나면 상당한 이산화탄소의 감소가 일어난다. 향료도 마찬가지다. 향은 비극성의 물질이라 포장지를 통해 조금씩 빠져나갈 수 있다. 그런데 이 투과성이 분자마다 다르므로 향의 총량에서 불균형한 감소로 향조의 변화를 유발할 수 있다. 물론 차단성이 아주 뛰어난 재질도 사용할 수 있으나 그만큼 비용이 증가한다.

3 식품 성분의 화학적 변화에 의한 이취

식품 저장 중에 생기는 이취의 주요 원인은 지방의 산화, 비효소적 갈변, 효소적 변화, 광촉매 반응 등으로 만들어진 향기 물질이다.

* 지방 산화

지방 산화가 식품 보존 중에 발생하는 이취의 가장 많은 역할을 한다. 지방의 산패로 콩 비린내, 풋내, 금속취, 비누취, 기름취, 생선취, 버터취, 쇠기름취, 산패취 등이 난다. 보통 신선하지 못한 느낌 즉, 오래된 느낌은 주로 지방의 산화에 의한 것이다. 이런 지방의 산화 요인은 다양하지만 일단 산소가 있어야 한다. 산소는 지방의 불포화결합을 공격한다. 이것을 촉진하는 요인도 다양하다. 진공포장처럼 산소를 제거하거나 차단하는 포장은 보존성에 큰 도움이 된다. 일단 산화 반응이 시작되면 자동산화 과정에 들어가 반응이 점점 빨라진다. 온도가 높을수록 반응이 빨라지고, 자외선과 같이 파장이 짧고 강한 에너지가 가해지면 산화도 빨라진다.

산화를 억제하는 것이 항산화제이다. 많은 채소의 경우 토코페롤과 플라보노이드라는 항산화제를 가지고 있다. 항산화제가 많을수록 산화에 의한 이취의 발생이 적다. 산화는 금속염이 촉매가 되는 경우가 많으므로 봉쇄제를 사용하는 것이 도움이 된다. 향신료에 포함된 항산화제, 질산염, 메일라드 반응물이 도움이 된다. 지방의 함량은 많을수록 산화도 많이 일어나지만, 지방이 적다고 산화취가 적은 것은 아니다. 지방이 많으면 산화된 지방이 지방에 감싸인 상태가 되고, 휘발하는 양이 적어 함량에 비해서는 산화취가 적고, 지방이 적으면 만들어진 산화물이 그대로 휘발해 향기로 느껴지므로 양에 비해 향이 심하게 된다. 불포화지방이 많을수록 산화는 잘 일어나고 건조할수록 수분의 보호막이 없어 산화가 잘 일어난다. 생선은 특히 불포화지방이 많아 산패취가 발생하기 쉽고, 고기는 불포화지방이 적어 산패취 발생이 적다.

식품 중에 카로티노이드도 상당한 이취의 원인이 된다. 카로틴 함량이 높은 채소는 특히 건조품일 경우 산화에 의한 이취 발생의 가능성이 높으니 주의해야 한다. 냉동 피자의 유통기간을 결정하는 주요인의 하나가 카로티노이드의 산화이다.

* 비효소적 갈변

비효소적 갈변(아스코브산 갈변과 메일라드 반응) 또한 많은 이취의 원인이 된다. 메일라드 반응은 좋은 향을 만들지만, 또한 이취도 만든다. 비타민C(아스코브산) 갈변도 이취의 원인이다. 통조림 식품은 신선한 느낌을 유지하고 싶어도 가열 중에 비타민C에 메일라드 반응이 일어나고 원하지 않던 가열취가 만들어진다. 통조림에서 신선감이 떨어지는 것은 이 메일라드 반응이 주범이다. 사실 대부분의 식품은 가열(살균)의 과정을 거치기 때문에 어느 정도의 메일라드 반응이 일어난다고 할 수 있다.

요리 중에 일어나는 메일라드 반응은 좋은 향을 만들지만, 저장 중에 일어나면 이취를 만든다. 메일라드 반응은 비가역적이어서 돌이킬 수 없고, 과정과 변수가 복잡해 통제하기 힘들다. 저장 중 메일라드 반응은 흔히 묵은내가 나는데 묵은내처럼 모호한 표현도 별로 없다. 단지 신선한 향기가 적어졌다는 것인지, 구체적으로 어떤 현상이 발생한 것인지 판단하기 힘들다. Benzothiazole과 Aminoacetophenone이 보관 중에 생기는 묵은내의 원인으로 꼽히지만, 전모가 밝혀진 것은 아니다. 상온에 보관한 제품보다 냉장 유통 제품을 선호하는 이유가 신선감인데 구체적 실체는 모호한 것이다.

* 빛에 의한 이취의 발생

빛은 색을 탈색시킬 뿐 아니라 분자를 분해해 이취를 만들기도 한다. 오래전 투명 유리병에 든 우유를 문 앞에 배달하던 시기에는 빛에 의한 이취 발생도 꽤 있었다. 빛에 의한 이취는 지방산화와 단백질(아미노산) 분해로 발생한다. 지방산화의 문제는 이미 다루었고, 아미노산 중에서 메티오닌 같은 황 함유 아미노산은 역치가 워낙 낮아서 미량만 분해되어도 이취가 발생할 수 있다. 샴페인과 맥주 등에서 황이 포함된 향기 물질이 이취로 작용하는 경우가 있다.

* 효소에 의한 이취의 발생

우리가 먹는 식품의 주성분은 천연물이고 모든 천연물은 효소가 있다. 효소는 가열 등에 의해 불활성화되지만, 조건(낮은 수분활성도, 온도, pH 등)에 따라 완전히 불활성화되지 않는 경우가 있다. 이 경우 효소에 의한 이취 발생이 일어날 수 있다. 이취를 만드는 대표적인 효소가 리폭시게네이스, 라이페이스, 단백질 분해효소이다.

리폭시게네이스는 리놀레산과 리놀렌산 등의 시스(cis) 구조의 이중결합에 작용하는 효소이다. 그래서 자유 라디칼을 만들어 자동산화가 일어나게 한다. 이들 리폭시게네이스는 식물 조직에 아주 흔하다. 대두 같은 콩과 식물에 특히 많아서 콩 비린내를 일으키는 주범이기도 하다. 이 효소는 냉동상태에서도 작용하기에 냉동 채소의 변질에도 큰 역할을 한다. 따라서 채소는 냉동보관을 하려고 해도 사전에 데치기를 통해 효소를 불활성화시켜야 한다.

라이페이스 역시 일정 부분 이취에 역할을 한다. 지방이 글리세롤과 지방산으로 분해되면 지방산이 비누취를 내기 때문이다. 하지만 지방산의 탄소 수가 12개 이상이면 휘발성이 약해서 냄새에 미치는 영향은 크지 않다. 생각보다 많은 지방이 분해되지만, 보통의 유지는 지방산이 12개(야자유, 팜핵유) 이상이고 대부분은 18개 이상이다. 우유의 지방과 야자유 등은 어느 정도 탄소 수 12개 이하의 지방산이 있으므로 라이페이스에 의한 이취 발생의 가능성이 높다. 하지만 야자에는 라이페이스 양이 적어 실제 이취 발생 건은 많지 않다. 식품 성분에 라이페이스가 있다고 무조건 작동하는 것이 아니다. 온도 변동, 기계적 교반, 거품, 우유의 파이프 이송, 균질기 통과 등을 통해 라이페이스가 활성화되어야 작동한다. 또 균질은 특히 지방구의 불완전 코팅이 일어나 산화되기 쉬운 구조를 만들기도 한다. 라이페이스가 상당히 내열성이 있다는 것이 문제이다. 다른 효소는 충분히 불활성화될 조건에서도 살아남을 수 있다. 피나콜라다 음료는 코코넛과 파인애플 주스로 만드는데, 파인애플에는 내열성이 강한 라이페이스가 있다. 만약 식품에서 비누취가 나면 라이페이스를 내놓을 만한 원료를 찾는 것이 문제 해결의 지름길이 될 수 있는 것이다.

4 미생물에 의해 발생하는 이취

살균하지 않은 제품은 언제든 미생물에 의한 이취가 발생할 수 있다. 조건이 통제된 발효에서도 이취가 발생할 수 있는데 자연적인 조건에서 미생물에 의한 이취 발생이 없다면 그게 오히려 이상할 것이다. 발효 초기에 젖산과 같은 잡균의 성장 억제 물질이 만들어져야 한다. 그래야 발효가 천천히 이루어지며 이취 발생이 적다. 급속한 미생물의 증식은 악취가 심한 부패로 끝나기 쉽다. 나름 통제를 해도 이취 발생이 많은 잡균에 오염되면 망친다.

미생물마다 만드는 향기 물질이나 이취 물질은 그 종류와 양이 다르다. 미생물마다 영양원과 대사 기작의 차이가 있기 때문이다. 그리고 실제 미생물 중에 이취를 발생하는 종류는 그리 많지 않다고 한다. 예를 들어 생선 내에 존재하는 미생물의 10% 정도만 이취 발생에 관여한다고 한다. 따라서 총균수보다는 균의 종류, 즉 이취 발생 미생물의 유무가 중요하다.

생선과 유제품은 특히 미생물에 의해 이취가 발생하기 쉽다. 신선한 생선은 향이 별로 없다. 그런데 생선을 상온에 보관하면 금방 비린내가 나기 시작한다. 비린내는 주로 트리메틸옥사이드(TMA) 때문인데, 생선의 몸에 산화형(TMAO, 트리메틸아민옥사이드)으로 보관되었던 것이 죽은 뒤 다시 TMA가 되면서 비린내가 나기 시작한다. 사실 이 두 분자는 모양이나 크기에 별 차이가 없다. 그러니 둘 다 비린내가 나거나 둘 다 나지 않는 것이 훨씬 자연스러운 일이지만 유독 TMA만 강한 비린내가 난다. 그렇게 하는 것이 우리의 생존에 훨씬 도움이 되기 때문이다. 생선은 육고기보다 육질이 훨씬 약하고, 세균 등이 많아 상하기 쉽다. 그러니 항상 먹을 것이 부족했던 과거에 상한 생선을 구분하는 능

여러 가지 이취 물질

구분	향기 물질
방구	황화수소, DMS, 메틸싸이올, TMA, 메틸싸이오부티레이트, 스카톨, 인돌
사체의 부패	Cadaverine, Putrescine, 스카톨, 인돌
시체꽃	DMDS, DMTS, Methyl thiolactate, TMA, Isovaleric acid

력은 생존에 결정적인 요소였다. 사실 TMA는 우리 몸에서도 만들어지고 장내 세균에 의해서도 만들어져 혈액으로 흡수되는 해롭지 않은 성분이다. 그런데도 불쾌한 강한 비린내로 느끼는 것은 그것을 통해 부패한 생선을 피하는 것이 생존에 중요했기 때문이다. 만약 TMAO에서 강한 비린내를 느낀다면 살아 있는 생선도 강한 비린내를 느낄 것이고, 생선에 공통적인 TMA 대신 다른 물질을 활용하면 보편성이 떨어지고, 부패가 상당히 진행된 후에 만들어지는 물질이라면 그것 또한 의미 없을 것이다.

사실 분자 자체에는 맛도 향도 없다. 비린내는 저절로 나는 냄새가 아니라 그렇게 감각하는 것이 우리의 생존에 유리하기 때문에 우리 몸이 애써 수용체를 만들어 감각하는 진화의 산물이자 발명품인 것이다. 하지만 요즘은 너무 예민해져서 생긴 부작용도 있다. 과거보다 생선의 유통 조건이 비교할 수 없이 개선되어 굳이 충분히 신선한 생선도 비린내를 느껴 거부감을 가지는 것이다. 그만큼 재료가 낭비되고 생선에 대한 선호도가 떨어지는 중이다.

불쾌감을 주는 물질의 역치

향기 물질	역치 (ppm)
부틸산	0.004~3
2-메틸부틸산	0.005
페놀	0.0022~4
인돌	0.0006
3-메틸인돌	0.0005
메테인싸이올	0.0005
DMS	0.002~0.03
2,4,6-TCA	0.000001
2-methylisoborneol	0.0000025
지오스민(geosmin)	0.000005

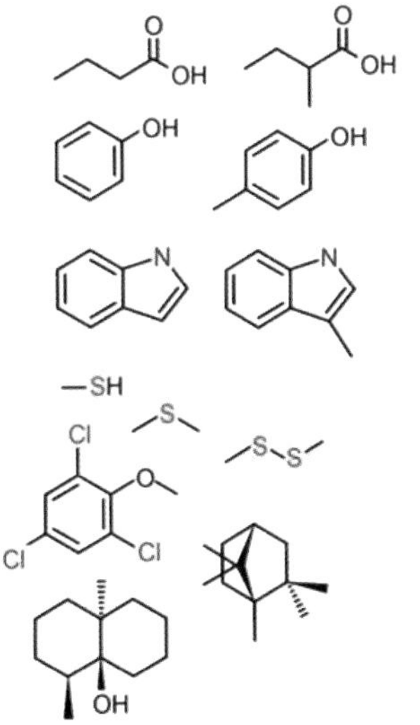

생선에 레몬즙이나, 식초 같은 산성 물질을 넣으면 비린내가 감소하기도 하는데, TMA가 사라지는 것이 아니라 질소화합물은 산성 조건에서는 물에 훨씬 더 잘 녹으면서 휘발성이 줄기 때문에 코로 덜 느끼기 때문이다. 주방에서 생선 조리에 사용했던 칼과 도마 등을 묽은 식초 씻으면 쉽게 비린내가 없어지는 것도 용해도가 증가하여 휘발성이 줄고 쉽게 잘 씻겨나가기 때문이다.

예전에 우유가 살균되거나 냉장 보관 수단이 미흡하던 때는 부패 세균(Streptococcus lactis)이 이취의 주범이었는데 지금은 7℃ 이하에서도 자랄 수 있는 저온 세균이 이취의 주범이다. 만약에 살균으로 미생물이 사멸되더라도 그들이 이미 만들어 놓은 열과 지방분해효소와 단백질분해효소가 남아 있다면 보관 중 이취 발생의 원인이 될 수 있다.

와인에 보존료인 소브산(Sorbate)을 첨가하면 효모의 증식을 억제할 수 있지만 세균의 증식은 억제하지 못한다. 심지어 어떤 세균은 소브산을 2-Ethoxyhexa- ,5-diene으로 바꾸어 제라니움취가 발생하게 한다. 와인의 코르크취에도 세균이 관여한다. 미생물은 많은 종류가 있고 그만큼 다양한 대사를 하고 또 그만큼 다양한 향취와 이취를 만든다. 의도하지 않은 냄새는 대부분 이취로 작용한다.

* 이취란 무엇일까?

향은 확실히 변덕이 심하다. 미각은 5가지로 단순하지만 그만큼 깊이가 있어서 호불호가 쉽게 바뀌지 않는데, 향기에 대한 호불호는 쉽게 바뀐다. 안드로스테논은 포유류에서 확인된 최초의 스테로이드 호르몬이다. 돼지 수컷의 불쾌한 냄새인 웅취는 주로 스카톨과 안드로스테논 두 가지가 관여하는데, 스카톨은 돼지 장내세균총에 의해 트립토판에서 생성되고, 안드로스테논은 수퇘지 고환에서 생산된다. 사람들은 스카톨을 대부분 불쾌한 향으로 인식하는데 안드로스테논은 사람에 따라 완전히 다르게 느낀다. 안로스테논은 트뤼프와 샐러리에도 있는데 향기 수용체 OR7D4의 발현에 따라 어떤 사람(RT/WM형)은 기분 좋은 바닐라나 꽃향기로 인식하고, 어떤 사람(RT/RT형)은 불쾌한 땀내나 오줌 냄새로 인식한다. 스카톨은 사료의 선택과 배설물에 의한 오염을 방지해 막을 수 있고, 안드로스테논은 거세를 통해 피할 수 있다.

사람들은 고기 향에 민감하다. 양은 나이가 들수록 지방에 카프릴산, 펠라르곤산이 축적되면서 누린내가 난다. 그래서 보통 어린 양의 고기를 선호하는데, 늙은 양고기에 익숙한 유목민들은 이 특유의 누린내에서 오히려 구수함을 느낀다고 한다.

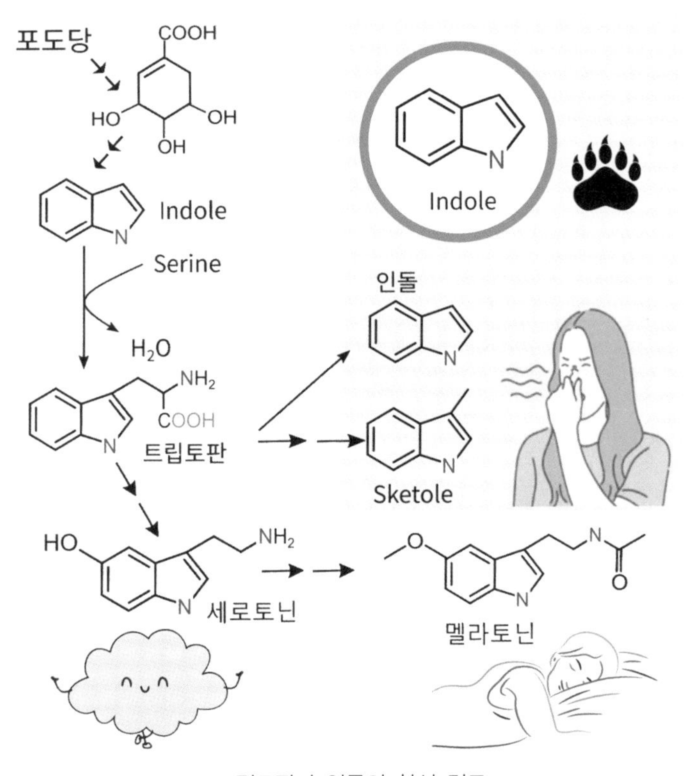

트립토판과 인돌의 합성 경로

* 담배 냄새는 왜 점점 혐오의 대상이 되어갈까?

새해가 되면 금연을 결심하는 사람이 많다. 흡연은 자신의 건강에 매우 심각한 피해를 주고, 남에게도 직간접적인 피해를 준다. 최근 '층간흡연' 분쟁이 늘고 있다고 한다. 다른 집에서 넘어오는 담배 냄새에 심한 불쾌감이나 불안감을 느껴 관리사무소에 항의가 쏟아지고, 갈등이 '층간 소음'의 수준으로 확대된 것이다. 그런데 담배 냄새 자체가 그렇게 악취이거나 위험할까? 내가 향에 대한 사람들의 선호도는 사람마다 다르고 경험과 감정에 따라 쉽게 바뀐다고 말하는데 그 대표적인 예의 하나가 담배 냄새일 것이다.

담배는 페루 등에서 기원전 5,000년부터 재배했다고 하니 인류 역사와 함께한 식물이기도 하다. 그들은 담배를 신과 소통하는 제사 의식에 사용했는데, 담배를 피우는 행위는 기도였고 연기는 기도의 전령이었다. 담배 냄새가 처음부터 혐오의 대상은 아니었다. 사실 말린 담뱃잎 자체의 향은 제법 근사한 편이고, 태울 때 나는 냄새도 다른 나뭇잎을 때울 때의 냄새와 크게 다르지 않다. 과거에도 담배 연기는 맵고, 메스꺼웠지만 그것은 태울 때 나는 냄새까지 싫어하지 않았다. 이효석의 수필 '낙엽을 태우면서'에는 "낙엽 타는 냄새같이 좋은 것이 있을까. 갓 볶아낸 커피의 냄새가 난다"라는 말이 나온다. 이처럼 과거에는 낙엽 태우는 냄새를 가장 좋은 냄새의 하나로 꼽기도 했다. 이효석은 낙엽 태우는 냄새에서 커피 냄새가 느껴진다고 했는데, 반대로 커피를 추출한 커피 퍽을 시간이 지나 냄새를 맡아보면 영락없이 담배 냄새가 느껴지는 경우가 많다. 담배도 고온에서 식물을 태우고 남은 냄새가 있고, 커피 퍽에도 강배전한 원두에서 향을 뽑아내고 남는 냄새가 있다. 베타-다마세논의 냄새에서 어떤 사람은 달콤함 과일, 꽃 등을 떠올리지만 어떤 사람은 담배 냄새를 떠올린다.

낙엽 등 뭔가를 태우는 것은 추운 겨울에 살아남을 결정적 수단이었다. 그래서 어두컴컴한 부엌에 웅크리고 앉아서 새빨갛게 피어오르는 불꽃은 한없이 바라보기도 했고, 지금도 '불멍'이라는 단어가 있을 정도로 불을 특별한 감정을 준다. 그런데 지금은 전자담배의 냄새마저 혐오의 대상이 되었다. 담배에 대한 혐오가 그 냄새에 대한 혐오로 진화한 것이다. 실제 담배의 유해성은 흡연 행위에서 생기지 담배 그 자체나 냄새에 의해 생기지 않는다. 멀리서 풍기는 담배 냄새에는 나에게 피해를 줄 만한 것은 없다. 층간흡연은 없어져야 하지만 담배 냄새에 과도한 스트레스를 받을 필요도 없다. 인간의 코는 태운 냄새에 유독 민감하다. 그래서 코로나로 후각을 상실한 후 겪는 환후(가짜 냄새)로 타는 냄새와 담배 냄새가 가장 흔하다.

커피에서 신선함은 주요 품질 요소다. 주스에 살짝 열처리만 해도 과일의 신선함이 사라져서 열처리를 전혀 하지 않고 고압으로 살균하는 주스도 있는데, 200℃ 이상의 열로 가열한 커피에서 신선함을 따지는 것이다. 이처럼 신선한 느낌은 식품에서 정말 중요한 요소인데, 세상에 특별히 신선함을 주는 향기 물질은 없다. 그럼에도 사소한 양의 향기 물질의 변화로 신선함이 확 달라지는 것을 느낄 수 있다. TMA는 TMAO에서 고작 산소 하나가 떨어져 나간 상태다. 그런데 TMAO만 있으면 정말 신선한 생선이 되고, TMA가 증가하면 비린내가 나서 너무 싫은 생선이 된다.

우리의 감각은 결국 생존을 위해 존재하는 것이고, 후각은 그것이 생존에 더 적합하다면 얼마든지 변신하는 가장 역동적인 감각이다. 그래서 가장 공부하기 힘든 감각이기도 하다.

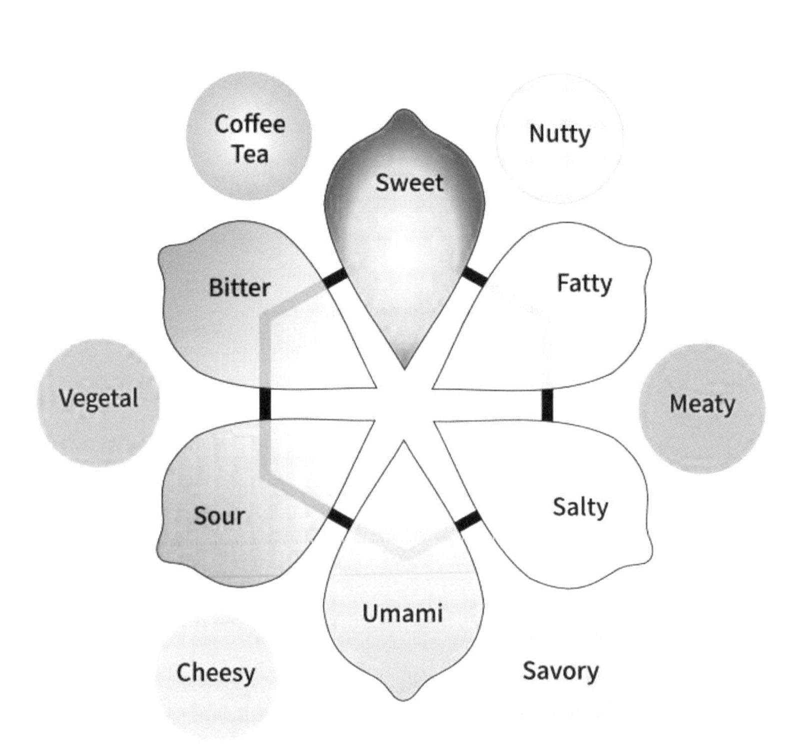
Coffee
Tea
Nutty
Sweet
Bitter
Fatty
Vegetal
Meaty
Sour
Salty
Umami
Cheesy
Savory

향은 조화로 완성된다

이번 책은 그동안 내가 쓴 책 중에서도 가장 두껍고 어려운 책이 된 것 같다. 책이 너무 두꺼워지는 것을 막기 위해 나름대로 노력을 기울였는데도 그렇다. 내가 하고 싶었던 '향기 물질의 감각과 지각'에 관한 이야기는 꺼내지도 못했다. 그만큼 향은 맛의 현상 중에서도 단연 복잡하다. 미각은 5가지뿐이지만 향은 수용체가 400종류이고, 그것으로 감각하는 식품 속 향기 물질이 1만 종류가 넘으니 복잡한 것이 어쩌면 당연하다. 더구나 후각 수용체는 한꺼번에 여러 물질에 반응하고, 수용체 간에 복잡하게 억제와 상호작용을 해서 그 전모를 파악하기가 쉽지 않다. 그런데도 내가 이렇게 향과 향기 물질에 대해서 말한 것은 맛에 관한 최종적인 공부가 향일 수밖에 없다고 생각하기 때문이다.

향은 맛의 다양성을 부여하는 가장 결정적인 수단이자, 사람들이 맛에 빠져들게 하는 매력적인 특성이다. 그래서 지금도 향이 뛰어난 제품이 유난히 비싸고 귀한 대접을 받는다. 향은 조화로 완성되는 것이라 수많은 향기 물질의 상호작용이 없다면 결코 홀로 멋진 향이 되지 못한다. 그리고 한국인은 조화에 관한 감각이 특별한 것 같다. 지금 해외에서 주목받는 한국의 식품은 한국만 가지고 있는 빼어난 식재료를 바탕으로 만들어진 것이 아니라 아주 흔하고 평범한 소재를 비범하게 엮어내 만든 것이다. 한국인은 항상 맛에 진심이었고, 새로운 것에 과감히 도전해 최적의 조합을 찾아냈다. 남들을 따라 하기도 열심이지만 자신의 가치를 지키려는 고집도 충분하다. 세상 누구보다 평범함에서 비범함을 끌어내는 능력이 있고, 열정과 고집이 같이 있다.

나는 얼마 전까지만 해도 향료 분야는 우리가 수백 년의 역사를 가진 서양을 뛰어넘기가 쉽지 않을 것으로 생각했다. 그런데 최근의 눈부신 성과들을 보면 이제는 우리가 더 잘할 수 있을 것이라는 생각마저 든다. 그런 측면에서 향기 물질에 관심을 가져보는 것도 좋을 것 같고, 단지 맛의 평가와 인상의 포착에 새로운 수단으로 향을 공부해 보는 것도 좋은 것 같다. 어떤 목적이든 이제는 향기 물질을 공부하고 이해하는 사람이 많아졌으면 좋겠다. 향기 물질을 극소수의 조향사만 공부하던 시대에서 벗어나 누구나 쉽게 경험해보고, 맛의 언어로 사용하는 시기가 빨리 다가오길 바란다. 모든 식재료의 향을 가장 핵심적인 성분으로 간명하게 제시하고 싶었지만, 아직 조사와 자료가 충분하지 않아서 변죽만 울린 것 같아 아쉽고 송구하다.

최낙언

참고문헌

『과실주개론』 김영준 외, 수학사, 2012
『냄새』 A.S. 바위치, 김홍표 옮김, 세로, 2020
『맥주개론』 정철 외, 광문각, 2015
『방귀학 개론』 스테판 게이츠, 이지연 옮김, 해나무, 2019
『스파이스』 스튜어트 페리몬드, 배재환·이영래 옮김, 북드림, 2020
『스페셜티 커피』 제프 콜러, 최익창 옮김, 커피리브레, 2019
『오감프레임』 로렌스 D. 로젠블룸 지음, 김은영 옮김, 21세기북스, 2011
『와인 테이스팅의 과학』 제이미 구드 지음, 정영은 옮김, 한스미디어, 2019
『요리 본능』 리처드 랭엄, 조현욱 옮김, 사이언스북스, 2011
『운남 보이차 과학』 공가순·주홍걸 저 신정현·신광헌 옮김, 구름의남쪽, 2015
『이해하기 쉬운 식품학』 이경애 외, 파워북, 2019
『증류주개론』 이종기 외, 광문각, 2015
『차의 관능 평가』 신소희·정인오, 이른아침, 2017
『내추럴 와인: 취향의 발견』 정구현, 몽스북, 2022
『커피의 과학』 탄베 유키히로, 윤선해 옮김, 황소자리, 2017
『탁약주개론』 김계원 외, 수악사, 2012
『향기탐색』 셀리아 리틀턴, 도희진 옮김, 뮤진트리, 2017
『향수: 어느 살인자의 이야기』 파트리크 쥐스킨트, 열린책들, 2009
『향수, 과학 혹은 예술』 김상진 외, 훈민사, 2009
『홍차의 비밀』 최성희, 중앙생활사, 2018

『Advances in Flavours and Fragrances From the Sensation to the Synthesis』 Karl A.D. Swift, RSC. 2001
『Chemistry and Technology of Flavors and Fragrances』 David J. Rowe, Blackwell Publishing, 2005
『Chemistry of Maillard Reactions in Processed Foods』 Salvatore Parisi, Weihui Luo, Springer, 2018

『Chemistry of Spices』 Villupanoor A. Parthasarathy, CAB 2008
『Citrus essential oil Flavor and Fragrance』 Masayoshi Sawamura, Wiley, 2010
『Espresso coffee 2nd』 Andrea illy 외, Elsevier, 2005
『Fenaroli's Handbook of Flavor ingredient 6th』 George A, Burdock, CRC, 2010
『Flavor chemistry & technology, 2nd』 Gary Reineccius, Taylor & Francis, 2006
『Flavor creation』 John Wright, Allured Pub, 2010
『Flavour Development, Analysis and Perception in Food and Beverages』 J K Parker, Woodhead Publishing, 2014
『Flavours and Fragrances Chemistry, Bioprocessing and Sustainability』 Ralf Gunter Berger, Springer, 2007
『Food aroma evolution』 Matteo Bordiga, Leo M. L. Nollet, CRC Press, 2019
『Food Chemistry』 H.D. Belitz, W. Grosch, P.Schieberle, Springer 2009
『Handbook of fruits and vegetable flavors』 Y. H. Hui, Wiley, 2010
『High impact aroma chemicals』 David J. Rowe, 2002
『Managing wine quality Vol.1』 Andrew G Reynolds, CRC,2010
『Natural food flavors and colors』 Mathew Attokaran, Wiley, 2011
『Nose Dive: A Field Guide to the World's Smells』 Harold McGee, Penguin Press, 2020
『Springer Handbook of Odor』 Andrea Bittner, Springer, 2017
『Taint and off flavours in food』 Brian Baigrie, Woodhead Publishing, 2003
『The Maillard Reaction Chemistry, Biochemistry and Implications』 Harry Nursten, RSC. 2005
『Wine tasting a professional handbook 2nd』 Ronald S. Jackson, Elsevier, 2009

Yoshihito Niimura, Extreme expansion of the olfactory receptor gene repertoire in African elephants and evolutionary dynamics of orthologous gene groups in 13 placental mammals, Genome Research, 2014
Silvia Petronilho, Ricardo Lopez, Revealing the Usefulness of Aroma Networks to Explain Wine Aroma Properties: molecule, 2019

Heeyong Jung a, Chemical and sensory profiles of makgeolli, Korean commercial rice wine, Food Chemistry, 2014

Lanting Zeng, Understanding the biosyntheses and stress response mechanisms of aroma compounds in tea, Critical reviews in food science and nutrition, 2018

Semmelroch P, Laskawy G, Blank L, Flavour Fragr.J. 1995

Contis ET, Ho C-T, Mussinan CJ et al., In Food Flavors: Formation Analysis & Packaging Influences, Elsevier. 1998; 69.78

V. Ferreira, Volatile aroma compounds and wine sensory attributes, Managing Wine Quality, Woodhead Publishing, 2010

Vincent Varlet, Sulfur-containing Volatile Compounds in Seafood, Food Science and Technology International, 2010

Carmen Diez-Simon, Chemical and Sensory Characteristics of Soy Sauce: A Review, Journal of Agri. & Food Chemistry 2020

Chi-TangHo, Tea aroma formation, Food Science and Human Wellness, Volume 4, Issue 1, 2015

Lanting Zeng, Chinese oolong tea: An aromatic beverage produced under multiple stresses, Trends in Food Science & Technology, 2020

Henryk Jelen, Characterization of aroma compounds, Flavour From Food to Perception,

Yevgeniya Grebneva, Understanding Yeast Impact on TDN Formation in Riesling Wine, J. Agric. Food Chem., 2019

Shuxia Chen, Profiling of Volatile Compounds and Associated Gene Expression and Enzyme Activity during Fruit Development in Two Cucumber Cultivars, PLoS ONE, 2015

Xiao-Wei Zheng, Bei-Zhong Han, Chinese Liquor: history, classification and manufacture process, Journal of Ethnic Food, 2016

Ohloff, G., Scent and Fragrances, The fascination of odors and their chemical perspectives,Springer-Verlag, Pub. 1994

Guozhong Zhao et al., Chemical Characteristics of Three Kinds of Japanese Soy Sauce Based on Electronic Senses and GC-MS Analyses, Frontier in microbiologly, 2021

Robert J. McGorrin, The Significance of Volatile Sulfur Compounds in Food Flavors, American Chemical Society, 2011

Yuan Zhao, Influence of a Lewis acid and a Brønsted acid on the conversion of microcrystalline cellulose into 5-hydroxymethylfurfural in a single-phase reaction system of water and 1,2-dimethoxyethane, RSC Advances, 2018

Xiaowei Zhou, Mechanistic Understanding of Thermochemical Conversion of Polymers and Lignocellulosic Biomass, Advances in Chemical Engineering, 2016

Chahan Yeretzian, Protecting the Flavors. Freshness as a Key to Quality, The Craft and Science of Coffee(스페셜티 커피), 2017

Woo, Cynthia C., Edna E. Hingco, Brett Allen Johnson and Michael Leon, Broad activation of the glomerular layer enhances subsequent olfactory responses., Chemical senses 32 1 (2007): 51-5.

Patrick Pfister, Odorant Receptor Inhibition Is Fundamental to Odor Encoding Current Biology,30, 2574-2587, July 6, 2020